Gerhard Adam
Otto Hittmair

Wärmetheorie

2., vollständig neubearbeitete Auflage
mit 86 Bildern

für Studenten der
Physik, Chemie und Mathematik
ab 4. Semester

Friedr. Vieweg & Sohn Braunschweig/Wiesbaden

Dr. *Gerhard Adam* ist wissenschaftlicher Oberrat am Institut für Theoretische Physik I der Technischen Universität Wien

Prof. Dr. *Otto Hittmair* ist Vorstand des Instituts für Theoretische Physik I der Technischen Universität Wien

Verlagsredaktion: *Alfred Schubert*

1. Auflage 1970
2., vollständig neubearbeitete Auflage 1978
Nachdruck 1985

Satz: Vieweg, Braunschweig
Druck und buchbinderische Verarbeitung: W. Langelüddecke, Braunschweig
Printed in Germany West

ISBN 3-528-13311-2 (Paperback)

Aus dem Vorwort zur 1. Auflage

Der vorliegende uni–text ist aus Vorlesungen entstanden und seinerseits wieder als Lern- und Lehrbehelf für Vorlesungen gedacht, in denen Studierende zum ersten Male an diesen Gegenstand der Theoretischen Physik herantreten. Der traditionelle Titel „Wärmetheorie" soll dabei Gelegenheit geben, nicht nur in die Thermodynamik einzuführen und ein Beispiel eines deduktiven Aufbaues einer Theorie von phänomenologischen Prinzipien (Hauptsätzen) aus zu geben, sondern es soll in der mikroskopischen Begründung dieser Theorie durch die statistische Mechanik zu dieser für das Verständnis der Materie fundamentalen Disziplin der Grund gelegt werden. Der Beginn mit der Thermodynamik ist nicht nur üblich, sondern auch begrifflich leichter zu bewältigen als jene Vorgangsweise, welche die statistische Mechanik an den Anfang stellt. Als geeigneter Zugang zu dieser wird der informationstheoretische Weg eingeschlagen, nachdem die thermodynamischen Begriffe bereits erarbeitet sind.

An Vorkenntnissen wird außer der Differential- und Integralrechnung und den Grundbegriffen der Mechanik nichts vorausgesetzt, wenn auch eine allgemeine Bekanntschaft mit den Ideen der Quantentheorie an den betreffenden Stellen das Eingliedern der Postulate in einen weiteren Rahmen ermöglicht.

Um die Vertrautheit mit den erarbeiteten Begriffen und deren Verwendung zu fördern, wurden jedem Kapitel Aufgaben mit ausgearbeiteten Lösungen beigefügt. Die Verfasser hoffen, daß der naturgemäß begrenzte Bereich des Gebotenen geeignet gewählt, klar vermittelt und für den Gebrauch verwendbar nahegebracht wurde.

Wien, Juli 1970 *O. Hittmair / G. Adam*

Vorwort zur 2. Auflage

Im Jahr 1975 war die „Wärmetheorie" aus der Ringvorlesung zur Theoretischen Physik vergriffen. Verlag und Autoren sahen sich nun vor der Aufgabe, eine Neuauflage herauszubringen. Die damit verbundene Überarbeitung ermöglichte es den Autoren, Korrekturen vorzunehmen und dabei auch Fehler auszubessern, auf die uns Zuschriften aufmerksam gemacht hatten. Es bot sich aber auch die Gelegenheit an, manche Stellen begrifflich klarer zu formulieren und zu ordnen, wobei wir die neuere Lehrbuchliteratur berücksichtigten. Möge die Neuauflage durch die Änderungen für die Lehrenden und Lernenden noch nützlicher geworden sein.

Wir danken für alle mündlichen und schriftlichen Anregungen und Hinweise und für die Herstellung des Manuskripts, welches Herr F. Hochfellner ausführte. Besonderer Dank gebührt auch dem Verlag für die gute Zusammenarbeit.

Wien, September 1977 *G. Adam / O. Hittmair*

Inhaltsverzeichnis

Gegenstand und grundsätzliche Betrachtungsweise

Das allgemeine Anliegen der Physik, einen durch Messung erfahrbaren Wirklichkeitsbereich zu analysieren, bezieht sich bei der Wärmelehre auf Erscheinungen, die von der Meßgröße Temperatur entscheidend abhängen. Die theoretische Analyse der Wärmevorgänge ist der Gegenstand unserer Ausführungen.

Die Betrachtung erfolgt dabei auf zwei grundsätzlich voneinander verschiedene Weisen. Man kann auf einige Erfahrungstatsachen, die durch zahllose Experimente gestützt sind, aufbauend eine phänomenologische Theorie entwickeln, die ebenso sicher der Erfahrung entsprechende Aussagen macht. Dies ist die Thermodynamik. Die Erfahrungstatsachen werden durch die drei Hauptsätze zusammengefaßt. Der Bereich der Thermodynamik ist der Makrokosmos, d.h. sie gewinnt ihre Aussagen nicht unter Bezug auf die unsichtbare atomare Mikrostruktur der Materie, sondern hält sich an unmittelbar apparativ feststellbare Sachverhalte. Dadurch wird ihre Allgemeingültigkeit verbürgt. Auf der anderen Seite aber kann die Thermodynamik nicht die Materieeigenschaften folgern, welche der individuellen Mikrostruktur entspringen, genausowenig wie sie eine tiefere Begründung der Hauptsätze zu geben vermag.

Dies ist die Aufgabe der statistischen Mechanik. Ihr Erfolg richtet sich danach, wie gut das *System* – d.h. der betrachtete reale Ausschnitt aus der Natur oder sein modellmäßiger Repräsentant – in seinen nicht direkt meßbaren Mikroeigenschaften erfaßt wird. Die statistische Mechanik führt diese nur statistisch mögliche Erfassung so durch, daß sie eine große Zahl makroskopisch gleichartiger Systeme betrachtet, welche eine statistische Gesamtheit bilden, wobei das Durchschnittsverhalten der Gesamtheit die makroskopischen Eigenschaften wiedergibt. Man erhält damit nicht nur die allgemeinen Gesetze der Thermodynamik, sondern auch die speziellen thermodynamischen Funktionen, welche die Materialeigenschaften eines gegebenen Systems beschreiben.

Einen klassischen Sonderfall bildet die Gaskinetik, die am Anfang der statistischen Mechanik stand. Sie stellt insofern einen Sonderfall der statistischen Mechanik dar, als nicht das durch ein verdünntes Gas gebildete System die statistische Einheit ist, sondern das einzelne Molekül. In diesem besonderen Fall läßt sich nämlich wegen der Gleichartigkeit der ungekoppelten Bewegungsgleichungen der Moleküle schon für das einzelne System ein Moleküldurchschnittsverhalten angeben, das makroskopische Bedeutung hat.

Im folgenden werden der Reihe nach die Standpunkte der Thermodynamik, der Gaskinetik und der statistischen Mechanik eingenommen.

I. Thermodynamik

1. Grundbegriffe

Als phänomenologische Theorie der Materie entnimmt die Thermodynamik viele Begriffe direkt dem Experiment. Ein Teil der verwendeten Begriffe ist bereits aus der Mechanik und Elektrodynamik bekannt und bedarf keiner weiteren Erklärung, doch werden in der Thermodynamik zusätzliche Begriffe benützt, die wir kurz definieren wollen.

Thermodynamische Variable (oder thermodynamische Zustandsgrößen, auch kurz Größen) sind direkt apparativ meßbare Eigenschaften des Systems, z. B. das Volumen V, die Masse M, die Molzahl n, der Druck P, das Magnetfeld $\vec{H}$, die Temperatur T, usw. Sie werden in zwei Gruppen unterteilt, und zwar in *extensive Variable,* welche der Menge des Systems proportional sind (V, M, n usw.) und *intensive Variable,* die dagegen von der Menge des Systems unabhängig sind (P, T, $\vec{H}$, usw.). Der Quotient zweier extensiver Variablen ist dann wieder eine intensive Variable, z.B. das Molvolumen $v = V/n$. Die intensiven Variablen werden im allgemeinen klein, die extensiven groß geschrieben; Ausnahmen dieser Regel sind z.B. T, P, $\vec{H}$ und n.

Ein *Mol* (1 Mol = 1 mol) ist definiert als jene Stoffmenge eines Systems, die aus ebenso vielen Molekülen (oder Atomen oder Ionen) besteht, wie Atome in 12 Gramm des Kohlenstoffisotops ^{12}C enthalten sind.

Ein *thermodynamischer Zustand* (auch Makrozustand oder, wenn keine Verwechslung mit dem Mikrozustand (siehe Seite 200) möglich ist, kurz Zustand genannt) wird durch die Werte eines Mindestsatzes unabhängiger thermodynamischer Variablen, die für die makroskopisch eindeutige Beschreibung des Systems erforderlich sind, festgelegt. D.h., in jedem Zustand haben alle thermodynamischen Variablen, die abhängigen und die unabhängigen Variablen, einen eindeutigen Wert. Die Anzahl der unabhängigen Variablen ist dabei von der Art des Systems abhängig. Z. B. ist der Zustand eines idealen Gases vollständig durch die Angabe der Molzahl n, des Druckes P und des Volumens V gegeben. Wenn es nicht ausdrücklich anders angegeben ist, verstehen wir in der Thermodynamik unter Zustand immer einen thermodynamischen Gleichgewichtszustand, da die thermodynamischen Variablen nur dann für das gesamte System den gleichen Wert haben.

Ein *thermodynamisches Gleichgewicht* liegt vor, wenn sich der Zustand des Systems unter zeitlich unveränderlichen Nebenbedingungen nicht mehr ändert. Zu jedem Gleichgewicht gehören also wohldefinierte Nebenbedingungen, die angeben, welche Größen sich frei ändern können (und sich bei der Einstellung des Gleichgewichtes tatsächlich ändern) und welche Größen konstant gehalten werden.

1.1. Die Temperatur

Ein Spezialfall des thermodynamischen Gleichgewichtes ist das sogenannte *thermische Gleichgewicht* (Nebenbedingung: thermischer Kontakt zwischen Systemteilen ist ohne Zustandsänderung möglich), welches in der Thermodynamik eine ausschlaggebende Bedeutung hat. Als *thermischen Kontakt* bezeichnen wir die Energieaustauschmöglichkeit zwischen Systemteilen, die makroskopisch auf keine der anderen bekannten Arten (z. B. elektrische, mechanische Energie usw.) zurückzuführen ist. Ein System mit Zwischenwänden, die thermisches Gleichgewicht verhindern, kann immer noch im thermodynamischen Gleichgewicht sein.

Das thermische Gleichgewicht wird durch eine eigene Zustandsvariable gekennzeichnet, nämlich die *Temperatur*. Dies geschieht auf folgende Weise: Systemen und Systemteilen, die untereinander im thermischen Gleichgewicht stehen, wird definitionsgemäß die gleiche Temperatur zugeschrieben. Hingegen werden Systemen, die untereinander nicht im thermischen Gleichgewicht stehen, für sich selbst aber im thermischen Gleichgewicht sind, definitionsgemäß verschiedene Temperaturen zugeschrieben. Da die möglichen thermischen Gleichgewichtszustände erfahrungsgemäß eine eindimensionale Mannigfaltigkeit bilden, reicht zur Kennzeichnung der Temperatur eine einparametrige Größe aus, die wir mit T bezeichnen. Die Temperatur ist also nur für Systeme oder Systemteile im thermodynamischen Gleichgewicht definiert. Der so eingeführte Temperaturbegriff ist aber insofern willkürlich, als auch jede monoton mit T wachsende Funktion den gleichen Zweck erfüllt. Diese Willkür gestattet uns, eine möglichst zweckmäßige Wahl der Temperaturskala zu treffen. Wir benützen dazu vorderhand das ideale Gas (siehe auch Seite 19).

Alle Gase wenn sie nur hinreichend verdünnt sind, zeigen in sehr guter Näherung das gleiche Verhalten. Dieses Grenzverhalten der unendlich verdünnten Gase charakterisiert das *ideale Gas*. Die Zustandsvariablen des idealen Gases sind die Molzahl n, das Volumen V und der Druck P.

Bringt man mehrere Behälter, gefüllt mit idealem Gas, in thermischen Kontakt und schließt sie sonst von der Umgebung ab, so wird sich nach einiger Zeit thermisches Gleichgewicht einstellen. Mißt man dann von jedem dieser Gase die Werte n, V und P, so wird sich im allgemeinen zeigen, daß weder die n- noch die V- oder die P-Werte für die Gase in den verschiedenen Behältern gleich sind. Sie eignen sich einzeln also *nicht* dazu, das thermische Gleichgewicht zu kennzeichnen, denn jene Größe, die das thermische Gleichgewicht charakterisieren soll, muß ja, wie oben definiert wurde, für Systeme, die im thermischen Gleichgewicht stehen, den gleichen Wert annehmen. Gerade diese Eigenschaft hat aber der Ausdruck $\frac{PV}{n}$, wie das Experiment zeigt: Ideale Gase, deren Behälter untereinander im thermischen Gleichgewicht stehen, weisen für den Ausdruck $\frac{PV}{n}$ die gleichen, wenn sie nicht im thermischen Gleichgewicht stehen, verschiedene Werte auf. Damit erfüllt dieser Ausdruck für das ideale Gas die Bedingungen, welche wir für die Temperaturdefinition gefordert haben. Wir können die Temperatur aber immer noch direkt proportional diesem Ausdruck oder auch proportional einer beliebigen monoton wachsenden Funktion dieses Ausdrucks setzen. Je nach Wahl werden dadurch verschiedene Temperaturarten definiert (z. B. 1. $T = PV/(nR)$ absolute Temperatur in Kelvin; 2. $\tau = \ln(PV/nR)$ logarithmische Temperatur; 3. die Temperaturskala der linear unterteilten Quecksilbersäule eines Thermometers, usw.).

Wir treffen die einfachste Wahl und definieren mit dem idealen Gas die Temperatur durch

$$T := \frac{1}{R}\frac{PV}{n} \tag{1.1}$$

Sie wird *absolute Gastemperatur* genannt. *Diese* Temperaturdefinition hat nicht nur für das ideale Gas eine entsprechend einfache Gestalt, sondern auch eine absolute Bedeutung, wie wir bei der Behandlung des 2. Hauptsatzes erkennen werden (siehe Seite 19).

R ist eine Konstante – sie wird *Gaskonstante* genannt –, die von der Wahl der Temperatureinheit abhängt, oder auch umgekehrt: Je nach Wahl von R erhält man verschiedene Temperatureinheiten. Wählt man z. B. R = 1, so ist die Temperatureinheit 1 erg/mol, wenn P, V und n in CGS-Einheiten gemessen werden.

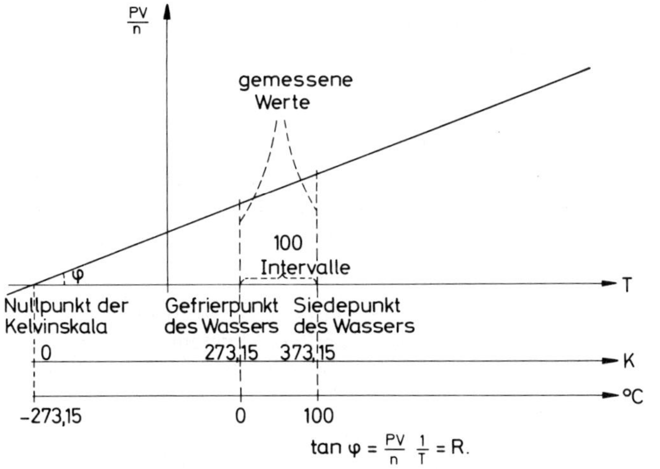

Bild 1

Im allgemeinen wird jedoch die Temperatur T in Kelvin (K) gemessen. Um R in der Kelvin-Skala zu bestimmen, mißt man PV/n eines idealen Gases beim Gefrierpunkt und Siedepunkt des Wassers, wenn dieses unter dem Druck von 1 atm steht. Trägt man diese Punkte in einem Koordinatensystem ein (Gefrierpunkt und Siedepunkt werden dabei an beliebigen Stellen der Abszisse eingetragen) und verbindet sie durch eine Gerade (Bild 1), so stellt der Schnittpunkt der Geraden mit der Abszisse den Nullpunkt der Kelvin-Skala (0 K) dar. Die Einheit (1 Kelvin = 1 K) der Kelvin-Skala ist nun so definiert, daß der Abstand zwischen Gefrierpunkt und Siedepunkt gerade in 100 gleiche Intervalle (100 K) zerfällt. Benützt man die gleich Temperatureinheit, aber als Nullpunkt den Gefrierpunkt des Wassers bei 1 atm, so erhält man die Celsius-Skala (°C). Damit ergibt sich für die Gaskonstante der Wert $R = 1{,}986$ cal/Kmol $= 8{,}314 \cdot 10^7$ erg/Kmol. Es sei hier gleich vermerkt, daß seit 1954 eine andere Definition der Kelvin- und der Celsius-Skala benützt wird (siehe Seite 73).

Die Temperatur eines beliebigen Systems wird nun folgendermaßen gemessen: Das System wird mit einem idealen Gas, das als Thermometer dient (ein ideales Gasthermometer ist z. B. ein Thermometer mit Heliumfüllung bei hinreichend geringer Dichte) in thermischen Kontakt gebracht, das Gleichgewicht abgewartet und PV/n des Gases gemessen. Bei gegebenem R ist damit die Temperatur in den entsprechenden Einheiten bestimmt (z. B. in K).

Damit die Begriffe Temperatur bzw. Wärmegleichgewicht überhaupt eine vernünftige Bedeutung haben, ist es erforderlich, daß sie folgende Bedingungen erfüllen: „Wenn zwei Systeme mit einem dritten System im thermischen Gleichgewicht stehen, dann sind sie auch untereinander im thermischen Gleichgewicht" (d. h. sie haben alle drei die gleiche Temperatur). Man nennt diese Aussage auch den *nullten Hauptsatz der Thermodynamik.* Der nullte Hauptsatz ist nicht ableitbar, sondern nur durch Erfahrung bestätigt.

1.2. Weitere Begriffe

Die Variablen eines Systems können von einander abhängig sein. Ein solcher funktioneller Zusammenhang der Variablen eines Systems im Gleichgewicht heißt *Zustandsgleichung.* Beispiele dafür sind bei konstantem n

$$f(P, V, T) = 0 \quad \text{oder} \quad \varphi(\vec{H}, \vec{M}, T) = 0,$$

wenn P, V, T oder $\vec{H}, \vec{M}$, T die thermodynamischen Variablen des Systems darstellen. Die Anzahl der vorkommenden Variablen hängt von den Nebenbedingungen, die von allen zugelassenen Gleichgewichten erfüllt werden, ab. In der Thermodynamik wird die Zustandsgleichung experimentell ermittelt. Durch jede Zustandsgleichung wird die Zahl der unabhängigen Variablen um 1 verringert. Bei obigen Beispielen also von 3 auf 2.

Der Begriff *Arbeit* wird aus der Mechanik übernommen. Die einem System zugeführte Arbeit (dem System zugeführte Arbeit wird positiv und vom System abgeführte Arbeit negativ gezählt) ist dann durch

$$d'A = \xi dX$$

gegeben, wobei ξ als verallgemeinerte Kraft und X als verallgemeinerter Weg bezeichnet werden und je nach Art der Arbeit von der Mechanik oder der Elektrodynamik her bekannt sind. (d'A ist kein exaktes Differential, was durch den Strich ' beim d gekennzeichnet wird; mehr darüber auf Seite 8). Z.B. ist bei mechanischer Volumsverkleinerung (dV) gegen den Druck P

$$\xi = P \quad \text{und} \quad dX = -dV$$

oder bei der durch ein Magnetfeld ($\vec{H}$) herbeigeführten Magnetisierung

$$\vec{\xi} = \vec{H} \quad \text{und} \quad d\vec{X} = d\vec{M}$$

($\vec{M}$ ... magnetisches Moment des gesamten Systems) oder bei der Beschleunigung eines Systems ($\vec{v}$ ... Geschwindigkeit des Systems, $\vec{P}$ ... Impuls des Systems)

$$\vec{\xi} = \vec{v} \quad d\vec{X} = d\vec{P}.$$

Manchmal will man die vom System abgegebene Arbeit positiv zählen. Wir bezeichnen sie dann mit $\bar{A}$:

$$\bar{A} := -A.$$

Führen wir einem System Arbeit zu (z. B. durch Kompression), so ändert sich seine Temperatur. Aber auch ohne Arbeitszufuhr kann sich die Temperatur eines Systems ändern, z. B. beim Temperaturausgleich zweier Flüssigkeiten mit ursprünglich verschiedenen Temperature. Um diesen Sachverhalt quantitativ zu erfassen, wird ein neuer Begriff, die Wärmemenge (kurz Wärme), eingeführt:

Wärme (Q) wird definitiongemäß dann von einem System aufgenommen, wenn sich seine Temperatur erhöht, ohne daß ihm gleichzeitig Arbeit zugeführt wird. D. h., es besteht ein Zusammenhang zwischen der aufgenommenen Wärmemenge ΔQ (auch kurz Wärme genannt) und der eingetretenen Temperaturerhöhung ΔT

$$\Delta Q = C \Delta T,$$

wobei C die *Wärmekapazität* des Systems ist. Die dem Systems zugeführte Wärmemenge wird positiv und die abgegebene negativ gezählt; C ist daher immer positiv! Die Wärmekapazität C hängt von der Natur des Systems, aber auch von der Art der Wärmezufuhr (z.B. bei konstantem V oder bei konstantem $P \to C_V; C_P$) ab und läßt sich experimentell bestimmen, wenn die Einheit der Wärmemenge festgelegt ist.

Die Einheit der Wärmemenge, 1 Kalorie (1 cal), ist definitionsgemäßt jene Wärmemenge, die notwendig ist, um 1 g Wasser von 14,5 °C auf 15,5 °C zu erwärmen (10^3 cal = 1 Kilokalorie = 1 kcal). Dies ist eine einfache, aber alte Definition. Die neue Definition wird auf Seite 7 gegeben.

Will man die vom System abgegebene Wärmemenge positiv zählen (und die zugeführte negativ), so benützen wir $\bar{Q}$:

$$\bar{Q} := -Q$$

Ein *Wärmespeicher* ist ein System mit einer so großen Wärmekapazität $C = c_g M$ (M sehr große Masse des Wärmespeichers, c_g Wärmekapazität/Gramm = *spezifische Wärme*), daß jede Zu- oder Abfuhr einer endlichen Wärmemenge seine Temperatur nicht ändert. Will man irgendein System auf konstanter Temperatur halten, so erreicht man dies dadurch, daß man dieses System mit einem Wärmespeicher der gewünschten Temperatur in thermischen Kontakt bringt.

Als *Zustandsänderung* bezeichnet man den Übergang von einem thermodynamischen Zustand in einen anderen. Ist der Anfangszustand ein Gleichgewichtszustand, so kann eine Zustandsänderung nur durch Änderung der äußeren Bedingungen (z. B. Änderung des Volumens), denen das System unterworfen ist, hervorgerufen werden. Eine Folge von Zustandsänderungen, bei der am Ende wieder der Anfangszustand erreicht wird, nennt man einen *Kreisprozeß*.

In der klassischen Thermodynamik werden immer nur Zustände thermodynamischer Gleichgewichte behandelt. Kann eine Zustandsänderung wieder rückgängig gemacht werden, ohne daß eine Veränderung in der Natur (d. h. im System und seiner Umgebung) zurückbleibt, spricht man von einer *reversiblen Zustandsänderung*, im entgegengesetzten Fall von einer *irreversiblen Zustandsänderung*. Jede reversible Zustandsänderung kann nur quasistatisch durchgeführt werden, da sonst irreversible Reibungswärme auftritt. Endlich schnelle Zustandsänderungen sind immer irreversibel, d. h., sie können nicht rückgängig gemacht werden, ohne daß in der Natur eine Veränderung zurückbleibt (z. B. Arbeit wurde aufgewendet, konnte aber nicht mehr zurückgewonnen werden; oder eine Wärmemenge ist von einem Wärmespeicher höherer Temperatur auf einen solchen niedrigerer Temperatur übergegangen).

Ein *thermisch isoliertes System* kann keine Wärme mit seiner Umgebung austauschen, d.h. $d'Q$ des Systems ist gleich Null: $d'Q = 0$ ($d'Q$ ist ebenso wie $d'A$ kein exaktes Differential). Man nennt jede Zustandsänderung, die so ein System erfahren kann, *adiabatisch.* Durchläuft das System eine Folge von Zuständen mit derselben Temperatur, so spricht man von *isothermer Zustandsänderung.*

Die Thermodynamik kann im Sinne eines mathematischen Modells vollkommen axiomatisch aufgebaut werden. Doch wollen wir hier vor allem den physikalischen Gehalt der Theorie in den Vordergrund stellen. Daher werden wir vom experimentellen Sachverhalt ausgehend die Theorie aufbauen.

2. Der 1. Hauptsatz der Thermodynamik

Die Erkenntnis der Äquivalenz von Wärme und mechanischer Energie geht auf die Arbeiten von verschiedenen Forschern zurück (*Sadi Carnot, Robert Mayer* und *James Joule* 1840–1850). Das von *Joule* erdachte Experiment sieht folgendermaßen aus. Ein Gewicht treibt einen Wasserquirl an und verliert dadurch (Bild 2) an Höhe. Das gesamte System sei als Ganzes abgeschlossen, d.h., es kann weder Energie noch Wärme mit seiner Umgebung austauschen. (Daß die Schwerkraft von außen kommt, spielt dabei keine Rolle. Man könnte sie z.B. durch eine Feder ersetzen.) Das würde aber bedeuten, daß sowohl die Energie als auch die Wärme (falls Wärme für sich eine Erhaltungsgröße wäre) während des Versuches konstant bleiben müßten. Dies ist aber nicht der Fall. Vor dem Sinken des Gewichtes (G) war die potentielle Energie $E_p = Gh = A$ und nachher ist sie Null. Umgekehrt ist nach dem Sinken des Gewichtes der Wärmeinhalt um Q größer, wie das Experiment zeigt. Dies sind die einzigen Veränderungen, die das System erfährt.

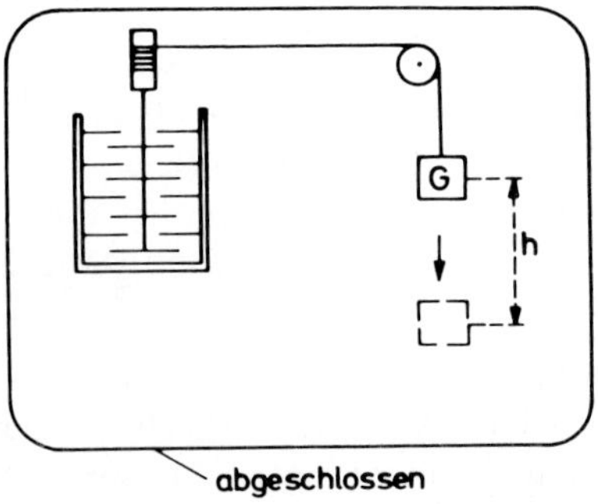

Bild 2

Will man nun den *Energieerhaltungssatz* aufrecht erhalten, so besteht dazu keine andere Möglichkeit als die Annahme, daß Wärme eine Energieform sei: Die gesamte Energie des Systems (Systemenergie) setzt sich aus mechanischer Energie (hier potentieller

Energie) und Wärme zusammen. Der Energieerhaltungssatz für diesen Versuch lautet dann exakt:

$$A + 0 = 0 + Q$$

(A und Q in gleichen Einheiten gemessen). D. h., die mechanische Energie A wurde vollständig in die Wärme Q umgewandelt. Erst diese Erweiterung des Energieerhaltungssatzes und die im Experiment gemessenen Werte für A in Joule (J) und Q in cal ergeben das *Joulesche Wärmeäquivalent:*

$$\boxed{1\ \text{cal} = 4{,}1868\ \text{J}}$$

$$(1\ \text{Joule} = 1\ \text{J} = 1\ \text{Ws} = 1\ \text{Nm} = 10^7\ \text{erg})$$

Der genaue Wert von 4,1868 J wurde als neue Definition der Wärmemenge einer Kalorie eingeführt. Das Wärmeäquivalent gestattet uns, für A und Q die gleichen Energieeinheiten (z. B. J) zu benützen, was wir in diesem Buch immer machen werden. Wir ersparen uns dadurch in den Formeln einen Umrechnungskoeffizienten. Auch der Gesetzgeber hat in manchen Ländern (u. a. in der Bundesrepublik) die Einheit cal als eigene Einheit bereits gestrichen.

Diese Erweiterung des Energieerhaltungssatzes führt zum

1. Hauptsatz der Thermodynamik (1. HS)

Die Energie eines abgeschlossenen Systems ist konstant; bei Zufuhr von Energiewerten von außen (in Form von mechanischer oder anderer Arbeit oder Wärme) findet eine solche Änderung statt, daß die Summe der zugeführten Energien genau der Zunahme der Systemenergie entspricht.

Eine negative Fassung lautet: „Es ist unmöglich, Energie aus dem Nichts zu erzeugen" (Unmöglichkeit eines *perpetuum mobile erster Art,* das ist eine Maschine [Definition der Maschine siehe Seite 17], die Arbeit abgibt, ohne Energie aufzunehmen).

Mathematisch ausgedrückt: Wenn Q und A die dem System bei einer beliebigen Zustandsänderung vom Zustand 1 in den Zustand 2 zugeführte Wärme und zugeführte Arbeit sind, so läßt sich die Summe A + Q durch die Differenz der wegunabhängigen Zustandsgrößen U (Systemenergie) darstellen (Bild 3):

$$U_2 - U_1 = A + Q.$$

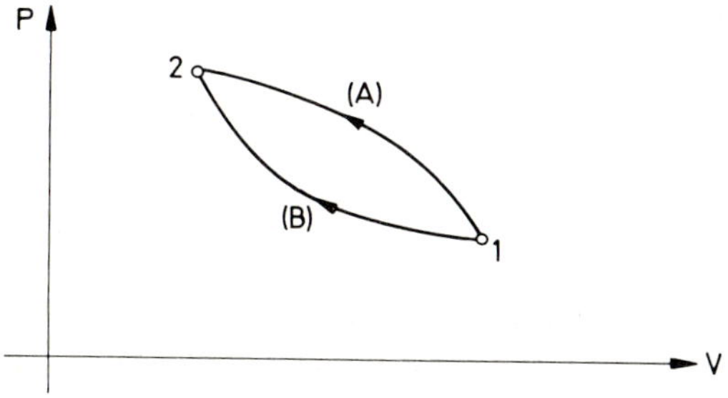

Bild 3

Die so definierte Zustandsgröße U heißt *innere Energie* und hat als besonderes Merkmal, wie übrigens jede *Zustandsgröße*, die Eigenschaft, daß sie nur vom Zustand, d. h. von den den Zustand kennzeichnenden Variablen, z. B. P, V oder T, V oder T, P usw., abhängt und nicht von der Art (Weg im P-V-Diagramm oder in einem anderen Zustandsdiagramm), wie man zu diesem Zustand kommt. Für A oder Q ist dies keineswegs der Fall; sie sind auch noch vom Integrationsweg abhängig und daher keine Zustandsgrößen. Nur die Summe von A und Q, also die Differenz von U, ist wegunabhängig. Diese Tatsache ist die ausschlaggebende mathematische Aussage des 1. Hauptsatzes, auf die wir bei seiner Verwendung immer zurückkommen werden.

Differentiell ausgedrückt, sagt der 1. Hauptsatz, daß die Summe $d'A + d'Q$ ein *totales* (*exaktes*), d. h. wegunabhängiges *Differential* ist:

$$dU = d'A + d'Q. \qquad (2.1)$$

Damit wird gesagt, daß man eine Funktion U (bis auf eine Konstante) angeben kann, deren totales Differential dU ist. Das Integral $\int_1^2 dU$ ist nur von den Integrationsgrenzen abhängig und nicht vom Integrationsweg. Diese Eigenschaften haben $d'A$ und $d'Q$ nicht, da sie wegabhängig sind. Wir benützen daher eine eigene Bezeichnung d' für das *inexakte* (wegabhängige) *Differential.*

Beweis, daß dU ein exaktes Differential ist: Nehmen wir an, das System sei vom Zustand 1 in den Zustand 2 zu bringen und es gelte die Beziehung

$$(A)\int_1^2 (d'Q + d'A) < (B)\int_1^2 (d'Q + d'A). \qquad (2.2)$$

$(A)\int_1^2$ bedeutet, daß der Weg (A) von 1 nach 2 zu nehmen ist. Dann können wir uns einen Kreisprozeß vorstellen, für den gilt

$$(A)\int_1^2 (d'Q + d'A) + (B)\int_2^1 (d'Q + d'A) =$$

$$= (A)\int_1^2 (d'Q + d'A) - (B)\int_1^2 (d'Q + d'A),$$

d. h.

$$\oint d'Q + \oint d'A < 0 \quad \text{oder} \quad \oint (-d'A) > \oint d'Q.$$

Das bedeutet aber: Die vom System während des Kreisprozesses abgegebene Arbeit ist größer als die von außen dem System zugeführte Wärmemenge, obwohl sich das System nach dem Kreisprozeß wieder im Anfangszustand befindet. Also ist das ein perpetuum mobile erster Art. Da es dieses nicht gibt, muß statt Gl. (2.2) vielmehr immer gelten

$$(A)\int_1^2 d'Q + d'A = (B)\int_1^2 d'Q + d'A$$

oder

$$(A)\int_1^2 dU = (B)\int_1^2 dU$$

oder

$$\oint dU = 0.$$

Dies ist aber das mathematische Kriterium dafür, daß dU ein exaktes Differential ist, was zu beweisen war.

Wir erinnern an folgendes: Hat man den Ausdruck

$$dz = f_1(x, y)\,dx + f_2(x, y)\,dy$$

vorliegen, so ist dz dann ein exaktes Differential, wenn gilt

$$\frac{\partial f_1}{\partial y} = \frac{\partial f_2}{\partial x}$$

Daraus kann, wie bekannt,

$$\oint (f_1\,dx + f_2\,dy) = 0$$

abgeleitet werden.

Ergebnis: U ist eine eindeutige Funktion der Zustandsvariablen.

Für ein System mit den Zustandsgrößen P, V und T (die Menge sei konstant, d. h., n ist konstant), sind wegen der Zustandsgleichung $f(P, V, T) = 0$ nur zwei Größen unabhängig, und wir können ansetzen

$$U = U(V, T) \quad \text{oder}$$
$$U = U(P, T) \quad \text{oder}$$
$$U = U(P, V),$$

wobei jede Darstellung je nach Art des Problems ihre Vorzüge hat.

Betrachtet man eine solche Folge von Zustandsänderungen, bei der am Ende wieder der Anfangszustand erreicht wird, also einen *Kreisprozeß,* so ist (weil die innere Energie eben nicht vom durchlaufenen Weg abhängt) (Bild 4):

$$U_2 - U_1 = 0 = Q + A \quad \text{für einen Kreisprozeß}$$

oder

$$\oint dU = 0.$$

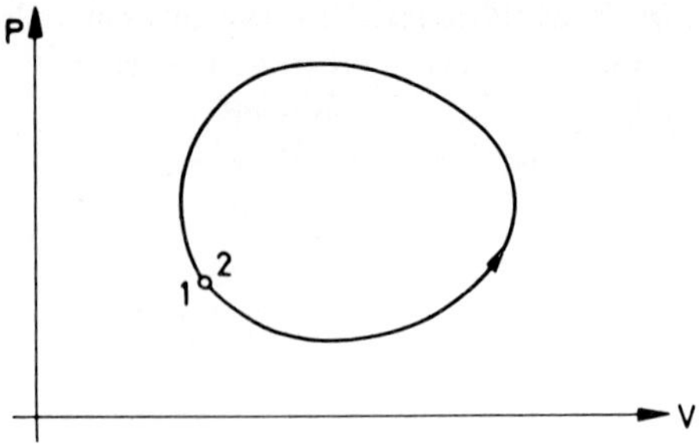

Bild 4

Das Differential von U(P, V) lautet

$$dU = \left(\frac{\partial U}{\partial P}\right)_V dP + \left(\frac{\partial U}{\partial V}\right)_P dV$$

und da dU ein exaktes Differential (1. HS) ist, folgt daraus

$$\left[\frac{\partial}{\partial V}\left(\frac{\partial U}{\partial P}\right)_V\right]_P = \left[\frac{\partial}{\partial P}\left(\frac{\partial U}{\partial V}\right)_P\right]_V .$$

Meistens wird diese Gleichheit der gemischten Ableitungen von U zur Ableitung von Folgerungen aus dem 1. Hauptsatz benützt (mathematische Verwendung des 1. Hauptsatzes).

$\left(\frac{\partial U}{\partial P}\right)_V$ ist die partielle Ableitung von U(P, V) nach P bei konstant gehaltenem V, wobei der Index V angibt, wovon U außer von P noch abhängt, im Gegensatz zu U(P, T) usw. Für die gemischte Ableitung $\left[\frac{\partial}{\partial V}\left(\frac{\partial U}{\partial P}\right)_V\right]_P$ ist daher die Bezeichnung $\frac{\partial^2 U}{\partial V\,\partial P}$ ausreichend, da man auch hier bereits sieht, daß U von P und V abhängt.

Erfährt das System eine infinitesimale *reversible Zustandsänderung*, bei der $d'A = -PdV$ ist (Kompressionsarbeit), so erhält man mit Hilfe des 1. Hauptsatzes $dU = d'Q - PdV$ für die aufgenommene Wärmemenge

$$d'Q = dU + PdV. \tag{2.3}$$

Je nach der Wahl der unabhängigen Variablen (P, V) oder (P, T) oder (V, T) erhalten wir daraus drei verschiedene Ausdrücke für d'Q:

$$(P, V){:}\ d'Q = \left(\frac{\partial U}{\partial P}\right)_V dP + \left[\left(\frac{\partial U}{\partial V}\right)_P + P\right] dV \tag{2.4}$$

$$(P, T){:}\ d'Q = \left[\left(\frac{\partial U}{\partial P}\right)_T + P\left(\frac{\partial V}{\partial P}\right)_T\right] dP + \left[\left(\frac{\partial U}{\partial T}\right)_P + P\left(\frac{\partial V}{\partial T}\right)_P\right] dT \tag{2.5}$$

$$(V, T){:}\ d'Q = \left(\frac{\partial U}{\partial T}\right)_V dT + \left[\left(\frac{\partial U}{\partial V}\right)_T + P\right] dV. \tag{2.6}$$

Dabei haben wir die Zustandsgleichung V = V(P, T) und ihr Differential

$$dV = \left(\frac{\partial V}{\partial P}\right)_T dP + \left(\frac{\partial V}{\partial T}\right)_P dT$$

berücksichtigt.

Diese Gleichungen für d'Q haben wenig praktischen Nutzen, da die partiellen Ableitungen gewöhnlich unbekannt sind. Sie werden später mit Hilfe des 2. Hauptsatzes in eine brauchbare Form gebracht.

2.1. Wärmekapazität und spezifische Wärme

Für die Wärmekapazität bei konstantem Volumen (dV = 0), bzw. bei konstantem Druck (dP = 0), erhält man aus den Gln (2.6) und (2.5)

$$C_V := \left(\frac{\partial' Q}{\partial T}\right)_V = \left(\frac{\partial U}{\partial T}\right)_V \tag{2.7}$$

$$C_P := \left(\frac{\partial' Q}{\partial T}\right)_P = \left(\frac{\partial [U + PV]}{\partial T}\right)_P = \left(\frac{\partial I}{\partial T}\right)_P, \tag{2.8}$$

wenn man mit

$$I := U + PV \tag{2.9}$$

eine neue Zustandsgröße des Systems, die sogenannte *Enthalpie,* einführt. Mit I läßt sich Gl. (2.5) auch folgendermaßen schreiben:

$$d'Q = \left[\left(\frac{\partial I}{\partial P}\right)_T - V\right] dP + C_P dT. \tag{2.10}$$

Wir werden oft die extensiven Größen auf ein Mol beziehen und benützen dann die intensiven Größen

$$u := \frac{U}{n}, \qquad v := \frac{V}{n}, \qquad i := \frac{I}{n}, \qquad a := \frac{A}{n}, \qquad q := \frac{Q}{n} \tag{2.11}$$

und die Wärmekapazität pro Mol, die sogenannte *Molwärme* (meistens wird sie auch *spezifische Wärme* genannt)

$$c_v := \frac{C_V}{n} = \left(\frac{\partial u}{\partial T}\right)_v \quad \text{und} \quad c_p := \frac{C_P}{n} = \left(\frac{\partial i}{\partial T}\right)_P. \tag{2.12}$$

Wir wollen nun $c_p - c_v$ berechnen. Daher setzen wir in Gl. (2.6)

$$dv = \left(\frac{\partial v}{\partial T}\right)_P dT + \left(\frac{\partial v}{\partial P}\right)_T dP$$

ein und erhalten

$$d'q = \left(\frac{\partial u}{\partial T}\right)_v dT + \left[\left(\frac{\partial u}{\partial v}\right)_T + P\right]\left[\left(\frac{\partial v}{\partial T}\right)_P dT + \left(\frac{\partial v}{\partial P}\right)_T dP\right].$$

Weiterhin ist für eine Zustandsänderung bei konstantem Druck wegen Gl. (2.10) die zugeführte Wärmemenge $d'q = c_p dT$. Setzt man das oben ein und beachtet, daß bei konstantem Druck dP = 0 ist, so ergibt sich mit Gl. (2.12)

$$c_p - c_v = \left[\left(\frac{\partial u}{\partial v}\right)_T + P\right]\left(\frac{\partial v}{\partial T}\right)_P. \tag{2.13}$$

Diese Beziehung gilt allgemein für jedes System, dessen Zustände (bei konstantem n) durch v und T beschrieben werden können.

2.2. Rechenregeln für partielle Ableitungen

Wir betrachten allgemein eine Funktion $z(x, y)$, wobei x und y selbst wieder Funktionen von u und v sind: $x = x(u, v), y = y(u, v)$. z kann daher auch als Funktion von u und v angegeben werden $z = z(x, y) = z(x(u, v), y(u, v)) = z(u, v)$ (Die Funktionsart von $z(u, v)$ in u und v ist dabei eine andere als jene von $z(x, y)$ in x und y). Die Differentiale von z, x und y lauten dann

$$dz = \left(\frac{\partial z}{\partial x}\right)_y dx + \left(\frac{\partial z}{\partial y}\right)_x dy, \quad dz = \left(\frac{\partial z}{\partial u}\right)_v du + \left(\frac{\partial z}{\partial v}\right)_u dv,$$

$$dx = \left(\frac{\partial x}{\partial u}\right)_v du + \left(\frac{\partial x}{\partial v}\right)_u dv,$$

$$dy = \left(\frac{\partial y}{\partial u}\right)_v du + \left(\frac{\partial y}{\partial v}\right)_u dv,$$

je nachdem ob z als Funktion von x und y oder u und v bekannt ist. Setzen wir dx und dy der beiden letzten Gleichungen in die erste Gleichung ein und bilden den Koeffizientenvergleich mit der zweiten Gleichung, so erhalten wir die allgemeinen Regeln

$$\left(\frac{\partial z}{\partial u}\right)_v = \left(\frac{\partial z}{\partial x}\right)_y \left(\frac{\partial x}{\partial u}\right)_v + \left(\frac{\partial z}{\partial y}\right)_x \left(\frac{\partial y}{\partial u}\right)_v \tag{2.14}$$

$$\left(\frac{\partial z}{\partial v}\right)_u = \left(\frac{\partial z}{\partial x}\right)_y \left(\frac{\partial x}{\partial v}\right)_u + \left(\frac{\partial z}{\partial y}\right)_x \left(\frac{\partial y}{\partial v}\right)_u, \tag{2.14'}$$

die sich auch auf beliebig viele Variable erweitern lassen.

Für uns sind meistens nur Spezialfälle davon interessant, z. B. Gl. (2.14), wenn $v = x$ ist,

$$\left(\frac{\partial z}{\partial u}\right)_x = \left(\frac{\partial z}{\partial y}\right)_x \left(\frac{\partial y}{\partial u}\right)_x, \tag{2.15}$$

oder die Spezialfälle für $u = z$ und $v = x$ oder $u = x$ und $v = z$

$$1 = \left(\frac{\partial z}{\partial y}\right)_x \left(\frac{\partial y}{\partial z}\right)_x, \qquad \left(\frac{\partial y}{\partial x}\right)_z = -\frac{\left(\frac{\partial z}{\partial x}\right)_y}{\left(\frac{\partial z}{\partial y}\right)_x}. \tag{2.16}$$

Weitere Rechenregeln für partielle Ableitungen sind in der Formelsammlung auf Seite 322 zu finden.

2.3. Experimentelle Prüfung und weitere Folgerungen des 1. Hauptsatzes

Man kann die Tatsache, daß die innere Energie eine Zustandsfunktion ist und daher du ein vollständiges Differential darstellt, dazu benützen, um eine experimentell prüfbare Beziehung abzuleiten, da ja die innere Energie im allgemeinen nicht direkt meßbar ist.

Auflösen der Gl. (2.13) nach $\left(\frac{\partial u}{\partial v}\right)_T$ und Benützen der Beziehung (siehe Gl. (2.16))

$$\frac{1}{\left(\frac{\partial v}{\partial T}\right)_P} = \left(\frac{\partial T}{\partial v}\right)_P \qquad \text{gibt} \qquad \left(\frac{\partial u}{\partial v}\right)_T = (c_p - c_v)\left(\frac{\partial T}{\partial v}\right)_P - P(v, T).$$

Wegen der Gleichheit der gemischten Ableitungen nach T und v (du ist ja ein totales Differential) gilt

$$\frac{\partial^2 u}{\partial T \partial v} = \frac{\partial^2 u}{\partial v \partial T} = \left(\frac{\partial c_v}{\partial v}\right)_T$$

und

$$\frac{\partial^2 u}{\partial T \partial v} = \left[\left(\frac{\partial c_p}{\partial T}\right)_v - \left(\frac{\partial c_v}{\partial T}\right)_v\right]\left(\frac{\partial T}{\partial v}\right)_P + (c_p - c_v)\left[\frac{\partial}{\partial T}\left(\frac{\partial T}{\partial v}\right)_P\right]_v - \left(\frac{\partial P}{\partial T}\right)_v$$
$$= \left(\frac{\partial c_v}{\partial v}\right)_T. \tag{2.17}$$

In dieser Gleichung treten nur experimentell bestimmbare Größen auf. Sie kann daher benützt werden, um den 1. Hauptsatz experimentell nachzuweisen.

Der 1. Hauptsatz kann auch anders als in Gl. (2.3) geschrieben werden:

$$d'q = du + Pdv = du + d(Pv) - vdP = d(u + Pv) - vdP.$$

Führt man nun die Enthalpie pro Mol i als Funktion von P und T ein, so lautet der 1. Hauptsatz:

$$d'q = di(T, P) - vdP = \left(\frac{\partial i}{\partial T}\right)_P dT + \left[\left(\frac{\partial i}{\partial P}\right)_T - v\right] dP. \tag{2.18}$$

Ist P konstant, so folgt mit Gl. (2.18) und

$$d'q = c_p dT$$

wieder (dP = 0)

$$c_p = \left(\frac{\partial i}{\partial T}\right)_P$$

oder mit i = u + Pv

$$c_p = \left(\frac{\partial u}{\partial T}\right)_P + P\left(\frac{\partial v}{\partial T}\right)_P.$$

Weiterhin folgt aus der schon abgeleiteten Formel (2.10):

$$d'q = c_p dT + \left[\left(\frac{\partial i}{\partial P}\right)_T - v\right] dP$$

für den Fall v = konstant ($d'q = c_v dT$)

$$c_v dT = c_p dT + \left[\left(\frac{\partial i}{\partial P}\right)_T - v\right] dP,$$

und da bei v = konstant $dP = \left(\frac{\partial P}{\partial T}\right)_v dT$ ist,

$$c_p - c_v = \left[v - \left(\frac{\partial i}{\partial P}\right)_T\right]\left(\frac{\partial P}{\partial T}\right)_v . \tag{2.19}$$

Um die Differenz der spezifischen Wärme bei konstantem Volumen und bei konstantem Druck tatsächlich berechnen zu können, ist es nach der ersten, oben angegebenen Formel für $c_p - c_v$,

$$c_p - c_v = \left[\left(\frac{\partial u}{\partial v}\right)_T + P\right]\left(\frac{\partial v}{\partial T}\right)_P ,$$

notwendig, neben der Zustandsgleichung die Abhängigkeit der inneren Energie vom Volumen zu kennen. Später werden wir den 2. Hauptsatz der Thermodynamik zu Hilfe nehmen können, um die v-Abhängigkeit von u(v, T) auf die Kenntnis der Zustandsgleichung zurückzuführen. Hier wollen wir das Experiment verwenden, um für das *ideale Gas* diese Abhängigkeit zu bestimmen. Wir führen daher den Versuch von Gay-Lussac durch.

2.4. Gay-Lussac-Versuch

Beim Versuch von *Gay-Lussac* wird das Überströmen eines bestimmten Gasvolumens in das Vakuum und der Unterschied zwischen Anfangs- und Endzustand betrachtet (Bild 5). Dabei tritt eine Strömung auf, welche nach einiger Zeit durch Reibung wieder zum Stillstand kommt (neuer Gleichgewichtszustand). Dies muß abgewartet werden.

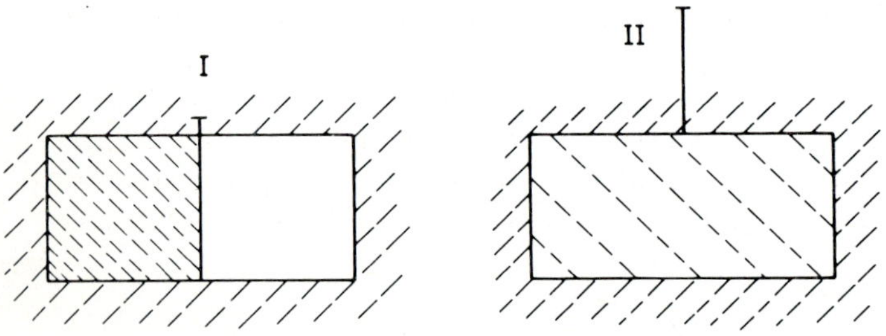

Bild 5

Wenn das System isoliert ist, gilt, weil dann kein Wärmeaustausch mit der Umgebung stattfindet und keine Arbeit verrichtet wird, $d'q = 0$, $d'a = 0$ und daher nach dem 1. Hauptsatz

$$0 = d'a + d'q = du = \left(\frac{\partial u}{\partial v}\right)_T dv + \left(\frac{\partial u}{\partial T}\right)_v dT \tag{2.20}$$

für die Änderung der inneren Energie bei diesem Versuch. Also ist

$$u(v_1, T_1) = u(v_2, T_2).$$

Für das ideale Gas ergibt der Gay-Lussac-Versuch $T_1 = T_2$, also $dT = 0$ (bei realen Gasen zeigt sich hingegen $T_1 \neq T_2$). Wegen Gl. (2.20) muß daher auch $\left(\frac{\partial u}{\partial v}\right)_T = 0$ sein, d. h., u ist für das ideale Gas nur eine Funktion von T allein und unabhängig von v: $u = u(T)$. Gl. (2.13) lautet daher für das ideale Gas ($Pv = RT$)

$$c_p - c_v = 0 + P\left(\frac{\partial v}{\partial T}\right)_P = P\,\frac{R}{P} = R,$$

$$\boxed{c_p - c_v = R}$$

Auch c_v ist dann eine Funktion von T allein

$$c_v(T) = \left(\frac{\partial u}{\partial T}\right)_v = \frac{du(T)}{dT}.$$

Für ein ideales Gas, bei dem zusätzlich c_v eine Konstante *(klassisches ideales Gas)* ist, nimmt die innere Energie eine besonders einfache Gestalt an:

$$u = c_v T + \text{const.} \tag{2.21}$$

Die additive Integrationskonstante ist durch den Nullpunkt der Energie festgelegt (siehe Seite 54).

2.5. Joule-Thomson-Versuch

Beim Versuch von *Joule* und *Thomson* wird eine gedrosselte Entspannung durchgeführt. Auf der linken und rechten Seite des Pfropfens (Bild 6) wird durch je einen Kolben der Druck P_1 und P_2 *konstant* aufrecht erhalten, während das Gas durch die Drossel strömt. Weiterhin ist die Temperatur T_1 auf der einen Seite vorgegeben. Gemessen wird die Temperatur T_2. Es muß allerdings darauf hingewiesen werden, daß es sich hier nicht um einen reversiblen Prozeß handelt, weil gerade die Druckdifferenz $P_1 - P_2$ für den Versuch wesentlich ist. Wegen der Drosselung gibt es aber praktisch keine kinetische Energie des strömenden Gases und man kann daher wieder den 1. Hauptsatz ohne Berücksichtigung von Strömungsenergie anwenden. Das System ist thermisch isoliert und daher $d'q = 0$.

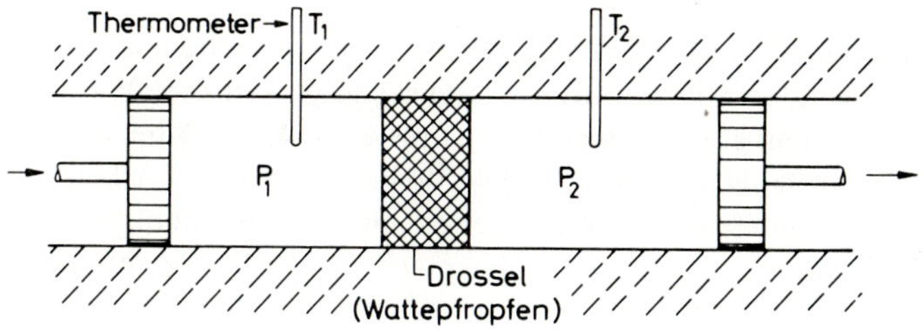

Bild 6

Die Änderung der inneren Energie für ein Mol durchgepreßten Gases ist also

$$u_2 - u_1 = -\int_{v_1}^{0} P_1\,dv - \int_{0}^{v_2} P_2\,dv = P_1 v_1 - P_2 v_2,$$

wobei das erste Integral die links vom Pfropfen und das zweite Integral die rechts vom Pfropfen zugeführte Arbeit ist. Daraus folgt

$$u_1 + P_1 v_1 = u_2 + P_2 v_2 \quad \text{oder} \quad i_1 = i_2;\ \Delta i := i_2 - i_1 = 0 \tag{2.22}$$

D. h., die Enthalpie ist bei diesem Versuch konstant.

Das Experiment zeigt, daß für das ideale Gas wieder $T_1 = T_2$, also $\Delta T = 0$ ist (für das reale Gas ist $\Delta T \neq 0$). i ist somit eine Funktion von T allein. Die weitere Behandlung beider Versuche erfolgt später unter Berücksichtigung des 2. Hauptsatzes.

3. Der 2. Hauptsatz der Thermodynamik

3.1. Die Aussagen des 2. Hauptsatzes

Es gibt Prozesse, die nach dem 1. Hauptsatz möglich sind, aber doch in der Natur nie vorkommen. Z. B. hat man es nie beobachtet, daß sich ein Stein plötzlich abkühlt und diese abgegebene Wärmemenge in potentielle Energie umwandelt, d. h. sich entsprechend hoch hebt. Oder die Umkehrung des Jouleschen Versuches: Wasser kühlt sich ab, dreht den Quirl und hebt damit das Gewicht.

Zweck des 2. Hauptsatzes ist es daher, diese in der Natur nicht vorkommenden Prozesse auszuschließen. Der 2. Hauptsatz ist durch die Erfahrung begründet. Zwei äquivalente Aussagen des 2. Hauptsatzes lauten:

Aussage von *Thomson:*

Es gibt keine thermodynamische Zuständsänderung, deren *einzige* Wirkung darin besteht, daß eine Wärmemenge einem Wärmespeicher entzogen und vollständig in Arbeit (z. B. Hebung einer Last) umgesetzt wird. (Eine solche Maschine wäre ein *perpetuum mobile 2. Art.*)

Aussage von *Clausius:*

Es gibt keine thermodynamische Zustandsänderung, deren *einzige* Wirkung darin besteht, daß eine Wärmemenge einem kälteren Wärmespeicher entzogen und an einen wärmeren abgegeben wird.

In beiden Aussagen ist das Wort *einzige* ausschlaggebend. Z. B. wandelt ein isotherm expandierendes ideales Gas (da bei diesem Prozeß $dU = 0$ ist) die aufgenommene Wärme vollständig in Arbeit um (z. B. Spannen einer Feder). Dies ist die erste Wirkung bei der z. B. die Wärmemenge Q des Wärmebehälters durch das Gas in die mechanische Arbeit (Spannen der Feder) $A = Q$ umgewandelt wurde. Wäre dies die einzige Veränderung (Wirkung), so würde dieser Prozeß dem 2. Hauptsatz widersprechen. Es tritt aber noch eine zweite Veränderung auf: Das Gas hat nach der Expansion ein größeres Volumen, weist also einen anderen Zustand auf als vorher. Eben durch diese zweite Wirkung wird der 2. Hauptsatz in Wirklichkeit nicht verletzt.

Die Äquivalenz der Thomsonschen Aussage (Th) und der Clausiuschen Aussage (Cl) läßt sich leicht zeigen:

1. Wenn Th falsch ist, gilt auch Cl nicht: Ist nämlich Th falsch, so können wir z. B. aus dem Wärmespeicher mit der niedrigeren Temperatur Wärme vollständig in Arbeit umwandeln, die wir ihrerseits wieder im Wärmespeicher mit höherer Temperatur in Wärme (durch den Quirl) verwandeln. Dies kommt aber einem Transport von Wärme von einem Speicher niedrigerer Temperatur in einen Speicher höherer Temperatur gleich, ohne sonst eine Veränderung zu hinterlassen. Dies wiederspricht Cl.
2. Wenn Cl falsch ist, gilt auch Th nicht: Eine Maschine [1]) entnimmt dem Speicher mit der Temperatur T_1 die Wärmemenge Q_1 und gibt bei T_2 die Wärme $\overline{Q}_2$ ab ($T_1 > T_2$). Die dabei von der Maschine abgegebene Arbeit ist

   $$\overline{A} = - A = Q_1 - \overline{Q}_2 . \tag{3.1}$$

   Überträgt man anschließend entgegen der Aussage Cl ohne Arbeitsverrichtung die Wärme Q_2 von dem Speicher 2 (T_2) in den Speicher 1 (T_1) so bleibt als einzige Änderung die vollständige Umwandlung der Wärme $Q_1 - \overline{Q}_2$ des Speichers 1 in Arbeit. Dies widerspricht aber Th.

Mit Punkt 1 und 2 ist somit gezeigt, daß die Aussagen Th und Cl äquivalent sind.

3.2. Die Carnot-Maschine

Die *Carnot*-Maschine ist definitionsgemäß eine Maschine, deren Arbeitsmedium (z. B. ein ideales Gas) die in Bild 7 dargestellte *zyklische Zustandsänderung* (auch *Kreisprozeß* genannt) *reversibel* durchläuft:

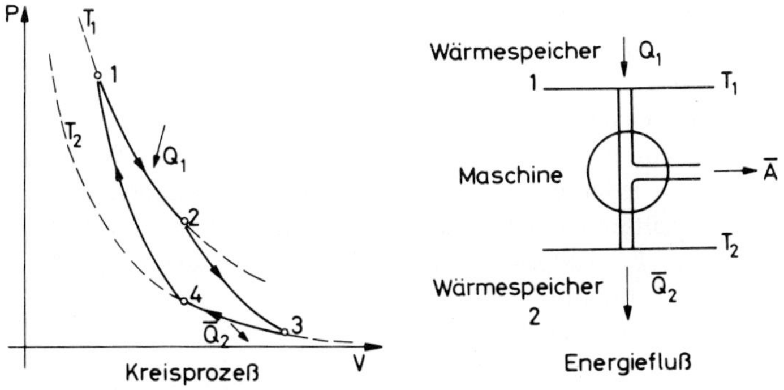

Bild 7

[1]) Eine *Maschine* ist ein thermodynamisches System, das eine zyklische Zustandsänderung (Kreisprozeß) durchläuft, dessen End- und Anfangszustand also gleich sind.

Die Expansion $\overline{12}$ des Arbeitsmediums verläuft isotherm bei T_1 unter Aufnahme der Wärmemenge Q_1. Anschließend erfolgt eine adiabatische Expansion $\overline{23}$. $\overline{34}$ ist eine isotherme Kompression bei der Temperatur $T_2 (T_2 < T_1)$ unter gleichzeitiger Abgabe der Wärmemenge $\overline{Q}_2$ und $\overline{41}$ eine adiabatische Kompression.

Die in einem Zyklus abgegebene Arbeit ist daher laut 1. Hauptsatz (für *jeden* Kreisprozeß ist $\Delta U = 0$, da Anfangs- und Endzustand eines Kreisprozesses identisch sind):

$$\Delta U = 0 = A + Q, \quad Q = Q_1 - \overline{Q}_2 = Q_1 + Q_2$$

oder

$$\overline{A} = - A = Q_1 - \overline{Q}_2 = Q_1 + Q_2 .$$

Der *thermische Wirkungsgrad* einer Maschine ist durch das Verhältnis aus abgegebener Arbeit und zugeführter Wärmemenge definiert:

$$\eta := \frac{\overline{A}}{Q_1} = 1 - \frac{\overline{Q}_2}{Q_1}. \tag{3.2}$$

Er bleibt wegen des 2. Hauptsatzes immer kleiner als 1 (siehe Seite 23, da für $\eta = 1$ $A = Q_1$ wird, was dem 2. Hauptsatz widerspricht).

Für die Carnot-Maschine gilt der wichtige

Carnotsche Satz:

Keine Maschine, die zwischen zwei Wärmespeichern (zwei vorgegebenen Temperaturen) arbeitet, hat einen besseren Wirkungsgrad als die Carnot-Maschine (Sadi Carnot 1824).

Beweis: Benützt man eine Carnot-Maschine C in umgekehrter Richtung, so wirkt sie als Wärmepumpe, indem sie die Wärmemenge Q_2 dem Wärmebehälter mit der niedrigeren Temperatur T_2 entnimmt und im Wärmebehälter mit der Temperatur T_1 die Wärmemenge $\overline{Q}_1$ abgibt. Die dabei dem Arbeitsmedium der Carnot-Maschine zugeführte Arbeit ist

$$A_{\text{pump}} = \eta \overline{Q}_1 = \frac{\eta}{1-\eta} Q_2 , \quad \text{denn} \quad Q_1 = \frac{\overline{Q}_2}{1-\eta}.$$

Nun lassen wir zwischen den gleichen Wärmebehältern eine beliebige Maschine X mit dem Wirkungsgrad η' laufen. Wenn diese Maschine dem wärmeren Wärmebehälter die Wärmemenge Q entnimmt, gibt sie, wieder laut 1. Hauptsatz ($\Delta U = 0$), die Arbeit $\overline{A}' = \eta' Q$ ab und außerdem an den kälteren Wärmebehälter T_2 die Wärme $(1 - \eta')Q$. Benützen wir nun C, um die von X bei T_2 abgegebene Wärme $(1 - \eta')Q$ wieder auf T_1 hinaufzupumpen, so benötigen wir die Pumparbeit

$$A_{\text{pump}} = \frac{\eta}{1-\eta} (1 - \eta') Q.$$

Die gesamte, aus beiden Maschinen gewonnene Arbeit ist daher

$$\overline{A}_{\text{ges}} = \overline{A}' - A_{\text{pump}} = \left[\eta' - \frac{\eta}{1-\eta}(1-\eta')\right] Q = \frac{\eta' - \eta}{1-\eta} Q.$$

Da damit der zweite Wärmebehälter seinen Anfangszustand wieder erreicht hat, ist die Wärme höchstens in einem Wärmebehälter verändert worden. Dies ist laut 2. Hauptsatz nur dann möglich, wenn Arbeit dem System (erster Wärmebehälter) zugeführt wird, d. h. $\bar{A}_{ges} \leqslant 0$ ist. Daraus folgt

$$\eta' - \eta \leqslant 0 \quad \text{oder} \quad \eta' \leqslant \eta, \tag{3.3}$$

da Q positiv und $\eta < 1$ ist. Das bedeutet die Maschine X kann nur einen kleineren, höchstens gleichen Wirkungsgrad besitzen wie die Carnot-Maschine, da sie sonst den 2. Haupsatz verletzt.

Nehmen wir nun an, die Maschine X durchlaufe einen reversiblen Kreisprozeß, dann können wir X auch als Pumpe mit dem gleichen Wirkungsgrad η' laufen lassen. Schalten wir außerdem zwischen beide Wärmebehalter noch eine Carnot-Maschine, die nun dem ersten Wärmebehalter die Wärmemenge Q entnimmt, und sorgen wir dafür, daß X wieder die von C in den zweiten Wärmebehalter gelieferte Wärmemenge in den ersten Wärmebehalter zurückpumpt, so haben wir die analogen Verhältnisse, wie sie oben besprochen wurden, nur mit vertauschten Rollen von X und C. Wir erhalten also nun $\bar{A}_{ges}$, indem wir η durch η' ersetzen und umgekehrt:

$$\bar{A}_{ges} = \frac{\eta - \eta'}{1 - \eta'} Q.$$

Wegen des 2. Hauptsatzes folgt aber wieder $\bar{A}_{ges} \leqslant 0$ und daher $\eta - \eta' \leqslant 0$ oder

$$\eta' \geqslant \eta. \tag{3.4}$$

Die Gln. (3.3) und (3.4) sind nur verträglich, wenn $\eta' = \eta$ ist, d. h., wenn die Maschine X einen reversiblen Kreisprozeß zwischen *zwei* Wärmebehältern durchläuft, ist sie identisch mit einer Carnot-Maschine. Außerdem sieht man, daß der Wirkungsgrad der Carnot-Maschine unabhängig von der Substanz des Arbeitsmittels der Maschine ist, da ja in der reversiblen X-Maschine ein anderes Arbeitsmittel als in C sein kann, und doch beide den gleichen Wirkungsrad haben.

Hat hingegen X den Wirkungsgrad $\eta' < \eta$, so muß der durchlaufene Kreisprozeß in X irreversibel sein, da nur dann Gl. (3.4) nicht gilt, denn für die Ableitung von (3.4) wurde die Reversibilität von X vorausgesetzt.

3.3. Die thermodynamische Temperaturskala

Da der Wirkungsgrad $\eta = 1 - \frac{\bar{Q}_2}{Q_1}$ einer Carnot-Maschine zwischen zwei Wärmebehältern infolge des Carnotschen Satzes eindeutig bestimmt ist und kalorisch bzw. energetisch gemessen werden kann, wollen wir ihn zur Definition einer neuen Temperaturskala, der sogenannten *absoluten Temperatur* bzw. *thermodynamischen Temperatur* θ benützen. Die absolute Temperatur der beiden Wärmebehälter ist dabei durch

$$\eta =: 1 - \frac{\theta_2}{\theta_1} \tag{3.5}$$

oder

$$\frac{\theta_2}{\theta_1} := \frac{\overline{Q}_2}{Q_1} \qquad \text{definiert.} \tag{3.6}$$

Benützen wir als zweiten Wärmebehälter ein System aus Eis, Wasser und Wasserdampf *(Tripelpunkt des Wassers)* und setzen für dieses System θ_2 irgendwie fest (dadurch wird die Einheit der absoluten Temperaturskala definiert), so ist durch Messungen von Q_1 und $\overline{Q}_2$ die Temperatur des ersten Wärmebehälters (System dessen Temperatur bestimmt werden soll) eindeutig festgelegt

$$\theta_1 = \theta_2 \frac{Q_1}{\overline{Q}_2}.$$

Dazu muß man $\frac{Q_1}{\overline{Q}_2}$ ohne Zuhilfenahme des Temperaturbegriffes messen können. Dies kann z. B. durch Messen des Energieverbruches zum Schmelzen von 1 kg Eis geschehen oder elektrisch durch eine kWh-Messung.

Es ist zu betonen, daß diese Temperaturmessung von keiner spezifischen Eigenschaft einer Substanz, sondern vielmehr nur von einer allen Substanzen gemeinsamen Eigenschaft, nämlich dem 2. Hauptsatz, abhängt. Deshalb auch der Name absolute Temperatur.

Experimentell wird der Carnot-Prozeß nicht durchgeführt, sondern nur durch Konstruktion der Adiabaten und Isothermen nachgebildet. Durch die Messung der Wärmeaufnahme längs der beiden Isothermen zwischen den zwei Adiabaten erhält man sofort das Verhältnis der absoluten Temperaturen der beiden Isothermen:

$$\frac{\theta_1}{\theta_2} = \frac{Q_1}{\overline{Q}_2}.$$

Es läßt sich nun leicht zeigen, daß die absolute Gastemperatur T der idealen Gase und die absolute Temperatur θ identisch sind, wenn man für beide die gleichen Einheiten (z. B. Kelvin) wählt. Um dies zu zeigen, führen wir einen Carnotschen Kreisprozeß mit einem idealen Gas durch und berechnen seinen Wirkungsgrad als Funktion der absoluten Gastemperatur.

3.4. Der Carnotsche Kreisprozeß des idealen Gases und die Temperaturskala

Zur Berechnung des Carnotschen Kreisprozesses benötigen wir die Zustandsgleichungen für die Isotherme und die reversible Adiabate des idealen Gases. Die Zustandsgleichung der Isotherme lautet $T = \text{const}$. Jene der reversiblen Adiabate muß erst aufgestellt werden. Sie ist durch $d'q = 0$ gegeben und dadurch, daß in jedem Augenblick Gleichgewicht herrscht, d. h. daß der Gasdruck P und der Druck auf den Arbeit zuführenden Kolben gleich sind, also die zugeführte Arbeit $d'a = -P dv$ ist. Dies trifft für irreversible Prozesse nicht immer zu: z. B. beim Gay-Lussac-Versuch, wo $d'a = 0$, obwohl $d'v \neq 0$, oder beim Joule-Thomson-Versuch, wo $d'a = -d(Pv)$ ist. Mit dem 1. Hauptsatz ergibt sich allgemein für die reversible Adiabate

$$0 = d'q = du + P dv \quad \text{oder} \quad (u = i - Pv)$$

$$0 = d'q = di - v dP \qquad (du = di - P dv - v dP)$$

und speziell für das ideale Gas ($du = c_v dT$, $di = c_p dT$)

$$c_v dT = -P dv \quad \text{oder}$$

$$c_p dT = v dP.$$

Die Division beider Gleichungen liefert

$$\kappa := \frac{c_p}{c_v} = -\frac{v dP}{P dv}, \quad -\kappa \frac{dv}{v} = \frac{dP}{P}, \tag{3.7}$$

wobei κ als Verhältnis von c_p und c_v definiert wurde. Durch Integration erhalten wir daraus die *Adiabatengleichung für das klassische ideale Gas*

$$P v^{\kappa} = \text{const}, \tag{3.8}$$

die nach Elimination von P bzw. v mit Hilfe der Zustandsgleichung $Pv = RT$ auch die andere Form

$$T v^{\kappa - 1} = \text{const}' \quad \text{bzw.} \tag{3.9}$$

$$P^{1-\kappa} T^{\kappa} = \text{const}'' \tag{3.10}$$

annimmt.

Betrachten wir nun den Carnot-Prozeß für ein Mol im einzelnen (Bild 8):

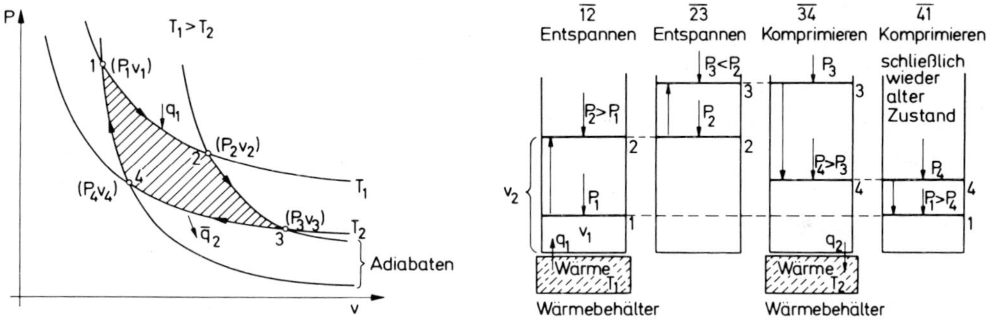

Bild 8

Zustandsänderung $\overline{12}$

Durch Druckerniedrigung expandiert das Gas im Zylinder bei gleichzeitiger Wärmeaufnahme aus einem Behälter, der sich auf der Temperatur T_1 befindet, isotherm auf das Volumen v_2.

Zustandsänderung $\overline{23}$

Das Gas expandiert adiabatisch weiter auf das Volumen v_3, nachdem das System von dem Wärmereservoir getrennt und gegen die Umgebung isoliert wurde.

Zustandsänderung $\overline{34}$

Durch Erhöhung des Druckes wird das Volumen isotherm bei Wärmeaustausch mit einem Behälter der Temperatur T_2 komprimiert.

Zustandsänderung $\overline{41}$

Schließlich wird das Gas weiter adiabatisch auf dasjenige Volumen komprimiert, bei dem dieser Prozeß seinen Ausgang genommen hat.

Die auf den einzelnen Kurvenstücken verrichteten Arbeiten lassen sich mit Hilfe der Zustandsgleichung für die Isothermen sowie mit den Adiabatengleichungen berechnen. Die auf den Isothermen zugeführten Arbeiten sind

$$\overline{12}: \; a_1 = -\int_{v_1}^{v_2} P dv = -RT_1 \ln \frac{v_2}{v_1} = -q_1$$

$$\overline{34}: \; a_3 = -\int_{v_3}^{v_4} P dv = -RT_2 \ln \frac{v_4}{v_3} = -q_2 .$$

Diese Arbeiten sind außerdem gleich den zugeführten Wärmemengen, da wegen $dT = 0$ für das ideale Gas auch $du = 0$ (siehe Gay-Lussac-Versuch) und somit $d'a = -d'q$ ist. Für die Adiabaten lauten sie hingegen wegen Gl. (3.8):

$$\overline{23}: \; a_2 = -P_2 v_2^\kappa \int_{v_2}^{v_3} \frac{dv}{v^\kappa} = -\frac{P_2 v_2^\kappa}{1-\kappa}\left(\frac{1}{v_3^{\kappa-1}} - \frac{1}{v_2^{\kappa-1}}\right) = -\frac{R}{1-\kappa}(T_2 - T_1)$$

$$\overline{41}: \; a_4 = -\int_{v_4}^{v_1} P dv = -\frac{P_4 v_4^\kappa}{1-\kappa}\left(\frac{1}{v_1^{\kappa-1}} - \frac{1}{v_4^{\kappa-1}}\right) = -\frac{R}{1-\kappa}(T_1 - T_2).$$

Die Arbeiten auf den Adiabaten kompensieren sich somit.

Wegen der aus den Adiabatengleichungen (3.9) folgenden Beziehungen

$T_1 v_1^{\kappa-1} = T_2 v_4^{\kappa-1}$ Adiabate $\overline{41}$

$T_1 v_2^{\kappa-1} = T_2 v_3^{\kappa-1}$ Adiabate $\overline{23}$

erhält man die Gleichung

$$\frac{v_1}{v_2} = \frac{v_4}{v_3} \quad \text{(ideales Gas).}$$

Damit wird die gesamte abgegebene Arbeit

$$\bar{a} = \bar{a}_1 - a_3 = \bar{a}_1 + \bar{a}_3 = q_1 - \bar{q}_2 = R(T_1 - T_2) \ln \frac{v_2}{v_1} .$$

Sie ist positiv, wenn (wie in Bild 8) die Temperatur T_1 größer als T_2 ist. Da die innere Energie eines idealen Gases nur von der Temperatur abhängt, ändert sie sich beim isothermen Prozeß nicht, und die auf den Isothermen erhaltenen Arbeiten sind somit gleich den den Wärmebehältern entnommenen Wärmemengen. Dem ersten Behälter wurde die Wärmemenge

$$q_1 = RT_1 \ln \frac{v_2}{v_1}$$

entnommen. Der davon tatsächlich in Arbeit verwandelte Bruchteil

$$\frac{(q_1 - \bar{q}_2)}{q_1} = \frac{\bar{a}}{q_1} = \boxed{\eta = 1 - \frac{T_2}{T_1} < 1}$$

ist der Wirkungsgrad der Maschine.

Damit ist gezeigt, daß der Quotient der absoluten Gastemperaturen gleich ist dem der absoluten Temperaturen:

$$\frac{T_1}{T_2} = \frac{\theta_1}{\theta_2}.$$

Durch Gleichsetzen der Temperaturen beider Skalen am Tripelpunkt reinen Wassers (siehe Seite 73) $\theta_2 \equiv T_2$ werden die Temperaturskalen selbst identisch. 1954 ist man übereingekommen, den Tripelpunkt reinen Wassers gleich 273,16 K zu setzen, wodurch eine neue Definition für die Einheit der Kelvin-Skala festgelegt wurde (siehe auch die Seiten 3 und 73).

Von jetzt ab werden wir die beiden Skalen nicht mehr unterscheiden und die absolute Temperatur auch mit T bezeichnen. Sie hat die besondere Eigenschaft, nie kleiner als $T = 0$ zu werden, da immer $\eta < 1$ (höchstens angenähert $\eta = 1$) ist.

Diese untere Schranke der Temperatur $T = 0$ wird *absoluter Nullpunkt* genannt und ist nur asymptotisch erreichbar, d. h., man kann dem absoluten Nullpunkt beliebig nahe kommen, ihn aber doch nie erreichen oder gar unterschreiten (dies gilt auch für Systeme mit nach oben beschränkter Energie, welche negative absolute Temperaturen annehmen können, wie wir im Beispiel S 11 zeigen). Könnte man ihn nämlich erreichen, so wäre der 2. Hauptsatz ungültig, denn dann wäre ein unterer Wärmebehälter einer Carnot-Maschine am absoluten Nullpunkt möglich und somit $A = Q_1$: Wärme wäre vollständig in Arbeit umwandelbar, was dem 2. Hauptsatz widerspricht.

3.5. Die Entropie

Der 2. Hauptsatz ermöglicht es uns, eine neue Zustandsfunktion zu definieren, die sogenannte *Entropie S.* Diese Möglichkeit erhalten wir durch den *Clausiusschen Satz:* Bei einem beliebigen Kreisprozeß, bei dessen Ablauf dauernd die Temperatur definiert ist, gilt die Ungleichung

$$\oint \frac{d'Q}{T} \leqslant 0, \tag{3.11}$$

wobei sich das Integral über einen vollen Zyklus (Kreisprozeß) erstreckt (Bild 9). Das Gleichheitszeichen gilt, wenn der Kreisprozeß reversibel durchlaufen wird.

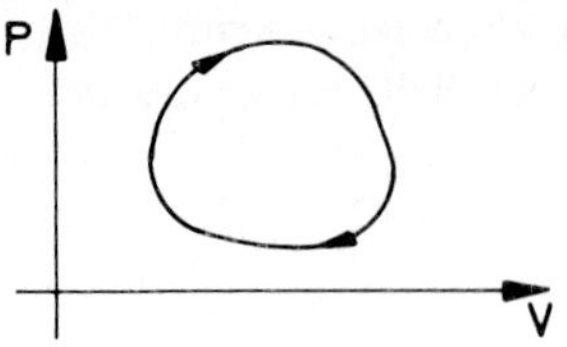

Bild 9

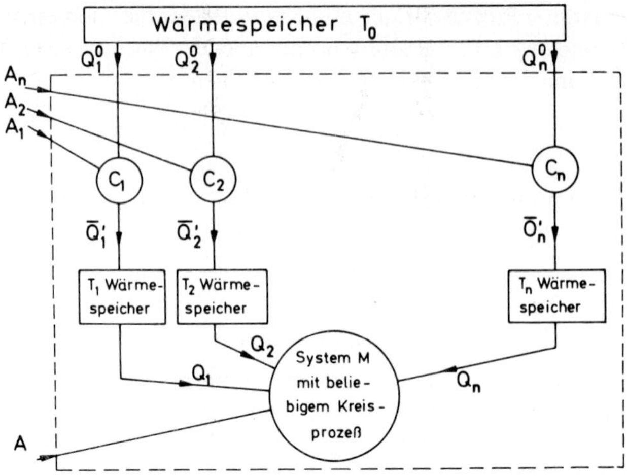

Bild 10
Annäherung eines Kreisprozesses durch eine Vielzahl von Carnotprozessen.

Das strichliert umrahmte System ist nach einem vollen Zyklus unverändert und es gilt daher nach dem

$$\left.\begin{array}{ll}\text{1. Hauptsatz:} & \sum\limits_i A_i + A + \sum\limits_i Q_i^0 = 0 \\ \text{und nach dem} & \\ \text{2. Hauptsatz:} & \sum\limits_i A_i + A \geqslant 0\end{array}\right\} \rightarrow Q_0 := \sum_i Q_i^0 \leqslant 0.$$

Dieser Satz ist eine Folge des 2. Hauptsatzes, wie der Beweis zeigen wird. Zum Beweis des Clausiusschen Satzes nähern wir den beliebigen Kreisprozeß (System M) durch geeignete isotherme und adiabatische Schritte an. Das System M wird während der Zustandsänderung nacheinander mit Wärmespeichern, welche die gleichen Temperaturen ($T_1, T_2, \ldots, T_n$) haben, wie sie das System während der isothermen Schritte hat, in Kontakt gebracht, wobei Q_i die Wärmemenge ist, die vom System M im i-ten Schritt aus dem i-ten Wärmespeicher aufgenommen wird (Bild 10). Wir fügen dieser Anordnung noch n Carnot-Maschinen (C_i) hinzu, die zwischen T_i und $T_0 (T_0 > T_i)$ arbeiten, die Wärmemengen Q_i^0 von T_0 aufnehmen und $\bar{Q}_i'$ bei T_i an den Wärmespeicher i abgeben. $\bar{Q}_i'$ wird dabei so gewählt, daß $\bar{Q}_i' = Q_i$ ist. Für jede dieser Carnot-Maschinen gilt aber (Folge des 2. Hauptsatzes)

$$\frac{Q_i^0}{\bar{Q}_i'} = \frac{T_0}{T_i} \rightarrow \frac{Q_i^0}{Q_i} = \frac{T_0}{T_i}.$$

Die Vorzeichen der Wärmemengen beziehen sich auf die jeweiligen Maschinen.

Für die gesamte Anordnung (beliebiger Kreisprozeß plus n Carnot-Maschinen) gilt daher: Die n Wärmespeicher T_1 bis T_n bleiben nach einem vollen Zyklus unverändert

(Wärmeabfuhr durch beliebigen Prozeß = Wärmezufuhr durch Carnot-Maschine). Lediglich vom Speicher T_0 wird den Carnot-Maschinen die Wärme

$$Q_0 := \sum_{i=1}^{n} Q_i^0 = T_0 \sum_{i=1}^{n} \frac{Q_i}{T_i}$$

zugeführt und vollständig in Arbeit umgewandelt. Es hat also nur ein Speicher eine Veränderung erfahren. Dies ist laut 2. HS nur dann möglich, wenn $Q_0 \leqslant 0$ ist, d. h. Arbeit in Wärme umgewandelt wird und nicht umgekehrt. Da aber T_0 immer positiv ist, folgt daraus für den beliebigen Kreisprozeß

$$\sum_{i=1}^{n} \frac{Q_i}{T_i} \leqslant 0, \tag{3.12}$$

womit der erste Teil des Clausius-Satzes bewiesen ist.

Wenn der Kreisprozeß des Systems M reversibel ist, können wir ihn umkehren. Mit den analogen Überlegungen wie oben erhalten wir daher die gleiche Ungleichung, nur mit dem entgegengesetzten Vorzeichen von Q_i:

$$-\sum_{i=1}^{n} \frac{Q_i}{T_i} \leqslant 0.$$

Für einen beliebigen *reversiblen* Kreisprozeß gelten also beide Ungleichungen, die nur dann nicht zueinander in Widerspruch stehen, wenn für den reversiblen Kreisprozeß nur das Gleichheitszeichen gilt:

$$\sum_{i=1}^{n} \frac{Q_i}{T_i} = 0, \qquad \text{reversibler Kreisprozeß}, \tag{3.13}$$

während

$$\sum_{i=1}^{n} \frac{Q_i}{T_i} < 0, \qquad \text{irreversibler Kreisprozeß}. \tag{3.14}$$

Damit ist der Clausius-Satz mit Hilfe des 2. Hauptsatzes bewiesen, wenn $n \to \infty$ strebt.

Mit Gl. (3.13) kommt man zu der Aussage, daß für eine reversible Zustandsänderung (durch $d'Q_{rev}$ gekennzeichnet) vom Zustand A zum Zustand B das Integral

$$\int_A^B \frac{d'Q_{rev}}{T} \tag{3.15}$$

unabhängig vom Integrationsweg ist. Es hängt nur vom Anfangszustand A und vom Endzustand B des Prozesses ab.

Zum Beweis betrachten wir zwei beliebige reversible Wege I und II zwischen A und B (Bild 11). II′ sie die Umkehrung von II.

Für den reversiblen Kreisprozeß I II′ gilt dann laut Satz von Clausius

$$\int_{I} \frac{d'Q_{rev}}{T} + \int_{II'} \frac{d'Q_{rev}}{T} = 0.$$

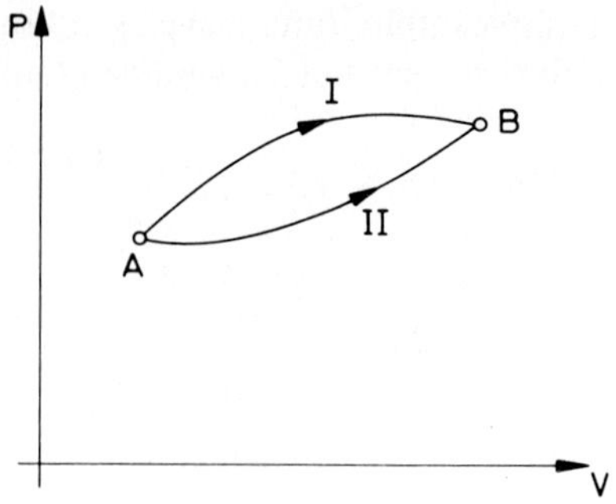

Bild 11

Da aber

$$\int_{II'} \frac{d'Q_{rev}}{T} = -\int_{II} \frac{d'Q_{rev}}{T}$$

ist, folgt

$$\int_{I} \frac{d'Q_{rev}}{T} = \int_{II} \frac{d'Q_{rev}}{T},$$

d. h., die Integrale sind wegunabhängig.

Die Wegunabhängigkeit des Integrals (3.15) gestattet es uns, eine neue Zustandsfunktion, die *Entropie* S, zu definieren

$$\boxed{S(A) := \int_{0}^{A} \frac{d'Q_{rev}}{T},}$$

wobei der Integrationsweg irgendein *reversibler Weg* (durch den Index rev bei Q angedeutet) zwischen dem festzuhaltenden Bezugspunkt 0 und dem Zustand A ist. Die Entropie ist dadurch bis auf eine willkürliche Konstante definiert, die erst durch den 3. Hauptsatz bestimmt wird. Die Entropiedifferenz zweier Zustände ist jedoch eindeutig bestimmt:

$$S(B) - S(A) = \int_{A}^{B} \frac{d'Q_{rev}}{T}. \tag{3.16}$$

Für eine infinitesimale Zustandsänderung ist daher die Änderung der Entropie durch das totale (exakte) Differential

$$\boxed{dS := \frac{d'Q_{rev}}{T}} \tag{3.17}$$

gegeben. Daraus ergibt sich für eine beliebige Zustandsänderung die Beziehung

$$\boxed{\int_{A}^{B} \frac{d'Q}{T} \leqslant S(B) - S(A); \quad \frac{d'Q}{T} \leqslant dS,} \tag{3.18}$$

wobei = bei reversiblen und < bei irreversiblen Zustandsänderungen gilt.

Der Beweis von (3.18) erfolgt durch Ergänzung zu einem Kreisprozeß (Bild 12). I ist der *reversible oder irreversible* Weg von (3.18) und R ein Weg, der *reversibel* von A nach B führt. Nach dem Clausiusschen Satz gilt für den Kreisprozeß (nur R läßt sich umkehren)

$$\int_I \frac{d'Q}{T} - \int_R \frac{d'Q_{rev}}{T} \leqslant 0$$

oder wegen (3.16)

$$\int_I \frac{d'Q}{T} \leqslant \int_R \frac{d'Q_{rev}}{T} = S(B) - S(A).$$

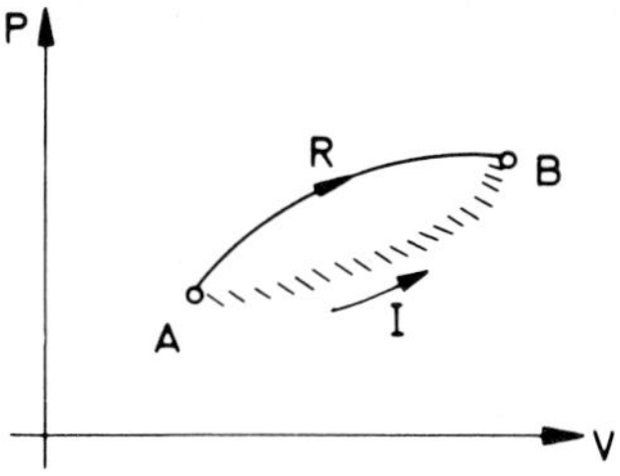

Bild 12

Da für ein *thermisch abgeschlossenes System* $d'Q = 0$ ist, folgt mit (3.18)

$$S(B) - S(A) \geqslant 0 \quad (A \to B), \tag{3.19}$$

wobei das Gleichheitszeichen wieder für reversible Zustandsänderungen gilt. D.h. die Entropie eines thermisch abgeschlossenen Systems nimmt nie ab. Daher kann ein thermisch isoliertes System, das sich nicht im thermischen Gleichgewicht befindet, nur folgende Veränderung erfahren: der Zustand des Systems wird mit der Zeit dem Gleichgewichtszustand zustreben und gleichzeitig wird die Entropie zunehmen, bis sie schließlich im Gleichgewichtszustand ein Maximum erreicht.

3.6. Entropieänderung bei isothermer Expansion idealer Gase

Eine beliebige Menge eines idealen Gases expandiere isotherm auf zwei verschiedene Arten vom Volumen V_1 auf das Volumen V_2 und zwar

1. durch eine reversible isotherme Expansion und
2. durch eine irreversible freie Expansion wie beim Gay-Lussac-Versuch.

1. Reversible Expansion (Bild 13)

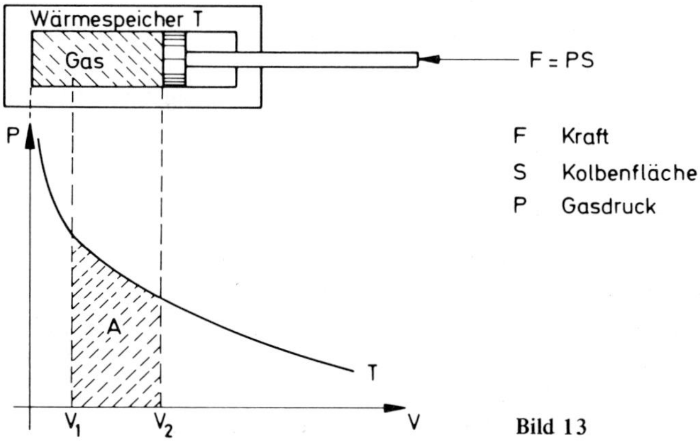

Bild 13

Da beim idealen Gas U(T) eine Funktion von T allein ist, ist bei der isothermen ($\Delta T = 0$) Expansion $\Delta U = 0$ und somit wegen des 1. Hauptsatzes

$$Q = -A = +\int_{V_1}^{V_2} P\,dV = nRT \int_{V_1}^{V_2} \frac{dV}{V} = nRT \ln \frac{V_2}{V_1}.$$

Die Entropieänderung des idealen Gases ist daher

$$(\Delta S)_{Gas} = \int_1^2 \frac{d'Q_{rev}}{T} = \frac{Q}{T} = nR \ln \frac{V_2}{V_1}.$$

Der Wärmespeicher gibt bei konstanter Temperatur die Wärme $-Q$ an das Gas ab, und erfährt dabei die Entropieänderung:

$$(\Delta S)_{Speicher} = -\frac{Q}{T} = -nR \ln \frac{V_2}{V_1}.$$

Die Entropieänderung der gesamten Anordnung ist also Null

$$(\Delta S)_{tot} = (\Delta S)_{Gas} + (\Delta S)_{Speicher} = 0,$$

wie es für ein thermisch abgeschlossenes System bei reversibler Zustandsänderung (siehe Gl. (3.19)) sein muß. Die Zustandsänderung des Gesamtsystems ist also ein adiabatischer reversibler Prozeß.

Die frei gewordene Arbeit (z. B. durch Kolben in einer Vorrichtung gespeichert)

$$\bar{A} = -A = nRT \ln \frac{V_2}{V_1}$$

kann zur Kompression des Gases benützt werden, wodurch die Zustandsänderung rückgängig gemacht werden kann ohne irgendeine Änderung in der Natur zurückzulassen (reversibler Prozeß).

2. Freie Expansion

Dieser Prozeß wird beim Gay-Lussac-Versuch (siehe Seite 14) beschrieben. Anfangs- und Endzustand des Gases sind hier die gleichen wie im reversiblen Fall (nachdem Gleichgewicht im Endzustand abgewartet wurde, d.h. der Ausgleichsvorgang zum Stillstand kam). Daher ist auch hier die Entropieänderung des idealen Gases

$$(\Delta S)_{Gas} = nR \ln \frac{V_2}{V_1},$$

denn die Entropie ist mit Hilfe einer reversiblen Zustandsänderung zwischen Anfangs- und Endzustand definiert. Wenn der tatsächlich durchlaufende Weg nicht ein solcher ist, muß man das Integral längs *irgendeines* reversiblen Weges (hier z. B. wie im Fall 1), d.h. über irgendeine reversible Zustandsänderung, ausrechnen, die vom gegebenen Anfangszustand in den gegebenen Endzustand führt. Beim Gay-Lussac-Versuch ist auf dem wirklichen Weg $d'Q_{irr} = 0$, d.h. $T(\Delta S)_{Gas} > Q_{irr} = 0$, wie es laut Gl. (3.18) der Fall sein muß.

Wegen $Q_{irr} = 0$ erfährt der Wärmespeicher keine Veränderung

$$(\Delta S)_{Speicher} = 0$$

und wir haben

$$(\Delta S)_{tot} = (\Delta S)_{Gas} + (\Delta S)_{Speicher} = nR \ln \frac{V_2}{V_1} > 0 \quad (\text{da } V_2 > V_1).$$

Dieser Prozeß ist irreversibel, da das Gas keine Arbeit abgegeben hat, die zur Umkehrung des Prozesses erforderlich wäre. Die Entropie der gesamten Anordnung nimmt daher bei der freien Expansion zu.

Vergleichen wir mit dem ersten Fall, so sehen wir, daß im zweiten Fall die Arbeit

$$\bar{A} = T(\Delta S)_{tot} = nRT \ln \frac{V_2}{V_1}$$

verschwendet wird, da sie bei reversibler Ausdehnung (erster Fall) hätte gewonnen werden können. Dieses Beispiel zeigt, daß *bei irreversibler Zustandsänderung verwertbare Arbeit verschwendet wird,* was durch eine Zunahme der Entropie des Gesamtsystems gekennzeichnet ist. Die Entropie eines Zustandes ist daher ein Maß für die *Nichtverfügbarkeit* von Energie in diesem Zustand.

3.7. Entropieänderung bei der Wärmeleitung

Die Wärmeleitung ist ein irreversibler Prozeß und erhöht daher die Gesamtentropie. Wird etwa die Wärmemenge Q von einem Wärmespeicher mit T_1 z. B. über eine Metallstange zum Wärmespeicher mit der Temperatur $T_2 < T_1$ geleitet, so beträgt die Entropiezunahme des Gesamtsystems (T_1 und T_2 sind konstant)

$$\Delta S = \frac{Q}{T_2} - \frac{Q}{T_1} > 0.$$

Eine reversible Wärmeübertragung ist einzig und allein nur dann möglich, wenn wir zwischen die beiden Wärmespeicher eine Carnot-Maschine schalten. Der Unterschied zwischen aufgenommener und abgegebener Wärmemenge ist dann gleich der von der Maschine geleisteten Arbeit.

3.8. Entropie des idealen Gases

Für das ideale Gas gilt

$$d'q = du - d'a = c_v dT + P dv$$

und

$$s = \int \frac{c_v dT + P dv}{T}.$$

Wenn man $dv = -RT\frac{dP}{P^2} + R\frac{dT}{P}$ berücksichtigt und c_v = konstant annimmt, so folgt

$$\begin{aligned} s &= (c_v + R)\ln T - R\ln P + s_0, \\ s &= c_p \ln T - R\ln P + s_0, \\ s_0 &= s(T = 1\,\mathrm{K}, P = 1\,\mathrm{dyn/cm^2}). \end{aligned} \tag{3.20}$$

s_0 ist die Entropie des idealen Gases bei T = 1 K, P = 1 dyn/cm² und wird die *Entropiekonstante* des idealen Gases genannt (siehe auch Seite 226).

3.9. Folgerungen aus dem 2. Hauptsatz

Die Tatsache, daß dS ein totales Differential ist, läßt sich dazu benützen, weitere, für alle Stoffe gültige, Beziehungen zu finden.

Handelt es sich dabei um einen irreversiblen Prozeß, so gelten die Folgerungen nur für den (auch auf reversiblem Weg verbindbaren) Gleichgewichtsanfangs- und Gleichgewichtsendzustand, nicht aber für die durchlaufenen Nichtgleichgewichtszustände. Z. B. ist beim Gay-Lussac-Versuch für das ideale Gas $\Delta U = 0$ (1. Hauptsatz), und da $U = U(T)$ nur von T abhängt, ist auch $\Delta T = 0$: Die Temperatur des End- und Anfangszustandes (beide sind Gleichgewichtszustände) sind gleich. Dagegen ändert sich T während der freien Expansion ortsabhängig und erst nach Temperaturausgleich innerhalb des Gases (Erreichen des Gleichgewichtes) gilt $\Delta T = 0$.

Aus der für alle Stoffe gültigen Beziehung

$$d'q_{rev} = T ds$$

und der Gl. (2.6) folgt allgemein

$$ds = \frac{c_v}{T} dT + \frac{1}{T}\left[\left(\frac{\partial u}{\partial v}\right)_T + P\right] dv = \left(\frac{\partial s}{\partial T}\right)_v dT + \left(\frac{\partial s}{\partial v}\right)_T dv.$$

Durch die Gleichheit der gemischten Ableitung von s

$$\frac{\partial^2 s}{\partial v \partial T} = \frac{\partial^2 s}{\partial T \partial v}$$

ergibt sich

$$\left(\frac{\partial}{\partial v}\right)_T \left(\frac{c_v}{T}\right) = \left(\frac{\partial}{\partial T}\right)_v \left\{\frac{1}{T}\left[\left(\frac{\partial u}{\partial v}\right)_T + P\right]\right\},$$

$$\frac{1}{T}\frac{\partial^2 u}{\partial v \partial T} = \frac{1}{T}\frac{\partial^2 u}{\partial T \partial v} + \frac{1}{T}\left(\frac{\partial P}{\partial T}\right)_v - \frac{1}{T^2}\left[\left(\frac{\partial u}{\partial v}\right)_T + P\right],$$

$$\boxed{\left(\frac{\partial u}{\partial v}\right)_T = T\left(\frac{\partial P}{\partial T}\right)_v - P = T^2\left[\frac{\partial}{\partial T}\left(\frac{P}{T}\right)\right]_v .} \tag{3.21}$$

Mit Hilfe des 2. Hauptsatzes ist es also möglich, die Volumenabhängigkeit der inneren Energie irgendeines beliebigen Systems aus der Zustandsgleichung $P = P(T, v)$ dieses Systems zu berechnen.

Weiterhin kann man noch zeigen, daß sich auch die v-Abhängigkeit von c_v wegen (3.21) auf die Kenntnis der Zustandsgleichung zurückführen läßt:

$$\left(\frac{\partial c_v}{\partial v}\right)_T = \frac{\partial^2 u}{\partial T \partial v} = \frac{\partial}{\partial T}\left[T\left(\frac{\partial P}{\partial T}\right)_v - P\right]_v = T\left(\frac{\partial^2 P}{\partial T^2}\right)_v,$$

$$\boxed{\left(\frac{\partial c_v}{\partial v}\right)_T = T\left(\frac{\partial^2 P}{\partial T^2}\right)_v.} \tag{3.22}$$

Kennt man die spezifische Wärme $c_v(T, v)$ als Funktion von T und v (die v-Abhängigkeit von c_v ist wegen (3.22) bereits durch die Zustandsgleichung gegeben) und die Zustandsgleichung $P = P(T, v)$ eines *beliebigen Systems,* so ist es möglich, sowohl die innere Energie als auch die Entropie dieses Systems bis auf eine Konstante zu berechnen:

$$du = \left(\frac{\partial u}{\partial T}\right)_v dT + \left(\frac{\partial u}{\partial v}\right)_T dv,$$

$$u(v, T) = \int_{T_0}^{T} c_v dT + \int_{v_0}^{v}\left[T\left(\frac{\partial P}{\partial T}\right)_v - P\right] dv + u(v_0, T_0). \tag{3.23}$$

Da mit Gl. (3.21)

$$\left(\frac{\partial s}{\partial v}\right)_T = \frac{1}{T}\left[\left(\frac{\partial u}{\partial v}\right)_T + P\right] = \left(\frac{\partial P}{\partial T}\right)_v$$

ist, folgt

$$s(v, T) = \int_{T_0}^{T} \frac{c_v}{T} dT + \int_{v_0}^{v}\left(\frac{\partial P}{\partial T}\right)_v dv + s(v_0, T_0). \tag{3.24}$$

Analog zu Gl. (3.21) erhält man mit Gl. (2.18)

$$ds = \frac{c_p}{T} dT + \frac{1}{T}\left[\left(\frac{\partial i}{\partial P}\right)_T - v\right] dP = \left(\frac{\partial s}{\partial T}\right)_P dT + \left(\frac{\partial s}{\partial P}\right)_T dP$$

und bei Gleichsetzen der gemischten Ableitungen von s

$$\frac{1}{T}\frac{\partial^2 i}{\partial P \partial T} = -\frac{1}{T^2}\left[\left(\frac{\partial i}{\partial P}\right)_T - v\right] + \frac{1}{T}\frac{\partial^2 i}{\partial T \partial P} - \frac{1}{T}\left(\frac{\partial v}{\partial T}\right)_P$$

$$\boxed{\left(\frac{\partial i}{\partial P}\right)_T = v - T\left(\frac{\partial v}{\partial T}\right)_P = -T^2\left[\frac{\partial}{\partial T}\left(\frac{v}{T}\right)\right]_P.} \tag{3.25}$$

Außerdem ist die P-Abhängigkeit von c_p durch die Zustandsgleichung bestimmt:

$$\left(\frac{\partial c_p}{\partial P}\right)_T = \frac{\partial^2 i}{\partial T \partial P} = \frac{\partial}{\partial T}\left[v - T\left(\frac{\partial v}{\partial T}\right)_P\right]_P = -T\left(\frac{\partial^2 v}{\partial T^2}\right)_P,$$

$$\boxed{\left(\frac{\partial c_p}{\partial P}\right)_T = -T\left(\frac{\partial^2 v}{\partial T^2}\right)_P} \qquad (3.26)$$

Sind für einen beliebigen Stoff $c_p(T, P)$ und die Zustandsgleichung $v = v(T, P)$ bekannt, können $i(T, P)$ und $s(T, P)$ berechnet werden:

$$i(P, T) = \int_{T_0}^{T} c_p\, dT + \int_{P_0}^{P}\left[v - T\left(\frac{\partial v}{\partial T}\right)_P\right] dP + i(P_0, T_0), \qquad (3.27)$$

$$s(P, T) = \int_{T_0}^{T} \frac{c_p}{T}\, dT - \int_{P_0}^{P}\left(\frac{\partial v}{\partial T}\right)_P dP + s(P_0, T_0). \qquad (3.28)$$

Weiterhin folgt aus den Gln (2.13) und (3.21)

$$c_p - c_v = \left[\left(\frac{\partial u}{\partial v}\right)_T + P\right]\left(\frac{\partial v}{\partial T}\right)_P = T\left(\frac{\partial P}{\partial T}\right)_v\left(\frac{\partial v}{\partial T}\right)_P,$$

also

$$\boxed{c_p - c_v = T\left(\frac{\partial P}{\partial T}\right)_v\left(\frac{\partial v}{\partial T}\right)_P} \qquad (3.29)$$

Oft werden statt der Zustandsgleichung experimentell einfacher zu messende Größen benützt. Diese sind:

thermischer Expansionskoeffizient $\quad \alpha := \frac{1}{V}\left(\frac{\partial V}{\partial T}\right)_P,$ $\qquad (3.30)$

isotherme Kompressibilität $\quad \kappa_T := -\frac{1}{V}\left(\frac{\partial V}{\partial P}\right)_T,$ $\qquad (3.31)$

adiabatische Kompressibilität $\quad \kappa_S := -\frac{1}{V}\left(\frac{\partial V}{\partial P}\right)_S,$ $\qquad (3.32)$

isochorer Spannungskoeffizient $\quad \beta := \frac{1}{P}\left(\frac{\partial P}{\partial T}\right)_v.$ $\qquad (3.33)$

Nach einer Umformung (siehe Gl. (2.16)) ergibt sich daraus für

$$c_p - c_v = T\left(\frac{\partial P}{\partial T}\right)_v \left(\frac{\partial v}{\partial T}\right)_P = T\underbrace{\left(\frac{\partial P}{\partial T}\right)_v \left(\frac{\partial T}{\partial v}\right)_P}_{-\left(\frac{\partial P}{\partial v}\right)_T} \left(\frac{\partial v}{\partial T}\right)_P^2, \tag{3.34}$$

$$c_p - c_v = -T\left(\frac{\partial v}{\partial T}\right)_P^2 \left(\frac{\partial P}{\partial v}\right)_T = \frac{Tv\alpha^2}{\kappa_T} > 0. \tag{3.35}$$

$c_p - c_v$ ist größer als Null, da erfahrungsgemäß für alle Stoffe $\kappa_T \geqslant 0$ ist. Daß $\kappa_T \geqslant 0$ ist, ist nicht eine Folge des 1. oder 2. Hauptsatzes, sondern wird entweder in der statistischen Mechanik abgeleitet oder der Erfahrung entnommen.

3.10. Folgerungen des 2. Hauptsatzes für das ideale Gas

Wenden wir das Ergebnis (3.21) des 2. Hauptsatzes auf das *ideale Gas* an, so folgt

$$\left(\frac{\partial u}{\partial v}\right)_T = T\,\frac{R}{v} - P = 0$$

allein aus der Zustandsgleichung und den beiden Hauptsätzen, ohne das Experiment zu Hilfe zu nehmen. Beim Gay-Lussac-Versuch wurde dieser Sachverhalt experimentell bestätigt.

Für das ideale Gas kann außerdem c_v höchstens von der Temperatur allein abhängen und nicht von v, da wegen (3.22)

$$\left(\frac{\partial c_v}{\partial v}\right)_T = T\left(\frac{\partial^2 P}{\partial T^2}\right)_v = T\left(\frac{\partial}{\partial T}\frac{R}{v}\right)_v = 0$$

wird. Für das klassische ideale Gas ist c_v auch von T unabhängig (siehe Seite 236), also eine Konstante.

Unter dieser Voraussetzung lassen sich die Gln. (3.23), (3.24), (3.27) und (3.28) leicht integrieren und wir erhalten

$$u(T) = c_v(T - T_0) + u(T_0)$$

$$s(v, T) = c_v \ln\frac{T}{T_0} + R\ln\frac{v}{v_0} + s(v_0, T_0)$$

$$i(T) = c_p(T - T_0) + i(T_0)$$

$$s(P, T) = c_p \ln\frac{T}{T_0} - R\ln\frac{P}{P_0} + s(P_0, T_0),$$

da – in Übereinstimmung mit dem Joule-Thomson-Versuch –

$$\left(\frac{\partial i}{\partial P}\right)_T = v - T\,\frac{R}{P} = 0 \qquad \text{ist.}$$

Weiterhin erhalten wir für das ideale Gas

(3.29): $c_p - c_v = T \dfrac{R}{v} \dfrac{R}{P} = R$ (3.36)

(3.30): $\alpha = \dfrac{1}{v} \dfrac{R}{P} = \dfrac{1}{T}$

(3.31): $\kappa_T = \dfrac{1}{v} \dfrac{RT}{P^2} = \dfrac{1}{P}$

(3.32): $\beta = \dfrac{1}{P} \left(\dfrac{\partial}{\partial T} \dfrac{RT}{v} \right)_v = \dfrac{R}{Pv} = \dfrac{1}{T} = \alpha.$

3.11. Die Adiabate einer beliebigen Substanz

Die *Adiabate* ist durch $d'q = 0$ definiert. Es gibt verschiedene Zustandsänderungen (Adiabaten), für die $d'q = 0$ ist, und zwar mehrere irreversible (z. B. den Joule-Thomson-Versuch, für den $di = 0$, oder den Gay-Lussac-Versuch, für den $du = 0$), aber nur eine reversible Adiabate. Die reversible Adiabate wird auch *Isentrope* genannt, da wegen $Tds = d'q_{rev}$ auch $ds = 0$ ist.

Für die reversible Adiabate (Isentrope) folgen daher aus (siehe Gln (3.24) und (3.28))

$$Tds = c_v dT + T \left(\frac{\partial P}{\partial T} \right)_v dv, \tag{3.37}$$

$$Tds = c_p dT - T \left(\frac{\partial v}{\partial T} \right)_P dP \tag{3.38}$$

die äquivalenten Differentialgleichungen

$$c_v = - T \left(\frac{\partial P}{\partial T} \right)_v \left(\frac{\partial v}{\partial T} \right)_s, \tag{3.39}$$

$$c_p = T \left(\frac{\partial v}{\partial T} \right)_P \left(\frac{\partial P}{\partial T} \right)_s, \tag{3.40}$$

wobei

$$dv(T, s) = \left(\frac{\partial v}{\partial T} \right)_s dT + \left(\frac{\partial v}{\partial s} \right)_T ds,$$

$$dP(T, s) = \left(\frac{\partial P}{\partial T} \right)_s dT + \left(\frac{\partial P}{\partial s} \right)_T ds$$

und ds = 0 beachtet wurde. Definieren wir κ als das Verhältnis von c_p zu c_v, so erhalten wir mit den Gln. (2.15) und (2.16)

$$\kappa := \frac{c_P}{c_v} = -\frac{(\partial v/\partial T)_P}{(\partial P/\partial T)_v}\,\frac{(\partial P/\partial T)_s}{(\partial v/\partial T)_s},$$

$$\kappa = \left(\frac{\partial v}{\partial P}\right)_T \left(\frac{\partial P}{\partial v}\right)_s = \frac{\kappa_T}{\kappa_s} \tag{3.41}$$

eine weitere Differentialgleichung für die Adiabate.

Durch Kombination von (3.35) und (3.41) erhält man für jede beliebige Substanz die Beziehungen

$$c_v = \frac{Tv\alpha^2\kappa_s}{(\kappa_T - \kappa_s)\,\kappa_T} \quad \text{und} \quad c_p = \frac{Tv\alpha^2}{\kappa_T - \kappa_s}. \tag{3.42}$$

3.12. Schallgeschwindigkeit

Gl. (3.41) stellt für eine ganz allgemeine Substanz den Zusammenhang zwischen dem *isotherm* bestimmten *Elastizitätsmodul*

$$E_T := \frac{1}{\kappa_T},$$

wie er z. B. in der Elastizitätstheorie durch allmähliche Dehnung eines Stabes bestimmt wird, und dem *adiabatischen*

$$E_s := \frac{1}{\kappa_s}$$

dar, der dann zu verwenden sein wird, wenn etwa eine Bewegung so rasch vor sich geht, daß praktisch kein Temperaturausgleich mit der Umgebung stattfinden kann. Dies ist z. B. bei der Schallausbreitung der Fall. Für die Schallgeschwindigkeit gilt die Beziehung

$$c = \sqrt{\frac{E_s}{\rho}} \qquad \begin{array}{ll} c & \text{Schallgeschwindigkeit} \\ \rho = M/V & \text{Massendichte.} \end{array}$$

Mit Gl. (3.41)

$$\left(\frac{\partial P}{\partial v}\right)_s = \kappa \left(\frac{\partial P}{\partial v}\right)_T \rightarrow E_s = -v\left(\frac{\partial P}{\partial v}\right)_s = -v\kappa\left(\frac{\partial P}{\partial v}\right)_T = \kappa E_T$$

erhalten wir daher für die Schallgeschwindigkeit jeder beliebigen Substanz

$$c = \sqrt{\kappa\frac{E_T}{\rho}},$$

woraus sich die Möglichkeit ergibt, das κ experimentell zu bestimmen, da man c und E_T leicht messen kann.

Die Schallgeschwindigkeit für das *ideale Gas* lautet daher:

$$\left(\frac{\partial P}{\partial v}\right)_T = -\frac{RT}{v^2} = -\frac{P}{v}; \quad E_T = P; \quad \rho = \frac{\mu}{v} = \frac{\mu P}{RT}; \quad \mu \text{ Molmasse}$$

$$c = \sqrt{\kappa \frac{P}{\rho}} = \sqrt{\kappa \frac{RT}{\mu}}.$$

Sie hängt nur von der Temperatur ab und nicht vom Druck, da R, μ und κ (siehe Abschnitt 3.13) Konstante sind.

3.13. Die Adiabate des idealen Gases

Für das klassische ideale Gas sind c_v und c_P konstant und daher auch κ (siehe Kapitel 14.2), so daß Gl. (3.41) leicht integriert werden kann:

$$\left(\frac{\partial v}{\partial P}\right)_T = -\frac{RT}{P^2} = -\frac{v}{P},$$

$$\kappa = -\frac{v}{P}\left(\frac{\partial P}{\partial v}\right)_s,$$

$$\kappa \frac{dv}{v} = -\frac{dP}{P},$$

$$\kappa \ln \frac{v}{v_0} = -\ln \frac{P}{P_0}.$$

Die *Adiabatengleichung des idealen Gases* lautet daher

$$Pv^\kappa = P_0 v_0^\kappa = \text{const}, \tag{3.8}$$

wie wir schon auf Seite 21 gesehen haben.

3.14. Joule-Thomson-Versuch

Der Joule-Thomson-Versuch ist ein irreversibler Prozeß, für den $\Delta i = 0$ ist (siehe Seite 15). ΔT ist der dabei auftretende Temperaturunterschied zwischen dem Gleichgewichtsanfangs- und Gleichgewichtsendzustand T_1, P_1 und T_2, P_2 eines beliebigen Gases.

Wir wollen nun für den Joule-Thomson-Versuch ($\Delta i = 0$) die Temperaturänderung in Abhängigkeit von der Druckänderung berechnen:

$$\left(\frac{\Delta T}{\Delta P}\right)_i \approx \left(\frac{\partial T}{\partial P}\right)_i.$$

Der Differenzenquotient geht für sehr kleine Druckänderungen in den Differentialquotienten über. Mit

$$di = \left(\frac{\partial i}{\partial P}\right)_T dP + \left(\frac{\partial i}{\partial T}\right)_P dT$$

und den Gln. (2.8) und (3.25) erhalten wir für den Temperaturkoeffizienten

$$\left(\frac{\partial T}{\partial P}\right)_i = -\left(\frac{\partial i}{\partial P}\right)_T \left(\frac{\partial T}{\partial i}\right)_P = \frac{1}{c_p}\left[T\left(\frac{\partial v}{\partial T}\right)_P - v\right]. \tag{3.43}$$

Beim Joule-Thomson-Versuch ist immer ΔP negativ (Druckverminderung), so daß eine *Temperaturabnahme* (ΔT negativ) eintritt, wenn

$$\left(\frac{\partial T}{\partial P}\right)_i > 0$$

ist, und umgekehrt eine *Temperaturzunahme*, wenn

$$\left(\frac{\partial T}{\partial P}\right)_i < 0$$

ist. Die Grenzkurve, welche die beiden Bereiche der Abkühlung und der Erwärmung trennt, wird *Inversionskurve* oder auch Joule-Thomson-Kurve genannt und ist durch die Gleichung

$$0 = \left(\frac{\partial T}{\partial P}\right)_i = \frac{1}{c_p}\left[T\left(\frac{\partial v}{\partial T}\right)_P - v\right]$$

bestimmt. Da c_p immer positiv und endlich ist, folgt daraus:

$$T\left(\frac{\partial v}{\partial T}\right)_P - v \gtreqless 0 \quad \begin{array}{l} > \text{Temperaturabnahme} \\ = \text{Inversionskurve} \\ < \text{Temperaturzunahme.} \end{array} \tag{3.44}$$

Mit der Differentialgleichung (3.44) für die Inversionskurve ist die Inversionstemperatur, die wir mit T_i bezeichnen, als Funktion von P bzw. v berechenbar. In Kapitel 5 wird dies für das van der Waalsche Gas durchgeführt.

3.15. Gemische idealer Gase

Die Zustandsgleichung eines Gemisches idealer Gase, die chemisch nicht miteinander reagieren, kann mit Hilfe des *Daltonschen Gesetzes* auf die der Einzelgase zurückgeführt werden. Das Daltonsche Gesetz besagt: „Die *Partialdrücke* der einzelnen Bestandteile einer Gasmischung lassen sich so berechnen, als ob jedes einzelne Gas das betrachte Volumen allein einnehmen würde. Der Gesamtdruck P ergibt sich als Summe der Partialdrücke P_i." (Dies ist vom atomistischen Standpunkt aus verständlich, wenn man an wechselwirkungsfreie Partikel denkt, die durch ihren Aufprall auf die Wand den Druck erzeugen.)

Somit kann man für jedes ideale Gas i die Zustandsgleichung des idealen Gases zur Berechnung des entsprechenden Partialdruckes P_i einsetzen (M_i Masse und μ_i Masse/Mol des Gases i):

$$P = P_1 + P_2 + \ldots + P_k,$$

1. Gas, n_1 Mole $\quad P_1V = \frac{M_1}{\mu_1} RT = n_1 RT,$

2. Gas, n_2 Mole $\quad P_2V = \dots\dots\dots = n_2 RT,$

$$\underline{P_kV = \dots\dots\dots = n_k RT} \quad \rightarrow$$

$$(P_1 + P_2 + \dots + P_k)\, V = (n_1 + n_2 + \dots + n_k)\, RT = \left(\sum_{i=1}^{k} n_i\right) RT = PV.$$

Der Partialdruck ergibt sich aus dem Gesamtdruck mit

$$P_i = n_i \frac{RT}{V} = n_i \frac{P}{\sum\limits_{j=1}^{k} n_j}. \qquad (3.45)$$

Wenn man in der Zustandsgleichung des Gemisches eine scheinbare Molmasse μ durch die Gleichung

$$\frac{M_1}{\mu_1} + \frac{M_2}{\mu_2} + \dots =: \frac{M}{\mu} \qquad (M = M_1 + M_2 + \dots + M_k) \qquad (3.46)$$

einführt, dann lautet die Zustandsgleichung wie die eines einheitlichen idealen Gases mit der Molmasse μ:

$$PV = \frac{M}{\mu} RT, \quad \text{denn es war} \quad PV = RT \sum_i n_i = RT \sum_i \frac{M_i}{\mu_i}. \qquad (3.47)$$

3.16. Mischentropie, Gibbssches Paradoxon

Wir betrachten nun die Entropiezunahme bei der Mischung zweier idealer Gase 1 und 2, die chemisch nicht miteinander reagieren, bei gleicher Temperatur und gleichem Druck, von denen jeweils n_1 bzw. n_2 Mole das Volumen V_1 bzw. V_2 einnehmen (Bild 14).

Die Entropie S_I im Anfangszustand ist infolge der Trennung der beiden Behälter einfach die Summe zweier Ausdrücke, wie wir sie für ein ideales Gas bereits erhalten haben (Gl. (3.20)):

$$S_I = n_1(c_{p_1} \ln T - R \ln P + s_{0_1}) + n_2(c_{p_2} \ln T - R \ln P + s_{0_2}).$$

Nach der Entfernung der Trennwand mischen sich die Gase. Unverändert bleiben dabei Druck, Temperatur und innere Energie (infolge des 1. Hauptsatzes), jedoch ändert sich die Entropie.

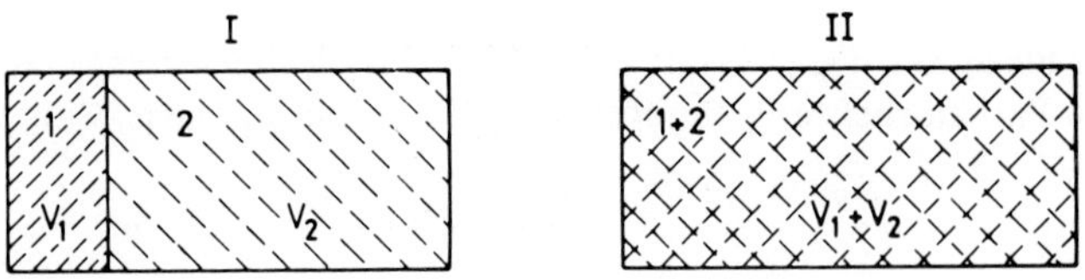

Bild 14

Für die Berechnung der Entropie eines Gemisches gilt ebenfalls wie bei der Berechnung der Partialdrücke die Tatsache, daß sich ideale Gase gegenseitig nicht beeinflussen (Daltonsches Gesetz, siehe auch Beispiel S16). Gas 1 hat im Gemisch den Partialdruck P_1, Gas 2 den Partialdruck P_2, und beide haben das Volumen V und die Temperatur T. Die Entropie des Gemisches setzt sich daher aus den Einzelentropien der Gase, aber nun im Zustand der Mischung zusammen:

$$S_{II} = (n_1 c_{p_1} + n_2 c_{p_2}) \ln T - n_1 R \ln P_1 - n_2 R \ln P_2 + n_1 s_{0_1} + n_2 s_{0_2}. \qquad (3.48)$$

Die Entropiezunahme bei der Mischung zweier verschiedener idealer Gase lautet daher (mit $n = n_1 + n_2$)

$$S_{II} - S_I = R \left(n_1 \ln \frac{n}{n_1} + n_2 \ln \frac{n}{n_2} \right) > 0. \qquad (3.49)$$

Da das System abgeschlossen ist $(d'Q = 0, d'A = 0)$ und trotzdem eine Entropiezunahme stattfindet, ist dieser Prozeß der Mischung irreversibel, denn es ist $dS > \frac{d'Q}{T} = 0$.

Die Mischentropie kann auch ohne Benützung des Daltonschen Gesetzes nur mit dem 2. Hauptsatz abgeleitet werden, und zwar mit Hilfe einer reversiblen Expansion unter Arbeitsleistung mit zwei semipermeablen Membranen als Kolben.

Damit bei diesem Prozeß im Endzustand wieder die gleiche Temperatur herrscht, benützen wir den einfachsten Weg und führen die Expansion isotherm, also in einem Wärmebad durch, d.h. $dT = 0$ (Bild 15). Daraus folgt aber für das ideale Gas

$$dU = 0 = d'Q_{rev} - PdV$$

und daher

$$dS = \frac{d'Q_{rev}}{T} = \frac{PdV}{T},$$

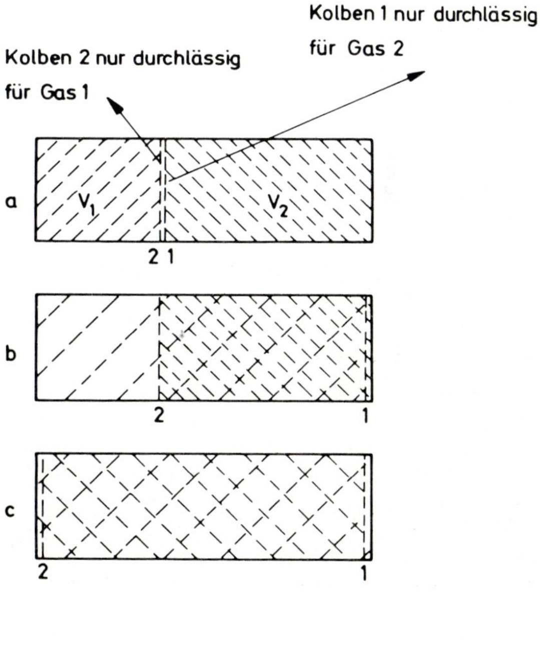

Bild 15

wobei z. B. für den ersten Kolben

$$PdV = n_1 RT \frac{dV}{V}$$

ist. Die Entropieänderungen für Gas 1 und Gas 2 lauten dann

$$(\Delta S)_1 = \int_{V_1}^{V} n_1 R \frac{dV}{V} = n_1 R \ln \frac{V}{V_1},$$

$$(\Delta S)_2 = \int_{V_2}^{V} n_2 R \frac{dV}{V} = n_2 R \ln \frac{V}{V_2}.$$

Im Anfangszustand sind P und T für beide Gase gleich, so daß gilt

$$V_i = \frac{n_i}{n} V, \qquad i = 1, 2.$$

Daraus folgt

$$S_{II} - S_I = (\Delta S)_1 + (\Delta S)_2 = R \left(n_1 \ln \frac{n}{n_1} + n_2 \ln \frac{n}{n_2} \right) > 0. \tag{3.49}$$

Werden mehr als zwei ideale Gase gemischt, so lautet die Mischentropie

$$S_{II} - S_I = R \sum_i n_i \ln \frac{n}{n_i} > 0. \tag{3.50}$$

Dieser Ausdruck ist immer größer als Null, solange $n_i \neq n$ ist, denn dann gilt

$$1 < \frac{n}{n_i} < \infty,$$

also

$$\ln \frac{n}{n_i} > 0.$$

Die letzte Ableitung von Gl. (3.49) wurde nur unter Benützung der Zustandsgleichung des idealen Gases durchgeführt ohne Zuhilfenahme seiner kalorischen Eigenschaften. Sie gilt daher allgemein für jedes ideale Gas, gleichgültig welche Funktion $c_v(T)$ ist!

Handelt es sich um zwei identische Gase, bei denen die Wegnahme der Wand keine Rolle spielt, so kommt es natürlich nicht zu einer Entropievermehrung. Die Entropiezunahme springt also, wenn man den chemischen Unterschied der beiden Gase immer kleiner macht, zuletzt unstetig auf Null. Dieses unstetige Verhalten der Entropie nennt man das *Gibbssche Paradoxon*. Letzten Endes kommt dies daher, daß die Unterscheidbarkeit und Nichtunterscheidbarkeit von Teilchen nicht stetig ineinander übergehen, da der Aufbau der Atome unstetig erfolgt.

3.17. Thermodynamische Potentiale

Zur Bestimmung des Gleichgewichtszustandes eines nicht abgeschlossenen Systems werden wir zusätzliche Zustandsfunktionen, nämlich die *(Helmholtzsche) freie Energie* F und die *freie Enthalpie (Gibbssches Potential)* G einführen. Sie sind definiert durch

$$F := U - TS \qquad \text{freie Energie} \tag{3.51}$$

$$G := I - TS = F + PV \qquad \text{freie Enthalpie.} \tag{3.52}$$

Wir nennen diese Funktionen *thermodynamische Potentiale,* wenn sie als Funktion bestimmter Variablen, der sogenannten *natürlichen Variablen,* auftreten. Sie haben dann die besondere Eigenschaft, daß bereits ein thermodynamisches Potential innerhalb seines Definitionsbereiches das System vollständig beschreibt. D. h. aus einem thermodynamischen Potential können bereits alle physikalischen Größen für jeden Zustand im Definitionsbereich dieses Potentials bestimmt werden. Sie sind außerdem formal der Kraft-Potentialbeziehung der Mechanik ähnlich (daher der Name), und die Gleichgewichtszustände können aus Extremalbedingungen berechnet werden. Mehr darüber später.

Wir werden nun zeigen, welche physikalische Bedeutung F und G haben. Vorerst aber einige allgemeine Überlegungen. Man kann für jedes System sagen (siehe Seite 4):

$$dU = d'Q + d'A = d'Q - PdV + \sum_i \xi_i dX_i \tag{1.HS}$$

und (Clausiussche Ungleichung)

$$dS \geqslant \frac{d'Q}{T} \qquad \begin{pmatrix} > \text{ irreversible Zustandsänderung} \\ = \text{ reversible Zustandsänderung} \end{pmatrix}. \tag{2.HS}$$

Fassen wir beide Hauptsätze zusammen, so erhalten wir

$$dU \leqslant TdS + d'A = TdS - PdV + \sum_i \xi_i dX_i \tag{3.53}$$

und für die bei einer Zustandsänderung des Systems aufzuwendende Arbeit den Ausdruck

$$d'A \geqslant dU - TdS, \tag{3.54}$$

wobei $>$ für eine irreversible und $=$ für eine reversible Zustandsänderung gilt. Diese Beziehung ist für jedes System und für jede Zustandsänderung gültig. Für spezielle Zustandsänderungen kann man sie jedoch noch vereinfachen.

1. Betrachten wir z. B. ein System, das eine *isotherme Zustandsänderung* erfährt. Damit die Zustandsänderung isotherm erfolgt, muß das System mit einem Wärmebad (z. B. der Umgebung) im thermischen Kontakt sein, wobei durch Zu- oder Abfuhr von Wärme für die Konstanthaltung der Temperatur im System gesorgt wird. Das System ist daher ein offenes System (Wärmeaustausch mit der Umgebung). Aus (3.51) folgt allgemein

$$dF = dU - TdS - SdT \tag{3.55}$$

und speziell für einen isothermen Prozeß ($dT = 0$):

$$dF = dU - TdS.$$

In Gl. (3.54) eingesetzt, ergibt dies

$$d'\bar{A} = -d'A \leqslant -dF.$$

D.h., die Arbeit $\bar{A}$, die das System bei einer isothermen Zustandsänderung abgeben kann, ist durch

$$\bar{A} \leqslant -\Delta F \tag{3.56}$$

gegeben, wobei die maximal mögliche Arbeit

$$\bar{A}_{max} = -\Delta F = F_1 - F_2 \quad (1 \to 2)$$

nur bei reversibler Zustandsänderung gewonnen wird (keine Verluste durch Reibung).

2. Ein weiteres Beispiel ist ein System das keine Arbeit abgeben kann und auf konstanter Temperatur gehalten wird. Hier ist $dT = 0$ und $d'A = 0$ und daher

$$dF \leqslant 0.$$

D.h. bei diesen Nebenbedingungen wird die freie Energie eines Systems nie größer. Im Gleichgewichtszustand hat die freie Energie daher ein Minimum ($F = F_{min}$) und die Gleichgewichtsbedingung lautet: Die Variation von F ist Null, also

$$\delta F = 0 \quad \text{bei} \quad \delta T = 0 \quad \text{und} \quad d'A = 0. \tag{3.57}$$

Die Bedingung $d'A = 0$ entspricht konstantem Volumen, wenn nur Volumenarbeit als Arbeitsaustausch mit der Umgebung in Frage kommt.

Beispiel: Ein gasgefüllter Zylinder befindet sich im Wärmebad (Bild 16). Ein verschiebbarer Kolben teilt das Volumen des Zylinders in zwei Teile V_1 und V_2, die die Drücke P_1 und P_2 besitzen. Es wird der Gleichgewichtszustand dieses Systems gesucht. Da für das Gesamtsystem $\delta T = 0$ und $\delta V = 0$ ist, muß die freie Energie ein Minimum sein:

$$\delta F = 0.$$

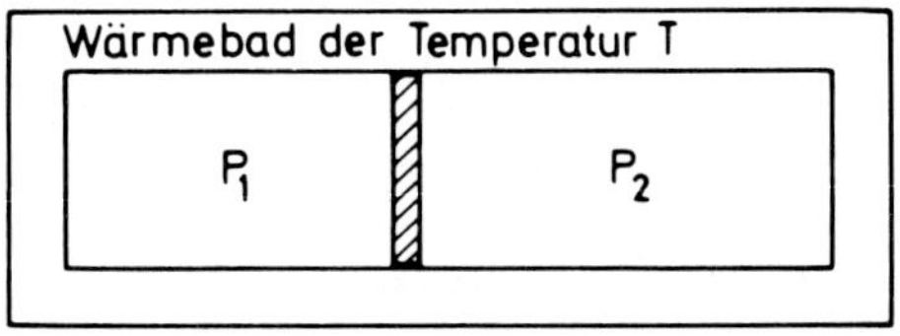

Bild 16

F setzt sich aus der freien Energie der Teilvolumina 1 und 2 zusammen und ist daher eine Funktion von V_1, V_2 und T: $F(T, V_1, V_2) = F_1(T, V_1) + F_2(T, V_2)$. Bei konstant gehaltenem T und V ist also

$$\delta F = 0 = \left(\frac{\partial F}{\partial V_1}\right)_{T, V_2} \delta V_1 + \left(\frac{\partial F}{\partial V_2}\right)_{T, V_1} \delta V_2 = \left(\frac{\partial F_1}{\partial V_1}\right)_T \delta V_1 + \left(\frac{\partial F_2}{\partial V_2}\right)_T \delta V_2$$

und wegen $V = V_1 + V_2, \delta V_1 = -\delta V_2$,

$$\delta F = 0 = \left[\left(\frac{\partial F_1}{\partial V_1}\right)_T - \left(\frac{\partial F_2}{\partial V_2}\right)_T\right] \delta V_1 .$$

D.h.,

$$\left(\frac{\partial F_1}{\partial V_1}\right)_T = \left(\frac{\partial F_2}{\partial V_2}\right)_T ,$$

da δV_1 beliebig ist.

Damit erhalten wir wegen Gl. (3.63) für den Gleichgewichtszustand das zu erwartende Resultat $P_1 = P_2$.

3. Bei *isotherm-isobaren* Prozessen, welche Arbeit nur durch Volumenänderung austauschen ($dX_i = 0$), gilt für die zugeführte Arbeit ($dP = 0, dT = 0$)

$$d'A = -PdV = -d(PV)$$

und somit wegen der Ungleichung (3.53)

$$d(U + PV - TS) = d(I - TS) = dG \leqslant 0.$$

Die *freie Enthalpie (Gibbssches Potential)* G nimmt daher bei isotherm-isobaren Zustandsänderungen eines Systems stets ab

$$dG \leqslant 0, \quad G_2 \leqslant G_1, \quad \text{bei } \delta T = 0 \quad \text{und} \quad \delta P = 0 \quad (1 \to 2).$$

Für $dX_i \neq 0$ folgt $dG \leqslant \sum_i \xi_i dX_i$.

Die freie Enthalpie ist besonders für chemische Prozesse, die ja im allgemeinen bei konstantem Druck verlaufen, wichtig.

3.18. Gleichgewichtsbedingungen

Mit Hilfe der thermodynamischen Potentiale lassen sich die *Gleichgewichtsbedingungen eines Systems* bei verschiedenen Nebenbedingungen als Variationsprinzip angeben.

1. Für thermisch abgeschlossene Systeme (adiabatischer Fall, siehe Seite 27) ist $d'Q = 0$. Daraus folgt mit Gl. (3.18)

$$dS \geqslant 0$$

und für den Gleichgewichtszustand

$$\delta S = 0,$$

wobei das Extremum ein *Maximum* sein muß.

2. Für isotherm-isochore Prozesse (sonst energetisch abgeschlossen), lautet das Variationsprinzip:

$$\delta F = 0 \quad \text{mit den Nebenbedingungen: } \delta T = 0, \delta V = 0. \tag{3.58}$$

3. Für isotherm-isobare Prozesse (sonst energetisch abgeschlossen)

$$\delta G = 0 \quad \text{mit den Nebenbedingungen: } \delta T = 0, \delta P = 0. \tag{3.59}$$

In den letzten beiden Fällen müssen die Extremwerte *Minima* sein.

Mit diesen Variationsprinzipien lassen sich also jene Probleme lösen, bei denen das thermodynamische Gleichgewicht bei den jeweiligen Nebenbedingungen zu suchen ist.

3.19. Partielle Ableitungen der thermodynamischen Potentiale

Jede der genannten Zustandsfunktionen ist in ihren natürlichen Variablen thermodynamisches Potential. Einige seien mit ihren *natürlichen Variablen* kurz aufgezählt:

a) $U = U(S, V)$ d) $I = I(S, P)$
b) $F = F(T, V)$ e) $S = S(U, V)$
c) $G = G(T, P)$ f) $S = S(I, P)$.

Mit ihnen kann man Verknüpfungsgleichungen zwischen den Zustandsgrößen ableiten. Um dies zu zeigen, setzen wir zuerst $d'A$ in Gl. (3.53) ein. Wenn die Arbeit nur mechanische Volumenarbeit darstellt, ist $d'A = d'A_{mech} = -PdV$. Andernfalls besitzt $d'A$ mehrere Glieder von Typ ξdX (siehe Seite 4)

a) Gl. (3.53) wird dann für reversible Zustandsänderungen zu

$$dU = TdS - PdV. \tag{3.60}$$

Andererseits ist $U = U(S, V)$:

$$dU = \left(\frac{\partial U}{\partial S}\right)_V dS + \left(\frac{\partial U}{\partial V}\right)_S dV.$$

Koeffizientenvergleich liefert die Beziehungen:

$$\left(\frac{\partial U}{\partial S}\right)_V = T, \left(\frac{\partial U}{\partial V}\right)_S = -P. \tag{3.61}$$

Diese Beziehungen gelten nur für reversible Zustandsänderungen.

Die erste dieser Gleichungen wird bei einem axiomatischen Aufbau der Thermodynamik oft als Definition der Temperatur benützt, die zweite entspricht der aus der Mechanik bekannten Beziehung der Kraft als negativem Gradienten des Potentials (P tritt an die Stelle der Kraft, V ist die zugehörige Koordinate, so daß das Produkt die Dimension einer Arbeit hat).

b) Setzen wir Gl. (3.60) in Gl. (3.55) ein, so erhalten wir

$$dF = -SdT - PdV \tag{3.62}$$

und mit

$$dF = \left(\frac{\partial F}{\partial T}\right)_V dT + \left(\frac{\partial F}{\partial V}\right)_T dV$$

die weiteren Beziehungen:

$$\left(\frac{\partial F}{\partial T}\right)_V = -S, \quad \left(\frac{\partial F}{\partial V}\right)_T = -P. \tag{3.63}$$

Ist die freie Energie bekannt, so stellt die vorletzte Gleichung die Entropie und die letzte die Zustandsgleichung dar. Setzt man die vorletzte Gleichung in die Definition der freien Energie ein, so erhält man eine Differentialgleichung für die freie Energie

$$F = U + T\left(\frac{\partial F}{\partial T}\right)_V, \tag{3.64}$$

die bei Kenntnis der inneren Energie $U(T, V)$ gelöst werden kann.

c) Mit

$$dG = dU - TdS - SdT + PdV + VdP$$

und Gl. (3.60) folgt

$$dG = -SdT + VdP \tag{3.65}$$

und daraus

$$\left(\frac{\partial G}{\partial T}\right)_P = -S, \quad \left(\frac{\partial G}{\partial P}\right)_T = V. \tag{3.66}$$

Die erste der Gleichungen gibt wieder die Entropie, die zweite die Zustandsgleichung. Die Differentialgleichung für G lautet daher

$$G = U + PV + T\left(\frac{\partial G}{\partial T}\right)_P = I + T\left(\frac{\partial G}{\partial T}\right)_P \tag{3.67}$$

und kann bei bekanntem $I(T, P)$ gelöst werden.

d) Analoge Beziehungen ergeben sich für $I(T, P)$. Mit

$$dI = dU + PdV + VdP$$

und Gl. (3.60)

$$dI = TdS + VdP \tag{3.68}$$

folgt

$$\left(\frac{\partial I}{\partial S}\right)_P = T, \quad \left(\frac{\partial I}{\partial P}\right)_S = V, \tag{3.69}$$

Alle genannten Zustandsfunktionen U, F, I und G haben entsprechend ihrer Definition die Eigenschaft, additiv zu sein, und besitzen daher auch die gleiche Dimension. In ihren natürlichen Variablen ausgedrückt sind sie thermodynamische Potentiale und haben dann die Eigenschaft, daß ihre Ableitungen selbst wieder Zustandsgrößen sind. Es gibt dafür folgendes Merkschema (Bild 17):

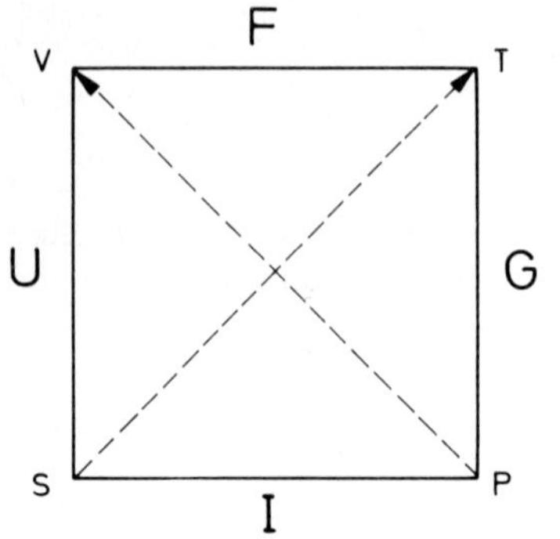

Bild 17

Großgeschrieben sind die thermodynamischen Potentiale F, G, I, U – daneben stehen die natürlichen Variablen, z. B. für F die Variablen V und T. Als Ableitung des Potentials nach der einen Variablen – die andere wird konstant gehalten – erhält man die zugehörige „Kraft“ indem man die Diagonale verfolgt, die von der entsprechenden Ecke ausgeht; geschieht dies in Pfeilrichtung ist das Vorzeichen positiv, sonst negativ:

$$\left.\begin{aligned} &\left(\frac{\partial U}{\partial S}\right)_V = T, \quad \left(\frac{\partial U}{\partial V}\right)_S = -P \\ &\left(\frac{\partial F}{\partial T}\right)_V = -S, \quad \left(\frac{\partial F}{\partial V}\right)_T = -P \\ &\left(\frac{\partial G}{\partial T}\right)_P = -S, \quad \left(\frac{\partial G}{\partial P}\right)_T = V \\ &\left(\frac{\partial I}{\partial S}\right)_P = T, \quad \left(\frac{\partial I}{\partial P}\right)_S = V. \end{aligned}\right\} \tag{3.70}$$

Die Methode zur Berechnung der Beziehungen (3.61), (3.63), (3.66) und (3.69) läßt eine allgemeine Eigenschaft aller Zustandsvariablen erkennen: Alle Zustandsfunktionen, angegeben in ihren dazugehörigen natürlichen Variablen, sind thermodynamische Potentiale, welche die Eigenschaft haben, daß man mit ihren partiellen Ableitungen nach den natürlichen Variablen (falls diese existieren) *alle* übrigen thermodynamischen Variablen bestimmen kann. Dazu noch drei Beispiele:

e) $dS = \frac{dU + PdV}{T}$, $S(U, V)$, (aus Gl. (3.60))

$$dS = \left(\frac{\partial S}{\partial U}\right)_V dU + \left(\frac{\partial S}{\partial V}\right)_U dV;$$

$$\left(\frac{\partial S}{\partial U}\right)_V = \frac{1}{T}, \left(\frac{\partial S}{\partial V}\right)_U = \frac{P}{T} \tag{3.71}$$

($\frac{P}{T}$, ist wieder eine Zustandsvariable).

f) $dS = \frac{dI - VdP}{T}$, $S(I, P)$, (aus Gl. (3.68))

$$dS = \left(\frac{\partial S}{\partial I}\right)_P dI + \left(\frac{\partial S}{\partial P}\right)_I dP;$$

$$\left(\frac{\partial S}{\partial I}\right)_P = \frac{1}{T}, \left(\frac{\partial S}{\partial P}\right)_I = -\frac{V}{T}.$$

g) $dT = \frac{-dF - PdV}{S}$, $T(F, V)$, (aus Gl. (3.62))

$$dT = \left(\frac{\partial T}{\partial F}\right)_V dF + \left(\frac{\partial T}{\partial V}\right)_F dV;$$

$$\left(\frac{\partial T}{\partial F}\right)_V = -\frac{1}{S}, \left(\frac{\partial T}{\partial V}\right)_F = -\frac{P}{S}.$$

Keine natürlichen Variablen sind z. B. für die innere Energie T und V, da (siehe Gl. (3.21))

$$\left(\frac{\partial U}{\partial V}\right)_T = T\left(\frac{\partial P}{\partial T}\right)_V - P \qquad \text{ist.}$$

3.20. Thermodynamische Potentiale mit variabler Molzahl

Wir haben bisher die einfachsten Systeme behandelt, zu deren Zustandsbeschreibung bereits zwei unabhängige Zustandsvariablen ausreichten, z. B. (S, V), (T, V) usw. Wenn nicht konstant gehalten und vorgegeben, ist aber zu ihrer Beschreibung mindestens noch eine Variable erforderlich, welche die Menge des Systems mißt. Wir werden hier zur Festlegung der Menge die Molzahl n benützen. Bisher haben wir nur Zustandsänderungen von Systemen mit konstanter Molzahl betrachtet, es war daher ihre explizite Angabe nicht erforderlich. Es gibt aber auch Zustandsänderungen, bei welchen die Molzahl eines Systems nicht konstant bleibt, z. B. chemische Rekationen. Im allgemeinen muß also die Molzahl oder eine andere Mengenangabe berücksichtigt werden. Die thermodynamischen Potentiale sind daher mindestens von drei Variablen abhängig:

$U(S, V, n)$
$F(T, V, n)$
$I(S, P, n)$
$G(I, P, n)$.

Das Differential der inneren Energie lautet dann

$$dU = d'Q + d'A = d'Q - PdV + \mu dn,$$

wobei μ, das sogenannte *chemische Potential,* jene Energie ist, die durch das Hinzufügen von einem Mol des Stoffes zum System bei konstanter Entropie und konstantem Volumen zugeführt wird. μ ist eine intensive Größe.

Mit dem 2. Hauptsatz $d'Q \leqslant TdS$ erhalten wir nämlich

$$dU \leqslant TdS - PdV + \mu dn. \tag{3.72}$$

Gehen wir wie im letzten Abschnitt vor, so erhalten wir auch sofort

$$\left.\begin{aligned} dI &\leqslant TdS + VdP + \mu dn, \\ dF &\leqslant - SdT - PdV + \mu dn, \\ dG &\leqslant - SdT + VdP + \mu dn \end{aligned}\right\} \tag{3.73}$$

und für reversible Zustandsänderungen die dazugehörigen Beziehungen

$$\left.\begin{aligned} &\left(\frac{\partial U}{\partial S}\right)_{V,n} = T, \qquad \left(\frac{\partial U}{\partial V}\right)_{S,n} = -P, \\ &\left(\frac{\partial I}{\partial S}\right)_{P,n} = T, \qquad \left(\frac{\partial I}{\partial P}\right)_{S,n} = V, \\ &\left(\frac{\partial F}{\partial T}\right)_{V,n} = -S, \qquad \left(\frac{\partial F}{\partial V}\right)_{T,n} = -P, \\ &\left(\frac{\partial G}{\partial T}\right)_{P,n} = -S, \qquad \left(\frac{\partial G}{\partial P}\right)_{T,n} = V, \\ &\left(\frac{\partial U}{\partial n}\right)_{S,V} = \left(\frac{\partial I}{\partial n}\right)_{S,P} = \left(\frac{\partial F}{\partial n}\right)_{T,V} = \left(\frac{\partial G}{\partial n}\right)_{T,P} = \mu. \end{aligned}\right\} \tag{3.74}$$

Diese stimmen mit jenen des letzten Abschnittes bis auf die n-Abhängigkeit überein. Wie man aus Gl. (3.73) sieht, gelten die Extremalprinzipien des letzten Abschnittes nur, wenn kein Mengenaustausch mit der Umgebung stattfindet, d.h. $dn = 0$ ist. Die letzte Zeile von Gl. (3.74) ermöglicht auch andere Definitionen von μ.

3.21. Maxwell-Relationen

Die sogenannten *Maxwell-Relationen*

$$\left.\begin{aligned} &\left(\frac{\partial T}{\partial V}\right)_{S,n} = -\left(\frac{\partial P}{\partial S}\right)_{V,n}, \quad \left(\frac{\partial T}{\partial n}\right)_{S,V} = \left(\frac{\partial \mu}{\partial S}\right)_{V,n}, \quad -\left(\frac{\partial P}{\partial n}\right)_{S,V} = \left(\frac{\partial \mu}{\partial V}\right)_{S,n}, \\ &\left(\frac{\partial T}{\partial P}\right)_{S,n} = \left(\frac{\partial V}{\partial S}\right)_{P,n}, \quad \left(\frac{\partial T}{\partial n}\right)_{S,P} = \left(\frac{\partial \mu}{\partial S}\right)_{P,n}, \quad \left(\frac{\partial V}{\partial n}\right)_{S,P} = \left(\frac{\partial \mu}{\partial P}\right)_{S,n}, \\ &\left(\frac{\partial S}{\partial V}\right)_{T,n} = \left(\frac{\partial P}{\partial T}\right)_{V,n}, \quad -\left(\frac{\partial S}{\partial n}\right)_{T,V} = \left(\frac{\partial \mu}{\partial T}\right)_{V,n}, \quad -\left(\frac{\partial P}{\partial n}\right)_{T,V} = \left(\frac{\partial \mu}{\partial V}\right)_{T,n}, \\ -&\left(\frac{\partial S}{\partial P}\right)_{T,n} = \left(\frac{\partial V}{\partial T}\right)_{P,n}, \quad -\left(\frac{\partial S}{\partial n}\right)_{T,P} = \left(\frac{\partial \mu}{\partial T}\right)_{P,n}, \quad \left(\frac{\partial V}{\partial n}\right)_{T,P} = \left(\frac{\partial \mu}{\partial P}\right)_{T,n}, \end{aligned}\right\} \tag{3.75}$$

erhält man durch Gleichsetzen der gemischten Ableitungen von U, I, F und G bei gleichzeitiger Beachtung von (3.74). Z.B.

$$\left(\frac{\partial T}{\partial V}\right)_{S,n} = \left(\frac{\partial^2 U}{\partial V \partial S}\right)_n = \left(\frac{\partial^2 U}{\partial S \partial V}\right)_n = -\left(\frac{\partial P}{\partial S}\right)_{V,n} .$$

3.22. Gibbs-Duhem-Beziehung

In Gl. (3.72) sind S, V und n extensive Variable, und da U selbst ebenfalls eine extensive Variable ist, muß U linear von ihnen abhängen:

$$U(\lambda S, \lambda V, \lambda n) = \lambda U(S, V, n); \quad \lambda \text{ beliebiger Parameter} \tag{3.76}$$

Nach Euler gilt für die homogene Funktion r-ten Grades $f(\lambda x, \lambda y, \ldots) = \lambda^r f(x, y, \ldots)$ die Beziehung (man differenziere beide Seiten nach λ und setze $\lambda = 1$)

$$x \frac{\partial f}{\partial x} + y \frac{\partial f}{\partial y} + \ldots = rf \quad \textit{Eulerscher Satz.}$$

Für U ist wegen der Linearität in S, V und n der Grad r = 1 und daher

$$U = \left(\frac{\partial U}{\partial S}\right)_{V,n} S + \left(\frac{\partial U}{\partial V}\right)_{S,n} V + \left(\frac{\partial U}{\partial n}\right)_{S,V} n.$$

Beachten wir Gl. (3.74), so ergibt dies im Gleichgewicht

$$U = TS - PV + \mu n. \tag{3.77}$$

D. h., wir konnten mit Hilfe der Euler-Gleichung dU direkt ohne spezielle Kenntnis der Funktionen T, P, μ integrieren.

Differenziert man Gl. (3.77) und beachtet man Gl. (3.72), so ergibt sich für das Gleichgewicht die sogenannte *Gibbs-Duhem-Beziehung*

$$SdT - VdP + nd\mu = 0, \tag{3.78}$$

die ebenfalls eine Folge der Linearität von U in S, V und n ist und zum Ausdruck bringt, daß die intensiven Größen T, P und μ nicht unabhängig voneinander sind. Für die hier behandelten einfachsten Systeme ist der Systemzustand durch Angabe von drei unabhängigen Zustandsgrößen eindeutig bestimmt. Wegen des gerade Gesagten dürfen aber nicht alle drei Zustandsgrößen gleichzeitig intensive Zustandsgrößen sein, da diese drei wegen (3.78) keine unabhängigen Größen sind. Sie können auch nicht die Quantität des Systems ausdrücken.

Vergleichen wir außerdem Gl. (3.77) mit (3.52), so sehen wir, daß

$$\mu = \frac{G}{n} = g$$

ist, d. h. μ gleich der freien Enthalpie pro Mol ist. Dies gilt aber nur für Systeme, die aus einer Stoffart aufgebaut und homogen sind, da bei Systemen, die mehrere Stoffarten enthalten (z. B. Luft), μn in Gl. (3.77) durch $\sum_i \mu_i n_i$ zu ersetzen ist.

Damit ist

$$\mu_i = \left(\frac{\partial G}{\partial n_i}\right)_{T, P, n_k}, \quad k \neq i. \tag{3.79}$$

Bei veränderlicher Molzahl ist es zweckmäßig, eine neue Zustandsfunktion, das *große Potential* (grand potential) Ω durch folgende Definition einzuführen:

$$\Omega(T, V, \mu) := U - TS - \mu n = - PV. \tag{3.80}$$

Mit

$$d\Omega = dU - TdS - SdT - nd\mu - \mu dn$$

und Gl. (3.72) erhält man

$$d\Omega \leqslant - SdT - PdV - nd\mu \tag{3.81}$$

und daraus für das Gleichgewicht die Beziehungen

$$\left(\frac{\partial \Omega}{\partial T}\right)_{V, \mu} = - S, \quad \left(\frac{\partial \Omega}{\partial V}\right)_{T, \mu} = - P, \quad \left(\frac{\partial \Omega}{\partial \mu}\right)_{T, V} = - n. \tag{3.82}$$

Für die Nebenbedingungen $\delta T = 0$, $\delta V = 0$ und $\delta \mu = 0$ wird daher Ω nie größer, d.h. bei einem Gleichgewicht mit diesen Nebenbedingungen ist $\Omega = \Omega_{min}$ und $\delta\Omega = 0$. Diese Extremalbeziehungen für Ω gilt also bei Molaustausch des Systems mit der Umgebung im Gegensatz zu jenen von U, I, F und G.

3.23. Legendre-Transformation

Die thermodynamischen Potentiale der beiden letzten Abschnitte stehen zum Teil untereinander durch die sogenannte Legendre-Transformation in Verbindung. Die Legendre-Transformation spielt eine wichtige Rolle, denn erst sie ermölicht eine Variablentransformation ohne Informationsverlust. Z. B. ist der Übergang $U(S, V, n) \rightarrow U(T, V, n)$, wobei $T = \left(\frac{\partial U}{\partial S}\right)_{V, n}$ ist, mit einem Informationsverlust verbunden.

Wir werden dies an einem einfachen Beispiel zeigen, und zwar für eine Funktion $y(x)$, die nur von einer Variablen abhängt. Sie stellt eine Kurve im y-x Diagramm dar (Bild 18). Wir wollen nun versuchen, diese Kurve als Funktion von ξ darzustellen, wenn

$$\xi := \frac{dy}{dx} \tag{3.83}$$

ist. Wir setzen *eindeutige Auflösbarkeit* von Gl. (3.83) nach x voraus und erhalten x als Funktion der Steigung ξ

$$x = x(\xi). \tag{3.84}$$

Wir können dann $y(x)$ als Funktion von ξ angeben:

$$y = y(x) = y(x(\xi)) \rightarrow y = f(\xi). \tag{3.85}$$

$y = f(\xi)$ erlaubt es uns aber nicht mehr, die ursprüngliche Kurve $y = y(x)$ zu rekonstruieren.

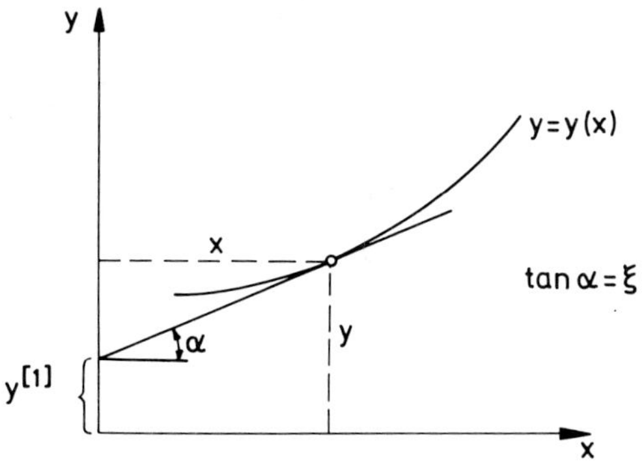

Bild 18

Dies sehen wir am besten, wenn wir versuchen, die ursprüngliche Kurve aus Gl. (3.85) zu erhalten. Dazu setzen wir (3.83) in (3.85) ein und bekommen eine Differentialgleichung erster Ordnung welche x nicht explizit enthält:

$$y = f\left(\frac{dy}{dx}\right) \quad \text{oder} \quad \left(\frac{dy}{dx}\right) = f^{-1}(y)$$

($f^{-1}(y)$ ist die Umkehrfunktion von $f(y)$).

Ist nun $y = y(x)$ eine Lösung dieser Differentialgleichung, so gilt dasselbe auch von $y = y(x + \text{const})$. Wir haben infolge der Integrationskonstanten nicht nur die ursprüngliche Kurve, sondern eine Schar parallel verschobener Kurven (Bild 19), und können daher allein mit der Gl. (3.85) die ursprüngliche Kurve nicht eindeutig finden. Das heißt, es ist Information verlorengegangen.

Will man aber trotzdem eine Funktion der Steigung ξ finden, welche die gesamte Information enthält, also eindeutig die ursprüngliche Kurve liefert, muß man einen anderen Weg wählen. Man stellt die Kurve $y(x)$ durch ihre einhüllenden Tangenten dar. Jede Tangente ist dabei durch die Steigung ξ der Kurve im Berührungspunkt x und die Strecke $y^{[1]}$, welche sie auf der y-Achse abschneidet, gegeben. Dabei gehört zu jeder Steigung ein eindeutiger Wert von $y^{[1]}$. Wir können daher die einparametrige Tangentenschar durch eine Gleichung $y^{[1]} = y^{[1]}(\xi)$ beschreiben. Der Zusammenhang mit der Kurve $y(x)$ ist aus Bild 18 leicht zu entnehmen, da die Steigungen der Tangente und der Kurve im Berührungspunkt gleich sind:

$$\xi = \frac{y - y^{[1]}}{x - 0}.$$

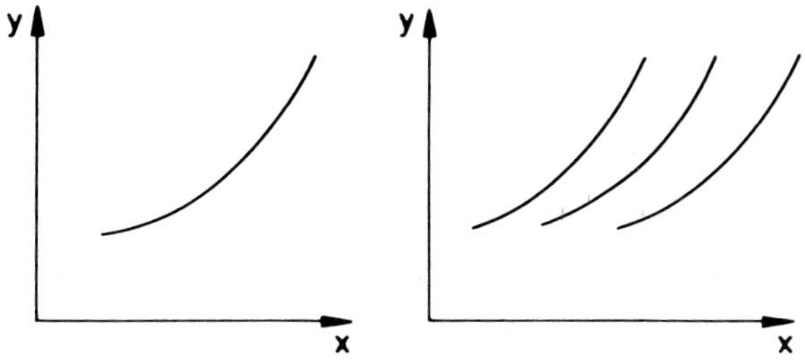

Bild 19

Daraus folgt

$$\boxed{y^{[1]} = y - x\xi = y - x\,\frac{dy}{dx}.} \tag{3.86}$$

Setzt man in der rechten Seite dieser Gleichung die Funktion (3.84) ein, so erhält man $y^{[1]}$ als Funktion von ξ. Die durch Gl. (3.86) definierte Funktion $y^{[1]} = y^{[1]}(\xi)$ heißt die *Legendre-Transformierte* der Funktion $y = y(x)$. Sie beschreibt dieselbe Kurve wie $y = y(x)$, nur als Funktion von ξ, aber nun ohne Informationsverlust. ξ wird *y-Konjugierte von* x genannt.

Suchen wir umgekehrt die Legendre-Transformierte z von $y^{[1]}(\xi)$, so erhalten wir mit Gl. (3.86)

$$\frac{dy^{[1]}}{d\xi} = \frac{dy}{dx}\,\frac{dx}{d\xi} - \xi\,\frac{dx}{d\xi} - x = -x \rightarrow \xi = \xi(x),$$

$$z = y^{[1]} - \xi\,\frac{dy^{[1]}}{d\xi} = y^{[1]} + \xi x = y.$$

Ersetzen wir ξ durch $\xi(x)$, so ergibt dies wieder die ursprüngliche Funktion $y(x)$. Da x bis auf das Vorzeichen die $y^{[1]}$-Konjugierte von ξ ist, können wir von einem sogenannten *konjugierten Paar* (x, ξ) sprechen:

$$x \rightarrow \xi, \qquad \xi \rightarrow -x.$$

Ist nun $y(x)$ ein thermodynamisches Potential, so ist auch $y^{[1]}(\xi)$ bei *eindeutiger Auflösbarkeit* der Gl. (3.84) ein thermodynamisches Potential. Dies deshalb, da dann mit $y^{[1]}$ auch alle Resultate, die aus $y(x)$ folgen, erhalten werden, wenn schon nicht direkt, so mindestens über $y(x)$ selbst, das ja durch $y^{[1]}$ eindeutig bestimmt ist. D. h., wenn mit $y(x)$ alle Größen eines Systems bestimmt werden können (dies ist ja die Eigenschaft eines thermodynamischen Potentials), so ist dies auch mit $y^{[1]}(\xi)$ möglich, und daher ist $y^{[1]}$ selbst ein thermodynamisches Potential.

Die Verallgemeinerung der Legendre-Transformation für Funktionen von mehreren Variablen ist einfach:

$$Y = Y(X, \ldots, X_n)$$

Y-Konjugierte von X_j:

$$\xi_j = \frac{\partial Y(X_1, \ldots, X_n)}{\partial X_j} \rightarrow X_j = X_j(X_1, .., \xi_j, \ldots, X_n),$$

eindeutige Auflösbarkeit nach X_j vorausgesetzt.

Die diesbezügliche Legendre-Transformierte von Y lautet dann

$$Y^{[j]} = Y - X_j\,\frac{\partial Y(X_1, \ldots, X_n)}{\partial X_j} = Y - X_j\,\xi_j, \tag{3.87}$$

$$Y^{[j]} = Y^{[j]}(X_1, \ldots, \xi_j, \ldots, X_n).$$

Die $Y^{[j]}$-Konjugierte von ξ_j und die $Y^{[j]}$-Konjugierten der X_k $(k \neq j)$ erhält man durch folgende Vorgangsweise:

$$dY = \xi_j \, dX_j + \sum_{k(\neq j)} \xi_k \, dX_k,$$

$$d(\xi_j X_j) = X_j \, d\xi_j + \xi_j \, dX_j.$$

Substraktion beider Gleichungen ergibt

$$dY^{[j]} = d(Y - \xi_j X_j) = \sum_{k(\neq j)} \xi_k \, dX_k - X_j d\xi_j \qquad (3.88)$$

und somit die $Y^{[j]}$-Konjugierten von ξ_j und X_k

$$\frac{\partial Y^{[j]}(X_1, \ldots, \xi_j, \ldots, X_n)}{\partial \xi_j} = -X_j \qquad (3.89)$$

$$\frac{\partial Y^{[j]}(X_1, \ldots, \xi_j, \ldots, X_k, \ldots, X_n)}{\partial X_k} = \xi_k \quad \text{für } k \neq j. \qquad (3.90)$$

Mit Gl. (3.90) läßt sich die Legendre-Transformierte von $Y^{[j]}$ bezüglich X_k $(k \neq j)$, also die Funktion

$$(Y^{[j]})^{[k]} =: Y^{[j,k]} = Y^{[j,k]}(X_1, \ldots, \xi_j, \ldots, \xi_k, \ldots, X_n)$$

bestimmen. Allgemein können wir daher sagen, daß $Y^{[j,k]}$ eine Legendre-Transformierte von Y bezüglich X_j und X_k ist. Dieses Verfahren kann für jede Variable durchgeführt werden, so daß es 2^n verschiedene Legendre-Transformierte für Y gibt, von denen wiederum n voneinander unabhängig sind:

$$Y^{[j]} = Y - X_j \frac{\partial Y(X_1, \ldots, X_n)}{\partial X_j}, \quad j = 1, \ldots, n$$

$$Y^{[j,k]} = Y - X_j \frac{\partial Y}{\partial X_j} - X_k \frac{\partial Y}{\partial X_k} \quad k \neq j, \quad k, j = 1, \ldots, n$$

$$\vdots$$

$$Y^{[1,2,\ldots,n]} = Y - \sum_{i=1}^{n} X_i \frac{\partial Y}{\partial X_i}.$$

Dabei liefern alle Legendre-Transformationen von Y dieselbe Konjugationspaarung der Variablen X_i und ξ_i:

$$(X_1, \xi_1)(X_2, \xi_2) \ldots (X_n, \xi_n).$$

Ist Y ein thermodynamisches Potential, so sind auch alle Legendre-Transormierten von Y, bei eindeutiger Auflösbarkeit von Gl. (3.90) nach X_k, thermodynamische Potentiale (bis auf eine Einschränkung). Jede Auswahl (bis auf die eine Ausnahme, wo alle intensiven Variablen ausgewählt werden) von n Variablen aus den konjugierten Paaren derart, daß jedem Paar nur eine entnommen wird, stellt dann einen vollständigen Satz unabhängiger

Variablen zur eindeutigen Beschreibung des Systemzustandes dar. Man nennt so einen Satz auch *Koordinaten des Zustandes.* Ist außerdem $Y(X_1, \ldots, X_n)$ eindeutig nach $X_i = X_i(X_1, \ldots, X_{i-1}, Y, X_{i+1}, \ldots, X_n)$ auflösbar, so ist auch X_i in den Koordianten $X_1, \ldots, Y, \ldots, X_n$ thermodynamisches Potential und besitzt wieder 2^n Legendre-Transformierte. Es läßt also jede Variable X_i bzw. ξ_i usw., die eindeutig ist, als thermodynamisches Potential eines geeigneten Koordinatensystems darstellen. Ja, es gibt sogar für jede Variable mehrere Koordinatensysteme (siehe Seite 46 Absätze e) und f)), in denen die Variable thermodynamisches Potential ist.

Wir wenden das oben Gesagte auf das thermodynamische Potential U(S, V, n) an und bilden die Legendre-Transformierten von U:

$$\left.\begin{array}{lll}
\text{thermodynamische Potentiale} & & \text{Koordinaten} \\
U(S, V, n) & & S, V, n \\
U^{[S]} = U - TS =: F(T, V, n), & T = \left(\frac{\partial U}{\partial S}\right)_{V,n} & T, V, n \\
U^{[V]} = U + PV =: I(S, P, n), & P = -\left(\frac{\partial U}{\partial V}\right)_{S,n} & S, P, n \\
U^{[n]} = U - \mu n, & \mu = \left(\frac{\partial U}{\partial n}\right)_{S,V} & S, V, \mu \\
U^{[S,V]} = U - TS + PV =: G(T, P, n) & & T, P, n \\
U^{[S,n]} = U - TS - \mu n =: \Omega(T, V, \mu) & & T, V, \mu \\
U^{[V,n]} = U + PV - \mu n & & S, P, \mu \\
[U^{[S,V,n]} = U - TS + PV - \mu n \equiv 0] & & [T, P, \mu]
\end{array}\right\} \quad (3.91)$$

Man sieht, daß einige mit den bereits in den beiden letzten Kapiteln definierten Potentialen identisch sind.

$U^{[S,V,n]}$ ist wegen der Linearität von (3.77) identisch gleich Null, also konstant, und daher kein thermodynamisches Potential. Die letzte Gleichung gibt vielmehr die Abhängigkeit der intensiven Variablen T, P und μ untereinander an und beschreibt nur die innere Struktur des Systems ohne Berücksichtigung seiner Größe bzw. Menge. Die intensiven Variablen bilden, da sie nicht unabhängig sind, kein Koordinatensystem, wie bereits bei Gl. (3.78) erwähnt wurde. Dies ist die Ausnahme, von der oben die Rede war. Sie ist eine Folge der Linearität des thermodynamischen Potentials U(S, V, n).

Eine weitere Folge der Linearität von U in S, V und n sind *fixierte Nullpunkte* für alle Variablen. Für die extensiven Variablen folgt dies aus der Überlegung, daß eine in X_i homogene Funktion nach der Substitution $X_i = \overline{X}_i - a_i$ (Nullpunkterverschiebung von X_i) mit konstantem a_i in $\overline{X}_i$ nicht mehr homogen ist, und daher eine derartige Substitution unzulässig ist, d. h. die Nullpunkte der extensiven Variablen fixiert sind. Daraus folgt auch, daß die intensiven Variablen fixierte Nullpunkte haben, da diese als Differentialquotienten von extensiven Variablen definiert sind.

Die Behauptung, daß die Nullpunkte fixiert sind, ist für V, P und n evident und auch für T bereits bekannt, doch problematisch für jene extensiven Variablen, für die in der Thermodynamik nur Differenzmessungen existieren, wie z. B. für die Energie und die Entropie (siehe Gln. (3.23) und (3.24)). Zwar ist es prinzipiell möglich durch eine Beschleunigung des Systems seine Masse und daraus die Energie zu bestimmen, doch ist diese Absolutmessung wesentlich ungenauer als die in der Thermodynamik möglichen Messungen der Energiedifferenzen. Hingegen gibt es überhaupt keine Möglichkeit, den absoluten Wert für die Entropie zu messen, die Lage ihres Nullpunktes wird vielmehr erst durch den 3. Hauptsatz eindeutig festgelegt und nicht durch direkte Messungen. Nur die Folgen dieser Festlegung des Nullpunktes der Entropie lassen indirekt erkennen, ob sie richtig ist oder nicht.

4. Der 3. Hauptsatz

Wir haben gesehen, daß nach der klassischen Thermodynamik (als solche bezeichnet man die Gesamtheit der Folgerungen aus dem 1. und 2. Hauptsatz) die Integrationskonstanten bei der inneren Energie, Enthalphie und Entropie unbestimmt geblieben sind. Man sieht auch, daß die thermodynamischen Potentiale F und G gar bis auf lineare Funktionen in der Temperatur unbestimmt bleiben, da in U und S je eine Konstante enthalten ist und $F = U - TS$ ist. Die Berechnung dieser Konstanten ist grundsätzlich erst mit Hilfe der Statistik und der Quantentheorie möglich. Aus Extrapolationen experimenteller Ergebnisse läßt sich aber im „3. Hauptsatz der Thermodynamik" (auch Nernstsches Wärmetheorem genannt, *Nernst* 1906) wenigstens eine Aussage über die Entropie bei $T = 0$ machen. Sie lautet: „Die Entropie eines ungemischten kondensierten Stoffes im thermodynamischen Gleichgewicht ist am absoluten Nullpunkt eine universelle Konstante, die Null ist." Der 3. Hauptsatz bezieht sich auf reale Systeme, nicht etwa auf Modelle wie das klassische ideale Gas oder das van der Waalsche Gas.

Die Allgemeinheit des 3. Hauptsatzes besteht darin, daß er sich auf jeden reinen Stoff bezieht und außer $T = 0$ keine weitere Spezifizierung der anderen Parameter verlangt. Im Rahmen der Thermodynamik ist der 3. Hauptsatz ein approximativ aus der Erfahrung gewonnener Satz. Die Quantenstatistik zeigt aber, daß der 3. Hauptsatz der Thermodynamik eine makroskopische Auswirkung von Quanteneffekten ist.

Dies ist auch der Grund, warum der 3. Hauptsatz z. B. nicht für das klassische ideale Gas gilt. Berücksichtigen wir jedoch die statistische Quantenmechanik (Ununterscheidbarkeit der Teilchen und Pauliverbot), so erhalten wir für tiefe Temperaturen eine Abweichung von den klassischen idealen Gasgesetzen und zwar so, daß der 3. Hauptsatz erfüllt ist. Diese durch die Quantenmechanik bedingte Abweichung vom idealen Gasverhalten nennt man *Entartung* des idealen Gases.

In der statistischen Mechanik wird sich auch ein Zusammenhang zwischen der „Unordnung" eines Systems und der Entropie herausstellen. Das thermodynamische Gleichgewicht am Nullpunkt entspricht dem (praktisch unerreichbaren) Zustand idealer Ordnung. Andererseits „friert" in der Nähe des absoluten Nullpunktes die Möglichkeit ein, durch Zustandsänderung zum stabilen thermodynamischen Gleichgewichtszustand zu gelangen, bzw. es dauert unendlich lang bis dies geschieht. So erhält man z. B. mit Glas (amorph), das eigentlich instabil ist, aber sich nur sehr langsam ändert, in der Nähe von $T = 0$ einen metastabilen Zustand mit $S \neq 0$, während dort die kristalline Modifikation den stabilen Zustand idealer Ordnung mit $S = 0$ ergibt.

Aus dem 3. Hauptsatz folgt wegen der Gleichheit aller Entropien für $T = 0$ auch, daß sich im Gleichgewicht die Modifikationen ein und desselben Stoffes bei $T = 0$ nicht mehr unterscheiden können. Eine interessante Folgerung daraus ist, daß sich ein paramagnetischer Stoff in $T = 0$ wie ein permanenter Magnet verhalten muß, da er dann den Zustand größter Ordnung besitzt.

Mathematisch ausgedrückt lautet der 3. Hauptsatz

$$\lim_{T \to 0} S(T, V) = 0 \quad \text{oder} \quad \lim_{T \to 0} S(T, P) = 0, \tag{4.1}$$

d.h. für $T \to 0$ ist S von allen Parametern außer T unabhängig und daher

$$\lim_{T \to 0} \left(\frac{\partial S}{\partial V}\right)_T = 0, \qquad \lim_{T \to 0} \left(\frac{\partial S}{\partial P}\right)_T = 0. \tag{4.2}$$

Ist c_ξ die spezifische Wärme längs eines reversiblen Weges bei konstantem ξ, bei dem sich als unabhängige Variable nur T ändert, so lautet die Entropie nach dem 2. Hauptsatz

$$s(T, \xi) = \int_0^T c_\xi(T') \frac{dT'}{T'} + s(T = 0, \xi)$$

Mit dem 3. Hauptsatz ergibt sich, daß $s(T = 0, \xi) = 0$ ist, also

$$s(T, \xi) = \int_0^T c_\xi(T') \frac{dT'}{T'} \tag{4.3}$$

wird. Damit der 3. Hauptsatz erfüllt ist, muß für $T \to 0$ $c_\xi(T) \to 0$ gehen, da sonst das Integral (4.3) divergiert. $c_\xi(T)$ kann sowohl $c_v(T)$ als auch $c_p(T)$ sein, je nach Wahl des Weges:

$$\lim_{T \to 0} c_v(T) = 0, \quad \lim_{T \to 0} c_p(T) = 0. \tag{4.4}$$

Weiter läßt sich zeigen, daß infolge des 3. Hauptsatzes der thermische Expansionskoeffizient α am absoluten Nullpunkt verschwindet. Mit der Maxwell-Relation

$$\left(\frac{\partial S}{\partial P}\right)_T = -\left(\frac{\partial V}{\partial T}\right)_P$$

folgt durch Gl. (4.2)

$$\lim_{T \to 0} \left(\frac{\partial V}{\partial T}\right)_P = -\lim_{T \to 0} \left(\frac{\partial S}{\partial P}\right)_T = 0.$$

D. h. der Expansionskoeffizient $\alpha = \frac{1}{V}\left(\frac{\partial V}{\partial T}\right)_P$ geht für $T \to 0$ gegen Null:

$$\lim_{T \to 0} \alpha = 0. \qquad (4.5)$$

Analog kann man zeigen, daß der isochore Spannungskoeffizient β am absoluten Nullpunkt verschwindet. Mit den Gleichungen

$$\left(\frac{\partial S}{\partial V}\right)_T = \left(\frac{\partial P}{\partial T}\right)_V$$

und (4.2) folgt

$$\lim_{T \to 0} \left(\frac{\partial P}{\partial T}\right)_V = \lim_{T \to 0} \left(\frac{\partial S}{\partial V}\right)_T = 0$$

und somit

$$\lim_{T \to 0} \beta = \lim_{T \to 0} \frac{1}{P}\left(\frac{\partial P}{\partial T}\right)_V = 0. \qquad (4.6)$$

Mit der Gl. (3.29)

$$c_P - c_V = T\left(\frac{\partial P}{\partial T}\right)_V \left(\frac{\partial v}{\partial T}\right)_P$$

erhalten wir außerdem

$$\lim_{T \to 0} \frac{c_P - c_V}{T} = 0, \qquad (4.7)$$

d. h. $c_P - c_V$ muß stärker gegen Null gehen als T.

Der 3. Hauptsatz sagt weiter aus, daß der absolute Nullpunkt unerreichbar ist und man sich ihm höchstens asymptotisch nähern kann. Da nur adiabatische Prozesse zur Annäherung in Frage kommen, erhält man mit $d'Q = TdS = 0$ und Gl. (3.38), also

$$TdS = C_P dT - \alpha V T dP = 0,$$

für die Temperaturänderung bei reversibler adiabatischer Expansion:

$$dT = \frac{\alpha V}{C_P} T dP. \qquad (4.8)$$

Um nun zu sehen, ob bei Annäherung an den absoluten Nullpunkt eine endliche Druckänderung noch zu einer Temperaturänderung führt, ist es erforderlich, dort den Wert von $\frac{\alpha V}{C_P}$ T zu kennen. Wir entwickeln daher C_P in eine verallgemeinerte Potenzreihe von T

$$C_P = T^x (a + bT + cT^2 + \ldots),$$

wobei a, b, c Funktionen von P und n sind und x wegen Gl. (4.4) (3. Hauptsatz) eine positive Konstante ist.

Daraus folgt mit Gl. (3.26) $\left(a' := \frac{da}{dP} \right)$

$$\left(\frac{\partial C_P}{\partial P} \right)_T = T^x (a' + b'T + c'T^2 + \ldots),$$

$$V\alpha = - \int_0^T \left(\frac{\partial C_P}{\partial P} \right)_{T'} \frac{dT'}{T'} = - \int_0^T dT' (a'T'^{x-1} + b'T'^x + c'T'^{x+1} + \ldots) =$$

$$= - T^x \left(\frac{a'}{x} + \frac{b'T}{x+1} + \frac{c'T^2}{x+2} + \ldots \right)$$

und wir erhalten somit

$$\lim_{T \to 0} \frac{V\alpha}{C_P} = - \frac{a'}{xa},$$

eine *endliche Konstante bezüglich der Temperatur.* D. h., für $T \to 0$ ist dT bei endlicher Druckänderung immer gleich Null und der absolute Nullpunkt unerreichbar.

Gl. (4.8) ist eine Folge des 2. Hauptsatzes. Bevor man genügend tiefe Temperaturen erreichen konnte, wurde angenommen, daß C_P am absoluten Nullpunkt gegen einen konstanten Wert geht, da die klassische kinetische Gastheorie diese Vorhersage machte. Es wäre also infolge der Linearität von Gl. (4.8) in T bereits durch den 2. Hauptsatz die Unerreichbarkeit des absoluten Nullpunktes gegeben. Erst die Erfahrung, daß C_P am absoluten Nullpunkt verschwindet, gab Hoffnung, den absoluten Nullpunkt doch zu erreichen. Da aber infolge des 3. Hauptsatzes nicht nur C_P sondern auch α gegen Null geht und ihr Verhältnis den obigen endlichen Wert besitzt, bleibt der absolute Nullpunkt (aber nun als Folge des 3. Hauptsatzes) doch unerreichbar. Man sieht dies auch, wenn man den Weg betrachtet, auf dem man tatsächlich in die Nähe der Temperatur Null zu gelangen sucht. Man verwendet die adiabatische (isentropische) Entmagnetisierung einer paramagnetischen Substanz zur Abkühlung (Bild 20).

Die Entropie des unmagnetisierten Systems (S_{un}) muß wegen des geringeren Ordnungsgrades über der des magnetisierten (S_m) liegen. Beide müssen sich aber nach dem 3. Hauptsatz im Nullpunkt (T = 0, S = 0) treffen. Bei der isentropischen Entmagnetisie-

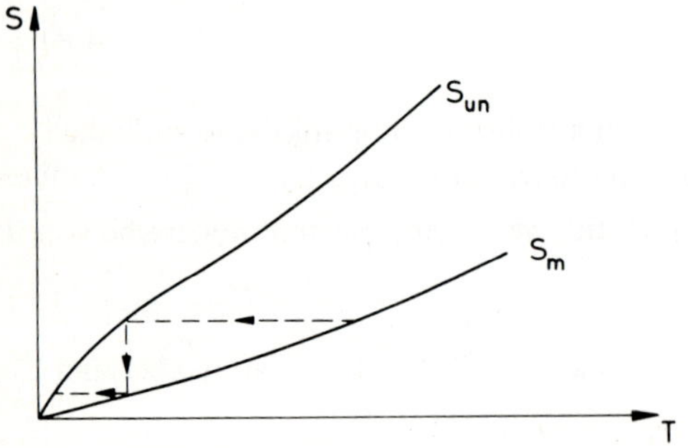

Bild 20

rung gelangt man also tatsächlich zu immer tieferen Temperaturen. Aus der gegenseitigen Lage der Kurve, die sich aus dem 3. Hauptsatz ergibt, folgt aber, daß der Nullpunkt selbst erst nach unendlich vielen Schritten, d.h. nie erreichbar ist.

Weitere Folgerungen des 3. Hauptsatzes sind

$$\lim_{T \to 0} f = \lim_{T \to 0} u \qquad (\text{aus } f = u - Ts) \tag{4.9}$$

und

$$\lim_{T \to 0} \left(\frac{\partial f}{\partial T}\right)_v = - \lim_{T \to 0} s = 0 \qquad (\text{aus Gl. (3.63)}). \tag{4.10}$$

Differenziert man $f = u - Ts$ partiell nach T bei konstantem v und setzt $T = 0$, so erhält man

$$\left(\frac{\partial f}{\partial T}\right)_v = \left(\frac{\partial u}{\partial T}\right)_v - s - T\left(\frac{\partial s}{\partial T}\right)_v$$

und mit Gl. (4.1)

$$\lim_{T \to 0} \left(\frac{\partial f}{\partial T}\right)_v = \lim_{T \to 0} \left(\frac{\partial u}{\partial T}\right)_v .$$

Wegen Gl. (4.10) ist daher auch

$$\lim_{T \to 0} \left(\frac{\partial u}{\partial T}\right)_v = \lim_{T \to 0} c_v = 0, \tag{4.11}$$

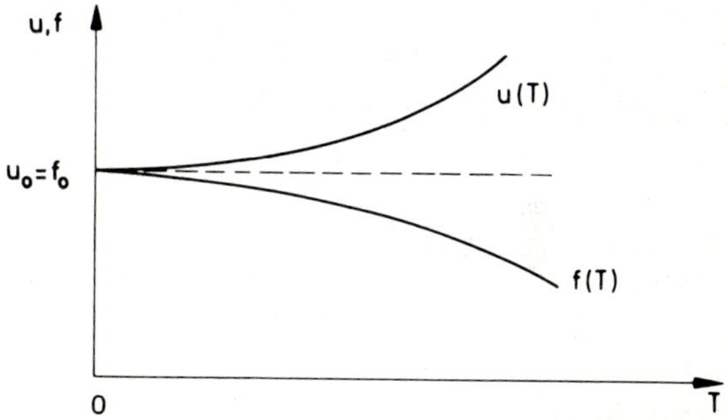

Bild 21

wie bereits Gl. (4.4) zeigte.

Stellt man u und f in einem Diagramm dar, so bedeutet das, daß beide Funktionen bei $T = 0$ eine horizontale Tangente und außerdem den gleichen Wert besitzen (Bild 21).

Mit Hilfe des 3. Hauptsatzes (Gl. (4.3)) ist es nun möglich, die T-Abhängigkeit von u und f bis auf eine gleiche Konstante aus Messungen von c_v zu bestimmen, da

$$u = \int_0^T c_v dT + \underbrace{u(0, v)}_{\text{const}} \tag{4.12}$$

und

$$f = u - Ts,$$

$$f(T, v) = u(T, v) - T \int_0^T \frac{c_v}{T'} dT' = \int_0^T c_v dT' - T \int_0^T \frac{c_v}{T'} dT' + u(0, v), \tag{4.13}$$

wobei die Integrale über Wege konstanten Volumens zu erstrecken sind.

5. Das van der Waalssche Gas

5.1. Die Zustandsgleichung des van der Waalsschen Gases

Die Zustandsgleichung einer Substanz erhält man entweder aus dem Experiment oder durch ein kinetisches bzw. statistisches Modell. Die Hauptsätze selbst liefern uns keine näheren Aussagen über die Zustandsgleichung, sondern nur allgemeine Gesetze, die alle Stoffe erfüllen müssen, z. B. den Zusammenhang der inneren Energie mit der Zustandsgleichung (siehe Gl. (3.21)).

Der Mikrostandpunkt beim idealen Gas ist der (siehe Kapitel 8), daß die Moleküle keine Wechselwirkung untereinander ausüben. Zwischen den Molekülen besteht jedoch tatsächlich eine Wechselwirkung, deren potentielle Energie qualitativ die Form des Bildes 22 hat. Bei höheren Dichten muß daher die Wechselwirkung berücksichtigt werden. *van der Waals* idealisierte die Situation, indem er den abstoßenden Teil des Potentials durch eine unendlich harte Kugel annäherte, d. h. eine feste Ausdehnung r der Moleküle annahm (Bild 23). Der andere Teil des Potentials ist für die Anziehung verantwortlich.

van der Waals stellt die Hypothese auf, daß für die modifizierten Größen v_{eff} und P_{kin} wieder die ideale Gasgleichung gilt:

$$v_{eff}P_{kin} = RT. \tag{5.1}$$

Das Modell der harten Kugel bewirkt, daß die Anwesentheit irgendeines anderen Moleküls in einem gewissen Raumbereich um ein Molekül herum verboten ist. D. h., das effektiv den Molekülen zur Verfügung stehende Volumen v_{eff} ist um den Betrag b kleiner als das

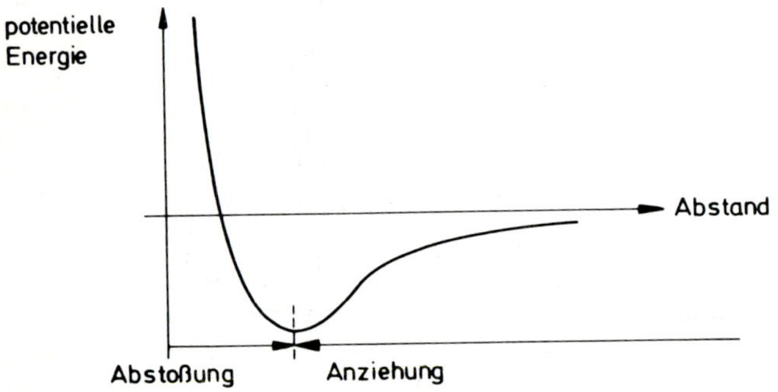

Bild 22

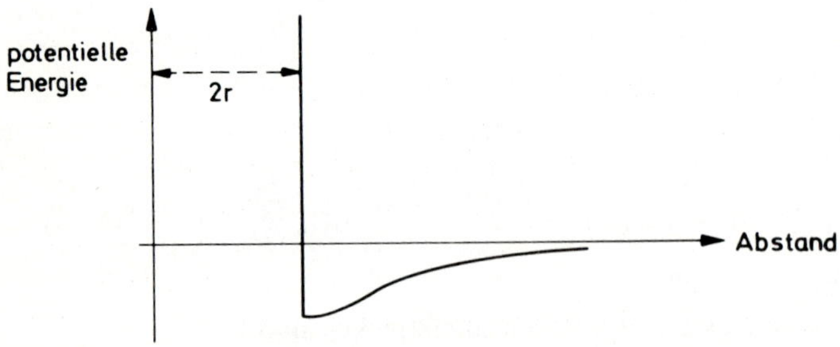

Bild 23

tatsächliche Volumen v, wobei b vom Molekülradius und der Anzahl der Moleküle pro Mol abhängt und für jeden Stoff eine charakteristische Konstante ist:

$$v_{eff} = v - b.$$

Umgekehrt werden wegen der Anziehung der Moleküle die Moleküle der Oberfläche ins Innere gezogen, so daß der auf die äußere Wand wirkende Druck P kleiner ist als der durch die kinetische Energie der Moleküle bedingte Druck P_{kin}. Diese Druckverringerung ist umso größer,

1. je mehr Moleküle pro cm^3 im Inneren sind und
2. je mehr Moleküle in der Randschicht sind.

Die Druckverringerung ist also dem Quadrat der Teilchenzahl/cm^3 proportional, da die Teilchenzahl in der Randschicht selbst auch der Teilchendichte $\frac{L}{v}$ proportional ist. D. h.

$$\Delta P \sim \frac{L^2}{v^2} \quad \text{oder} \quad \Delta P = \frac{a}{v^2},$$

wobei a eine weitere für den Stoff charakteristische Konstante ist. Der Druck auf die äußere Wand ist daher

$$P = P_{kin} - \frac{a}{v^2}.$$

Führen wir die Systemgrößen v und P in Gl. (5.1) ein, so erhalten wir die *van der Waalssche Zustandsgleichung:*

$$(v - b)\left(P + \frac{a}{v^2}\right) = RT. \tag{5.2}$$

Die van der Waalssche Gleichung stellt infolge der ihr zugrunde liegenden Modellvorstellung einen Näherungsausdruck für das reale Gas dar.

Man erhält aus der van der Waalsschen Gleichung zu festem P und T eine Gleichung dritten Grades in v und daher im allgemeinen zu jedem P und T drei verschiedene Volumina. Oberhalb einer bestimmten kritischen Temperatur T_k werden aber zwei Lösungen davon komplex, und es gibt dann zu einem vorgegebenen P und T nur ein reelles Volumen (Bild 24). Verfolgt man eine Isotherme von der Seite des größeren Volumens her, so findet man *experimentell* den Verlauf von Bild 25. Die Kurve des Bildes 25 springt unstetig von Punkt v_3 auf v_2. Dabei findet eine Verflüssigung statt. D. h. es gibt keinen gasförmigen oder flüssigen Zustand, dessen Molvolumen zwischen v_2 und v_3 liegt. Der Bereich innerhalb der strichlierten Linie von Bild 24 ist ein instabiles Gebiet, in dem keine Phase existiert. Hat ein System doch ein v innerhalb von v_2 und v_3, so zerfällt das System in 2 Phasen, die beide nicht im instabilen Gebiet liegen, sondern vielmehr die Molvolumina v_2 bzw. v_3 besitzen. v_3 ist das Volumen im gasförmigen, v_2 das im flüssigen Zustand. Man kann durch vorsichtige Volumenverkleinerung wohl bis zum Punkt P (Bild 25) gelangen (Kondensationsverzug), doch sind diese Zustände labil gegenüber kleinsten Verunreinigungen sowie Erschütterungen. Genauso läßt sich durch vorsichtige Volumenvergrößerung des flüssigen Zustandes der Punkt Q erreichen (Siedeverzug). Auch dieser ist sehr labil. Die Kurve zwischen den Punkten Q und P ist experimentell nicht realisierbar, da dort bei abnehmendem Volumen auch der

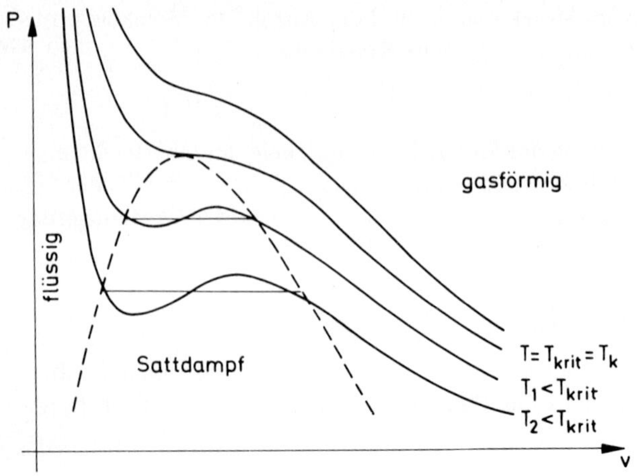

Bild 24

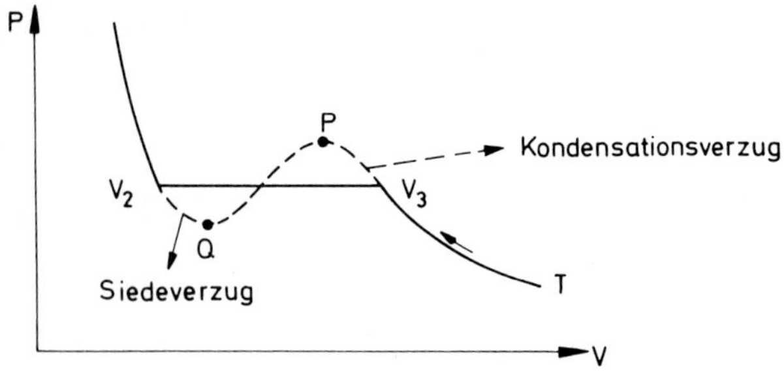

Bild 25

Druck abnehmen müßte. Man sieht aus den obigen Skizzen, daß bei Volumenverkleinerung die Verflüssigung um so früher eintritt, je tiefer die Temperatur ist. Umgekehrt gibt es ab der kritischen Temperatur T_k keinen Sprung mehr in der Dichte. Noch weiter oberhalb unterscheidet sich die Gleichung des realen Gases fast nicht mehr von der des idealen Gases. Unterhalb der kritischen Temperatur, die auch einen kritischen Druck und ein kritisches Volumen bestimmt, können Gas und Flüssigkeit gleichzeitig vorhanden sein. Man bezeichnet die durch die gestrichelte Linie (Bild 24) eingeschlossene Fläche daher als das Gebiet des gesättigten Dampfes. Die Zustandsänderungen auf einer Isotherme verlaufen dort (siehe Bild 25) nicht nur isotherm sondern auch isobar.

Die kritischen Daten T_k, P_k und v_k können aus folgenden 3 Gleichungen bestimmt werden: Erstens ist

$$P_k = \frac{RT_k}{v_k - b} - \frac{a}{v_k^2}. \tag{5.3}$$

Bei der kritischen Temperatur muß die Isotherme eine horizontale Tangente und Wendetangente besitzen (Bild 26), also gilt dann auch zweitens

$$\left(\frac{\partial P}{\partial v}\right)_T = 0 = -\frac{RT_k}{(v_k - b)^2} + \frac{2a}{v_k^3} \tag{5.4}$$

und drittens

$$\left(\frac{\partial^2 P}{\partial v^2}\right)_T = 0 = \frac{2RT_k}{(v_k - b)^3} - \frac{6a}{v_k^4}. \quad (5.5)$$

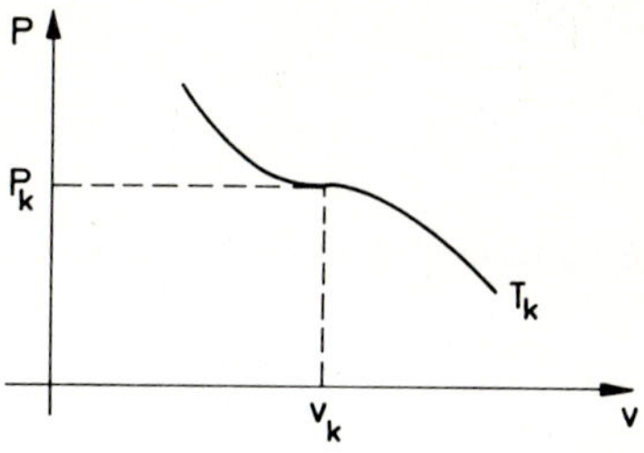

Bild 26

Division von Gl. (5.4) durch Gl. (5.5) gibt

$$v_k - b = \frac{2}{3} v_k = 2b$$

$$v_k = 3b. \quad (5.6)$$

Aus Gl. (5.4) erhält man damit

$$T_k = \frac{8a}{27Rb} \quad (5.7)$$

und schließlich aus Gl. (5.3)

$$P_k = \frac{a}{27b^2}. \quad (5.8)$$

Daraus folgt die Beziehung

$$\frac{RT_k}{P_k v_k} = \frac{8}{3} = 2{,}667. \quad (5.9)$$

Messungen ergeben dafür jedoch meist größere Werte (siehe Tabelle)

	T_k/K	P_k/bar	$\frac{\mu}{v_k} \Big/ \frac{g}{cm^3}$	$\frac{RT_k}{P_k v_k}$
N_2	126,2	33,9	0,311	3,4
O_2	154,8	50,8	0,41	3,2
H_2O	647,4	221,1	0,32	4,3

a und b können mit Hilfe der experimentellen Werte für die kritischen Daten bestimmt werden:

$$b = \frac{v_k}{3}, \quad a = 3P_k v_k^2. \quad (5.10)$$

Man kann in die van der Waalssche Gleichung auch *reduzierte Zustandsgrößen* einführen:

$$P_r = \frac{P}{P_k}, \quad v_r = \frac{v}{v_k}, \quad T_r = \frac{T}{T_k} \quad (5.11)$$

Wegen

$$RT = \left(P + \frac{a}{v^2}\right)(v - b)$$

und

$$\frac{1}{8} RT_k = \frac{1}{3} P_k v_k \tag{5.12}$$

erhält man bei Division dieser Gleichungen

$$8T_r = \left(P_r + \frac{a}{P_k v^2}\right) \left(3v_r - \frac{3b}{v_k}\right),$$

und mit Gl. (5.10) die van der Waalssche Gleichung in reduzierten Größen

$$8T_r = \left(P_r + \frac{3}{v_r^2}\right) (3v_r - 1). \tag{5.13}$$

5.2. Berechnung der inneren Energie für das van der Waalssche Gas

Um Gl. (3.23) integrieren zu können, ist es erforderlich $c_v(v, T)$ zu kennen. Wir benützen daher Gl. (3.22), um die v-Abhängigkeit von c_v zu berechnen:

$$P = \frac{RT}{v-b} - \frac{a}{v^2}; \qquad \left(\frac{\partial P}{\partial T}\right)_v = \frac{R}{v-b} \tag{5.14}$$

$$\left(\frac{\partial c_v}{\partial v}\right)_T = T\left(\frac{\partial^2 P}{\partial T^2}\right)_v = T\frac{\partial}{\partial T}\left(\frac{R}{v-b}\right) = 0.$$

d.h., c_v ist auch für das van der Waalssche Gas nur von T abhängig: $c_v(T)$. Weiterhin ist wegen Gl. (3.21)

$$\left(\frac{\partial u}{\partial v}\right)_T = T\left(\frac{\partial P}{\partial T}\right)_v - P = +\frac{a}{v^2}.$$

Das Differential der inneren Energie des realen Gases lautet also

$$du = c_v(T)\, dT + \frac{a}{v^2}\, dv.$$

Für $v \gg b$ und $vRT \gg a$ muß dieser Ausdruck in den des idealen Gases

$$du = (c_v)_{ideal}\, dT$$

übergehen, worin $(c_v)_{ideal}$ für das klassische ideale Gas (hohe Temperatur) eine temperaturunabhängige Konstante darstellt. Es zeigt sich, daß c_v auch für reale Gase bei nicht zu niedrigen Temperaturen näherungsweise konstant ist. Es ergibt sich also für die innere Energie eines van der Waalsschen Gases für $T > T_0 > T_k$ durch Integration:

$$u(T, v) - u(T_0, v_0) = c_v(T - T_0) - a\left(\frac{1}{v} - \frac{1}{v_0}\right). \tag{5.15}$$

Ebenso erhält man für die Entropie wegen Gl. (3.24)

$$s(T, v) - s(T_0, v_0) = c_v \ln\frac{T}{T_0} + R\ln\frac{v-b}{v_0 - b}. \tag{5.16}$$

Im Gegensatz zu c_v ist für das van der Waalssche Gas c_P auch für hohe Temperaturen volumen- bzw. druckabhängig. Setzen wir nämlich

$$\left(\frac{\partial T}{\partial v}\right)_P = \frac{1}{R}\left[\left(P + \frac{a}{v^2}\right) - (v-b)\frac{2a}{v^3}\right] = \frac{1}{\left(\frac{\partial v}{\partial T}\right)_P}$$

in Gl. (3.34) ein, so erhalten wir

$$c_P - c_v = T\left(\frac{\partial P}{\partial T}\right)_v \left(\frac{\partial v}{\partial T}\right)_P = T\,\frac{R}{v-b}\,\frac{R}{\left(P+\frac{a}{v^2}\right) - \frac{2a}{v^3}(v-b)} =$$

$$= \frac{R}{1 - \frac{2a(v-b)^2}{v^3 RT}} = \frac{R}{1 - \frac{2a(v-b)}{v^3\left(P + \frac{a}{v^2}\right)}}. \tag{5.17}$$

5.3. Joule-Thomson-Kurve des van der Waalsschen Gases

Wie auf Seite 37 bereits gezeigt wurde, lautet die Differentialgleichung für die Inversionskurve T_i

$$T_i\left(\frac{\partial v}{\partial T}\right)_P - v = 0. \tag{5.18}$$

Daraus folgt für das van der Waalssche Gas

$$T_i = v\left(\frac{\partial T}{\partial v}\right)_P = \frac{v}{R}\left[P + \frac{a}{v^2} - \frac{2a}{v^3}(v-b)\right] =$$

$$= \frac{v}{R}\left[\frac{RT_i}{v-b} - \frac{2a}{v^3}(v-b)\right],$$

$$T_i\left(1 - \frac{v}{v-b}\right) = -\frac{2a}{R}\,\frac{(v-b)}{v^2},$$

$$T_i = \frac{2a}{Rb}\left(\frac{v-b}{v}\right)^2 \approx \frac{2a}{Rb} \quad \text{(Näherung für } v \gg b\text{)}. \tag{5.19}$$

Im P, T-Diagramm dargestellt, ergibt sich, z. B. Für Stickstoff (N_2) ohne Näherung Bild 27. Für $P \leqslant 1$ atm, wo die Näherung von Gl. (5.19) zulässig wird, ist die Steigung der Inversionskurve wegen der Maßstabsänderung verschwindend (Bild 28a). Innerhalb der gestrichelten Linie (Inversionskurve) tritt für das van der Waalssche Gas beim Joule-Thomson-Versuch ($\Delta i = 0$) Abkühlung auf, außerhalb davon Erwärmung. Abkühlung tritt also erst dann auf, wenn mindestens die Temperatur unterhalb der maximalen Inversionstemperatur T_{imax} und der Druck unter den maximalen Inversionsdruck P_{imax} liegen. Die experimentellen Werte der maximalen Inversionstemperatur sind in der Tabelle für einige Gase angegeben.

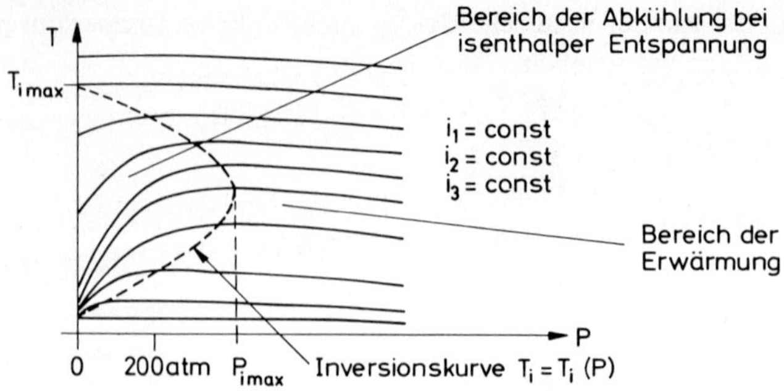

Bild 27

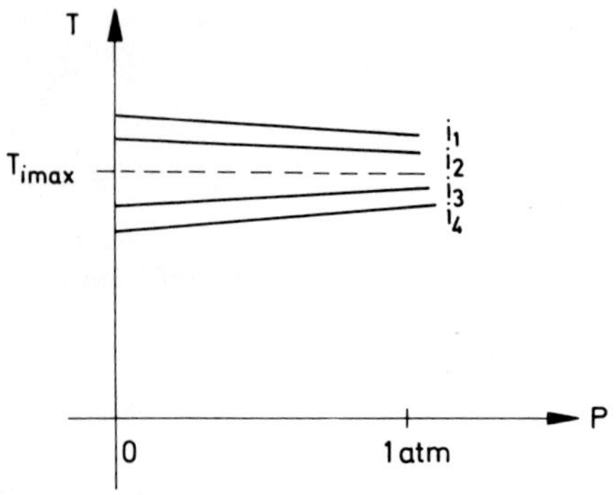

Bild 28a

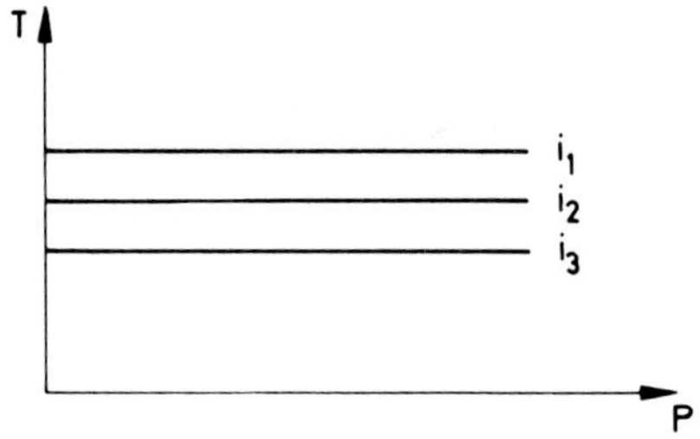

Bild 28b

Für das ideale Gas ist

$$T\left(\frac{\partial v}{\partial T}\right)_P - v$$

identisch Null. D.h., die Temperatur ändert sich nach Gl. (3.43) beim Joule-Thomson-Versuch nicht (Bild 28b, siehe auch Seite 15):

$$i = c_v T + Pv = (c_v + R)\,T,$$

$$i = \text{const} \rightarrow T = \text{const}.$$

Gas	maximale Inversions-temperatur/K
CO_2	1500
Ar	723
N_2	621
Luft	603
H_2	202
He	40

6. Anwendung der Hauptsätze auf heterogene Systeme

Ein heterogenes System ist ein System, bei dem mehrere Phasen vorliegen. *Phasen* sind räumlich voneinander getrennte homogene Gebiete eines Systems, die sich in ihren Eigenschaften voneinander unterscheiden. Ein System kann z. B. eine gasförmige und mehrere flüssige Phasen sowie Phasen verschiedener Kristallisationsarten umfassen.

6.1. Thermodynamische Beschreibung der Phasenübergänge

Wir untersuchen nun mit Hilfe des 1. und 2. Hauptsatzes Phasenübergänge eines Stoffes, z. B. Verdampfen, Schmelzen und Sublimieren. Wir wollen uns alle diese Vorgänge auf einem reversiblen Weg durchgeführt denken.

Die Phasenübergänge einer typischen Substanz sind im P, T- bzw. P, v-Diagramm dargestellt (Bild 29). Aus dem Diagramm erkennt man, daß P und T während des Phasenüberganges konstant bleiben, während v größer bzw. kleiner wird.

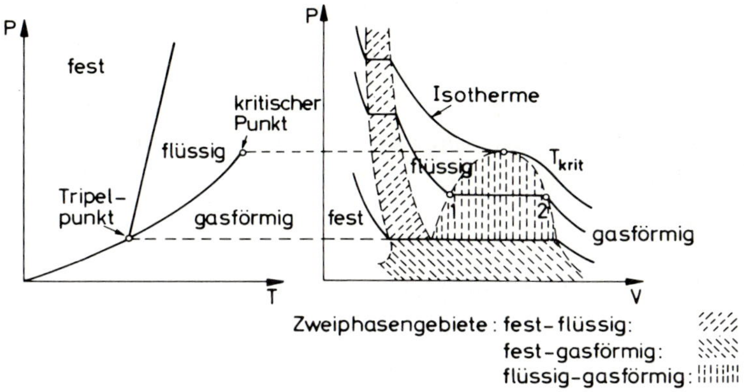

Bild 29

Betrachten wir einen Stoff, der vom flüssigen in den gasförmigen Zustand übergeht. Wir nehmen an, das System sei im Zustand 1 (siehe P, v-Diagramm), in welchem es vollständig flüssig ist. Durch Wärmezufuhr geht die Flüssigkeit nach und nach bei konstanten P und T in den gasförmigen Zustand über, bis 2 erreicht ist, wo nur mehr Gas existiert. Dabei ist zu beachten, daß im Flüssigkeits-Gas-Gemisch (also bei den Zuständen zwischen den Punkten 1 und 2) der flüssige Anteil im Zustand 1 und der gasförmige im Zustand 2 sind. Beim Übergang von 1 nach 2 ändert sich also nur der Mengenanteil der beiden Phasen. Zur Beschreibung der Phasenübergänge reicht daher die Kenntnis der Eigenschaften der Zustände 1 und 2 vollkommen aus. Zu jeder Temperatur (siehe Bild 29) gehört bei der Phasenumwandlung ein anderer charakteristischer Druck, d. h. $P = P(T)$. Diesen Zusammenhang wollen wir nun untersuchen.

Bei der Phasenumwandlung ist P konstant, T konstant und auch n konstant, da die Stoffmenge n (Gesamtmolzahl des Systems) bei der Phasenumwandlung konstant bleibt. Daher ist die freie Enthalpie im Gleichgewicht (siehe Seite 44) ein Minimum:

$$\delta G = 0, \quad \text{bei} \quad \delta T = 0, \quad \delta P = 0, \quad \delta n = 0.$$

Da sich die Phasen definitionsgemäß nicht mischen, kommt es also in $G = I - TS$ zu keinem Mischentropieglied der Phasen untereinander, es muß

$$G(T, P, n_1, n_2) = \sum_{k=1}^{2} n_k g_k(T, P) \tag{6.1}$$

sein, wenn n_k die Molzahl und $g_k(T, P)$ die freie Enthalpie pro Mol der k-ten Phase ist. Mit den Nebenbedingungen $\delta P = 0, \delta T = 0$ und $n = n_1 + n_2 =$ konstant, geht $\delta G = 0$ in

$$g_1 \delta n_1 + g_2 \delta n_2 = 0$$

über. Wegen $\delta n_1 = - \delta n_2$ ergibt sich schließlich

$$g_1(T, P) = g_2(T, P) \rightarrow T = T(P). \tag{6.2}$$

D.h. die im Gleichgewicht stehenden Phasen haben gleiche freie Enthalpie pro Mol. Sind die Funktionen g_1 und g_2 bekannt, so bedeutet das eine Beziehung $T = T(P)$ (bzw. $P = P(T)$) für die Temperatur der Phasenumwandlung bei gegebenem Druck. Also gibt es hier nur eine unabhängige Variable, um das *Gleichgewicht* – nicht den Zustand – des Zweiphasensystems festzulegen. Für die Angabe des Zustandes braucht man noch die Mengen der Phasen.

Wegen Gl. (6.2) besteht Phasengleichgewicht auch bei $g_1(T + dT, P + dP) = g_2(T + dT, P + dP)$ und somit gilt

$$dg_1 = dg_2, \quad \text{bzw.}$$

$$dg_1 = \left(\frac{\partial g_1}{\partial T}\right)_P dT + \left(\frac{\partial g_1}{\partial P}\right)_T dP = dg_2 = \left(\frac{\partial g_2}{\partial T}\right)_P dT + \left(\frac{\partial g_2}{\partial P}\right)_T dP.$$

Dies führt mit

$$\left(\frac{\partial g}{\partial T}\right)_P = -s \quad \text{und} \quad \left(\frac{\partial g}{\partial P}\right)_T = v$$

auf eine Differentialgleichung für den Umwandlungsdruck $P(T)$:

$$(s_2 - s_1)\, dT - (v_2 - v_1)\, dP = 0,$$

$$\frac{dP}{dT} = \frac{s_2 - s_1}{v_2 - v_1}. \tag{6.3}$$

Weiter ist

$$s_2 - s_1 = \int_1^2 \frac{dq_{rev}}{T} = \frac{1}{T} l_{12}, \tag{6.4}$$

wenn l_{12} die erforderliche Wärmemenge ist, um ein Mol von der Phase 1 in die Phase 2 überzuführen (reversibel geführte Phasenumwandlung, wobei T konstant bleibt).

Damit erhält man die *Clausius-Clapeyron-Gleichung*

$$\frac{dP}{dT} = \frac{l_{12}}{T(v_2 - v_1)} \quad (1 \rightarrow 2). \tag{6.5}$$

Sind $v_2 - v_1$ und l_{12} bekannt, kann der Umwandlungsdruck (z. B. Dampfdruck) $P(T)$ für *Phasenübergänge erster Ordnung* berechnet werden. Nur für diesen Fall ist die Clausius-

Clapeyron-Gleichung überhaupt sinnvoll. Phasenübergänge erster Ordnung sind dadurch gekennzeichnet, daß für den Übergangsdruck wohl

$$g_1 = g_2, \quad \text{aber} \quad \left(\frac{\partial g_1}{\partial T}\right)_P \neq \left(\frac{\partial g_2}{\partial T}\right)_P \quad \text{und} \quad \left(\frac{\partial g_1}{\partial P}\right)_T \neq \left(\frac{\partial g_2}{\partial P}\right)_T$$

sind. Sind hingegen die partiellen Ableitungen stetig, spricht man von einem *Phasenübergang zweiter Ordnung.* Beispiele für Phasenübergänge zweiter Ordnung sind die Supraleitung ohne Magnetfeld und der Ferromagnetismus.

Die Ableitung (6.5) gilt für jede Phasenumwandlung erster Ordnung. Beim Schmelzen ist l_{12} die Schmelzwärme pro Mol, beim Verdampfen die Verdampfungswärme pro Mol. Man bezeichnet sie dann mit l_{23}.

Die Lösung der Clausius-Clapeyronschen Differentialgleichung gibt die Phasenumwandlungstemperatur bei gegebenem Druck im Fall des thermodynamischen Gleichgewichtes zwischen den beiden Phasen an. l und Δv müssen im allgemeinen experimentell bestimmt werden. Vereinfacht man die Beziehung im Fall des Verdampfens, indem man näherungsweise das Volumen der Flüssigkeit gegen das des Gases vernachlässigt, wobei noch das letztere als ideal angesehen wird (dies ist allerdings gerade in der Nähe des Kondensationspunktes eine sehr grobe Näherung), und nimmt man eine geringe Abhängigkeit der Verdampfungswärme von der Temperatur an, also

$$v_3 - v_2 \approx v_3 \approx \frac{RT}{P}, \quad l_{23} \approx \text{const},$$

so kann man die Gl. (6.5)

$$\frac{dP}{dT} \approx \frac{l_{23} P}{RT^2}$$

integrieren:

$$P \approx P_0 e^{-\frac{l_{23}}{RT}}$$

$$\text{bzw.} \quad \ln P = \ln P_0 - \frac{l_{23}}{R} \frac{1}{T}.$$

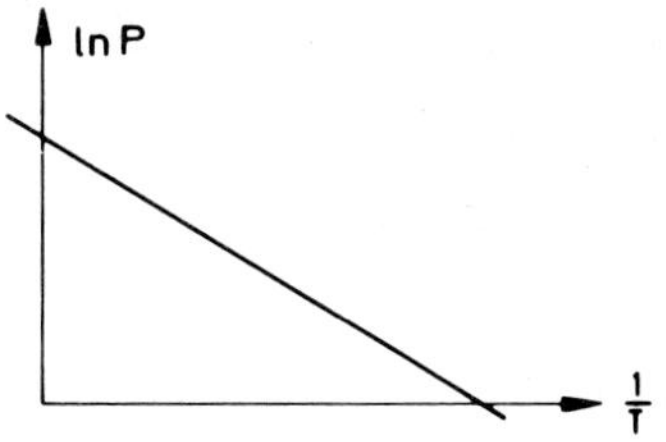

Bild 30

Man kommt näherungsweise auf einen exponentiellen Zusammenhang zwischen dem Umwandlungsdruck und dem Kehrwert der absoluten Temperatur (Bild 30).

6.2. Maxwellsche Regel

Der Umwandlungsdruck kann für das van der Waalssche Gas aus der Zustandsgleichung berechnet werden (Bild 31). Wir denken uns längs der Kurve A B C D E C A von Bild 31 einen reversiblen Kreisprozeß geführt. Für diesen gilt

$$\oint \frac{dq_r}{T} = 0,$$

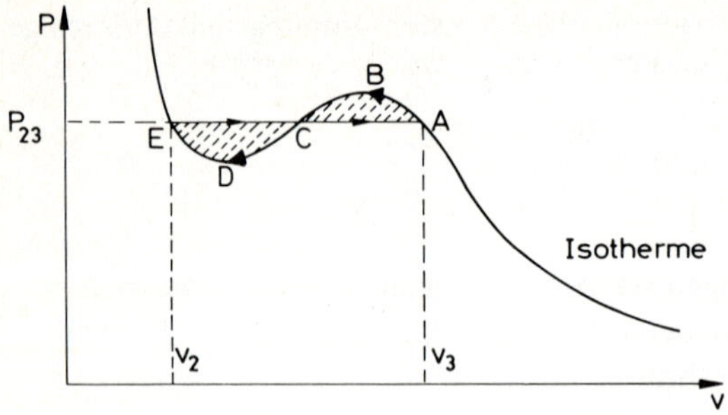

Bild 31

und da die Temperatur konstant ist (vergleiche 1. Hauptsatz),

$$\frac{1}{T}\oint dq_r = \frac{1}{T}\oint du - \frac{1}{T}\oint d'a = -\frac{1}{T}\oint d'a = 0 \rightarrow -\oint d'a = 0.$$

Weiterhin wird

$$-\oint d'a = +\oint Pdv = \int_{v_3}^{v_2} Pdv + P_{23}(v_3 - v_2) = 0,$$

wobei das Integral $\int_{v_3}^{v_2}$ Pdv längs der Kurve A B C D E von Bild 31 zu berechnen ist.

Daraus folgt

$$\int_{v_2}^{v_3} Pdv = P_{23}(v_3 - v_2)$$

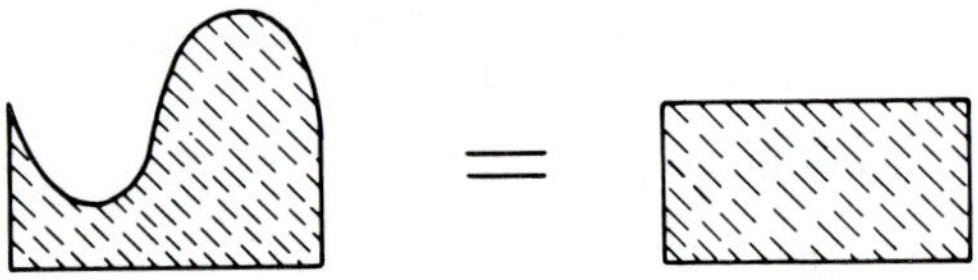

Bild 32

oder graphisch dargestellt, Bild 32. Man sieht, daß der Verdampfungsdruck P_{23} bezüglich der Isothermen so liegen muß, daß das Integral über die Isotherme gleich der Fläche des Rechteckes ist, welches durch v_2, v_3 und den Verdampfungsdruck P_{23} begrenzt wird. Die Flächen, welche P_{23} von der Isotherme abschneidet und die oberhalb und unterhalb von P_{23} liegen, müssen daher gleich sein. Diese Aussage wird als *Maxwellsche Regel* bezeichnet. Man kann sie dazu verwenden, den Verdampfungsdruck P_{23} für eine bestimmte Isotherme des van der Waalsschen Gases auszurechnen.

6.3. Schmelzen

Wir können wie beim Verdampfen auch hier die Clausius-Clapeyronsche Gleichung anwenden. l_{12} ist nun die Schmelzwärme, v_3 und v_2 sind durch die Molvolumina des flüssigen (v_2) und des festen (v_1) Aggregatzustandes zu ersetzen. Man sieht, daß die Schmelztemperatur mit dem Schmelzdruck zunimmt,

$$\frac{dT}{dP} = \frac{T(v_2 - v_1)}{l_{12}} > 0,$$

wenn, wie es meist der Fall ist, $v_2 > v_1$ ist. Beim Schmelzen wird durch Erhöhung des Druckes ja gleichsam die Kohäsion unterstützt. Beim *Wasser* ist aber das Molvolumen des festen Aggregatzustandes größer als das des flüssigen:

$$v_1 > v_2 .$$

Dort ist also

$$\frac{dT}{dP} < 0,$$

und daher nimmt die Schmelztemperatur mit steigendem Druck ab. Bei Wasser beträgt die Steigung in der Nähe des Eispunktes

$$\frac{dT_{12}}{dP_{12}} = -0{,}0075 \frac{K}{atm}.$$

Anwendung: Unter dem Druck des Schlittschuhes schmilzt das Eis. Der Wasserfilm erniedrigt die Reibung.

6.4. Sublimieren

Es gibt Bereiche von T und P, wo ein fester Stoff bei Wärmezufuhr gleich gasförmig wird. Diesen Vorgang nennt man *Sublimation.* Auch dieser direkte Übergang vom festen in den gasförmigen Zustand kann mit Hilfe der Clausius-Clapeyronschen Gleichung beschrieben werden, wenn die Sublimationswärme und die entsprechenden Molvolumina der gasförmigen und festen Phase eingeführt werden:

$$\frac{dP}{dT} = \frac{l_{13}}{T(v_3 - v_1)}.$$

Da bei allen Stoffen $v_3 \gg v_1$ ist, ist für das Sublimieren

$$\frac{dP}{dT} \quad \text{und} \quad \frac{dT}{dP} > 0.$$

6.5. Tripelpunkt

Wir wollen nun den Zustand betrachten, in welchem die feste, flüssige und gasförmige Phase eines Stoffes miteinander im Gleichgewicht stehen. Entlang der Schmelzkurve $P_{12}(T)$ befindet sich die feste mit der flüssigen Phase im Gleichgewicht und entlang der Verdampfungskurve $P_{23}(T)$ die flüssige mit der gasförmigen. Wo sich die beiden Kurven schneiden, tritt ein Gleichgewicht der flüssigen mit der festen, sowie der flüssigen mit der gasförmigen Phase auf. Dort muß also auch die feste mit der gasförmigen Phase im Gleichgewicht sein (Folge des 0. Hauptsatzes). Alle Punkte des P, T-Diagramms, in denen ein Gleichgewicht zwischen fester und gasförmiger Phase besteht, werden aber durch die Sublimationskurve $P_{13}(T)$ beschrieben. Diese Kurve muß also auch durch den Schnittpunkt von $P_{12}(T)$ und $P_{23}(T)$ gehen. Dieser Schnittpunkt wird daher *Tripelpunkt* genannt.

Die Phasengrenzkurven gehorchen der Clausius-Clapeyronschen Gleichung. Man sieht, daß bei dem Stoff des Bildes 33 überall $\frac{dP}{dT} > 0$ ist. Die gezeichnete Skizze gilt also, wenn

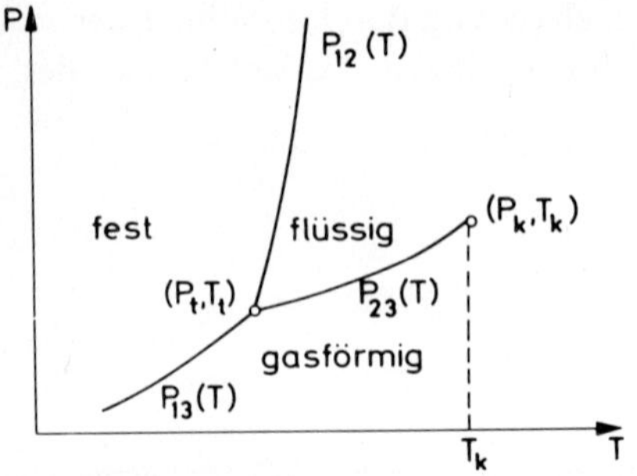

Bild 33

das Molvolumen der festen Phase kleiner ist als das der flüssigen Phase. In diesem Fall gibt der Tripelpunkt die kleinste Temperatur und den kleinsten Druck an, bei denen noch eine flüssige Phase vorhanden sein kann. Oberhalb der kritischen Temperatur und oberhalb des kritischen Druckes ist keine „Verflüssigung" möglich.

Ist das Volumen der festen Phase größer als das der flüssigen, so ist die Steigung der Schmelzkurve negativ. Dieser Fall soll beim Wasser näher betrachtet werden (Bild 34): Der Tripelpunkt des Wassers stellt den kleinsten Druck dar, bei dem eine flüssige Phase existiert. Bei höheren Drücken ist aber eine solche auch noch für tiefere Temperaturen vorhanden.

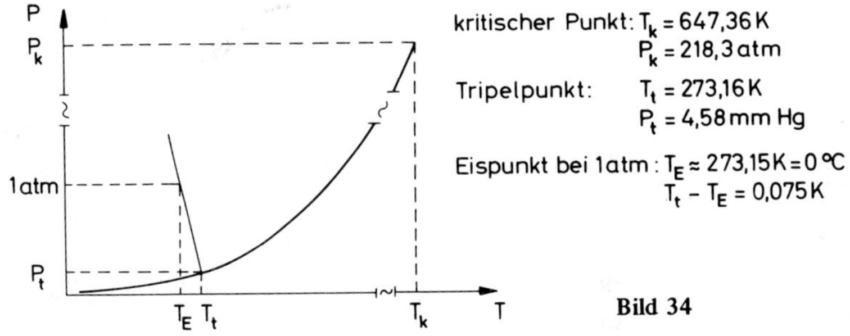

Bild 34

Aus den Gleichungen

$$s_2 - s_1 = \frac{l_{12}}{T_{Schm.}}, \quad s_3 - s_2 = \frac{l_{23}}{T_{Verd.}},$$

$$s_3 - s_1 = \frac{l_{13}}{T_{Subl.}}$$

folgt für den *Tripelpunkt*, der durch

$$T_{Verd.} = T_{Schm.} = T_{Subl.} = T_t \quad (P_t, T_t \text{ Druck und Temperatur des Tripelpunktes})$$

charakterisiert ist, exakt

$$s_3(T_t, P_t) - s_1(T_t, P_t) = \frac{l_{23}}{T_t} + \frac{l_{12}}{T_t} = \frac{l_{13}}{T_t}$$

und daher

$$l_{23} + l_{12} = l_{13} \qquad \text{für} \qquad T = T_t.$$

Da die Temperatur des Tripelpunktes eines reinen Stoffes eindeutig bestimmt ist, eignet sich der Tripelpunkt besonders gut zur exakten Festlegung der Temperatureinheit. 1954 wurde daher die Einheit 1 Kelvin (1 K) der thermodynamischen Temperatur durch den 273,16ten Teil der thermodynamischen Temperatur des Tripelpunktes von reinem Wasser neu definiert. Man nennt die thermodynamische Temperatur oder absolute Temperatur auch *Kelvin-Temperatur.* Außerdem wurde die *Celsius-Temperatur* t mit der Einheit „Grad Celsius" (°C) durch die Differenz

$$t := T - T_0$$

zweier thermodynamischer Temperaturen T und T_0 definiert, wobei $T_0 = 273{,}15$ K (exakt) ist.

6.6. Allotrope Umwandlungen

Bei manchen Stoffen tritt die Substanz in mehr als drei Phasen auf, z. B. wenn im festen Zustand zwei Arten der Kristallisation vorkommen. Beispielsweise kristallisiert Schwefel sowohl monoklin als auch rhombisch, d. h. er hat vier Aggregatzustände, was zu drei Tripelpunkten führt (Bild 35). Für jedes 2-Phasengleichgewicht kann wieder die Clausius-Clapeyron-Gleichung herangezogen werden, wenn nur die entsprechende Umwandlungswärme und Volumendifferenz eingeführt werden. Es zeigt sich, daß nur Tripelpunkte auftreten (z. B. A, B, C). Es gibt also keine Temperatur und keinen Druck, bei denen vier Phasen *eines* Stoffes miteinander im Gleichgewicht stehen. Dies wird sich als Folge eines allgemeinen Gesetzes herausstellen, nämlich der Phasenregel.

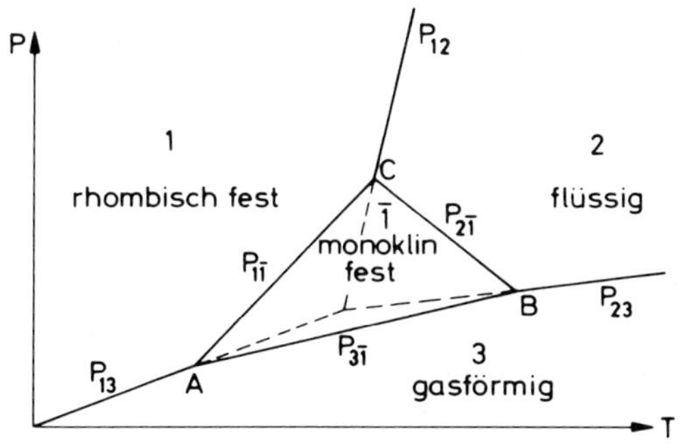

Bild 35

Die im Diagramm des Schwefels gestrichelten Linien entsprechen metastabilen Gleichgewichtszuständen, die dann auftreten, wenn man dem System nicht durch genügend langsame Führung der Zustandsänderung die Möglichkeit gibt, „richtig" auszukristallisieren. Wegen der Langsamkeit der Zustandsänderungen im festen Aggregatzustand ist jedoch die Lebensdauer dieser eigentlich instabilen Zustände oft ziemlich groß. Daher die Bezeichnung „metastabil".

6.7. Methode der Lagrangeschen Multiplikatoren

Im nächsten Abschnitt haben wir die Extremwerte einer Funktion unter gegebenen Nebenbedingungen zu berechnen. Die dazu erforderliche Methode wollen wir hier entwickeln.

Für die Maxima und Minima, allgemein für die Stationäritätsstellen einer Funktion $f(x_1, \ldots, x_n)$ gilt die notwendige Bedingung

$$df = \frac{\partial f}{\partial x_1} dx_1 + \ldots + \frac{\partial f}{\partial x_n} dx_n = 0. \tag{6.6}$$

Sind keine Nebenbedingungen gegeben, also die $x_1, \ldots, x_n$ unabhängig und somit die $dx_1, \ldots, dx_n$ von einander unabhängig wählbar, so folgt daraus

$$\frac{\partial f}{\partial x_1} = 0, \quad \frac{\partial f}{\partial x_2} = 0, \ldots, \quad \frac{\partial f}{\partial x_n} = 0.$$

Diese n Gleichungen sind die notwendigen Bedingungen zur Bestimmung der Extremwerte von f.

Ist hingegen der Extremwert von f bei gleichzeitiger Einhaltung der k Nebenbedingungen $(k < n)$

$$g_1(x_1, \ldots, x_n) = 0, \quad g_2(x_1, \ldots, x_n) = 0 \;, \ldots, \; g_k(x_1, \ldots, x_n) = 0$$

zu berechnen, so müssen die $dx_1, \ldots, dx_n$ die Gleichungen

$$\begin{aligned} dg_1 &= \frac{\partial g_1}{\partial x_1} dx_1 + \ldots + \frac{\partial g_1}{\partial x_n} dx_n = 0 \\ &\vdots \\ dg_k &= \frac{\partial g_k}{\partial x_1} dx_1 + \ldots + \frac{\partial g_k}{\partial x_n} dx_n = 0 \end{aligned} \tag{6.7}$$

erfüllen. Es sind daher nur mehr $n - k$ dx_i unabhängig, also frei wählbar, alle anderen dx_i sind wegen Gl. (6.7) Funktionen der $n - k$ unabhängigen dx_i. Das muß bei der Extremwertbestimmung in (6.6) berücksichtigt werden.

Diese direkte Methode ist recht kompliziert. Eine einfachere ist die *Methode der Lagrangeschen Multiplikatoren:* Man multipliziert jede der Funktionen $g_i = 0$ mit einem *konstanten* Multiplikator $-\lambda_i$ und addiert sie zu f:

$$F(x_1, \ldots, x_n, \lambda_1, \ldots, \lambda_k) := f(x_1, \ldots, x_n) - \sum_{i=1}^{k} \lambda_i g_i(x_i, \ldots, x_n).$$

Das Differential von F ist wegen der Gln. (6.6) und (6.7) gleich Null:

$$\begin{aligned} dF = &\left(\frac{\partial f}{\partial x_1} - \lambda_1 \frac{\partial g_1}{\partial x_1} - \ldots - \lambda_k \frac{\partial g_k}{\partial x_1} \right) dx_1 + \ldots + \\ &+ \left(\frac{\partial f}{\partial x_n} - \lambda_1 \frac{\partial g_1}{\partial x_n} - \ldots - \lambda_k \frac{\partial g_k}{\partial x_n} \right) dx_n = 0. \end{aligned} \tag{6.8}$$

Wir wählen nun die $\lambda_1, \dots, \lambda_k$ so, daß die Gleichungen

$$\frac{\partial f}{\partial x_i} - \lambda_1 \frac{\partial g_1}{\partial x_i} - \dots - \lambda_k \frac{\partial g_k}{\partial x_i} = 0, \quad i = 1, \dots, k \tag{6.8'}$$

gelten. Es bleiben dann in Gl. (6.8) nur mehr die Glieder mit den Differentialen $dx_{k+1}, \dots, dx_n$ übrig. Damit sie erfüllt ist, ist es nun erforderlich, daß auch die Koeffizienten der $n - k$ frei wählbaren $dx_{k+1}, \dots, dx_n$ verschwinden. D.h. aber, daß die Gl. (6.8′) für alle i von 1 bis n gilt:

$$\frac{\partial f}{\partial x_i} - \lambda_1 \frac{\partial g_1}{\partial x_i} - \dots - \lambda_k \frac{\partial g_k}{\partial x_i} = 0, \quad i = 1, \dots, n \tag{6.9}$$

Zur Bestimmung der $n + k$ Unbekannten $\lambda_1, \dots, \lambda_k, x_1, \dots, x_n$ und somit der Extremwerte, stehen also die n Gl. (6.9) und die k Nebenbedingungen $g_1 = 0, g_2 = 0, \dots, g_k = 0$ zur Verfügung. Damit ist die Extremwertbestimmung mit Nebenbedingungen gelöst.

6.8. Gibbsche Phasenregel

Wir wollen nun das Problem des Gleichgewichtes eines heterogenen Systems untersuchen, insbesondere wie groß die Anzahl der möglichen Phasen im Gleichgewicht ist. Dabei verstehen wir unter einem heterogenen System eines, das aus κ unabhängigen Bestandteilen (Stoffen) $(k = 1, 2, \dots, \kappa)$ – auch *Komponenten* genannt – besteht und das φ *Phasen* $(i = 1, 2, \dots, \varphi)$ enthält.

Wir suchen nun für gegebenen Druck und gegebene Temperatur das Gleichgewicht dieses Systems: Da das System mit der Umgebung keinen Mengenaustausch hat $(\delta n = 0)$, ist dieses Gleichgewicht durch (siehe Gl. (3.59))

$$\delta G = 0 \quad \text{mit den Nebenbedingungen} \quad \delta T = 0,\ \delta P = 0,\ \delta n = 0$$

bestimmt. Wir wollen außerdem voraussetzen, daß zwischen den Stoffen keine chemischen Reaktionen erfolgen. Damit bleibt nicht nur die Gesamtmenge des Systems erhalten, sondern auch die Menge jedes einzelnen Stoffes. Es ist also $\delta n = 0$ durch die Nebenbedingungen

$$\delta n_k = 0, \quad k = 1, 2, \dots, \kappa \tag{6.10}$$

zu ersetzen, wobei n_k die Molzahl der k-ten Komponente im Gesamtsystem ist. $\delta n = 0$ wird durch Gl. (6.10) dann automatisch erfüllt.

Die Gleichgeweichtsbedingung lautet nun genau

$$\begin{aligned} &\delta G = 0 \quad \text{mit den Nebenbedingungen} \quad \delta T = 0,\ \delta P = 0 \quad \text{und} \\ &\delta n_k = 0, \quad k = 1, 2, \dots, \kappa. \end{aligned} \tag{6.11}$$

Es sei $G^{(i)}$ die freie Enthalpie der i-ten Phase. Sie ist eine Funktion von P und T sowie der in der i-ten Phase vorkommenden Molzahlen $n_1^{(i)}, n_2^{(i)}, .., n_\kappa^{(i)}$, d.h.

$$G^{(i)} = G^{(i)}(T, P, n_1^{(i)}, n_2^{(i)}, \dots, n_\kappa^{(i)}), \tag{6.12}$$

wobei $n_k^{(i)}$ die Molzahl der k-ten Komponente in der i-ten Phase ist. Die freie Enthalpie des ganzen Systems setzt sich additiv aus jenen der einzelnen Phasen zusammen.

Es gilt daher

$$G = \sum_{i=1}^{\varphi} G^{(i)} \tag{6.13}$$

Ebenso gilt für die Molzahl des k-ten Stoffes

$$n_k = \sum_{i=1}^{\varphi} n_k^{(i)} \tag{6.14}$$

und für die Molzahl der i-ten Phase

$$n^{(i)} = \sum_{k=1}^{\kappa} n_k^{(i)}. \tag{6.15}$$

Da

$$G^{(i)} := U^{(i)} + PV^{(i)} - TS^{(i)}$$

eine extensive Größe ist, wird bei Vergrößerung der Molzahlen um den Faktor q die freie Enthalpie q-mal so groß werden:

$$G^{(i)}(T, P, qn_1^{(i)}, qn_2^{(i)}, .., qn_\kappa^{(i)}) = qG^{(i)}(T, P, n_1^{(i)}, .., n_\kappa^{(i)}).$$

$G^{(i)}$ ist also homogene Funktion ersten Grades in den $n_k^{(i)}$ und es gilt dafür bekanntlich die Eulersche Differentialgleichung für homogene Funktionen (siehe Seite 49)

$$G^{(i)} = \sum_{k=1}^{\kappa} n_k^{(i)} \frac{\partial G^{(i)}}{\partial n_k^{(i)}}, \tag{6.16}$$

wobei $\frac{\partial G^{(i)}}{\partial n_k^{(i)}}$ wegen Gl. (3.79) gleich dem chemischen Potential des k-ten Stoffes in der i-ten Phase ist:

$$\mu_k^{(i)} = \frac{\partial G^{(i)}}{\partial n_k^{(i)}} = \frac{\partial G}{\partial n_k^{(i)}}. \tag{6.17}$$

Das chemische Potential $\mu_k^{(i)}$ kann aber wegen Gl. (6.16) nur mehr eine homogene Funktion nullten Grades in den $n_k^{(i)}$ sein, d.h. wegen Gl. (6.15) nur mehr von den $(\kappa - 1)$ unabhängigen Verhältnissen (Molkonzentrationen)

$$c_k^{(i)} = \frac{n_k^{(i)}}{n^{(i)}} \qquad \left(\sum_{k=1}^{\kappa} c_k^{(i)} = 1\right), \tag{6.18}$$

sowie von Druck und Temperatur abhängen:

$$\mu_k^{(i)} = \mu_k^{(i)}\left(T, P, \frac{n_1^{(i)}}{n^{(i)}}, \ldots, \frac{n_{\kappa-1}^{(i)}}{n^{(i)}}\right) = \mu_k^{(i)}(T, P, c_1^{(i)}, c_2^{(i)}, \ldots, c_{\kappa-1}^{(i)}). \tag{6.19}$$

Die chemischen Potentiale hängen also nur von der „inneren" Beschaffenheit des Systems ab. Wir wollen die Variablen, von denen sie abhängen, daher *innere Variablen* nennen. Sie sind auf jeden Fall intensiv. Die Molzahlen der Phasen $n^{(i)}$, die die äußere Beschaffenheit beschreiben, nennen wir *äußere Variablen*. Ihre Anzahl ist φ. Gegebenenfalls können auch sie als $\frac{n^{(i)}}{n}$ und n teilweise in intensiver Form vorliegen.

Da in jeder Phase $\kappa - 1$ unabhängige Molkonzentrationen auftreten, haben wir im ganzen $(\kappa - 1)\varphi$ Molkonzentrationen, die zusammen mit der Temperatur und dem Druck den inneren Zustand bestimmen, also $(\kappa - 1)\varphi + 2$ innere Variablen. Zusammen mit den äußeren Variablen – den Molzahlen $n^{(i)}$ der φ Phasen – gibt dies im ganzen $\kappa\varphi + 2$ Variablen zur Bestimmung des Zustandes des heterogenen Systems.

Das Gleichgewicht ist durch die Gl. (6.11) bestimmt. Die Variation von G lautet:

$$\delta G = \frac{\partial G}{\partial T}\,\delta T + \frac{\partial G}{\partial P}\,\delta P + \sum_{i,k} \frac{\partial G}{\partial n_k^{(i)}}\,\delta n_k^{(i)}.$$

Die Nebenbedingungen

$$\delta T = 0, \quad \delta P = 0, \quad \sum_{i=1}^{\varphi} \delta n_k^{(i)} = 0; \qquad k = 1, 2, \ldots, \kappa$$

werden nach Lagrange dadurch berücksichtigt, daß jede von ihnen mit einem Lagrangeschen Multiplikator versehen und zu δG addiert wird:

$$\delta G + \lambda'\delta T + \lambda''\delta P + \sum_{k=1}^{\kappa} \lambda_k \sum_{i=1}^{\varphi} \delta n_k^{(i)} = 0.$$

Nach Hinzufügen der Nebenbedingungen können die Variationen δT, δP und $\delta n_k^{(i)}$ als voneinander unabhängig betrachtet werden und man erhält für das System im Gleichgewicht (siehe Gl. (6.9)):

$$\frac{\partial G}{\partial T} + \lambda' = 0, \quad \frac{\partial G}{\partial P} + \lambda'' = 0; \quad \frac{\partial G}{\partial n_k^{(i)}} + \lambda_k = 0, \qquad \begin{matrix} i = 1, \ldots, \varphi \\ k = 1, \ldots, \kappa \end{matrix} \tag{6.20}$$

Die ersten beiden Gleichungen bestimmen λ' und λ''. Die letzte ist nach der Elimination der λ_k äquivalent dem Gleichungssystem

$$\frac{\partial G}{\partial n_k^{(1)}} = \frac{\partial G}{\partial n_k^{(2)}} = \ldots = \frac{\partial G}{\partial n_k^{(\varphi)}},$$

bzw.

$$\mu_k^{(1)} = \mu_k^{(2)} = \ldots = \mu_k^{(\varphi)}, \qquad k = 1, 2, \ldots, \kappa \tag{6.21}$$

D. h. im Gleichgewicht hat das chemische Potential einer beliebigen Komponente in allen Phasen den gleichen Wert. Dies ist eine Verallgemeinerung von Gl. (6.2).

Für jede Komponente erhalten wir $\varphi - 1$ unabhängige Gleichungen, im Ganzen also $(\varphi - 1)\kappa$ Gleichungen. Zu beachten ist dabei, daß das Gleichungssystem (6.21) nur von den $(\kappa - 1)\varphi + 2$ inneren Variablen abhängt. Damit das Gleichungssystem nicht überbestimmt ist, muß die Zahl der Gleichungen kleiner oder höchstens gleich der Zahl der Variablen sein:

$$(\varphi - 1)\kappa \leqslant (\kappa - 1)\varphi + 2$$

oder

$$\varphi \leqslant \kappa + 2. \tag{6.22}$$

D. h. im Gleichgewicht kann die Zahl der Phasen höchstens um zwei größer sein als die Zahl der Komponenten. Oder anders ausgedrückt: im Gleichgewicht sind nur

$$(\text{Anzahl der inneren Variablen}) - (\text{Anzahl der Gleichungen } (6.21)) = \kappa + 2 - \varphi$$

innere Variablen frei wählbar, der Rest der inneren Variablen ist dann durch das Gleichungssystem (6.21) als Funktion der frei wählbaren inneren Variablen eindeutig bestimmt. Welche von den inneren Variablen als frei wählbar benützt werden, ist dabei gleichgültig. Die Anzahl der frei wählbaren inneren Variablen bezeichnen wir mit f:

$$f = \kappa + 2 - \varphi \geqslant 0. \tag{6.23}$$

Sie gibt den sogenannten Freiheitsgrad des Systems an. Diese Beziehung heißt *Gibbssche Phasenregel.*

Zu beachten ist, daß also das Gleichgewicht gegebener Stoff- und Phasenzahl durch f innere Variablen bestimmt wird, während die äußeren Variablen (die Mengen der verschiedenen Phasen) das Gleichgewicht nicht beeinflussen und daher immer beliebig gewählt werden können, solange dadurch die Anzahl der Phasen nicht geändert wird.

Als Beispiel können wir zunächst ein Einstoffsystem betrachten. Wenn $\kappa = 1$ ist, ist $\varphi \leqslant 3$, da immer $f \geqslant 0$ sein muß, d. h. ein Einstoffsystem kann im Gleichgewicht höchstens drei Phasen besitzen. Die früher besprochenen Tripelpunkte enthalten also die größtmögliche Phasenzahl eines Einstoff-Systems. Es kann somit für ein Einstoff-System keine Vierphasenpunkte geben. Beim Tripelpunkt ist der Freiheitsgrad gleich Null. Temperatur und Druck sind dann im Gleichgewicht eindeutig durch Gl. (6.21) bestimmt.

Befindet sich ein Einstoff-System in einem Zweiphasenzustand (z. B. Wasser plus Dampf), so ist nach der Phasenregel

$$f = 1 + 2 - 2 = 1.$$

Es ist eine einparametrige Mannigfaltigkeit von Zuständen möglich, in denen ein derartiges Gleichgewicht bestehen kann (z. B. die Kurve $P_{23}(T)$ im Zustandsdiagramm des Wassers).

Ein einphasiges Einstoff-System (z. B. Gas) besitzt hingegen den Freiheitsgrad zwei (zweiparametrige Mannigfalitgkeit), d. h. es kann in dem betreffenden Bereich für alle Werte des Druckes und der Temperatur existieren (vergleiche Zustandsgleichung).

6.9. Zweistoffsystem Salmiak-Wasser

Als Beispiel für ein Zweistoffsystem betrachten wir eine Lösung von Salmiak (n_1) und Wasser (n_2). Folgende vier Phasen sind möglich: Gasförmige Phase (3) (Salmiakdampf plus Wasserdampf), flüssige Phase (2) (Lösung von Salmiak und Wasser), fester Salmiak (1) und Eis (1'). D. h. in diesem Beispiel sind die Stoffe (Komponenten) im festen

Aggregatzustand nicht gemischt, im flüssigen und gasförmigen aber immer gemischt. Die Phasenregel dafür lautet: $f = 4 - \varphi$. Die Zahl der Phasen ist je nach den Werten P, T und c_1 verschieden.

$$c_1 = \frac{n_1}{n} \quad \left(c_2 = \frac{n_2}{n}, \quad c_1 + c_2 = 1, \quad n = n_1 + n_2\right)$$

ist die Molkonzentration des Salmiaks im Gesamtsystem, d. h. aller Phasen zusammen. Für das jeweilige T, P und c_1 entnimmt man die Zahl der existierenden Phasen dem Phasendiagramm, welches in der Regel für jeden Druck anders aussieht (Bild 36).

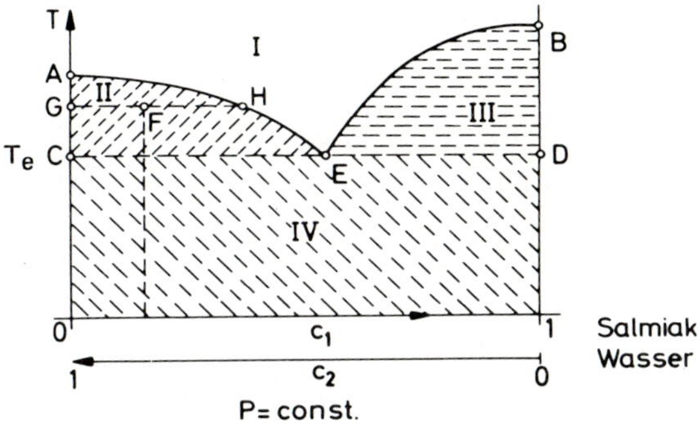

Bild 36

Bei diesem Phasendiagramm ist der Druck so hoch gewählt, daß keine Gasphase existiert. Die schraffierten Gebiete dieses Diagramms sind Gebiete mit mehr als einer Phase, die nichtschraffierten sind Gebiete homogener Zustände (eine Phase):

Einphasengebiete: $\varphi = 1, f = 3 \rightarrow 3$ freie innere Variablen: z. B. P, T, $c_1^{(2)} = c_1$.

Bereich I: Lösung aus Salmiak und Wasser
Linie A – 0: reines Eis
Linie B – 1: reiner Salmiak
} Dies sind Einstoffsysteme, da c_1 entweder 0 oder 1 ist, d. h. $\kappa = 1$ und somit $f = 2$ ist: P, T.

Zweiphasengebiete: $\varphi = 2, f = 2 \rightarrow 2$ innere Variablen sind frei wählbar: z. B. P, T.

Bereich II: Eis plus Lösung
Bereich III: fester Salmiak plus Lösung
Bereich IV: Eis plus fester Salmiak

Zwei innere Variablen sind frei wählbar. Durch sie sind dann mit Gl. (6.21) die restlichen inneren Variablen eindeutig bestimmt. Bei dem hier betrachteten Fall sind einige davon konstant und sofort angebbar, da ihre Phasen ungemischt sind. Dies sind die beiden festen Phasen Salmiak ($c_1^{(1)} = 1$) und Eis ($c_1^{(1')} = 0$).

Dreiphasengebiete: $\varphi = 3, f = 1 \rightarrow 1$ innere Variable ist frei wählbar, z. B. P.

Linie C-E-D (T_e): Eis plus fester Salmiak plus Lösung.

Vierphasengebiete: $\varphi = 4, f = 0$ keine innere Variable ist frei wählbar. Alle inneren Variablen sind durch Gl. (6.21) eindeutig bestimmt. Es handelt sich um Punkt E in jenem Phasendiagramm, in welchem der Druck so niedrig ist, daß in E auch noch die Gasphase existiert: Gas plus Lösung plus Eis plus fester Salmiak.

Im Zweiphasengebiet, z. B. im Punkt F, befinden sich die beiden Phasen selbst in den Zuständen, die sich aus den Schnittpunkten der Randkurven AE und AC mit der Isotherme ergeben, d.h. der feste Anteil befindet sich im Zustand $c_1^{(1')} = 0$ (Eis) (Punkt G) und die Lösung im Zustand $c_1^{(2)}$ = Konzentration von Punkt H (H ist bei gegebenem P und T bereits festgelegt). Bei weiterem Senken der Temperatur ändert sich daher die Konzentration der Lösung längs der Kurve HE und jene des festen Anteils längs GC, d.h. die Konzentration des festen Anteils bleibt bei diesem Beispiel konstant (also reines Eis).

Ist die Temperatur T_e erreicht, so existieren drei Phasen: Eis mit $c_1^{(1')} = 0$ (Punkt C), fester Salmiak mit $c_1^{(1)} = 1$ (Punkt D) und Lösung mit $c_1^{(2)} = c_E$ (Punkt E). Hier ist $f = 1$, d.h. bei beispielsweise gegebenem P sind T und $c_1^{(2)}$ bereits bestimmt:

$$T(P),\ c_1^{(2)}(P).$$

Punkt E heißt *eutektischer Punkt* des Zweistoffsystems. Wie man sieht, ist es nicht möglich, durch Steigern von $c_1^{(2)}$ ($c_1^{(2)} > c_E$) den Gefrierpunkt der Lösung weiter zu senken. T_e ist die tiefstmögliche Temperatur der Lösung bei vorgebenem Druck.

6.10. Massenwirkungsgesetz

Das Variationsprinzip (6.24) gilt nur, wenn kein Massenaustausch mit der Umgebung stattfindet, also

$$\delta n_{\text{Austausch}} = 0$$

ist (siehe Seite 48). Dies ist hier der Fall. Im Inneren des Systems kann sich aber bei chemischen Reaktionen auch ohne Massenaustausch mit der Umgebung n ändern, da n für chemische Reaktionen keine Erhaltungsgröße ist (Teilchenzahl ändert sich, doch die Masse bleibt erhalten, wenn man von relativistischen Effekten absieht). Das unter dieser Bedingung gültige Variationsprinzip

$$\delta G = 0 \quad \text{mit den Nebenbedingungen} \quad \delta T = 0,\ \delta P = 0 \tag{6.24}$$

soll nun benützt werden, um den Gleichgewichtszustand in einem System *idealer Gase*, die an *einem* chemischen Prozeß beteiligt sind, abzuleiten. In dem betrachteten System möge z. B. die Reaktion

$$2H_2 + O_2 \rightleftharpoons 2H_2O$$

oder allgemein

$$\bar{\nu}_1 A_1 + \bar{\nu}_2 A_2 + \ldots + \bar{\nu}_m A_m \rightleftharpoons \bar{\nu}_{m+1} A_{m+1} + \ldots \tag{6.25}$$

vor sich gehen, wobei A_i die i-te chemische Verbindung ist.

$\bar{\nu}_1$ bis $\bar{\nu}_m, \bar{\nu}_{m+1}, \bar{\nu}_{m+2}, \ldots$ sind die stöchiometrischen Koeffizienten der Reaktionsgleichung des Prozesses. Wir definieren weiterhin die Größen ν_i, und zwar sei

$$\begin{aligned} \nu_i &:= \bar{\nu}_i \quad \text{für} \quad 1 \leqslant i \leqslant m \\ \nu_i &:= -\bar{\nu}_i \quad \text{für} \quad i \geqslant m+1, \end{aligned} \tag{6.26}$$

so daß die Reaktionsgleichung lautet

$$\sum_i \nu_i A_i = 0. \tag{6.27}$$

Wenn sich in dem System die tatsächlich vorliegenden Molzahlen der einzelnen chemischen Verbindungen $n_1, \ldots, n_m, \ldots$ infolge der Reaktion ändern, so kann dies nur im Einklang mit der chemischen Reaktion geschehen:

$$\begin{aligned} &\delta n_1 : \delta n_2 : \delta n_3 : \ldots : \delta n_m : \delta n_{m+1} : \delta n_{m+2} : \ldots = \\ &= \bar{\nu}_1 : \bar{\nu}_2 : \bar{\nu}_3 : \ldots : \bar{\nu}_m : -\bar{\nu}_{m+1} : -\bar{\nu}_{m+2} : \ldots = \\ &= \nu_1 : \nu_2 : \nu_3 : \ldots : \nu_m : \quad \nu_{m+1} : \quad \nu_{m+2} : \ldots . \end{aligned} \tag{6.28}$$

Die stöchiometrischen Koeffizienten ν_i geben also die Verhältnisse an, in denen die Stoffe entstehen und verschwinden. D. h., beim Reaktionsablauf verändern sich die Stoffmengen um

$$\delta n_i = \nu_i \, \delta a, \tag{6.29}$$

wobei δa die einzige unabhängige Variation ist. Dies stellt eine zusätzliche Nebenbedingung für $\delta G = 0$ dar. Treten mehrere chemische Reaktionen gleichzeitig auf, so gibt es für jede Reaktion eine Gleichung der Gestalt (6.29) mit je einem unabhängigen Parameter a_j. Hier wollen wir aber nur das chemische Gleichgewicht für eine einzige Reaktion untersuchen.

Berechnung von G:

Die freie Enthalpie $G = U + PV - TS$ setzt sich aus den Größen zusammen, die sich auf das einzelne Gas beziehen. Man erhält für die innere Energie des Gesamtsystems

$$U = n_1 u_1 + n_2 u_2 + \ldots = \sum_i n_i u_i; \tag{6.30}$$

weiteres gilt für eine Mischung idealer Gase nach der Zustandsgleichung des Gemisches

$$PV = \sum_i n_i RT.$$

Zur Berechnung der Entropie S einer Gasmischung muß man den *Gibbschen Satz* zu Hilfe nehmen: Die Entropie muß so berechnet werden, als ob jedes Gas unbeeinflußt von den anderen, das ganze Volumen mit seinem Partialdruck P_i erfüllen würde (siehe Gl. (3.48)). Wir erhalten daher mit Gl. (3.20) für das i-te Gas

$$s_i(T, P_i) = c_{Pi} \ln T - R \ln P_i + s_{i0}, \tag{6.31}$$

wobei c_{Pi} die spezifische Wärme bei konstantem Druck und s_{i0} die Entropiekonstante des i-ten Gases sind. Schließlich ergibt sich bei der Einführung des Gesamtdruckes P aus

$$\frac{P_i}{P} = \frac{n_i}{\sum_j n_j} = \frac{n_i}{n},$$

$$-R \ln P_i = -R(\ln n_i + \ln P - \ln n)$$

und somit

$$s_i(T, P_i) = s_i(T, P) - R \ln n_i + R \ln n, \tag{6.32}$$

worin

$$s_i(T, P) = c_{P_i} \ln T - R \ln P + s_{i0}$$

nur von Temperatur und Gesamtdruck abhängt. $s_i(T, P)$ stellt die Entropie des Einzelgases dar, wenn es das Volumen mit dem Gesamtdruck P erfüllen würde. Man verwechsle nicht $s_i(T, P)$ und $s_i(T, P_i)$! Damit erhält man für die Gesamtentropie bei Berücksichtigung der Mischung (mit $\sum_i n_i = n$):

$$S = \sum_i n_i s_i(T, P_i) = \sum_i n_i s_i(T, P) - R \sum_i n_i \ln n_i + Rn \ln n. \tag{6.33}$$

Nun sind alle Summanden der freien Enthalpie bekannt, man erhält

$$G = U + PV - TS =$$

$$= \sum_i n_i u_i + \sum_i n_i RT - T \left(\sum_i n_i s_i(T, P) - R \sum_i n_i \ln n_i + Rn \ln n \right) =$$

$$= \sum_i n_i g_i(T, P_i) = \sum_i n_i g_i(T, P) + RT \left(\sum_i n_i \ln n_i - n \ln n \right),$$

worin

$$g_i(T, P) := u_i + RT - Ts_i(T, P) \tag{6.34}$$

eine dem $s_i(T, P)$ analog gebildete Größe darstellt, die nur von Temperatur und Gesamtdruck abhängt.

Das gesuchte Gleichgewicht ergibt sich aus dem Minimum der freien Enthalpie bei konstanter Temperatur und konstantem Druck, d. h. also wegen

$$G = \sum_i n_i [g_i(T, P) + RT(\ln n_i - \ln n)] \tag{6.35}$$

aus

$$\delta G = \sum_i \delta n_i [g_i(T, P) + RT(\ln n_i - \ln n)] + RT \sum_i n_i \left(\frac{\delta n_i}{n_i} - \frac{\sum_j \delta n_j}{n} \right) = 0,$$

$$\delta G = \sum_i \delta n_i [g_i(T, P) + RT(\ln n_i - \ln n)] = 0,$$

wobei $\delta T = 0$ und $\delta P = 0$ bereits berücksichtigt wurde. Die außerdem zu berücksichtigende Nebenbedingung lautet

$$\delta n_i = \nu_i \delta a, \tag{6.29}$$

worin δa die einzige unabhängige Variable darstellt. Man erhält durch Einsetzen dieser Beziehungen

$$\delta G = \delta a \sum_i \nu_i [g_i(T, P) + RT \ln n_i - RT \ln n] = 0$$

und damit wegen der Unabhängigkeit der Variation δa

$$-\frac{\sum_i \nu_i g_i(T, P)}{RT} = \sum_i \nu_i \ln n_i - \sum_i \nu_i \ln n. \tag{6.36}$$

In dieser Formel kann nun wieder der Partialdruck eingeführt werden:

$$\frac{P_i}{P} = \frac{n_i}{n}, \ln P_i = \ln n_i - \ln n + \ln P.$$

Die rechte Seite der Gleichung lautet dann

$$\sum_i \nu_i (\ln P_i - \ln P).$$

Man erhält also

$$\boxed{\sum_i \nu_i \ln P_i = -\frac{\sum_i \nu_i g_i(T, P)}{RT} + \sum_i \nu_i \ln P =: \ln K_P(T, P).} \tag{6.37}$$

Die rechte Seite dieser Gleichung ist von den Partialdrücken unabhängig, d.h. bezüglich der Partialdrücke eine Konstante und wird daher mit $\ln K_P(T, P)$ bezeichnet. $K_P(T, P)$ heißt *Massenwirkungskonstante der Partialdrücke.* In der Form

$$\prod_i P_i^{\nu_i} = \frac{P_1^{\bar{\nu}_1} P_2^{\bar{\nu}_2} \dots P_m^{\bar{\nu}_m}}{P_{m+1}^{\bar{\nu}_{m+1}} \dots} = e^{-\frac{\sum_i \nu_i g_i(T, P)}{RT}} P^{\sum_i \nu_i} = K_P(T, P) \tag{6.38}$$

wird die Beziehung als das *Massenwirkungsgesetz* bezeichnet. Es wurde zuerst von *Guldberg* und *Waage* 1867 aufgestellt, allerdings nicht thermodynamisch abgeleitet.

Einsetzen des Ausdruckes $g_i(T, P)$ in Gl. (6.37) ergibt mit

$$u_i = u_{i0} + c_{vi} T,$$

$$s_i(T, P) = c_{Pi} \ln T - R \ln P + s_{i0},$$

$$g_i(T, P) = u_i + RT - T s_i(T, P)$$

schließlich

$$\ln K_P(T, P) = -\frac{\sum_i \nu_i u_{i0}}{RT} - \frac{\sum_i \nu_i c_{vi}}{R} - \sum_i \nu_i + \frac{1}{R} \sum_i \nu_i (c_{Pi} \ln T - R \ln P + s_{i0}) + \sum_i \nu_i \ln P.$$

Hier kann noch

$$\frac{c_{vi}}{R} + 1 = \frac{c_{Pi}}{R}$$

und die sogenannte *chemische Konstante* der einzelnen Gase

$$j_i := \frac{s_{i0} - c_{Pi}}{R} \tag{6.39}$$

eingeführt werden, weiteres eine Größe

$$\bar{Q}_0 := \sum_i \nu_i u_{i0}$$

die die Reaktionswärme am absoluten Nullpunkt (bei konstantem V) darstellt. Damit wird endgültig für ideale Gase

$$K_P(T, P) = e^{-\frac{\bar{Q}_0}{RT}} T^{\frac{\Sigma \nu_i c_{Pi}}{R}} e^{\Sigma \nu_i j_i} = B e^{-\frac{Q_0}{RT}} T^{\frac{\Sigma \nu_i c_{Pi}}{R}} = K_P(T), \tag{6.40}$$

$$B := e^{\Sigma \nu_i j_i}.$$

Hier sieht man, daß die Massenwirkungskonstante für Partialdrücke nicht vom Druck abhängig ist, also nur eine Funktion der Temperatur ist.

Genauso kann das *Massenwirkungsgesetz für die Konzentrationen* abgeleitet werden. Führt man als Konzentration c_i das Verhältnis der Mole ein

$$c_i = \frac{n_i}{n} = \frac{P_i}{P}, \tag{6.41}$$

so erhält man mit Gl. (6.36)

$$\boxed{\sum_i \nu_i \ln c_i = -\frac{\sum_i \nu_i g_i(T, P)}{RT} =: \ln K_c(T, P),} \tag{6.42}$$

wobei die rechte Seite der Gleichung eine Konstante bezüglich der c_i ist und mit $\ln K_c(T, P)$ bezeichnet wird (K_c *Massenwirkungskonstante der Konzentrationen*). Daraus folgt das Massenwirkungsgesetz für die Konzentrationen

$$\prod_i c_i^{\nu_i} = \frac{c_1^{\bar{\nu}_1} \ldots c_m^{\bar{\nu}_m}}{c_{m+1}^{\bar{\nu}_{m+1}} \ldots} = e^{-\frac{\sum_i \nu_i g_i(T, P)}{RT}} = K_c(T, P). \tag{6.43}$$

Es ist also

$$\ln K_c = \ln K_P - \sum_i \nu_i \ln P$$

und somit

$$\ln(K_c P^{\sum_i \nu_i}) = \ln K_P$$

bzw.

$$K_c(T, P) = K_P P^{-\sum_i \nu_i} = K_P P^{-\nu}, \tag{6.44}$$

worin

$$\sum_i \nu_i = \nu \tag{6.45}$$

den sogenannten *Molüberschuß* der Reaktion darstellt. Man sieht, daß für K_c eine Abhängigkeit vom Gesamtdruck besteht, was bei $K_P(T)$ nicht der Fall war.

Beispiel: Ammoniakerzeugung nach *Haber:*

$$1N_2 + 3H_2 \rightleftharpoons 2NH_3$$

$$\nu = \sum_i \nu_i = 1 + 3 - 2 = 2$$

$$\frac{c_{N_2}(c_{H_2})^3}{(c_{NH_3})^2} = K_c(T, P) = K_P(T) P^{-2}.$$

Für große NH_3-Ausbeute muß man daher P möglichst groß machen.

Aus

$$\ln K_c(T, P) = -\frac{\sum_i \nu_i g_i(T, P)}{RT}$$

gewinnt man durch Differentiation bei konstantem Druck nach der Temperatur wegen

$$\left(\frac{\partial g_i}{\partial T}\right)_P = -s_i$$

die Beziehung

$$\frac{\partial \ln K_c(T, P)}{\partial T} = \frac{\sum \nu_i g_i}{RT^2} + \frac{\sum \nu_i s_i}{RT} = \frac{\sum \nu_i}{RT^2}(g_i + Ts_i) = \frac{\sum \nu_i i_i}{RT^2}. \tag{6.46}$$

$i_i = g_i + Ts_i$ ist die Enthalpie des i-ten Stoffes pro Mol. Bei konstantem Druck gilt wegen des 1. Hauptsatzes (2.18):

$$d'q = du + Pdv = d(u + Pv) = di.$$

Daher stellt

$$\sum_i \nu_i i_i = \bar{Q}_P$$

die Reaktionswärme $\bar{Q}_P$ bei konstantem Druck dar. Dies ist jene Wärmemenge, die bei der Umwandlung von $\bar{\nu}_1, \ldots, \bar{\nu}_m$ Molen der ursprünglichen Stoffe in $\bar{\nu}_{m+1}, \bar{\nu}_{m+2}, \ldots$ Mole der neuen Stoffe vom reagierenden System abgegeben wird. Es gilt also

$$\frac{\partial \ln K_c(T,P)}{\partial T} = \frac{\bar{Q}_P}{RT^2}. \tag{6.47}$$

Genauso kann man bei konstanter Temperatur nach dem Druck differenzieren. Man gelangt mit

$$\frac{\partial g_i(T,P)}{\partial P} = v_i = v$$ (das Molvolumen ist für alle Komponenten des idealen Gases gleich)

zu

$$\frac{\partial \ln K_c(T,P)}{\partial P} = -\frac{\sum \nu_i v}{RT} = -\frac{\nu v(T,P)}{RT} = -\frac{\nu}{P}. \tag{6.48}$$

Die beiden genannten Differentialbeziehungen werden nach *van t'Hoff* benannt. Sie beschreiben die Änderung der Massenwirkungskonstanten mit T und P.

Mit den obigen Formeln kann man die Ausbeute chemischer Reaktionen idealer Gase in Abhängigkeit von Druck und Temperatur diskutieren. Je kleiner die Temperatur wird, umso kleiner wird nach dem Vorzeichen des Differentialquotienten (6.47) K_c bei einer exothermen Reaktion. Umgekehrt bewirkt eine Temperaturerhöhung eine Vergrößerung von K_c und damit laut Massenwirkungsgesetz auch des Verhältnisses der Konzentration der verschwindenden zu den Konzentrationen der entstehenden Stoffe. Die Ausbeute an entstehenden Stoffen wird daher kleiner. D.h. die Temperaturerhöhung fördert endotherme

$$\left(\frac{\partial \ln K_c}{\partial T} < 0\right) \quad \text{und drosselt exotherme} \quad \left(\frac{\partial \ln K_c}{\partial T} > 0\right)$$

Reaktionen.

Genauso kann die Druckabhängigkeit mit der Formel (6.48) diskutiert werden. Ist der Molüberschuß ν negativ (die entstehenden Stoffe werden ja negativ gezählt), also $\nu < 0$, so wird K_c mit P zunehmen, d.h. es wird die Ausbeute bei steigendem Druck kleiner. Ist dagegen ν positiv, so wird die Ausbeute bei steigendem Druck größer.

Auch die Dissoziation (Zerfallen von A_1 in 2 Stoffe A_2 und A_3) kann mit Hilfe des Massenwirkungsgesetzes betrachtet werden. Z. B.: Thermische Dissoziation $2H_2O \rightleftharpoons 2H_2 + O_2$

$$\nu_1 = 2,\ \nu_2 = -2,\ \nu_3 = -1 \rightarrow \nu = \sum_{i=1}^{3} \nu_i = -1$$

$$K_c(T,P) = \frac{(c_{H_2O})^2}{(c_{H_2})^2 (c_{O_2})^1}$$

Erhöht man den Gesamtdruck P, unter dem das Gasgemisch steht, so wird wegen $\nu < 0$ K_c wachsen. Das Gleichgewicht verschiebt sich daher in Richtung des undissoziierten Stoffes, die Druckerhöhung wirkt der Dissoziation entgegen.

6.11. Systeme aus verdünnten Lösungen und idealen Gasen

Verdünnte Lösungen können unter gewissen Voraussetzungen analog zu den idealen Gasen behandelt werden. Im thermodynamischen Sinn sehen wir eine Lösung dann als verdünnt an, wenn sich bei weiterem Zusatz von Lösungsmittel die Volumina addieren (keine Kontraktion) und wenn dabei keine Wärmetönung mehr wahrnehmbar ist. Dies ist der Fall, wenn die Molzahl des Lösungsmittels n_0 viel größer ist als die Molzahlen $n_1, n_2, \ldots$ der gelösten Stoffe, wobei es gleichgültig ist, welchen Aggregatzustand die Lösung aufweist: Sie kann gasförmig, flüssig oder fest sein. Sind diese Bedingungen in guter Näherung erfüllt, ist es möglich, eine Taylorreihenentwicklung der inneren Engerie der verdünnten Lösung nach den Molzahlen der gelösten Stoffe n_1, n_2 usw. durchzuführen und nach dem ersten Glied abzubrechen:

$$U(T, P, n_0, n_1, n_2, \ldots) \approx U(T, P, n_0, n_1 = 0, n_2 = 0, \ldots) + \\ + n_1 \left(\frac{\partial U}{\partial n_1}\right)_{n_1 = n_2 = \ldots = 0} + n_2 \left(\frac{\partial U}{\partial n_2}\right)_{n_1 = n_2 = \ldots = 0} + \ldots \,. \tag{6.49}$$

Wir führen nun neue Größen u_i ein, die definiert sind durch

$$U(T, P, n_0, 0, 0, \ldots) =: U_0(T, P, n_0) =: n_0 u_0(T, P)$$

$$u_i(T, P, n_0, 0, 0, \ldots) := \left(\frac{\partial U}{\partial n_i}\right)_{T, P, n_1 = n_2 = \ldots = 0} = u_i(T, P) \quad i = 1, 2, \ldots \tag{6.50}$$

Wichtig ist nun, daß die u_i von den n_i $(i = 0, 1, 2, \ldots)$ unabhängig sind, also nur von der Natur des Lösungsmittels und der des i-ten gelösten Stoffes sowie von T und P abhängen. Dies sieht man für u_0 wegen der Extensivität von U, sofort. Für die anderen u_i ergibt es sich aus folgender Überlegung. Die Extensivität von U, d.h. die Homogenität von U ersten Grades in den n_i $(i = 0, 1, 2, \ldots)$, bewirkt, daß die partiellen Ableitung (6.50) homogen vom Grade Null in den n_i $(i = 0, 1, 2, \ldots)$ sind. Daher sind die partiellen Ableitungen (außer T und P) ausschließlich Funktionen der Verhältnisse $\frac{n_i}{n_0}$ $(i = 1, 2, \ldots)$ und nicht die Molzahlen selbst. Da wir u_i durch die partiellen Ableitungen an den Stellen $n_1 = n_2 = \ldots = 0$ definiert haben, ist u_i $(i = 1, 2, \ldots)$ aber außerdem von n_i $(i = 1, 2, \ldots)$ unabhängig, d.h. u_i ist (bis auf T und P) nur noch eine Funktion von n_0 allein. Mit n_0 allein läßt sich aber kein Verhältnis der Molzahlen bilden, u_i muß daher auch von n_0 unabhängig sein, w.z.b.w. So gelangt man zu einem Ausdruck, der formal identisch ist mit dem für eine Mischung idealer Gase (man beachte, daß u_i $(i = 1, 2, \ldots)$ hier nicht durch die innere Energie des reinen Stoffes sondern durch Gl. (6.50) definiert ist):

$$U(T, P, n_0, n_1, \ldots) = U_0(T, P, n_0) + \sum_{i = 1, 2, \ldots} n_i u_i = \sum_{i = 0, 1, \ldots} n_i u_i(T, P) \tag{6.51}$$

Da wir dort die gemachten Vernachlässigungen kennen, d.h. insbesondere die Vernachlässigung der Wechselwirkungen der einzelnen Bestandteile einer Gasmischung, bedeutet die obige Vereinfachung offenbar auch hier die Vernachlässigung der Wechselwirkungen zwischen den gelösten Stoffen untereinander.

Analog können wir V entwickeln:

$$V(T,P,n_0,n_1,\ldots) = V(T,P,n_0,0,0,\ldots) +$$

$$n_1\left(\frac{\partial V}{\partial n_1}\right)_{n_1=n_2=\ldots=0} + n_2\left(\frac{\partial V}{\partial n_2}\right)_{n_1=n_2=\ldots=0} + \ldots,$$

$$\left.\begin{aligned} & V(T,P,n_0,0,0,\ldots) =: n_0 v_0(T,P), \\ & v_i(T,P) := \left(\frac{\partial V}{\partial n_i}\right)_{T,P,n_1=n_2=\ldots=0}, \quad i = 1,2,3,\ldots \end{aligned}\right\} \tag{6.52}$$

$$V(T,P,n_0,n_1,\ldots) = \sum_{i=0,1,\ldots} n_i v_i \tag{6.53}$$

Zur Berechnung der Entropie ist es notwendig, auch das Glied, das der Mischung Rechnung trägt, zu kennen. Dieses kann nicht von P und T, sondern nur von den n_i abhängen. Wir können, da wir keine Wechselwirkung annehmen, den entsprechenden Summanden von der Mischung idealer Gase (Seite 40) übernehmen und erhalten somit

$$S = n_0 s_0(T,P) + n_1 s_1(T,P) + \ldots - R \sum_{i=0,1,\ldots} n_i \ln c_i, \tag{6.54}$$

$$c_i = \frac{n_i}{\sum\limits_j n_j}.$$

Ausführlicher Beweis: Bei konstanten n_i $(i = 0, 1, 2, \ldots)$ gilt

$$dS = \frac{dU + PdV}{T}$$

$$dU = \sum_{i=0,1,\ldots} n_i du_i, \qquad dV = \sum_{i=0,1,\ldots} n_i dv_i$$

$$dS = n_0 \frac{du_0 + Pdv_0}{T} + n_1 \frac{du_1 + Pdv_1}{T} + \ldots \tag{6.55}$$

Da die u_i und v_i nicht von $n_0, n_1, n_2, \ldots$ abhängen, muß

$$\frac{du_i + Pdv_i}{T}, \quad i = 0, 1, 2, \ldots$$

einzeln auch ein vollständiges Differential sein: Mit dem vollständigen Differential

$$ds_i = \frac{du_i + Pdv_i}{T}, \quad i = 0, 1, 2, \ldots \tag{6.56}$$

erhalten wir durch Integration von Gl. (6.55) (n_i = konst)

$$S(T,P,n_0,n_1,\ldots) = n_0 s_0 + n_1 s_1 + \ldots + C$$

(C hängt nicht von T, P ab, wohl aber von den n_i). Zur Probe bilden wir dS bei n_i = konst.:

$$dS = n_0 ds_0 + n_1 ds_1 + \dots .$$

Da C von T und P unabhängig ist, genügt zur Bestimmung von C die Kenntnis der Entropie als Funktion von T, P und n_i für irgend ein T, P. Wählt man daher in Gedanken T so hoch und P so niedrig, daß das Gesamtsystem nur mehr als Gemisch idealer Gase vorliegt, so ist S bekannt und damit auch C (siehe Gl. (6.33))

$$C = -R(n_0 \ln c_0 + n_1 \ln c_1 + \dots).$$

Damit kann man sofort die freie Enthalpie in der Form schreiben

$$G = U + PV - TS = \sum_{i=0,1,\dots} n_i g_i(T, P) + RT \sum_{i=0,1,\dots} n_i \ln c_i, \tag{6.57}$$

also formal wie beim idealen Gasgemisch, wobei

$$g_i(T, P) = u_i(T, P) + Pv_i(T, P) - Ts_i(T, P) \tag{6.58}$$

ist (zum Unterschied von Gl. (6.34)).

Die Variation zur Bestimmung des Gleichgewichtszustandes bei einer möglichen Reaktion verläuft genau wie im vorigen Abschnitt, so daß man das Ergebnis

$$\prod_{i=0,1,\dots} c_i^{\nu_i} = K_c(T, P) \qquad \text{mit} \quad K_c(T, P) := \exp\Big(-\sum_i \nu_i g_i/RT\Big) \tag{6.59}$$

sofort hinschreiben kann.

Wir können nun ein allgemeines heterogenes System aus mehreren Phasen verdünnter Lösungen – sowohl festen als auch flüssigen und einer Gasphase (Gase sind immer vollständig mischbar, es gibt daher in einem System nur eine Gasphase) – behandeln. Wenn wir die verschiedenen Phasen durch hochgestellte eingeklammerte Indizes unterscheiden, wird die freie Enthalpie

$$G = \sum_k \sum_i n_k^{(i)} g_k^{(i)}(T, P) + RT \sum_k \sum_i n_k^{(i)} \ln n_k^{(i)}. \tag{6.60}$$

Bei der Variation unter der Voraussetzung einer möglichen Reaktion

$$\delta n_k^{(i)} = \nu_k^{(i)} \delta a \tag{6.61}$$

ändert sich nichts gegenüber der obigen Rechnung. Man erhält (vergleiche Seite 84)

$$\sum_k \sum_i \nu_k^{(i)} \ln c_k^{(i)} = -\frac{1}{RT} \sum_k \sum_i \nu_k^{(i)} g_k^{(i)} = \ln K_c(T, P) \tag{6.62}$$

und schließlich das verallgemeinerte Massenwirkungsgesetz

$$\prod_{k,i} (c_k^{(i)})^{\nu_k^{(i)}} = K_c(T, P) \tag{6.63}$$

und entsprechende van t'Hoff-Formeln für K_c.

6.11.1. Gefrierpunktserniedrigung einer verdünnten Lösung

Wir betrachten als Sonderfall der Gl. (6.62) das Gefrieren eines Lösungsmittels (Wasser), indem eine bestimmte Menge von einem Stoff (Salz) gelöst ist. Die exotherme Reaktion ist hier das Gefrieren des Lösungsmittels (Eis). In der flüssigen Phase (gekennzeichnet durch einen Strich) befindet sich das Lösungsmittel 0 mit der Konzentration

$$c'_0 = \frac{n'_0}{n'_0 + n'_1} = 1 - c'_1 \qquad \text{(Wasser)}$$

(allgemein gilt $c_i = \frac{n_i}{\sum_j n_j}$, $\sum_i c_i = 1$) und der gelöste Stoff 1 mit der Konzentration

$$c'_1 = \frac{n'_1}{n'_0 + n'_1} \qquad \text{(Salz).}$$

In der festen Phase (zwei Striche) lauten die Konzentrationen

$$\text{Eis: } c''_0 = 1, \quad \text{Salz: } c''_1 = 0.$$

Die Menge des gelösten Stoffes 1 ändert sich bei der Reaktion (Frieren des Wassers) in keiner der beiden Phasen. Das ganze Salz bleibt gelöst. Es ist daher

$$\delta n'_1 = 0, \quad \delta n''_1 = 0$$

und daraus wegen $\delta n_1 : \delta n_0 = \nu_1 : \nu_0$

$$\nu'_1 = 0, \quad \nu''_1 = 0.$$

Hingegen kann vom Lösungsmittel 0 nur so viel in die feste Phase hinüberwandern, als von der flüssigen weggenommen wird, d. h.

$$\delta n'_0 + \delta n''_0 = 0$$

und

$$\nu'_0 = 1, \quad \nu''_0 = -1.$$

Diese Größen können nun in das verallgemeinerte Massenwirkungsgesetz eingesetzt werden:

$$\nu'_0 \ln c'_0 + \nu''_0 \ln c''_0 + \nu'_1 \ln c'_1 + \nu''_1 \ln c''_1 = \ln K_c$$

$$\ln c'_0 - \ln c''_0 = \ln(1 - c'_1) \approx - c'_1 = \ln K_c(T, P). \tag{6.64}$$

Für verschwindende Salzkonzentrationen ($c'_1 = 0$) sei die Gleichgewichtstemperatur T_0 (reines schmelzendes Eis). Wir können $K_c(P, T)$ nach der Differenz zur Schmelztemperatur des reinen Lösungsmittels entwickeln:

$$\ln K_c(T, P) = \ln K_c(T_0, P) + (T - T_0) \frac{\partial}{\partial T} \ln K_c(T_0, P) + \ldots$$

Für das reine Lösungsmittel verschwindet die linke Seite der Gl. (6.64), da $c'_0 = 1$, $c'_1 = 0$ ist. Daher ist

$$\ln K_c(T_0, P) = 0.$$

Daraus folgt für (6.64)

$$-c_1' = \left[\frac{\partial}{\partial T} \ln K_c(T, P)\right]_{T = T_0} (T - T_0) = (T - T_0) \frac{\bar{Q}_P}{RT_0^2}.$$

Dabei wurde die eine der van t'Hoffschen Formeln (6.47) verwendet. Setzt man, was bei starker Verdünnung $n_0' \gg n_1'$ zulässig ist,

$$c_1' = \frac{n_1'}{n_0' + n_1'} \approx \frac{n_1'}{n_0'},$$

so erhält man

$$T - T_0 = -\frac{RT_0^2}{\bar{Q}_P} \frac{n_1'}{n_0'} < 0 \to T < T_0 , \tag{6.65}$$

da $\bar{Q}_P$, die Wärmemenge pro Mol, welche das Wasser beim Gefrieren abgibt, positiv ist: $\bar{Q}_P > 0$.

Die Abnahme der Schmelztemperatur einer stark verdünnten Lösung ist also proportional dem Verhältnis der Molzahl des gelösten Stoffes zu der Molzahl des Lösungsmittels *(Raoultsches Gesetz)*. Bei Lösung mehrerer Stoffe ist der Quotient n_1'/n_0' durch die Summe der entsprechenden Verhältnisse

$$\frac{n_1' + n_2' + n_3' + \ldots}{n_0'} \tag{6.66}$$

zu ersetzen.

Folgerungen:

Wenn ein Stoff bei der Lösung etwa in zwei Ionen dissoziiert, ist die Gefrierpunktserniedrigung nach Gl. (6.65) bzw. Gl. (6.66) doppelt so groß wie für eine einheitliche Substanz. Diese Überlegungen dürfen natürlich nicht auf starke Elektrolyte angewendet werden, weil bei diesen die Wechselwirkungen nicht vernachlässigbar sind.

Die Formel (6.65) ist die Grundlage eines wichtigen Verfahrens zur Bestimmung des Molekulargewichtes μ_1 des gelösten Stoffes, sobald man seine Masse M_1 kennt, da man die Molzahl n_1' durch Messen von $T - T_0$ bestimmen kann: $\mu_1 = M_1/n_1'$.

Dieselbe Rechnung kann für die Siedepunktserhöhung durchgeführt werden. Dort verläuft die Reaktion exotherm von der gasförmigen in die flüssige Phase, es ist somit nur eine Umkehrung der Vorzeichen der ν notwendig.

6.11.2. Osmotischer Druck

Wir betrachten nun ein zweiphasiges System, bei dem *zwei* flüssige Phasen, das reine Lösungsmittel und eine Lösung, durch eine semipermeable Membran getrennt sind, die nur für das Lösungsmittel durchlässig ist (Bild 37).

Stehen beide Phasen unter demselben Druck P, so ist das System nicht stabil. Denn dann ist links der Partialdruck des Lösungsmittels gleich dem Gesamtdruck, und da die Membran für das Lösungsmittel gar nicht existiert, muß der Partialdruck des Lösungsmittels in der Lösung ebenfalls gleich dem Gesamtdruck sein. Dies ist aber unmöglich, weil

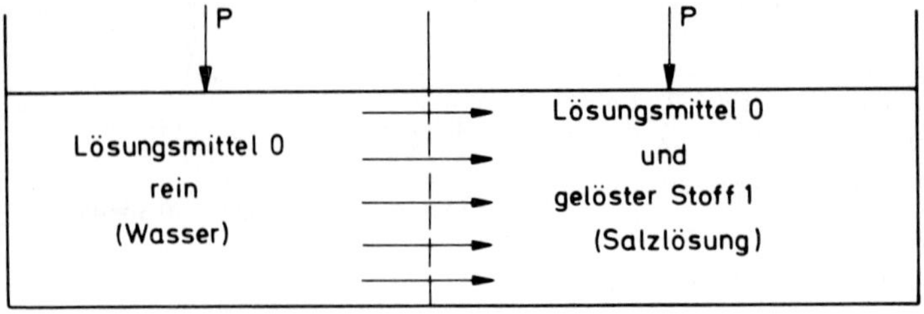

Bild 37

in der Lösung auch noch ein Partialdruck des gelösten Stoffes existiert. Einen Gleichgewichtszustand kann es also nur geben, wenn auf der Seite der Lösung eine Druckerhöhung auf $P + P_{osm}$ vorgenommen wird, die dem Herüberströmen des Lösungsmittels das Gleichgewicht halten kann. Der Zusatzdruck P_{osm} heißt *osmotischer Druck.* Der Druck ist nun nicht mehr in allen Teilen des Systems derselbe, er ist aber in den jeweiligen Bereichen konstant und die Methode der Variation der freien Enthalpie zur Bestimmung der Gleichgewichtslage kann auch hier angewendet werden. Man kann somit wieder die Form des Massenwirkungsgesetzes für ein heterogenes System aus idealen Gasen, verdünnten Lösungen und reinen festen Phasen anwenden.

Als Reaktion betrachten wir den Übergang von einem Mol des Lösungsmittels auf die Seite der Lösung. Da die Menge des Lösungsmittels erhalten bleiben muß, ist wieder (die Phase der Lösung wird mit einem Strich, die Phase des reinen Lösungsmittels mit keinem Strich bezeichnet)

$$\delta n_0' + \delta n_0 = 0$$

und daher

$$\nu_0 = 1, \quad \nu_0' = -1.$$

Die Menge des gelösten Stoffes ändert sich hingegen in beiden Phasen nicht:

$$\delta n_1' = \delta n_1 = 0, \quad \nu_1' = \nu_1 = 0.$$

Berücksichtigt man, daß die freie Enthalpie des Lösungsmittels in der Lösung für den Druck $P + P_{osm}$ genommen werden muß (Bild 38), so kann man mit den Konzentrationen der beiden Stoffe in den beiden Phasen

$$c_0 = 1, \quad c_1 = 0,$$

$$c_0' = \frac{n_0'}{n_0' + n_1'}, \quad c_1' = \frac{n_1'}{n_0' + n_1'} = 1 - c_0'$$

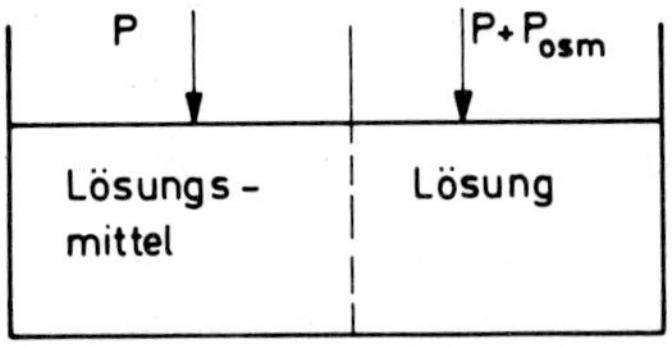

Bild 38

die Formel für den Gleichgewichtszustand mit den angegebenen speziellen Werten für das zweiphasige System so schreiben:

$$\ln c_0 - \ln c_0' = -\frac{1}{RT} g_0(T, P) + \frac{1}{RT} g_0'(T, P + P_{osm}). \tag{6.67}$$

Setzt man approximativ

$$\ln c_0' = \ln(1 - c_1') \approx - c_1'$$

und entwickelt man $g_0'(T, P + P_{osm})$ an der Stelle P in eine Taylorreihe nach dem osmotischen Druck, so erhält man näherungsweise

$$c_1' = \frac{1}{RT} \left(\frac{\partial g_0}{\partial P}\right)_T P_{osm}, \quad \text{da } g_0'(T, P) = g_0(T, P) \text{ ist.}$$

Berücksichtigt man die Beziehungen

$$\left(\frac{\partial g_0}{\partial P}\right)_T = v_0, \quad c_1' = \frac{n_1'}{n_0' + n_1'} \approx \frac{n_1'}{n_0'},$$

so kommt man schließlich zu

$$P_{osm} \approx n_1' \frac{RT}{n_0' v_0} \approx n_1' \frac{RT}{V'}, \tag{6.68}$$

wobei V' das von der Lösung eingenommene Volumen ist. Beim letzten Schritt ist die Tatsache verwendet worden, daß das Volumen der Lösung praktisch durch die Molvolumina des Lösungsmittels bestimmt wird. Vergleicht man diese Beziehung mit der Zustandsgleichung des idealen Gases, so kann man folgenden Schluß ziehen:

Der osmotische Druck P_{osm} ist jener Druck, den ein ideales Gas mit der Molzahl des gelösten Stoffes bei der Temperatur T und dem Volumen V' haben würde.

Ist der Druck auf beiden Seiten gleich groß (wie in Bild 39), so stellt sich auf der Seite der Lösung eine höhere Flüssigkeitssäule ein, die auf gleichem Niveau mit dem Lösungsmittel P_{osm} erzeugt:

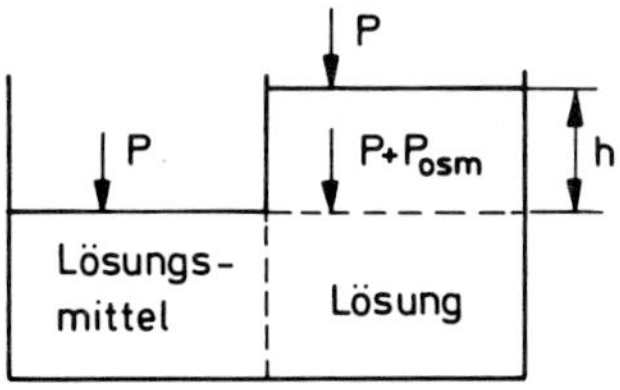

$P_{osm} = h \rho g$

ρ Massendichte der Lösung

g Erdbeschleunigung

Bild 39

7. Beispiele zur Thermodynamik

Beispiel T1

Ein abgeschlossenes System sei durch folgende Teilsysteme gegeben (Bild 40):

B Wärmespeicher mit der Temperatur T_1' (T_1' = konst.),

C Carnotmaschine, deren Arbeitsmedium zwischen T_1 und T_2 ($T_1 > T_2$) einen *reversiblen Kreisprozeß* durchläuft,

D Wärmespeicher mit der Temperatur T_2 (= konst.),

E Energiespeicher (nimmt nach einem vollen Zyklus der Maschine C die Arbeit A auf),
C gibt beim Durchlaufen eines vollen Kreisprozesses die Arbeit A ab.

A, T'_1, T_1 und T_2 sind gegeben (*Anmerkung:* A, Q_1 und Q_2 sollen hier immer positive Größen sein; Zu- bzw. Abfluß von den Teilsystemen ist daher durch Vorsetzen von + bzw. − zuberücksichtigen).

Man berechne

$Q_1, Q_2, \eta_C, \Delta U_B, \Delta S_B, \Delta U_{ges},$

$\Delta U_C, \Delta S_C,$

$\Delta U_D, \Delta S_D$ und ΔS_{ges}

$\Delta U_E, \Delta S_E$

nach einem vollen Zyklus der Maschine C mit Hilfe des 1. und 2. HS für

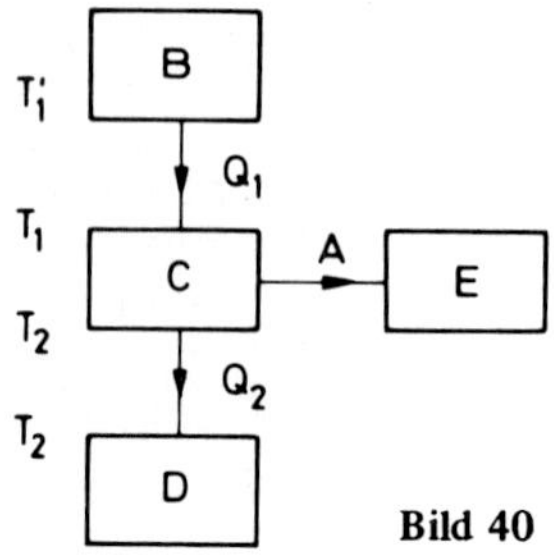

Bild 40

a) den Fall, daß $T'_1 = T_1$ ist und
b) daß $T'_1 > T_1$ ist (daß also zwischen B und C infolge Wärmeleitung ein Temperaturunterschied besteht). Man gebe alle Resultate als Funktion von A, T_1, T'_1 und T_2 an.
c) Wie erkennt man, welcher Prozeß reversibel ist? Welcher Prozeß von a) und b) ist tatsächlich reversibel bzw. irreversibel?

Lösung:

a, b) *1. HS:*

$$\Delta U_B = -Q_1$$

$$\Delta U_C = Q_1 - Q_2 - A = 0, \quad \text{da Kreisprozeß} \tag{1}$$

$$\Delta U_E = A$$

$$\underline{\Delta U_D = Q_2}$$

$$\Delta U_{ges} = \sum_i \Delta U_i = -Q_1 + Q_1 - Q_2 - A + A + Q_2 = 0$$

2. HS:

$$\Delta S_B = -\frac{Q_1}{T'_1} \quad \text{(für a) ist } T'_1 = T_1\text{), da } T'_1 = \text{konst.}$$

$$\Delta S_C = \frac{Q_1}{T_1} - \frac{Q_2}{T_2} = 0, \quad \text{da reversibler Kreisprozeß} \tag{2}$$

$$\Delta S_E = 0$$

$$\underline{\Delta S_D = \frac{Q_2}{T_2}}$$

a) $$\Delta S_{ges} = \sum_i \Delta S_i = -\frac{Q_1}{T_1} + \frac{Q_1}{T_1} - \frac{Q_2}{T_2} + \frac{Q_2}{T_2} = 0$$

b) $\Delta S_{ges} = -\frac{Q_1}{T_1'} + \frac{Q_1}{T_1} - \frac{Q_2}{T_2} + \frac{Q_2}{T_2} = Q_1 \frac{T_1' - T_1}{T_1 T_1'} > 0$, da $T_1' > T_1$

a, b) (2): $Q_1 = Q_2 \frac{T_1}{T_2}$ (3)

(1) (3): $Q_2 \left(\frac{T_1}{T_2} - 1\right) = A$

$$Q_2 = A \frac{T_2}{T_1 - T_2}$$

$$Q_1 = A \frac{T_1}{T_1 - T_2}$$

a, b) $\Delta U_B = -A \frac{T_1}{T_1 - T_2}$

$\Delta U_C = 0$

$\Delta U_E = A$

$\Delta U_D = A \frac{T_2}{T_1 - T_2}$

$\Delta U_{ges} = 0$

a) $\Delta S_B = -\frac{A}{T_1 - T_2}$ b) $\Delta S_B = -\frac{A}{T_1 - T_2} \frac{T_1}{T_1'}$

a, b) $\Delta S_C = 0$

$\Delta S_E = 0$

$\Delta S_D = \frac{A}{T_1 - T_2}$

a) $\Delta S_{ges} = 0$

b) $\Delta S_{ges} = \frac{A}{T_1 - T_2} \frac{T_1' - T_1}{T_1'} > 0$

a, b) $\eta_C = \frac{A}{Q_1} = \frac{T_1 - T_2}{T_1} < 1$, da $T_1 > T_2$.

c) Die Entropieänderung eines abgeschlossenen Systems ist bei reversiblen Prozessen gleich Null, bei irreversiblen hingegen größer als Null. D. h.

Fall a) ist reversibel ($\Delta S_{ges} = 0$)

Fall b) irreversibel ($\Delta S_{ges} > 0$).

Beispiel T2

Die Zustandsgleichung und die Wärmekapazität $C_v = nc_v$ eines Gases sind gegeben durch

$$P = RT[n/V + (n/V)^2 B(T)],$$

$$C_v = \frac{3}{2} n R - n^2 (R/V) \frac{d}{dT} [T^2 B'(T)],$$

wobei $B'(T) = \frac{dB}{dT}$ ist.

a) Zeigen Sie, daß der zweite Term im Ausdruck für C_v notwendig ist, wenn die beiden Gleichungen widerspruchsfrei sein sollen. Man zeige, daß $\left(\frac{dU}{dV}\right)_T$ nicht Null ist.

b) Berechnen Sie $S(T, V)$ und $U(T, V)$. Man gebe die Integrationskonstanten exakt mit Hilfe von $U(T_0, V_0)$ bzw. $S(T_0, V_0)$ an.

c) I, F und μ sind als Funktion von T und V zu berechnen.

Lösung:

$$P = RT \frac{n}{V} + R \left(\frac{n}{V}\right)^2 TB$$

$$C_v = \frac{3}{2} n R - R \frac{n^2}{V} \frac{d}{dT} (T^2 B')$$

a)
$$\left(\frac{\partial C_v}{\partial V}\right)_T = T \left(\frac{\partial^2 P}{\partial T^2}\right)_V$$

$$\underline{\left(\frac{\partial C_v}{\partial V}\right)_T = R \left(\frac{n}{V}\right)^2 \frac{d}{dT} (T^2 B') = R \left(\frac{n}{V}\right)^2 [2TB' + T^2 B'']} \tag{1}$$

$$\left(\frac{\partial P}{\partial T}\right)_V = R \frac{n}{V} + R \left(\frac{n}{V}\right)^2 [B + TB']$$

$$\left(\frac{\partial^2 P}{\partial T^2}\right)_V = R \left(\frac{n}{V}\right)^2 [2B' + TB'']$$

$$\underline{T \left(\frac{\partial^2 P}{\partial T^2}\right)_V = R \left(\frac{n}{V}\right)^2 [2TB' + T^2 B''] = (1) \text{ w.z.b.w.}}$$

$$\left(\frac{\partial U}{\partial V}\right)_T = T \left(\frac{\partial P}{\partial T}\right)_V - P = R \frac{n}{V} (T - T) + R \left(\frac{n}{V}\right)^2 [TB + T^2 B' - TB]$$

$$\underline{\left(\frac{\partial U}{\partial V}\right)_T = R \left(\frac{n}{V}\right)^2 T^2 B'} \tag{2}$$

b) $\left(\frac{\partial U}{\partial T}\right)_V = C_v = \frac{3}{2}\, n\, R - R\frac{n^2}{V}\frac{d}{dT}(T^2 B')$

$$U(T, V) = \underbrace{\int \left(\frac{\partial U}{\partial T}\right)_V dT}\, + f(V) = \frac{3}{2}\, n\, RT - R\frac{n^2}{V}\, T^2 B' + f(V)$$

Integration bei konstantem V, f(V) beliebige Funktion von V,

$$\rightarrow \left(\frac{\partial U}{\partial V}\right)_T = R\left(\frac{n}{V}\right)^2 T^2 B' + \frac{df}{dV} = (2) = R\left(\frac{n}{V}\right)^2 T^2 B' \rightarrow$$

$$\rightarrow \frac{df}{dV} = 0 \rightarrow f = K = \text{konst.}$$

$$\underline{U(T, V) = \frac{3}{2}\, n\, RT - R\frac{n^2}{V}\, T^2 B'(T) + K} \qquad (3)$$

$$U(T, V) - U(T_0, V_0) = \frac{3}{2}\, n\, R(T - T_0) - R\frac{n^2}{V}\, T^2 B'(T) + R\frac{n^2}{V}\, T_0^2 B'(T_0)$$

$$\underline{\rightarrow K = U(T_0, V_0) - \frac{3}{2}\, n\, RT_0 + R\frac{n^2}{V_0}\, T_0^2 B'(T_0),} \qquad (4)$$

$$S(T, V) = \int \left(\frac{\partial P}{\partial T}\right)_V dV + \underbrace{\int \frac{C_v}{T}\, dT} =$$

Integrationsweg isotherm gewählt $\rightarrow dT = 0$

$$= \int \left[R\frac{n}{V} + R\left(\frac{n}{V}\right)^2 [B + TB']\right] dV + f(T)$$

$$S(T, V) = R\, n \ln V - R\frac{n^2}{V}[B + TB'] + f(T)$$

$$\rightarrow \left(\frac{\partial S}{\partial T}\right)_V = -R\frac{n^2}{V}[2B' + TB''] + \frac{df}{dT} = \frac{C_v}{T} = \frac{3}{2}\frac{nR}{T} - R\frac{n^2}{V}\underbrace{\frac{1}{T}\frac{d}{dT}(T^2 B')}_{2B' + TB''},$$

$$\rightarrow \frac{df}{dT} = \frac{3}{2}\frac{nR}{T} \rightarrow f(T) = \frac{3}{2}\, n\, R \ln T + C, \quad (C \text{ Konstante})$$

$$\underline{S(T, V) = \frac{3}{2}\, n\, R \ln T + n\, R \ln V - R\frac{n^2}{V}\frac{d}{dT}(TB) + C,} \qquad (5)$$

$$S(T, V) - S(T_0, V_0) = \frac{3}{2}\, n\, R \ln\frac{T}{T_0} + n\, R \ln\frac{V}{V_0} - R\frac{n^2}{V}\frac{d}{dT}(TB) + R\frac{n^2}{V_0}\left(\frac{d}{dT}(TB)\right)_{T_0}$$

$$\underline{C = -\frac{3}{2}\, n\, R \ln T_0 - n\, R \ln V_0 + R\frac{n^2}{V_0}\left(\frac{dTB}{dT}\right)_{T_0} + S(T_0, V_0)}$$

c) (3):

$$I = U + PV = \frac{3}{2}\,n\,RT - R\,\frac{n^2}{V}\,T^2 B' + K + nRT + R\,\frac{n^2}{V}\,TB$$

$$\underline{I = \frac{5}{2}\,n\,RT + R\,\frac{n^2}{V}\,[TB - T^2 B'] + K,}$$

$$F = U - TS = \frac{3}{2}\,n\,RT - R\,\frac{n^2}{V}\,T^2 B' + K - \frac{3}{2}\,n\,RT \ln T -$$

$$- n\,RT \ln V + R\,\frac{n^2}{V}\,(TB + T^2 B') - TC,$$

$$\underline{F(T, V) = \frac{3}{2}\,n\,RT[1 - \ln T] - n\,RT \ln V + R\,\frac{n^2}{V}\,TB + K - TC}$$

$$\mu = \frac{G}{n} = \frac{F + PV}{n} = \frac{1}{n}\left[\frac{5}{2}\,n\,RT - \frac{3}{2}\,n\,RT \ln T - n\,RT \ln V + \right.$$

$$\left. + 2R\,\frac{n^2}{V}\,TB + K - TC\right]$$

$$\underline{\mu(T, V) = \frac{5}{2}\,RT - \frac{3}{2}\,RT \ln T - RT \ln V + 2R\,\frac{n}{V}\,TB + \frac{K - TC}{n}.}$$

Beispiel T3

Durch die Zustandsgleichung ist die Wärmekapazität $C_v(T, V)$ bis auf eine Funktion $f(T)$ bestimmbar. Berechnen Sie $C_v(T, V)$ bis auf diese Funktion $f(T)$ für Systeme mit den Zustandsgleichungen

a) $PV^2 = K_1 T$

b) $P^2 V = K_2 T$, K_1 und K_2 sind Konstanten.

c) Für beide Fälle a) und b) berechne man weiterhin $U(T, V)$ und $S(T, V)$, wenn $f(T)$ gegeben ist: $f(T) = CT$. C ist eine Konstante. Die Integrationskonstanten sind mit Hilfe von $U(T_0, V_0)$ bzw. $S(T_0, V_0)$ anzugeben. T_0, V_0 sind feste Größen.

Lösung:

a) $$\left(\frac{\partial C_v}{\partial V}\right)_T = T\left(\frac{\partial^2 P}{\partial T^2}\right)_V \qquad \text{aus (3.22)} \qquad (1)$$

$$\left(\frac{\partial P}{\partial T}\right)_V = \frac{K_1}{V^2}, \quad \left(\frac{\partial^2 P}{\partial T^2}\right)_V = 0 \rightarrow \underline{\left(\frac{\partial C_v}{\partial V}\right)_T = 0}$$

$$\underline{C_v = f(T) = CT,}$$

b) $P = \sqrt{\frac{K_2 T}{V}}$

$$\left(\frac{\partial P}{\partial T}\right)_V = \frac{1}{2}\sqrt{\frac{K_2}{VT}}, \quad \left(\frac{\partial^2 P}{\partial T^2}\right)_V = -\frac{1}{4}\sqrt{\frac{K_2}{VT^3}}$$

$$(1): \left(\frac{\partial C_v}{\partial V}\right)_T = -\frac{1}{4}\left(\frac{K_2}{VT}\right)^{1/2}, \quad C_v = \int \left(\frac{\partial C_v}{\partial V}\right)_T dV + f(T),$$

$$\rightarrow C_v = -\frac{1}{2}\sqrt{\frac{K_2 V}{T}} + f(T) = -\frac{1}{2}\sqrt{\frac{K_2 V}{T}} + CT, \qquad (2)$$

c, a) $\left(\frac{\partial U}{\partial V}\right)_T = T\left(\frac{\partial P}{\partial T}\right)_V - P = 0$

$$\left(\frac{\partial U}{\partial T}\right)_V = C_v = CT$$

$$\rightarrow U(T, V) = \frac{1}{2} C(T^2 - T_0^2) + U(T_0, V_0)$$

$$U(T, V) = U(T)$$

$$dS = \frac{C_v}{T} dT + \left(\frac{\partial P}{\partial T}\right)_V dV = C\, dT + \frac{K_1}{V^2} dV$$

$$S(T, V) = C(T - T_0) + K_1\left(-\frac{1}{V} + \frac{1}{V_0}\right) + S(T_0, V_0),$$

c, b) $\left(\frac{\partial U}{\partial V}\right)_T = T\left(\frac{\partial P}{\partial T}\right)_V - P = \frac{1}{2}\sqrt{\frac{K_2 T}{V}} - \sqrt{\frac{K_2 T}{V}} = -\frac{1}{2}\sqrt{\frac{K_2 T}{V}}$

$$U(T, V) = \underbrace{\int \left(\frac{\partial U}{\partial V}\right)_T dV}_{\text{Integration bei konst. T}} + \bar{f}(T) = -\sqrt{K_2 TV} + \bar{f}(T)$$

($\bar{f}(T)$ ist eine beliebige Funktion von T)

$$\rightarrow \left(\frac{\partial U}{\partial T}\right)_V = -\frac{1}{2}\sqrt{\frac{K_2 V}{T}} + \frac{d\bar{f}}{dT} = C_v = -\frac{1}{2}\sqrt{\frac{K_2 V}{T}} + CT$$

$$\rightarrow \frac{d\bar{f}}{dT} = CT \rightarrow \bar{f}(T) = \frac{1}{2} CT^2 + K \quad \text{(K Konstante)}$$

$$U(T, V) = -\sqrt{K_2 TV} + \frac{1}{2} CT^2 + K$$

$$\underline{K = U(T_0, V_0) + \sqrt{K_2 V_0 T_0} - \frac{1}{2} C T_0^2,}$$

$$dS = \frac{C_V}{T} dT + \left(\frac{\partial P}{\partial T}\right)_V dV$$

$$dS = \int \left[-\frac{1}{2}\sqrt{\frac{K_2 V}{T^3}} + C\right] dT + \int \frac{1}{2}\sqrt{\frac{K_2}{VT}}\, dV$$

$$S(T, V) = \underbrace{\sqrt{\frac{K_2 V}{T}} + CT + h(V)}_{\text{Integration bei konstantem V}} = \underbrace{g(T) + \sqrt{\frac{K_2 V}{T}}}_{\text{Integration bei konst. T}}$$

(h(V), g(T) sind beliebige Funktionen)

$$\rightarrow CT + h(V) = g(T)$$

$$h(V) = g(T) - CT = k$$

(k Konstante, da eine Funktion von V nur dann gleich einer anderen Funktion von T sein kann, wenn beide Funktionen Konstante sind!)

$$\underline{S(T, V) = \sqrt{\frac{K_2 V}{T}} + CT + k}$$

$$\underline{k = S(T_0, V_0) - \sqrt{\frac{K_2 V_0}{T_0}} - CT_0 .}$$

Beispiel T4

Gegeben ist $U = \frac{aS^3}{nV}$ (a ist eine Konstante). Berechnen Sie als Funktion von T, V, n:

a) P

b) $C_P - C_V$

c) $\alpha = \frac{1}{V}\left(\frac{\partial V}{\partial T}\right)_{P,n}$

d) $\beta = \frac{1}{P}\left(\frac{\partial P}{\partial T}\right)_{V,n}$

e) $\kappa_T = -\frac{1}{V}\left(\frac{\partial V}{\partial P}\right)_{T,n}$.

f) Berechnen Sie μ als Funktion von T und P: $\mu = \mu(T, P)$.

Lösung:

$$U = a\,\frac{S^3}{nV}$$

a) $T = \left(\frac{\partial U}{\partial S}\right)_{V,n} = 3a\,\frac{S^2}{nV} \ldots (1), \quad S^3 = \left(\frac{TnV}{3a}\right)^{3/2}$ (2)

$$P = -\left(\frac{\partial U}{\partial V}\right)_{S,n} = a\,\frac{S^3}{nV^2} \quad (3)$$

$$(2): \rightarrow \underline{P = \left(\frac{T}{3}\right)^{3/2} \left(\frac{n}{aV}\right)^{1/2}} \quad (4)$$

b) $\underline{C_P - C_v} = T\left(\frac{\partial V}{\partial T}\right)_{P,n} \left(\frac{\partial P}{\partial T}\right)_{V,n} \underline{= \frac{9}{2}\,\frac{PV}{T} = \frac{1}{2}\left(\frac{3TnV}{a}\right)^{1/2}},$

da $\left(\frac{\partial P}{\partial T}\right)_{V,n} = \frac{3}{2}\,\frac{P}{T}$

$$\left(\frac{\partial}{\partial T}\right)_{P,n} \cdot (4) \rightarrow 0 = \frac{3}{2}\,\frac{P}{T} - \frac{1}{2}\,\frac{P}{V}\left(\frac{\partial V}{\partial T}\right)_{P,n}$$

$$\rightarrow \left(\frac{\partial V}{\partial T}\right)_{P,n} = 3\,\frac{V}{T}\,.$$

c) $\underline{\alpha} = \frac{1}{V}\left(\frac{\partial V}{\partial T}\right)_{P,n} = 3\,\frac{1}{V}\,\frac{V}{T} \underline{= \frac{3}{T}}$

d) $\underline{\beta} = \frac{1}{P}\left(\frac{\partial P}{\partial T}\right)_{V,n} \underline{= \frac{3}{2T}}$

e) $\underline{\kappa_T} = -\frac{1}{V}\left(\frac{\partial V}{\partial P}\right)_{T,n} = \frac{2}{P} = \underline{2\left(\frac{3}{T}\right)^{3/2}\left(\frac{aV}{n}\right)^{1/2}},$

da $\left(\frac{\partial}{\partial P}\right)_{T,n} \cdot (4) \rightarrow 1 = -\frac{1}{2}\,\frac{P}{V}\left(\frac{\partial V}{\partial P}\right)_{T,n}$.

f) $\mu = \left(\frac{\partial U}{\partial n}\right)_{S,V} = -a\,\frac{S^3}{n^2 V}$

$$(3): \mu P = -a^2\left(\frac{S^2}{nV}\right)^3, \quad (1): \left(\frac{S^2}{nV}\right)^3 = \left(\frac{T}{3a}\right)^3$$

$$\underline{\mu(T, P) = -\frac{1}{a}\left(\frac{T}{3}\right)^3 \frac{1}{P}}.$$

Beispiel T5

Gegeben ist die Zustandsgleichung des *Dietrici-Gases* für 1 Mol $P = \frac{RT}{v-b} e^{-\frac{a}{RTv}}$, a und b sind Konstanten.

a) Man bestimme die kritischen Werte v_k, T_k und P_k.

b) Geben Sie die Zustandsgleichung in den reduzierten Größen $T_r := \frac{T}{T_k}, P_r := \frac{P}{P_k}, v_r := \frac{v}{v_k}$ an.

c) Man bestimme die Inversionskurve in reduzierten Größen: $P_r = P_r(T_r)$.

Lösung:

$$P = \frac{RT}{v-b} e^{-\frac{a}{RTv}} \tag{1}$$

a) Gleichungen für den kritischen Punkt:

$$(5.4): \left(\frac{\partial P}{\partial v}\right)_T = P\left[-\frac{1}{v-b} + \frac{a}{RTv^2}\right] = 0,$$

$$(5.5): \left(\frac{\partial^2 P}{\partial v^2}\right)_T = \underbrace{\left(\frac{\partial P}{\partial v}\right)_T}_{0}\left[-\frac{1}{v-b} + \frac{a}{RTv^2}\right] + P\left[\frac{1}{(v-b)^2} - \frac{2a}{RTv^3}\right] = 0,$$

$$\frac{1}{v-b} = \frac{a}{RTv^2}, \tag{2}$$

$$\frac{1}{(v-b)^2} = \frac{2a}{RTv^3}, \tag{3}$$

$$(1),(2),(3): \underline{v_k = 2b}, \ \underline{T_k = \frac{a}{4bR}}, \ \underline{P_k = \frac{a}{4b^2e^2}}, \tag{4}$$

$$(4): \underline{P_k v_k = \frac{2}{e^2} RT_k}. \tag{5}$$

b)
$$P(v-b) = RTe^{-\frac{a}{RTv}} \tag{6}$$

$$\frac{(6)}{(5)}: \underline{P_r(2v_r - 1) = T_r e^{2-\frac{2}{T_r v_r}}} \tag{7}$$

c) Die Inversionskurve in reduzierten Größen ist durch

$$(5.18): \left(\frac{\partial v_r}{\partial T_r}\right)_{P_r} = \frac{v_r}{T_r} \quad \text{definiert,} \tag{8}$$

$$\left(\frac{\partial}{\partial T_r}\right)_{P_r} \cdot (7) \to P_r 2 \underbrace{\left(\frac{\partial v_r}{\partial T_r}\right)_{P_r}}_{(8):\ \frac{v_r}{T_r}} = \underbrace{e^{2-\frac{2}{T_r v_r}}}_{(7):\ \frac{P_r}{T_r}(2v_r - 1)} \left[1 + T_r\left(\frac{2}{T_r^2 v_r} + \frac{2}{T_r v_r^2}\underbrace{\left(\frac{\partial v_r}{\partial T_r}\right)_{P_r}}_{(8):\ \frac{v_r}{T_r}}\right)\right],$$

$$\to P_r \frac{2v_r}{T_r} = \frac{P_r}{T_r}(2v_r - 1)\left[1 + \frac{4}{T_r v_r}\right],$$

$$\to v_r = \frac{4}{8 - T_r} \quad \text{Inversionskurve} \quad v_r(T_r),$$

$$(7):\ P_r = (8 - T_r)\, e^{\frac{5}{2} - \frac{4}{T_r}} \quad \text{Inversionskurve } P_r(T_r).$$

Beispiel T6

Die freie Enthalpie eines nichtidealen Gases ist

$$G = n\,RT \ln P + P\left[nb - \frac{na}{RT}\right] + f(T),$$

wobei a und b Konstanten sind und f(T) eine Funktion von T ist.

a) Berechnen Sie S(T, P) und die Zustandsgleichung.
b) Man zeige, daß die Zustandsgleichung mit der Zustandsgleichung des van der Waals-Gases übereinstimmt, wenn Terme 2. Ordnung in a und b vernachlässigt werden.
c) Berechnen Sie I(P, T) und die Wärmekapazität $C_P(P, T)$.
d) $C_V(T, V)$ ist zu berechnen.

Lösung:

$$G(T, P) = n\,RT \ln P + P\left[nb - \frac{na}{RT}\right] + f(T)$$

a) $$S = -\left(\frac{\partial G}{\partial T}\right)_P = -n\,R \ln P - \frac{Pna}{RT^2} - f'(T)$$

$$V = \left(\frac{\partial G}{\partial P}\right)_T = \frac{nRT}{P} + nb - \frac{na}{RT} \tag{1}$$

$$\to P = \frac{n\,RT}{V - nb + \frac{na}{RT}} \tag{2}$$

b) Glieder 1. Ordnung in a, b von (2):

$$P \approx \frac{nRT}{V}\left(1 + \frac{nb}{V} - \frac{na}{RVT}\right),$$

$$\rightarrow P \approx \frac{nRT}{V} + \frac{n^2 RT}{V^2} b - \frac{n^2}{V^2} a. \tag{3}$$

van der Waals-Gas: $\left(P + \frac{n^2 a}{V^2}\right)(V - nb) = nRT$

$$\rightarrow P = \frac{nRT}{V - nb} - \frac{n^2 a}{V^2}$$

Glieder 1. Ordnung in a, b des van der Waals-Gases:

$$P \approx \frac{nRT}{V} + \frac{n^2 RT}{V^2} b - \frac{n^2 a}{V^2} = (3) \text{ w.z.b.w.}$$

c) $I(P, T) = G + TS = Pnb - 2\frac{Pna}{RT} + f(T) - Tf'(T)$

$$C_P(T, P) = \left(\frac{\partial I}{\partial T}\right)_P = 2\frac{Pna}{RT^2} - Tf''(T) \tag{4}$$

oder $\frac{C_P}{T} = \left(\frac{\partial S}{\partial T}\right)_P \rightarrow (4)$

d) $C_v = C_P - T\left(\frac{\partial V}{\partial T}\right)_P \left(\frac{\partial P}{\partial T}\right)_V$

$$(2): \left(\frac{\partial P}{\partial T}\right)_V = \frac{nR\left[V - nb + \frac{na}{RT}\right] - nRT\left(-\frac{na}{RT^2}\right)}{\left[V - nb + \frac{na}{RT}\right]^2} = \frac{nR\left[V - nb + 2\frac{na}{RT}\right]}{\left[V - nb + \frac{na}{RT}\right]^2},$$

$$(1): T\left(\frac{\partial V}{\partial T}\right)_P = T\left[\frac{nR}{P} + \frac{na}{RT^2}\right] = V - nb + \frac{2na}{RT}, \text{ da wegen (1) } T\frac{nR}{P} = V - nb + \frac{na}{RT}$$

$$(2), (4): C_v(T, V) = \frac{2n^2 a}{T\left[V - nb + \frac{na}{RT}\right]} - \frac{\left[V - nb + \frac{2na}{RT}\right]^2}{\left[V - nb + \frac{na}{RT}\right]^2} nR - Tf''(T)$$

Beispiel T7

Ein ideales Gas hat im Teilvolumen V_1 den Druck P_1 und in V_2 den Druck P_2. In beiden Teilvolumen sind die Anfangstemperaturen gleich T_0. Die Teilvolumen sind voneinander nicht wärmeisoliert. Nur das Gesamtsystem $V = V_1 + V_2$ ist wärmeisoliert. Durch Lösen der Arretierung der Trennwend tritt Druckausgleich ein (Bild 41).

a) Berechnen Sie die Temperatur T_0' und den Druck P' im Endzustand

b) Wie ändert sich die innere Energie der Teilsysteme und des Gesamtsystems?

c) Wie ändert sich die Enthalpie der Teilsysteme und des Gesamtsystems?

d) Wie ändert sich die Entropie der Teilsysteme und des Gesamtsystems?

e) Wieviel Wärme $\Delta Q_1, \Delta Q_2$ und $\Delta Q = \Delta Q_1 + \Delta Q_2$ müßte man bei reversibler Prozeßführung zuführen, damit wieder der gleiche Endzustand erreicht wird? Wieviel Arbeit $\Delta \bar{A}$ wäre dabei vom Kolben abzugeben?

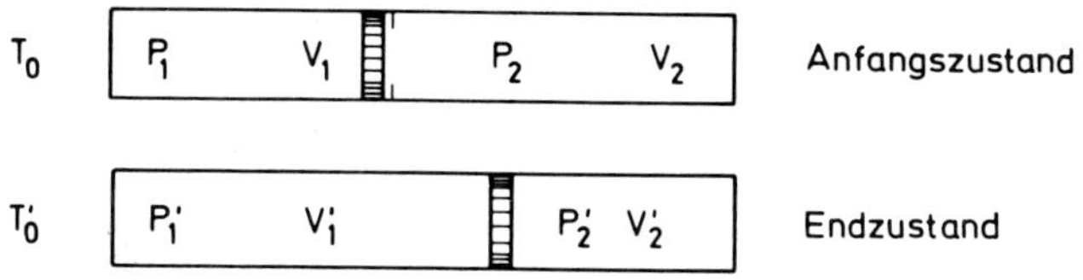

Bild 41

Lösung:

Im Endzustand herrscht Gleichgewicht:

$$P_1' = P_2' = P', \quad T_1' = T_2' = T_0', \quad V = V_1 + V_2$$

a) Das Gesamtsystem ist abgeschlossen: $A = 0, Q = 0$

$$\rightarrow \Delta U = 0 = \Delta U_1 + \Delta U_2 \qquad \rightarrow \Delta U_1 = -\Delta U_2 \tag{1}$$

$$\rightarrow n_1 c_V (T_0' - T_0) = -n_2 c_V (T_0' - T_0)$$

$$T_0'(n_1 + n_2) = T_0(n_1 + n_2)$$

$$\underline{T_0' = T_0}$$

$$P_1 V_1 = n_1 R T_0 \qquad P' V_1' = n_1 R T_0$$

$$\underline{P_2 V_2 = n_2 R T_0} \qquad \underline{P' V_2' = n_2 R T_0} \tag{2}$$

$$P_1 V_1 + P_2 V_2 = (n_1 + n_2) R T_0, \quad P' V = (n_1 + n_2) R T_0$$

$$\underline{\rightarrow P' = \frac{(n_1 + n_2) R T_0}{V} = \frac{P_1 V_1 + P_2 V_2}{V_1 + V_2}} \tag{3}$$

b) Reversibler Ersatzprozeß mit der Nebenbedingung T = konst.

$$\underline{\Delta U_1} = \int\limits_{P_1 \to P'} C_v dT = \underline{0}, \qquad \underline{\Delta U_2} = \int\limits_{P_2 \to P'} C_v dT = \underline{0}$$

$$\underline{\Delta U} = \Delta U_1 + \Delta U_2 = \underline{0} = (1)$$

c) $$(2){:}\ \underline{\Delta I_1} = \Delta U_1 + \Delta(PV) = P'V_1' - P_1 V_1 = \underline{0}$$

$$\underline{\Delta I_2} = \Delta U_2 + \Delta(PV) = P'V_2' - P_2 V_2 = \underline{0}$$

$$\underline{\Delta I} = \Delta I_1 + \Delta I_2 = \underline{0}$$

d) $$\Delta S_1 = \int \frac{n_1 c_v}{T} dT + \int \frac{P}{T} dV = 0 + \int\limits_{V_1}^{V_1'} \frac{n_1 R}{V} dV = n_1 R \ln \frac{V_1'}{V_1}$$

$$\Delta S_2 = n_2 R \ln \frac{V_2'}{V_2}$$

$$\Delta S = n_1 R \ln \frac{V_1'}{V_1} + n_2 R \ln \frac{V_2'}{V_2}$$

$$(2){:}\ \frac{V_1'}{V_1} = \frac{P_1}{P'} = \frac{P_1(V_1 + V_2)}{P_1 V_1 + P_2 V_2}$$

$$\underline{\Delta S_1 = \frac{P_1 V_1}{T_0} \ln \frac{P_1(V_1 + V_2)}{P_1 V_1 + P_2 V_2}}$$

$$\underline{\Delta S_2 = \frac{P_2 V_2}{T_0} \ln \frac{P_2(V_1 + V_2)}{P_1 V_1 + P_2 V_2}}$$

$$\underline{\Delta S = \frac{1}{T_0} \left[P_1 V_1 \ln \frac{P_1 V}{P_1 V_1 + P_2 V_2} + P_2 V_2 \ln \frac{P_2 V}{P_1 V_1 + P_2 V_2} \right]}$$

$\Delta S > 0$, siehe Beispiel T26 Formel (4).

e) $d'Q_{rev} = TdS \rightarrow$

$$\underline{\Delta Q_1} = T_0 \Delta S_1 = \underline{P_1 V_1 \ln \frac{P_1 V}{P_1 V_1 + P_2 V_2}}$$

$$\underline{\Delta Q_2 = P_2 V_2 \ln \frac{P_2 V}{P_1 V_1 + P_2 V_2}}$$

$$\underline{\Delta Q = \Delta Q_1 + \Delta Q_2 = P_1 V_1 \ln \frac{P_1 V}{P_1 V_1 + P_2 V_2} + P_2 V_2 \ln \frac{P_2 V}{P_1 V_1 + P_2 V_2}}$$

$$0 = \Delta U = \Delta A + \Delta Q \qquad \underline{\Delta \bar{A}} = -\Delta A = \underline{\Delta Q}.$$

Beispiel T8

Bei Gültigkeit der klassischen (Rayleighschen) Strahlungsformel $\frac{U}{V} = \beta T$, β = konst. $\left(P = \frac{1}{3}\frac{U}{V}\right)$ wäre es möglich ein perpetuum mobile 2. Art zu konstruieren. Man zeige dies durch folgende Schritte:

a) Zeigen Sie, daß das Differential der Entropie nicht mehr integrierbar ist, es sich also um ein System handelt, das dem 2. HS widerspricht und daher in der Natur nicht vorkommt.

b) Suchen Sie eine Funktion f(T) so, daß $f(T)\cdot d'Q$ ein totales Differential wird, d.h. integrierbar ist und daher jedes geschlossene Kurvenintegral (Kreisprozeß) über $f(T)\cdot d'Q$ Null ergibt.

c) Wie groß wäre bei diesem System der Wirkungsgrad η für einen Carnotprozeß (geg.: $T_1, T_2 < T_1$). Benützen Sie dafür das Kurvenintegral über $f(T)\cdot d'Q$. Da dieses System dem 2. HS widerspricht, ist zu erwarten, daß hier $\eta \neq 1 - \frac{T_z}{T_1}$ ist!

d) Berechnen Sie mit Hilfe des 1. HS die Zustandsgleichung der Adiabate.

e) Berechnen Sie die adiabatische Kompressibilität $\kappa_{ad} = -\frac{1}{V}\left(\frac{\partial V}{\partial P}\right)_{ad}$.

Lösung:

$$U = \beta TV, \quad P = \frac{1}{3}\frac{U}{V} = \frac{1}{3}\beta T \tag{1}$$

a) $$d'Q = dU + PdV = d(\beta TV) + \frac{1}{3}\beta TdV = \beta VdT + \frac{4}{3}\beta TdV.$$

Wenn der 2. HS erfüllt wäre, müßten

$$\left[\frac{\partial}{\partial V}\left(\frac{\beta V}{T}\right)\right]_T = \frac{\beta}{T} \quad \text{und} \quad \left[\frac{\partial}{\partial T}\left(\frac{4}{3}\beta\right)\right]_V = 0$$

gleich sein. D.h. der 2. HS ist nicht erfüllt.

b) $$dX = f(T)\,d'Q = f\beta VdT + \frac{4}{3}f\beta TdV$$

$$\left[\frac{\partial}{\partial V}(f\beta V)\right]_T = \left[\frac{\partial}{\partial T}\left(\frac{4}{3}f\beta T\right)\right]_V$$

$$f\beta = \frac{4}{3}\frac{df}{dT}\beta T + \frac{4}{3}f\beta,$$

$$-\frac{1}{4}\frac{f}{T} = \frac{df}{dT}; \quad -\frac{1}{4}\frac{dT}{T} = \frac{df}{f},$$

$$-\frac{1}{4}\ln T = \ln f - \ln a, \quad \text{a Konstante}$$

$$\underline{f(T) = aT^{-1/4}}$$

c) $\eta = \frac{\bar{A}}{Q_1} = \frac{Q_1 + Q_2}{Q_1}$, da $\bar{A} = Q_1 + Q_2$

Für den Kreisprozeß gilt: $\oint dX = 0 = \oint \frac{d'Q}{T^{1/4}}$ a

Carnotprozeß: $\oint \frac{d'Q}{T^{1/4}} = \frac{Q_1}{T_1^{1/4}} + \frac{Q_2}{T_2^{1/4}} = 0$

$$\to Q_2 = -Q_1 \left(\frac{T_2}{T_1}\right)^{1/4}$$

$$\to \eta = 1 - \left(\frac{T_2}{T_1}\right)^{1/4}$$

$$\frac{T_2}{T_1} < 1 \to \left(\frac{T_2}{T_1}\right)^{1/4} > \frac{T_2}{T_1} \to \eta = 1 - \left(\frac{T_2}{T_1}\right)^{1/4} < 1 - \frac{T_2}{T_1}$$

d) $d'Q = 0 = \beta V\, dT + \frac{4}{3} \beta T dV$

$$\to \frac{dT}{T} = -\frac{4}{3} \frac{dV}{V} \to \ln T = -\frac{4}{3} \ln V + \ln C'',$$

Adiabatengleichung:

$\underline{T^3 V^4 = C'}$ $\quad \underline{P^3 V^4 = C}$ $\quad$ (C'', C', C sind Konstanten)

e) $V = C^{1/4} P^{-3/4}$, $\left(\frac{\partial V}{\partial P}\right)_{ad} = -\frac{3}{4} C^{1/4} P^{-7/4} = -\frac{3}{4} \frac{V}{P}$

$$\underline{\kappa_{ad}} = -\frac{1}{V} \left(\frac{\partial V}{\partial P}\right)_{ad} = \underline{\frac{3}{4} \frac{1}{P}}.$$

Beispiel T9

Die innere Energie eines Systems ist gegeben:

$$u(s, v) = (K/(\gamma - 1))\, (K/v)^{\gamma - 1} \exp[(s/K - l - 1)(\gamma - 1) - 1] + u_0.$$

u_0, K, γ und l sind Konstanten. Gesucht ist

$P(T, v)$,	$c_v(T, v)$,	c_P/c_v,
$u(T, v)$,	$c_P(T, P)$,	
$i(T, P)$,	$f(T, v)$,	$\left(\frac{\partial T}{\partial v}\right)_s$,
$s(T, v)$,	$\mu = g(T, P)$,	
$s(T, P)$,	$P(T, \mu)$.	

Mit welchen Größen müssen die Konstanten identifiziert werden, damit obige Gleichung ein ideales Gas mit c_v = konst. beschreibt?

Lösung:

$$u(s,v) = \frac{K}{\gamma-1}\left(\frac{K}{v}\right)^{\gamma-1} \exp\left[\left(\frac{s}{K} - l - 1\right)(\gamma-1) - 1\right] + u_0 \qquad (1)$$

$$\underline{T} = \left(\frac{\partial u}{\partial s}\right)_v = \underline{\left(\frac{K}{v}\right)^{\gamma-1} \exp\left[\left(\frac{s}{K} - l - 1\right)(\gamma-1) - 1\right]}, \qquad (2)$$

$$\underline{P} = -\left(\frac{\partial u}{\partial v}\right)_s = \underline{\left(\frac{K}{v}\right)^{\gamma} \exp\left[\left(\frac{s}{K} - l - 1\right)(\gamma-1) - 1\right]},$$

$$\underline{P = \frac{KT}{v}} \qquad (3)$$

$$\underline{\left(\frac{\partial T}{\partial v}\right)_s = -\frac{(\gamma-1)}{v}\left(\frac{K}{v}\right)^{\gamma-1} \exp\left[\left(\frac{s}{K} - l - 1\right)(\gamma-1) - 1\right]}$$

(1) (2): $\underline{u(T,v) = \frac{K}{\gamma-1}T + u_0}$

$$\underline{c_v} = \left(\frac{\partial u}{\partial T}\right)_v = \underline{\frac{K}{\gamma-1}}$$

(3): $\underline{i(T,P)} = u + Pv = \underline{\frac{\gamma}{\gamma-1}KT + u_0}$

$$\underline{c_P(T,P)} = \left(\frac{\partial i}{\partial T}\right)_P = \underline{\frac{\gamma}{\gamma-1}K} \qquad (4)$$

$$\underline{c_P/c_v = \gamma}, \qquad (5)$$

(2): $\left[\left(\frac{s}{K} - l - 1\right)(\gamma-1) - 1\right] = \ln\left[T\left(\frac{v}{K}\right)^{\gamma-1}\right]$

$$\frac{\gamma-1}{K}s = \ln\left[T\left(\frac{v}{K}\right)^{\gamma-1}\right] + (l+1)(\gamma-1) + 1$$

$$\underline{s(T,v) = \frac{K}{\gamma-1}\ln\left[T\left(\frac{v}{K}\right)^{\gamma-1}\right] + \frac{K}{\gamma-1} + K(l+1)} \qquad (6)$$

(3): $\underline{s(T,P) = \frac{\gamma}{\gamma-1}K\ln T - K\ln P + \frac{K}{\gamma-1} + K(l+1)}$ (7)

$$(6):\ \underline{f(T,v)} = u - Ts = \underline{-\frac{K}{\gamma-1}\, T \ln\left[T\left(\frac{v}{K}\right)^{\gamma-1}\right] - K(l+1)T + u_0}$$

$$(3):\ \underline{\mu} = g(T,P) = f + Pv = \underline{-\frac{K}{\gamma-1}\, T \ln[T^\gamma P^{1-\gamma}] - lKT + u_0}$$

$$-(\mu + lKT - u_0)\frac{\gamma-1}{KT} = \ln[T^\gamma P^{1-\gamma}]$$

$$P^{\gamma-1} = T^\gamma \exp\left[\left(l + \frac{\mu - u_0}{KT}\right)(\gamma-1)\right]$$

$$\underline{P = T^{\frac{\gamma}{\gamma-1}} e^l e^{\frac{\mu-u_0}{KT}}}.$$

Für das ideale Gas gilt:

$$(3.20):\ s(T,P) = c_P \ln T - R\ln P + s_0,$$

$$(6.39):\ \frac{s_0 - c_P}{R} = j \quad \text{chemische Konstante},$$

$$(3.7):\ c_P/c_v = \kappa.$$

Der Vergleich mit (5) und (7) liefert für den Fall, daß (1) ein ideales Gas beschreibt:

$$\underline{\gamma = \kappa}, \quad \underline{K = R}, \quad \frac{K}{\gamma-1} + K(l+1) = s_0$$

$$(4):\ \underline{l} = \frac{s_0}{K} - 1 - \frac{1}{\gamma-1} = \frac{s_0 - \frac{\gamma K}{\gamma-1}}{K} = \frac{s_0 - c_P}{K} = \underline{j}.$$

Beispiel T10

Ein System habe folgende Eigenschaften: Bei einer konstanten Temperatur T_0 ist die von ihm durch Expansion von v_0 auf v geleitete reversible Arbeit

$$\bar{a} = RT_0 \ln\left(\frac{v}{v_0}\right).$$

Die Entropie ist gegeben durch

$$s = R(v_0/v)(T/T_0)^\alpha,$$

wobei v_0, T_0 und α gegebene Konstanten sind.

a) Man berechne die freie Energie f.
b) Man stelle die Zustandsgleichung $P = P(v, T)$ auf.
c) Man bestimme die bei einer beliebigen konstanten Temperatur T durch Expansion von v_0 auf v geleistete Arbeit.
d) Man berechne die spezifische Wärme c_v.
e) Man berechne $u(T, v)$.

Lösung:

a) $$s = R\frac{v_0}{v}\left(\frac{T}{T_0}\right)^\alpha = -\left(\frac{\partial f}{\partial T}\right)_v$$

$$f(v,T) = -\frac{Rv_0}{T_0^\alpha v}\int T^\alpha dT + k(v) = -R\frac{v_0}{v}\left(\frac{T}{T_0}\right)^\alpha \frac{T}{\alpha+1} + k(v) \qquad (1)$$

$$(3.56):\ -\bar{a} = a = \Delta f = f(T_0 v) - f(T_0 v_0),$$

$$-RT_0 \ln\left(\frac{v}{v_0}\right) = -\frac{T_0}{\alpha+1}R\frac{v_0}{v} + k(v) + \frac{T_0}{\alpha+1}R - k(v_0),$$

$$k(v) - k(v_0) = -RT_0\ln\left(\frac{v}{v_0}\right) + \frac{RT_0}{\alpha+1}\left(\frac{v_0}{v} - 1\right),$$

$$(1):\ \underline{f(T,v) - f(T_0 v_0)} = -R\frac{v_0}{v}\left(\frac{T}{T_0}\right)^\alpha \frac{T}{\alpha+1} + R\frac{T_0}{\alpha+1} + k(v) - k(v_0)$$

$$\underline{= -RT_0\ln\left(\frac{v}{v_0}\right) - \frac{RT_0}{\alpha+1}\frac{v_0}{v}\left[\left(\frac{T}{T_0}\right)^{\alpha+1} - 1\right],}$$

b) $$\underline{P = -\left(\frac{\partial f}{\partial v}\right)_T = \frac{RT_0}{v} - \frac{RT_0}{\alpha+1}\frac{v_0}{v^2}\left[\left(\frac{T}{T_0}\right)^{\alpha+1} - 1\right],}$$

c) $$a = f(T,v) - f(T,v_0) = -RT_0\ln\left(\frac{v}{v_0}\right) - \frac{RT_0}{\alpha+1}\frac{v}{v_0}\left[\left(\frac{T}{T_0}\right)^{\alpha+1} - 1\right] +$$

$$+\frac{RT_0}{\alpha+1}\left[\left(\frac{T}{T_0}\right)^{\alpha+1} - 1\right],$$

$$\underline{\bar{a} = -a = RT_0\ln\left(\frac{v}{v_0}\right) - \frac{RT_0(v - v_0)}{(\alpha+1)v}\left[\left(\frac{T}{T_0}\right)^{\alpha+1} - 1\right]}$$

d) $$\underline{c_v} = T\left(\frac{\partial s}{\partial T}\right)_v = TR\frac{v_0}{v}\left(\frac{T}{T_0}\right)^\alpha \frac{\alpha}{T} = \underline{\alpha R\frac{v_0}{v}\left(\frac{T}{T_0}\right)^\alpha = \alpha s}$$

e) $$f = u - Ts,$$

$$(2):\ u = f + Ts =$$

$$= -RT_0\ln\left(\frac{v}{v_0}\right) - \frac{RT_0}{\alpha+1}\frac{v_0}{v}\left[\left(\frac{T}{T_0}\right)^{\alpha+1} - 1\right] + f(T_0,v_0) + RT_0\frac{v_0}{v}\left(\frac{T}{T_0}\right)^{\alpha+1},$$

$$\underline{u(T,v) = +RT_0\left\{-\ln\left(\frac{v}{v_0}\right) + \frac{1}{\alpha+1}\frac{v_0}{v}\left[\left(\frac{T}{T_0}\right)^{\alpha+1}\alpha + 1\right]\right\} + f(T_0,v_0).}$$

Beispiel T11

Mit Hilfe des 2. HS ist zu zeigen, daß die thermodynamische Temperaturskala T durch Messung der Temperaturabhängigkeit (in irgend einer Skala ϑ) des Spannungskoeffizienten $\left(\frac{\partial P}{\partial \vartheta}\right)_V$ und des Verhältnisses $(\partial Q/\partial V)_\vartheta$ bestimmt werden kann. Gesucht: $T(\vartheta)$ in Kelvin. Definition der Kelvinskala: $T_S - T_G = 100$ K. (T_S Siedepunkt von H_2O, T_G Gefrierpunkt von H_2O).

Lösung:

Gegeben: $\left(\frac{\partial P}{\partial \vartheta}\right)_V, \left(\frac{\partial Q}{\partial V}\right)_\vartheta$

$$d'Q = dU + PdV = \left(\frac{\partial U}{\partial T}\right)_V dT + \left[\left(\frac{\partial U}{\partial V}\right)_T + P\right] dV$$

$$\rightarrow \left(\frac{\partial Q}{\partial V}\right)_T = \left(\frac{\partial U}{\partial V}\right)_T + P = T\left(\frac{\partial P}{\partial T}\right)_V, \quad \text{da} \tag{1}$$

$$\text{2. HS} \quad \left(\frac{\partial U}{\partial V}\right)_T = T\left(\frac{\partial P}{\partial T}\right)_V - P.$$

$$\left(\frac{\partial Q}{\partial V}\right)_\vartheta = \left(\frac{\partial Q}{\partial V}\right)_T, \quad \left(\frac{\partial P}{\partial T}\right)_V = \left(\frac{\partial P}{\partial \vartheta}\right)_V \frac{d\vartheta}{dT} \rightarrow$$

$$(1): \quad \left(\frac{\partial Q}{\partial V}\right)_\vartheta = T\left(\frac{\partial P}{\partial \vartheta}\right)_V \frac{d\vartheta}{dT} \rightarrow$$

$$\frac{dT}{T} = \frac{\left(\frac{\partial P}{\partial \vartheta}\right)_V}{\left(\frac{\partial Q}{\partial V}\right)_\vartheta} d\vartheta$$

$$\ln \frac{T}{T_0} = \int_{\vartheta_0}^{\vartheta} \frac{\left(\frac{\partial P}{\partial \vartheta}\right)_V}{\left(\frac{\partial Q}{\partial V}\right)_\vartheta} d\vartheta, \qquad T = T(\vartheta), \quad T_0 = T(\vartheta_0)$$

$$T(\vartheta) = T_0 \exp\left[\int_{\vartheta_0}^{\vartheta} \frac{\left(\frac{\partial P}{\partial \vartheta}\right)_V}{\left(\frac{\partial Q}{\partial V}\right)_\vartheta} d\vartheta\right] = T_G \exp\left[\int_{\vartheta_G}^{\vartheta} \frac{\left(\frac{\partial P}{\partial \vartheta}\right)_V}{\left(\frac{\partial Q}{\partial V}\right)_\vartheta} d\vartheta\right]$$

Definition der Kelvin-Einheit (alte Definition):
Gefrierpunkt von H_2O ... T_G ... ϑ_G
Siedepunkt von H_2O ... T_S ... ϑ_S.

$$100\,\mathrm{K} = T_S - T_G = T_G\left[\exp\left(\int_{\vartheta_G}^{\vartheta_S} \%\, d\vartheta\right) - 1\right]$$

$$T_G = 100 \cdot \left[\exp\left(\int_{\vartheta_G}^{\vartheta_S} \%\, d\vartheta\right) - 1\right]^{-1}$$

$$T(\vartheta) = \frac{100 \cdot \exp\left[\int_{\vartheta_G}^{\vartheta} \frac{\left(\frac{\partial P}{\partial \vartheta}\right)_V}{\left(\frac{\partial Q}{\partial V}\right)_\vartheta} d\vartheta\right]}{\exp\left[\int_{\vartheta_G}^{\vartheta_S} \frac{\left(\frac{\partial P}{\partial \vartheta}\right)_V}{\left(\frac{\partial Q}{\partial V}\right)_\vartheta} d\vartheta\right] - 1} \quad \text{Kelvin.}$$

Beispiel T12

a) Man berechne allgemein die Entropie $S(T, V)$ der Strahlung ausgehend von $P(T) = \frac{1}{3}\frac{U}{V}$ und $U(T, V) = a\,V\,T^4$ (a = positive Konstante).

b) Wie groß ist die adiabatische Kompressibilität der Strahlung?

Im Teilvolumen V_1 eines Strahlungsholraumes $V' = V_1 + V_2$ befindet sich Strahlung mit der Temperatur T_1, während V_2 strahlungsfrei ist. Durch ein Loch in der Trennwand läßt man die Strahlung plötzlich ins Volumen V_2 eintreten (siehe Gay-Lussac-Versuch). Das gesamte System ist abgeschlossen. Man berechne die Änderung

c) des Strahlungsdruckes

d) der Enthalpie und

e) der Entropie. Ist der Prozeß irreversibel?

Lösung:

a) $$U(T, V) = a\,V\,T^4, \quad P = \frac{1}{3}\frac{U}{V} = \frac{a}{3}T^4 \quad (a = \text{Konstante}) \tag{1}$$

$$dS = \frac{1}{T}(dU + P dV) = 4\,aVT^2 dT + \frac{4}{3}aT^3 dV, \quad \text{da} \tag{1'}$$

$$dU = 4\,aVT^3 dT + aT^4 dV.$$

Die Integrabilitätsbedingung ist erfüllt:

$$\frac{\partial^2 S}{\partial V \partial T} = \left[\frac{\partial}{\partial V}(4\,aVT^2)\right]_T = 4aT^2$$

$$\frac{\partial^2 S}{\partial T \partial V} = \left[\frac{\partial}{\partial T}\left(\frac{4}{3}\,aT^3\right)\right]_V = 4aT^2$$

(1′): $S(T, V) = \frac{4}{3}\,aVT^3 + C$ (C Konstante)

3. HS $S(T = 0, V) = 0 \rightarrow C = 0$

$$\underline{S(T, V) = \frac{4}{3}\,aVT^3.} \qquad (2)$$

b) $\kappa_S = -\frac{1}{V}\left(\frac{\partial V}{\partial P}\right)_S$

(1): $T = \left(\frac{3P}{a}\right)^{1/4}$

(2): $S(P, V) = \frac{4}{3}\,aV\left(\frac{3P}{a}\right)^{3/4} \quad \Big|\cdot\left(\frac{\partial}{\partial P}\right)_S$

$$\rightarrow 0 = \frac{4}{3}\,a\left(\frac{3P}{a}\right)^{3/4}\left(\frac{\partial V}{\partial P}\right)_S + 3V\left(\frac{3P}{a}\right)^{-1/4}$$

$$\underline{\left(\frac{\partial V}{\partial P}\right)_S = -\frac{3}{4}\frac{V}{P} \rightarrow}$$

$$\underline{\kappa_S = \frac{3}{4}\frac{1}{P}.}$$

c) System abgeschlossen: $A = 0, Q = 0$

$\Delta U = A + Q = 0 \rightarrow U_1 = U_2 \rightarrow$

$V' = V_1 + V_2$

$$\underline{\Delta P} = P_2 - P_1 = \frac{U_1}{3}\left(\frac{1}{V'} - \frac{1}{V_1}\right) = \underline{\frac{aT_1^4}{3}\left(\frac{V_1}{V'} - 1\right) < 0,}$$

d) $\Delta I = I_2 - I_1 = \Delta U + \Delta(PV) = 0 + P_2V' - P_1V_1$

(1): $\underline{\Delta I} = \frac{U}{3}\left(\frac{V'}{V'} - \frac{V_1}{V_1}\right) = \underline{0}$

e) $(2)\colon \Delta S = S_2 - S_1 = \frac{4}{3}\, a\, (V' T_2^3 - V_1 T_1^3)$

$$U_2 = U_1 \rightarrow a V_1 T_1^4 = a V' T_2^4, \quad T_2 = \left(\frac{V_1}{V'}\right)^{1/4} T_1$$

$$\underline{\Delta S = \frac{4}{3}\, a V_1 T_1^3 \left[\left(\frac{V'}{V_1}\right)^{1/4} - 1\right]} > 0, \quad \text{da } \frac{V'}{V_1} > 1\text{: Der Prozeß ist irreversibel.}$$

Beispiel T13

Das System Wasser-Wasserdampf bei P = konst. enthält in der Gasphase eine geringe Beimischung von Luft (Konzentration $c \ll 1$). Um wieviel verschiebt sich die Siedetemperatur des Wassers? (Gegeben: T_0 Siedetemperatur bei $c = 0$, l_{12} Verdampfungswärme des Wassers.) Nimmt die Siedetemperatur zu oder ab? Man gehe vom Massenwirkungsgesetz für die Konzentrationen aus.

Lösung (Bild 42):

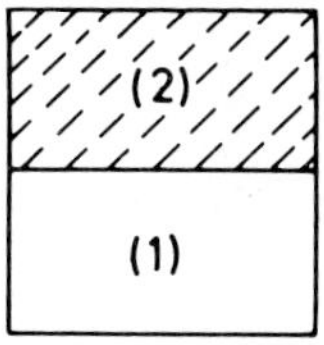

Bild 42

$$\ln K_c(P,T) = \sum_{k,i} \nu_k^{(i)} \ln c_k^{(i)} \tag{1}$$

i Phasen: flüssige Phase (1) (Einstoffsystem)
gasförmige Phase (2) (Zweistoffsystem)

k Stoffe: Wasser hat den Index 1
Luft hat den Index 2

$n_k^{(i)}$ Molzahl $\qquad$ $c_k^{(i)}$ Konzentration

$$\left.\begin{array}{ll} n_1^{(1)} \neq 0, & n_2^{(1)} = 0 \\ & \\ n_1^{(2)} \neq 0, & n_2^{(2)} \neq 0 \end{array}\right\} (2) \qquad \left.\begin{array}{ll} c_1^{(1)} = 1, & c_2^{(1)} = 0 \\ c_1^{(2)} = 1 - c_2^{(2)}, & c_2^{(2)} = c \\ c_1^{(2)} = 1 - c & \end{array}\right\} \tag{3}$$

Reaktiongleichungen (wegen Stofferhaltung gilt):

$$\left.\begin{array}{l} \delta n \;\; = \nu \delta a \\ \delta n_1 = \delta n_1^{(1)} + \delta n_1^{(2)} = 0 \rightarrow \nu_1^{(1)} = -\nu_1^{(2)} = 1 \\ \delta n_2 = \underbrace{\delta n_2^{(1)}}_{0} + \delta n_2^{(2)} = 0 \rightarrow \nu_2^{(1)} = \nu_2^{(2)} = 0 \end{array}\right\} \tag{4}$$

(2): the underbrace value 0 refers to (2).

$$(1)\colon \underline{\ln K_c(P,T)} = \underbrace{1 \ln c_1^{(1)}}_{0} - 1 \ln c_1^{(2)} = \underline{-\ln(1-c)} \tag{5}$$

Für $c = 0$ gilt: $T = T_0$, $\quad (5)\colon \ln K_c(P, T_0) = 0 \qquad (6)$

Reihenentwicklung von $\ln K_c(P,T)$ an der Stelle T_0:

$$-\ln(1-c) = \ln K_c(P,T) = \underbrace{\ln K_c(P,T)\Big|_{T=T_0}}_{(6):\,0} + \left(\frac{\partial \ln K_c}{\partial T}\right)_P\Big|_{T=T_0} (T-T_0) + \ldots$$

$$(6.46):\quad \left(\frac{\partial \ln K_c}{\partial T}\right)_P = \frac{1}{RT^2}\sum_{i,k} \nu_k^{(i)} i_k^{(i)}$$

$$\left(\frac{\partial \ln K_c}{\partial T}\right)_P\Big|_{T=T_0} = \frac{1}{RT_0^2}\left(i_1^{(1)} - i_1^{(2)}\right)_{T=T_0} = -\frac{l_{12}}{RT_0^2}$$

$i_1^{(2)} - i_1^{(1)} = l_{12}$ Verdampfungswärme des Wassers bei T_0

$\ln(1-x) \approx 0 - x + - \ldots$ für $x \ll 1$

$$-\ln(1-c) \approx c \approx -\frac{l_{12}}{RT_0^2}(T-T_0)$$

$$\underline{T - T_0 = -c\,\frac{RT_0^2}{l_{12}} < 0;}$$

Temperaturabnahme, da

$\underline{l_{12} > 0,\ c > 0.}$

Beispiel T14

Man gebe an, welche drei Bedingungen die Entropie eines physikalischen Systems (als Funktion von U, V, n) erfüllen muß. Man zeige damit, welche der Gleichungen a)–d) physikalische Systeme beschreiben. Bei den nichtphysikalischen Systemen ist anzugeben, welche der drei Entropie-Bedingungen verletzt sind. (a und b sind für jede Gleichung verschiedene positive Konstanten). Man beachte, daß $n > 0$, $V > 0$, $U \geqslant 0$ und $S \geqslant 0$ sind.

a) $S = a(nVU)^{1/3}$ b) $S = a(nU - bV^2)^{1/2}$

c) $S = a(nU/V)^{2/3}$ d) $S = aV^3(nU)^{-1}$

Lösung:

Bedingungen eines physikalischen Systems:

1. $S(\lambda U, \lambda V, \lambda n) = \lambda S(U,V,n)$ (1)

2. $\left(\frac{\partial S}{\partial U}\right)_{V,n} = \frac{1}{T} > 0$ (2)

3. $\underline{S\big|_{T=0} = 0.}$ (3)

a) $S = a(n\,V\,U)^{1/3}$

$\underline{S(\lambda U, \lambda V, \lambda n)} = a\lambda(nVU)^{1/3} \underline{= \lambda S}$

$$\underline{\frac{1}{T} = \left(\frac{\partial S}{\partial U}\right)_{V,n} = \frac{1}{3}\frac{S}{U} > 0}$$

$$T = \frac{3U}{S} = \frac{3U^{2/3}}{a[Vn]^{1/3}} = 0 \to U = 0$$

$\to \underline{S(T = 0) = S(U = 0) = 0}$

(1), (2), (3) sind erfüllt, daher beschreibt Gleichung a) ein physikalisches System.

b) $S = a[nU - bV^2]^{1/2}$, Voraussetzung: $nU \geqslant bV^2$, da sonst S imaginär.

$\underline{S(\lambda U, \lambda V, \lambda n)} = a\lambda[nU - bV^2]^{1/2} \underline{= \lambda S}$

$$\frac{1}{T} = \underline{\left(\frac{\partial S}{\partial U}\right)_{V,n}} = \frac{an}{2[nU - bV]^{1/2}} \underline{> 0}$$

$$T = \frac{2[nU - bV^2]^{1/2}}{an} = 0 \to U = \frac{bV^2}{n}$$

$$\to S(T = 0) = a\left[\frac{bV^2}{n}\,n - bV^2\right]^{1/2} = 0\,,$$

d.h., Gleichung b) beschreibt für $nU \geqslant bV^2$ ein physikalisches System.

c) $S = a\left[\frac{nU}{V}\right]^{2/3}$

$$\underline{S(\lambda U, \lambda V, \lambda n)} = a\left(\frac{\lambda n\,\lambda U}{\lambda V}\right)^{2/3} = a\,\lambda^{2/3}\,\frac{nU}{V} \underline{\neq \lambda S}$$

$$\underline{\frac{1}{T} = \left(\frac{\partial S}{\partial U}\right)_{V,n} = \frac{2}{3}\frac{S}{U} > 0}$$

$$T = \frac{3}{2}\cdot\frac{U}{S} = \frac{3}{2a}\left(\frac{V}{n}\right)^{2/3} U^{1/3} = 0 \to U = 0$$

$\to \underline{S(T = 0) = S(U = 0) = 0}$.

Die Bedingung (1) ist nicht erfüllt, daher beschreibt c) kein physikalisches System.

d) $$S = a\frac{V^3}{nU}$$

$$\underline{S(\lambda U, \lambda V, \lambda n)} = a\frac{\lambda^3 V^3}{\lambda n\,\lambda U} \underline{= \lambda S}$$

$$\underline{\frac{1}{T} = \left(\frac{\partial S}{\partial U}\right)_{V,n}} = -a\frac{V^3}{nU^2} \underline{= -\frac{S}{U} < 0}$$

$$T = -\frac{1}{a}\frac{nU^2}{V^3} = 0 \to U = 0$$

$$\underline{S(T=0) = S(U=0) = \infty} \quad .$$

Die Bedingungen (2) und (3) sind nicht erfüllt. d) ist kein physikalisches System.

Beispiel T15

Man berechne aus $U = \left(\frac{S}{a}\right)^{5/2}\frac{1}{nV^{1/2}}$ (a ist eine positive Konstante) die freie Enthalpie μ pro Mol als Funktion von P und T.

Lösung:

$$U = \left(\frac{S}{a}\right)^{5/2}\frac{1}{nV^{1/2}} = a^{-5/2} S^{5/2} V^{-1/2} n^{-1}$$

$$dU = T\,dS - P\,dV + \mu\,dn$$

$$T = \left(\frac{\partial U}{\partial S}\right)_{V,n} = \frac{5}{2} a^{-5/2} S^{3/2} V^{-1/2} n^{-1} = \frac{5}{2}\frac{U}{S}$$

$$P = -\left(\frac{\partial U}{\partial V}\right)_{S,n} = \frac{1}{2} a^{-5/2} S^{5/2} V^{-3/2} n^{-1} = \frac{1}{2}\frac{U}{V}$$

$$\mu = \left(\frac{\partial U}{\partial n}\right)_{S,V} = -a^{-5/2} S^{5/2} V^{-1/2} n^{-2} = -\frac{U}{n}, \tag{1}$$

$$\to \frac{P}{\mu} = -\frac{1}{2} V^{-1} n \to \underline{n^{-1} = -\frac{1}{2}\frac{\mu}{P} V^{-1}} \to$$

$$T = -\frac{5}{4} a^{-5/2} \frac{\mu}{P} S^{3/2} V^{-3/2}$$

$$P = -\frac{1}{4} a^{-5/2} \frac{\mu}{P} S^{5/2} V^{-5/2}$$

$$\rightarrow T^{5/3} = \left(-\frac{5}{4}\right)^{5/3} a^{-25/6} \left(\frac{\mu}{P}\right)^{5/3} S^{5/2} V^{-5/2}$$

$$\frac{T^{5/3}}{P} = -4 \left(-\frac{5}{4}\right)^{5/3} a^{-5/3} \left(\frac{\mu}{P}\right)^{2/3} \Bigg|^{3} \rightarrow$$

$$\frac{T^5}{P^3} = (-4)^3 \left(-\frac{5}{4}\right)^5 a^{-5} \left(\frac{\mu}{P}\right)^2 = \left(\frac{5}{a}\right)^5 \frac{1}{(-4)^2} \left(\frac{\mu}{P}\right)^2$$

$$\rightarrow 1 = \left(\frac{5}{aT}\right)^5 \frac{\mu^2 P}{(-4)^2}$$

$$\mu(T, P) = (\overset{-}{+}) \left(\frac{aT}{5}\right)^{5/2} \frac{4}{P^{1/2}} .$$

Das positive Vorzeichen in (2) kommt nicht in Betracht, da μ wegen (1) negativ ist.

Beispiel T16

Gegeben ist: $S = a(nU)^{1/2} \exp[V^2/(n^2 b)]$ (a und b sind positive Konstanten).

Gesucht: $P = P(T, V, n)$ $S = S(T, V, n)$

$C_{V,n} = C_{V,n}(T, V, n)$ Wärmekapazität bei konst. V und n

$\beta_{V,n}(T, V, n) = \frac{1}{P}\left(\frac{\partial P}{\partial T}\right)_{V,n}$ isochorer Spannungskoeffizient.

Lösung:

$$S(U, V, n) = a[nU]^{1/2} e^{\frac{V^2}{n^2 b}}$$

$$\frac{1}{T} = \left(\frac{\partial S}{\partial U}\right)_{V,n} = \frac{1}{2}\frac{S}{U} = \frac{1}{2} a \left(\frac{n}{U}\right)^{1/2} e^{\frac{V^2}{n^2 b}} \tag{1}$$

$$\frac{P}{T} = \left(\frac{\partial S}{\partial V}\right)_{U,n} = S \frac{2V}{n^2 b} = 2a \left(\frac{U}{n^3}\right)^{1/2} \frac{V}{b} e^{\frac{V^2}{n^2 b}},$$

$$\rightarrow \frac{P}{T^2} = \frac{a^2}{b} \frac{V}{n} e^{\frac{2V^2}{n^2 b}}$$

$$P(T, V, n) = \frac{a^2}{b} T^2 \frac{V}{n} e^{\frac{2V^2}{n^2 b}}, \tag{2}$$

(1): $U = \frac{1}{2} ST \rightarrow$

$$S = a\left[n\frac{1}{2}ST\right]^{1/2} e^{\frac{V^2}{n^2 b}}$$

$$S^2 = a^2 n \frac{1}{2} ST\, e^{\frac{2V^2}{n^2 b}}$$

$$\underline{S = \frac{1}{2} a^2 Tn\, e^{\frac{2V^2}{n^2 b}}},$$

$$\underline{C_{V,n}} = T\left(\frac{\partial S}{\partial T}\right)_{V,n} = \underline{\frac{a^2}{2} Tn e^{\frac{2V^2}{n^2 b}}},$$

(2): $\underline{\beta_{V,n}} = \frac{1}{P}\left(\frac{\partial P}{\partial T}\right)_{V,n} = \frac{1}{P}\frac{2P}{T} = \underline{\frac{2}{T}}.$

Beispiel T17

Gegeben: $U = \frac{1}{a}\frac{S^3}{nV}$ (a ist eine positive Konstante)

Gesucht:

a) $T = T(S, V, n)$ $P = P(S, V, n)$ $\mu = \mu(S, V, n)$

b) Zeigen Sie, daß die Gibbs-Duhem-Beziehung $SdT - VdP + nd\mu = 0$ identisch erfüllt ist. (Man dürcke die Differentiale dT, dP, dμ durch die Differentiale dS, dV, dn aus und setze in die Beziehung ein).

c) Berechnen Sie $S = S(T, P, n)$.

d) Man berechne die Wärmekapazität $C_{P,n} = C_{P,n}(T, P, n)$.

e) Geben Sie $C_{P,n}$ als Funktion on S, V, n an.

Lösung:

$$\underline{U = \frac{1}{a}\frac{S^3}{nV}}$$

a) $$\underline{T} = \left(\frac{\partial U}{\partial S}\right)_{V,n} = \underline{\frac{3}{a}\frac{S^2}{nV}} \quad (1)$$

$$P = -\left(\frac{\partial U}{\partial V}\right)_{S,n} = \frac{1}{a}\frac{S^3}{nV^2} \quad (2)$$

$$\underline{\mu} = \left(\frac{\partial U}{\partial n}\right)_{S,V} = \underline{-\frac{1}{a}\frac{S^3}{n^2 V}},$$

b) $\underline{SdT - VdP + nd\mu = 0}$ Gibbs-Duhem-Beziehung (3)

$$dT = \frac{6S}{anV}\,dS - \frac{3S^2}{anV^2}\,dV - \frac{3S^2}{an^2V}\,dn$$

$$dP = \frac{3S^2}{anV^2}\,dS - \frac{2S^3}{anV^3}\,dV - \frac{S^3}{an^2V^2}\,dn$$

$$d\mu = -\frac{3S^2}{an^2V}\,dS + \frac{1}{a}\,\frac{S^3}{n^2V^2}\,dV + \frac{2}{a}\,\frac{S^3}{n^3V}\,dn$$

$$(3){:}\ dS\underbrace{\left[\frac{6S^2}{anV} - \frac{3S^2}{anV} - \frac{3S^2}{anV}\right]}_{0} + dV\underbrace{\left[-\frac{3S^3}{anV^2} + \frac{2S^3}{anV^2} + \frac{S^3}{anV^2}\right]}_{0} +$$

$$+ dn\underbrace{\left[-\frac{3S^3}{an^2V} + \frac{S^3}{an^2V} + \frac{2S^3}{an^2V}\right]}_{0} \equiv 0,$$

c) $(1){:}\ S^2 = \dfrac{aTnV}{3}$

$(2){:}\ V^2 = \dfrac{S^3}{anP}$

$$\to S^4 = \frac{a^2T^2n^2}{3^2}\,V^2 = \frac{a^2T^2n^2}{3^2}\,\frac{S^3}{anP}$$

$$\underline{S(T,P,n) = \frac{a}{3^2}\,\frac{T^2n}{P}}\,, \qquad (4)$$

d) $\underline{C_{P,n}(T,P,n)} = T\left(\dfrac{\partial S}{\partial T}\right)_{P,n} = T\,\dfrac{2aTn}{3^2P} = \underline{2\,\dfrac{aT^2n}{3^2P}}$

e) $(4){:}\ \underline{C_{P,n} = 2S}.$

Beispiel T18

Gegeben: $U = a(S^2/V)\exp[S/(nR)]$ (a, R sind positive Konstanten)

Gesucht:

a) $T(S,n,V)$, $P(S,V,n)$, $\mu(S,V,n)$

b) $I = I(S,P,n)$

c) Die adiabatische Kompressibilität $\kappa_{S,n} := -\dfrac{1}{V}\left(\dfrac{\partial V}{\partial P}\right)_{S,n}$ als Funktion von S, V und n.

d) $\kappa_{S,n}$ als Funktion von S, P, n.

Lösung:

$$U = a\,\frac{S^2}{V}\exp\left(\frac{S}{nR}\right) \tag{1}$$

a) $$\underline{T(S,V,n)} = \left(\frac{\partial U}{\partial S}\right)_{V,n} \underline{= 2a\,\frac{S}{V}\exp\left(\frac{S}{nR}\right) + a\,\frac{S^2}{VnR}\exp\left(\frac{S}{nR}\right)}$$

$$\underline{P(S,V,n)} = -\left(\frac{\partial U}{\partial V}\right)_{S,n} \underline{= a\,\frac{S^2}{V^2}\exp\left(\frac{S}{nR}\right)} \tag{2}$$

$$\underline{\mu(S,V,n)} = \left(\frac{\partial U}{\partial n}\right)_{S,V} \underline{= -a\,\frac{S^3}{Vn^2R}\exp\left(\frac{S}{nR}\right)},$$

b) $I(S,P,n)$

$$(2):\; I = U + PV = 2a\,\frac{S^2}{V}\exp\left(\frac{S}{nR}\right) = 2U$$

$$(2):\; V^2 = \frac{aS^2}{P}\exp\left(\frac{S}{nR}\right)$$

$$I(S,P,n) = 2aS^2\,\frac{P^{1/2}}{a^{1/2}S}\exp\left(\frac{S}{2nR}\right)$$

$$\underline{I(S,P,n) = 2\sqrt{aP}\,S\exp\left(\frac{S}{2nR}\right)},$$

c) $$\kappa_{S,n} = -\frac{1}{V}\left(\frac{\partial V}{\partial P}\right)_{S,n}$$

$$(2):\; \left(\frac{\partial P}{\partial V}\right)_{S,n} = -2a\,\frac{S^2}{V^3}\exp\left(\frac{S}{nR}\right) = -\frac{2P}{V}$$

$$\underline{\kappa_{S,n}(S,V,n) = \frac{V^2}{2aS^2}\exp\left(-\frac{S}{nR}\right)},$$

d) $$(2):\; \underline{\kappa_{S,n}(S,P,n) = \frac{1}{2P}}.$$

Beispiel T19

a) Berechnen Sie allgemein für ein Mol eines beliebigen Gases (geg.: $v = v(T, P)$ und $c_v = c_v(T, V)$) die Abkühlung dT bei einer isentropen Expansion um dP.

b) Wie groß ist dabei d′a, durch dP ausgedrückt?

c) Berechnen Sie auch die endliche Temperaturänderung ΔT eines idealen Gases bei isentroper Expansion von P_1 auf $P_2 (P_2 < P_1)$.

d) Wie groß ist Δa im Fall c) als Funktion der Anfangswerte T_1, P_1 und des Enddruckes P_2? Ist Δa größer oder kleiner als Null?

Lösung:

a) $$\kappa := \frac{c_P}{c_v} = \left(\frac{\partial v}{\partial P}\right)_T \left(\frac{\partial P}{\partial v}\right)_s$$ Differentialgleichung der Adiabate (siehe (3.41)),

$$dv = \frac{c_v}{c_P}\left(\frac{\partial v}{\partial P}\right)_T dP$$ (bei ds = 0), (1)

$$dv = \left(\frac{\partial v}{\partial T}\right)_P dT + \left(\frac{\partial v}{\partial P}\right)_T dP$$ (allgemein) →

(1): $$\left(\frac{\partial v}{\partial T}\right)_P dT = \left(\frac{\partial v}{\partial P}\right)_T \frac{c_v - c_P}{c_P} dP$$

(3.29): $$\underline{c_P - c_v = T\left(\frac{\partial v}{\partial T}\right)_P \left(\frac{\partial P}{\partial T}\right)_v}$$

$$\left(\frac{\partial v}{\partial T}\right)_P dT = -\frac{1}{c_P}\left(\frac{\partial v}{\partial P}\right)_T T \left(\frac{\partial v}{\partial T}\right)_P \left(\frac{\partial P}{\partial T}\right)_v dP$$

(2.16): $$\underline{dT = \frac{1}{c_P} T \left(\frac{\partial v}{\partial T}\right)_P dP,}$$

b) (1): $$\underline{d'a = -Pdv = -P\frac{c_v}{c_P}\left(\frac{\partial v}{\partial P}\right)_T dP,}$$

c) ideales Gas $Pv = RT$, $c_v = \text{konst.}$

$$c_P = c_v + R, \qquad \kappa := \frac{c_P}{c_v} = \text{konst}' > 1,$$

$$dT = \frac{1}{c_P} T \frac{R}{P} dP, \text{ da } \left(\frac{\partial v}{\partial T}\right)_P = \frac{R}{P}$$

$$\rightarrow \frac{dT}{T} = \frac{R}{c_P}\frac{dP}{P} \rightarrow \ln\frac{T}{T_1} = \frac{R}{c_P}\ln\frac{P}{P_1}$$

$$\frac{T}{T_1} = \left(\frac{P}{P_1}\right)^{R/c_P} \ldots (2); \quad \frac{R}{c_P} = \frac{c_P - c_v}{c_P} = \frac{\kappa - 1}{\kappa} > 0 \qquad (3)$$

$$\underline{\Delta T} = T_2 - T_1 = \underline{T_1\left[\underbrace{\left(\frac{P_2}{P_1}\right)^{\frac{\kappa-1}{\kappa}}}_{<1,\text{ wegen (3) und } P_2 < P_1,} - 1\right]} < 0, \quad \text{es tritt Abkühlung ein.}$$

d) $$d'a = +P\frac{1}{\kappa}\frac{RT}{P^2}dP, \quad \text{da } \left(\frac{\partial v}{\partial P}\right)_T = -\frac{RT}{P^2},$$

$$(2)\text{: } d'a = \frac{R}{\kappa}\frac{T_1}{P_1^{R/c_P}} P^{(R - c_P)/c_P}\, dP$$

$$a = \frac{R}{\kappa}\frac{T_1}{P_1^{R/c_P}}\frac{c_P}{R}\left(P^{R/c_P}\right)_{P_1}^{P_2}$$

$$\underline{a = c_v T_1\left[\underbrace{\left(\frac{P_2}{P_1}\right)^{R/c_P}}_{<1} - 1\right]} < 0, \quad \text{das Gas gibt Arbeit ab.}$$

Beispiel T20

a) Zeigen Sie, daß aus $\alpha = \frac{1}{V}\left(\frac{\partial V}{\partial T}\right)_P = \frac{1}{T}$ folgt: $\left(\frac{\partial C_P}{\partial P}\right)_T = 0.$

Man leite außerdem folgende Beziehungen ab:

b) $\left(\frac{\partial G}{\partial S}\right)_{P,n} = -\frac{ST}{C_P}$ c) $\left(\frac{\partial G}{\partial P}\right)_{S,n} = -S\left(\frac{\partial V}{\partial S}\right)_{P,n} + V$

d) $\left(\frac{\partial F}{\partial V}\right)_{S,n} = S\left(\frac{\partial P}{\partial S}\right)_{V,n} - P$ e) $\left(\frac{\partial \Omega}{\partial V}\right)_{S,\mu} = S\left(\frac{\partial P}{\partial S}\right)_{V,\mu} - P.$

Lösung:

a) $$\alpha = \frac{1}{V}\left(\frac{\partial V}{\partial T}\right)_P = \frac{1}{T} \qquad (1)$$

$$(3.26): \left(\frac{\partial C_P}{\partial P}\right)_T = -T\left(\frac{\partial^2 V}{\partial T^2}\right)_P$$

$$(1): \left(\frac{\partial V}{\partial T}\right)_P = \frac{V}{T} \rightarrow \left(\frac{\partial^2 V}{\partial T^2}\right)_P = -\frac{V}{T^2} + \frac{1}{T}\underbrace{\left(\frac{\partial V}{\partial T}\right)_P}_{\frac{V}{T}} = 0$$

$$\rightarrow \underline{\left(\frac{\partial C_P}{\partial P}\right)_T = 0.}$$

b) $dG = -SdT + VdP + \mu dn$ (siehe (3.73))

$G(T, P, n)$

$$\underline{\left(\frac{\partial G}{\partial S}\right)_{P,n}} = \underbrace{\left(\frac{\partial G}{\partial T}\right)_{P,n}}_{-S}\left(\frac{\partial T}{\partial S}\right)_{P,n} = \underline{-\frac{ST}{C_{P,n}}}, \quad \text{da (3.28): } \left(\frac{\partial S}{\partial T}\right)_{P,n} = \frac{1}{T}C_{P,n}.$$

c) $$\left(\frac{\partial G}{\partial P}\right)_{S,n} = \underbrace{\left(\frac{\partial G}{\partial P}\right)_{T,n}}_{V}\underbrace{\left(\frac{\partial P}{\partial P}\right)_{S,n}}_{1} + \underbrace{\left(\frac{\partial G}{\partial T}\right)_{P,n}}_{-S}\left(\frac{\partial T}{\partial P}\right)_{S,n} + \left(\frac{\partial G}{\partial n}\right)_{T,P}\underbrace{\left(\frac{\partial n}{\partial P}\right)_{S,n}}_{0},$$

$dI = TdS + VdP + \mu dn$

$$T = \left(\frac{\partial I}{\partial S}\right)_{P,n}; \quad V = \left(\frac{\partial I}{\partial P}\right)_{S,n} \qquad \text{(siehe (3.74))}$$

$$\rightarrow \underline{\left(\frac{\partial T}{\partial P}\right)_{S,n}} = \frac{\partial^2 I}{\partial P\,\partial S} = \underline{\left(\frac{\partial V}{\partial S}\right)_{P,n}} \rightarrow$$

$$(2): \underline{\left(\frac{\partial G}{\partial P}\right)_{S,n}} = -S\left(\frac{\partial T}{\partial P}\right)_{S,n} + V = \underline{-S\left(\frac{\partial V}{\partial S}\right)_{P,n} + V.}$$

d) $dF = -SdT - PdV + \mu dn$

$$\left(\frac{\partial F}{\partial V}\right)_{S,n} = \underbrace{\left(\frac{\partial F}{\partial T}\right)_{V,n}}_{-S} \left(\frac{\partial T}{\partial V}\right)_{S,n} + \underbrace{\left(\frac{\partial F}{\partial V}\right)_{T,n}}_{-P} \underbrace{\left(\frac{\partial V}{\partial V}\right)_{S,n}}_{1} + \left(\frac{\partial F}{\partial n}\right)_{T,V} \underbrace{\left(\frac{\partial n}{\partial V}\right)_{S,n}}_{0}$$

$$T = \left(\frac{\partial U}{\partial S}\right)_{V,n} ; P = -\left(\frac{\partial U}{\partial V}\right)_{S,n} \rightarrow \left(\frac{\partial T}{\partial V}\right)_{S,n} = -\left(\frac{\partial P}{\partial S}\right)_{V,n} \rightarrow$$

$$\underline{\left(\frac{\partial F}{\partial V}\right)_{S,n}} = -S\left(\frac{\partial T}{\partial V}\right)_{S,n} - P = \underline{S\left(\frac{\partial P}{\partial S}\right)_{V,n} - P}.$$

e) $d\Omega = -SdT - PdV - nd\mu$

$$\left(\frac{\partial \Omega}{\partial V}\right)_{S,\mu} = \underbrace{\left(\frac{\partial \Omega}{\partial T}\right)_{V,\mu}}_{-S} \left(\frac{\partial T}{\partial V}\right)_{S,\mu} + \underbrace{\left(\frac{\partial \Omega}{\partial V}\right)_{T,\mu}}_{-P} \underbrace{\left(\frac{\partial V}{\partial V}\right)_{S,\mu}}_{1} + \left(\frac{\partial \Omega}{\partial \mu}\right)_{T,V} \underbrace{\left(\frac{\partial \mu}{\partial V}\right)_{S,\mu}}_{0},$$

$$dU^{[n]} := TdS - PdV - nd\mu,$$

$$T = \left(\frac{\partial U^{[n]}}{\partial S}\right)_{V,\mu}, \quad -P = \left(\frac{\partial U^{[n]}}{\partial V}\right)_{S,\mu}$$

$$\left(\frac{\partial T}{\partial V}\right)_{S,\mu} = -\left(\frac{\partial P}{\partial S}\right)_{V,\mu},$$

$$\underline{\left(\frac{\partial \Omega}{\partial V}\right)_{S,\mu}} = -S\left(\frac{\partial T}{\partial V}\right)_{S,\mu} - P = \underline{S\left(\frac{\partial P}{\partial S}\right)_{V,\mu} - P}.$$

Beispiel T21

Es ist ein System gegeben, dessen Zustand durch Angabe der Zustandsvariablen T, V, n eindeutig bestimmt ist. Es sind folgende Beziehungen für die Wärmekapazität reversibler Prozesse abzuleiten:

a) $C_{I,n} = -V\left(\frac{\partial P}{\partial T}\right)_{I,n}$, b) $C_{S,n} = 0$,

c) $C_{T,n} = \infty$, d) $C_{\mu,V} = \left(\frac{\partial (U-G)}{\partial T}\right)_{\mu,V}$.

Man zeige weiterhin mit $S^{[U,V]} := -\frac{G}{T}$, daß

e) $\left(\frac{\partial S^{[U,V]}}{\partial T}\right)_{P,n} = \frac{I}{T^2}$, f) $\left(\frac{\partial S^{[U,V]}}{\partial (1/T)}\right)_{P/T,n} = -U$.

g) Zeigen Sie, daß $\beta_{G,n} = \frac{1}{P}\left(\frac{\partial P}{\partial T}\right)_{G,n} = \frac{S}{PV}$.

Lösung:

a) $$C_{I,n} := T\left(\frac{\partial S}{\partial T}\right)_{I,n}$$

$$dS = \frac{dU + PdV - \mu dn}{T} = \frac{dI - VdP - \mu dn}{T}$$

$$\left(\frac{\partial S}{\partial T}\right)_{I,n} = \left(\frac{\partial S}{\partial P}\right)_{I,n}\left(\frac{\partial P}{\partial T}\right)_{I,n} = -\frac{V}{T}\left(\frac{\partial P}{\partial T}\right)_{I,n}, \text{ da } \left(\frac{\partial S}{\partial P}\right)_{I,n} = -\frac{V}{T},$$

$$\underline{C_{I,n}} = -T\frac{V}{T}\left(\frac{\partial P}{\partial T}\right)_{I,n} = \underline{-V\left(\frac{\partial P}{\partial T}\right)_{I,n}}.$$

b) $$\underline{C_{S,n}} = T\left(\frac{\partial S}{\partial T}\right)_{S,n} \underline{= 0},$$

c) $$\underline{C_{T,n}} = T\left(\frac{\partial S}{\partial T}\right)_{T,n} = T\frac{1}{0} \underline{= \infty}, \quad \text{für } T \neq 0, \quad \text{da } \left(\frac{\partial T}{\partial S}\right)_{T,n} = 0,$$

d) $$C_{\mu,V} = T\left(\frac{\partial S}{\partial T}\right)_{\mu,V}$$

$$dS = \frac{dU + PdV - \mu dn}{T} = \frac{d\overbrace{(U - \mu n)}^{U-G} + PdV + nd\mu}{T}$$

$$\left(\frac{\partial S}{\partial T}\right)_{\mu,V} = \frac{1}{T}\left(\frac{\partial (U-G)}{\partial T}\right)_{\mu,V}$$

$$\underline{C_{\mu,V} = \left(\frac{\partial (U-G)}{\partial T}\right)_{\mu,V}}$$

e) $$\underline{\left(\frac{\partial S^{[U,V]}}{\partial T}\right)_{P,n}} = -\left(\frac{\partial\left(\frac{G}{T}\right)}{\partial T}\right)_{P,n} = +\frac{G}{T^2} - \frac{1}{T}\left(\frac{\partial G}{\partial T}\right)_{P,n} = \underline{\frac{G+TS}{T^2} = \frac{I}{T^2}},$$

$$\text{da } \left(\frac{\partial G}{\partial T}\right)_{P,n} = -S$$

f) $\alpha = \frac{1}{T},\ \beta = \frac{P}{T},\ T = \frac{1}{\alpha},\ P = \frac{\beta}{\alpha},$

$$\left(\frac{\partial S^{[U,V]}}{\left(\partial \frac{1}{T}\right)}\right)_{\frac{P}{T},n} = -\left(\frac{\partial(\alpha G)}{\partial \alpha}\right)_{\beta,n} = -G - \alpha\left(\frac{\partial G}{\partial \alpha}\right)_{\beta,n},$$

$$\left(\frac{\partial G}{\partial \alpha}\right)_{\beta,n} = \underbrace{\left(\frac{\partial G}{\partial T}\right)_{P,n}}_{-S}\underbrace{\left(\frac{\partial T}{\partial \alpha}\right)_{\beta,n}}_{\underbrace{\left(-\frac{1}{\alpha^2}\right)}_{-T^2}} + \underbrace{\left(\frac{\partial G}{\partial P}\right)_{T,n}}_{V}\underbrace{\left(\frac{\partial P}{\partial \alpha}\right)_{\beta,n}}_{\underbrace{\left(-\frac{\beta}{\alpha^2}\right)}_{-TP}}$$

$$\underline{\left(\frac{\partial S^{[U,V]}}{\partial \frac{1}{T}}\right)_{\frac{P}{T},n}} = -G - \frac{1}{T}(ST^2 - TPV) = \underline{-U}.$$
$$\underbrace{\qquad\qquad}_{-TS+PV}$$

g) $dU = TdS - PdV + \mu dn, \quad G = U - TS + PV,$

$dG = -SdT + VdP + \mu dn,$

$$dP = \frac{dG + SdT - \mu dn}{V}$$

$$\left(\frac{\partial P}{\partial T}\right)_{G,n} = \frac{S}{V}$$

$$\underline{\beta_{G,n}} = \frac{1}{P}\left(\frac{\partial P}{\partial T}\right)_{G,n} = \underline{\frac{S}{PV}}.$$

Beispiel T22

Gegeben ist eine paramagnetische Substanz im homogenen Magnetfeld $\vec{H}$ mit der inneren Energie $U = naT^4$ (a Konstante) und der Gesamtmagnetisierung $\vec{M} = \frac{nD}{T}\vec{H}$. D ist die Curiekonstante. Die an der Substanz verrichtete differentielle Magnetisierungsarbeit ist $\vec{H} \cdot d\vec{M}$. Eine andere Arbeit trete nicht auf (V = konst.). Es gilt also $d'A = \vec{H} \cdot d\vec{M}$. ($\vec{m}$ Magnetisierung pro Volumeneinheit, $\vec{M} = \vec{m}\,V$ Magnetisierung der gesamten Substanz, $\vec{H}$ ist analog P, $d\vec{M}$ ist analog $-dV$).

Man berechne

a) $S(T, \vec{M}, n)$, $S(T, \vec{H}, n)$ und

b) das magnetische chemische Potential

$$\mu_m(T, \vec{H}) := \frac{1}{n}(U - TS - \vec{H} \cdot \vec{M}).$$

c) Berechnen Sie die isotherme Magnetisierungswärme bei T_1, wenn das Feld von 0 auf $\vec{H}_1$ zunimmt.

d) Wie ändert sich die Temperatur, wenn anschließend das Feld adiabatisch (reversibel) von $\vec{H}_1$ auf 0 gesenkt wird (adiabatische Entmagnetisierung).

Lösung:

a) bei konstantem n:

$$dU = d'Q + d'A = TdS + \vec{H}\cdot d\vec{M}, \quad \vec{H} = \frac{T\vec{M}}{nD},$$

$$dS = \frac{dU - \vec{H}\cdot d\vec{M}}{T} = 4anT^2\,dT - \frac{\vec{M}}{nD}\cdot d\vec{M} \tag{1}$$

$$\underline{S = \frac{4}{3}\,anT^3 - \frac{M^2}{2nD} + ns_0 = \frac{4}{3}\,anT^3 - \frac{nD}{2}\left(\frac{H}{T}\right)^2 + ns_0} \tag{2}$$

$$s = \frac{S}{n}, \quad s_0 := s(T = 0, M = 0)$$

b) bei variablem n:

$$dU = TdS + \vec{H}\cdot d\vec{M} + \mu_m dn$$

$$U(\lambda S, \lambda\vec{M}, \lambda n) = \lambda U(S, \vec{M}, n) \rightarrow$$

Eulerscher Satz: $U = TS + \vec{H}\cdot\vec{M} + \mu_m n$

$$\mu_m = \frac{1}{n}(U - TS - \vec{H}\cdot\vec{M}) = aT^4 - \frac{4}{3}\,aT^4 + \frac{DH^2}{2T} - Ts_0 - \frac{DH^2}{T}$$

$$\underline{\mu_m(T, \vec{H}) = -\frac{1}{3}\,aT^4 - \frac{DH^2}{2T} - Ts_0\,.}$$

c) $d'Q = TdS$

Isotherme T_1 = konst., $dT = 0$, (1): $d'Q = T_1\left(-\frac{\vec{H}}{T_1}\cdot d\vec{M}\right) = -\vec{H}\cdot d\vec{M}$,

$$\underline{Q} = -\int_0^{\vec{H}_1} \vec{H}\cdot d\left(\frac{nD\vec{H}}{T_1}\right) = \underline{-\frac{nD}{2T_1}\,H_1^2}.$$

Von der paramagnetischen Substanz wird die Wärme $\bar{Q} = -Q = \frac{nD}{2T_1}\,H_1^2$ abgegeben.

d) $dS = 0$ Anfangszustand 1: $\vec{H}_1, T_1$
Endzustand 2: $\vec{H}_2 = 0, T_2$

$$(2)\!: 0 = S_2 - S_1 = \frac{4}{3}\,anT_2^3 - \frac{4}{3}\,anT_1^3 + \frac{nD}{2}\left(\frac{H_1}{T_1}\right)^2,$$

$T_2^3 = T_1^3 - \frac{3D}{8a}\left(\frac{H_1}{T_1}\right)^2$, die Temperatur nimmt ab, da $\frac{D}{a} > 0$.

Beispiel T23

Gegeben ist ein ideales paramagnetisches Gas im homogenen Magnetfeld mit den Zustandsgleichungen

$$P = \frac{nRT}{V}, \quad \vec{H} = T\vec{M}/(nD)$$

(H Absolutbetrag des Magnetfeldes, n Molzahl, D Curiekonstante; $\vec{B} = \vec{H} + 4\pi\vec{m}$, $\vec{m}$ Magnetisierung pro Volumseinheit, $\vec{M} = \vec{m}V$ Magnetisierung des Gesamtvolumens V; alles im Gauss'schen CGS-System) und der Wärmekapazität bei konstantem V und $\vec{M}$ $C_{V\vec{M}} = \frac{3}{2}nR$. Das Differential der inneren Energie lautet dann

$$dU = TdS - PdV + \vec{H}\cdot d\vec{M} + \mu dn \quad \text{(bei konstanter Molzahl ist } dn = 0).$$

Gesucht:
a) $S(T, V, \vec{M})$
b) $U(T, V, \vec{M})$
c) Wärmekapazität bei konst. P und M $C_{P,\vec{M}}$
d) Wärmekapazität bei konst. P und H $C_{P,\vec{H}}$
e) Wärmekapazität bei konst. V und H $C_{V,\vec{H}}$

Lösung:

$$P = \frac{nRT}{V} \quad (1), \qquad \vec{H} = \frac{T\vec{M}}{nD} \quad (2), \qquad C_{V,\vec{M}} = \frac{3}{2}nR \tag{3}$$

$$dU = TdS - PdV + \vec{H}\cdot d\vec{M}.$$

Allgemein gilt:

$$dU = TdS + \xi dX + \sum_i \xi_i dX_i,$$

mit dem 2. HS folgt daraus:

$$\left(\frac{\partial U}{\partial T}\right)_{X,X_i} = C_{X,X_i}, \quad \left(\frac{\partial U}{\partial X}\right)_{T,X_i} = \xi - T\left(\frac{\partial \xi}{\partial T}\right)_{X,X_i}, \tag{4}$$

$$\left(\frac{\partial S}{\partial T}\right)_{X,X_i} = \frac{C_{X,X_i}}{T}, \quad \left(\frac{\partial S}{\partial X}\right)_{T,X_i} = -\left(\frac{\partial \xi}{\partial T}\right)_{X,X_i}, \tag{5}$$

a) (5): $\left(\frac{\partial S}{\partial T}\right)_{V,\vec{M}} = \frac{3}{2}\frac{nR}{T} \rightarrow S(T, V, \vec{M}) - S(T_0, V, \vec{M}) = \frac{3}{2}nR\ln\frac{T}{T_0}$

$$\left(\frac{\partial S}{\partial V}\right)_{T,\vec{M}} = \left(\frac{\partial P}{\partial T}\right)_{V,\vec{M}} = \frac{nR}{V} \rightarrow S(T_0, V, \vec{M}) - S(T_0, V_0, \vec{M}) = nR\ln\frac{V}{V_0}$$

$$\left(\frac{\partial S}{\partial \vec{M}}\right)_{T,V} = -\left(\frac{\partial \vec{H}}{\partial T}\right)_{\vec{M},V} = -\frac{\vec{M}}{nD} \rightarrow S(T_0, V_0, \vec{M}) - S(T_0, V_0, \vec{M} = 0) = -\frac{M^2}{2nD}$$

dabei bedeutet

$$\frac{\partial}{\partial \vec{M}} := \nabla_{\vec{M}} := \left(\frac{\partial}{\partial M_x}, \frac{\partial}{\partial M_y}, \frac{\partial}{\partial M_z}\right)$$

$$\rightarrow \underline{S(T, V, \vec{M}) = nR \ln\left[\frac{V}{V_0}\left(\frac{T}{T_0}\right)^{3/2}\right] - \frac{M^2}{2nD} + S(T_0, V_0, \vec{M} = 0),}$$

b) (4): $\left(\frac{\partial U}{\partial T}\right)_{V, \vec{M}} = C_{V, \vec{M}} = \frac{3}{2} nR$

$$\left(\frac{\partial U}{\partial V}\right)_{T, \vec{M}} = T\left(\frac{\partial P}{\partial T}\right)_{V, \vec{M}} - P = 0$$

$$\left(\frac{\partial U}{\partial \vec{M}}\right)_{T, V} = \vec{H} - T\left(\frac{\partial \vec{H}}{\partial T}\right)_{V, \vec{M}} = \vec{H} - T\frac{\vec{M}}{nD} = 0 \rightarrow$$

$$\underline{U(T, V, \vec{M}) = U(T) = \frac{3}{2} nR(T - T_0) + U(T_0),}$$

c) $TdS = dU + PdV - \vec{H} \cdot d\vec{M}$

$$TdS = \left(\frac{\partial U}{\partial T}\right)_{V, \vec{M}} dT + \underbrace{\left(\frac{\partial U}{\partial V}\right)_{T, \vec{M}}}_{0} dV + \underbrace{\left(\frac{\partial U}{\partial \vec{M}}\right)_{T, V}}_{0} \cdot d\vec{M} +$$

$$+ P \underbrace{\left[\left(\frac{\partial V}{\partial T}\right)_{P, \vec{H}} dT + \left(\frac{\partial V}{\partial P}\right)_{T, \vec{H}} dP + \left(\frac{\partial V}{\partial \vec{H}}\right)_{T, P} \cdot d\vec{H}\right]}_{dV}$$

$$- \vec{H} \cdot \underbrace{\left[\left(\frac{\partial \vec{M}}{\partial T}\right)_{P, \vec{H}} dT + \left(\frac{\partial \vec{M}}{\partial P}\right)_{T, \vec{H}} dP + \left(\frac{\partial \vec{M}}{\partial \vec{H}}\right)_{T, P} \cdot d\vec{H}\right]}_{d\vec{M}}, \qquad (6)$$

$$\underline{C_{P, \vec{M}}} = T\left(\frac{\partial S}{\partial T}\right)_{P, \vec{M}} = \frac{3}{2} nR + P\frac{nR}{P} = \underline{\frac{5}{2} nR}$$

d) $$(6):\ C_{P,\vec{H}} = T\left(\frac{\partial S}{\partial T}\right)_{P,\vec{H}} = \frac{3}{2}\,nR + nR - \vec{H}\cdot\left(-\frac{nD\vec{H}}{T^2}\right),$$

$$\text{da}\ \left(\frac{\partial \vec{M}}{\partial T}\right)_{P,\vec{H}} = -\frac{nD\vec{H}}{T^2}$$

$$\underline{C_{P,\vec{H}} = \frac{5}{2}\,nR + \frac{nDH^2}{T^2} = \frac{5}{2}\,nR + \frac{M^2}{nD}},$$

e) $$(6):\ \underline{C_{V,\vec{H}} = \frac{3}{2}\,nR + \frac{nDH^2}{T^2}}.$$

Beispiel T24

Gegeben sind Entropie und innere Energie eines idealen paramagnetischen Gases:

$$S(T, V, \vec{M}) = nR\ln\left[\left(\frac{V}{V_0}\right)\left(\frac{T}{T_0}\right)^{3/2}\right] - \frac{\vec{M}^2}{2nD} + \underbrace{S(T_0, V_0, \vec{M} = 0)}_{=:\ S_0}$$

$$U(T, V, \vec{M}) = \frac{3}{2}\,nRT$$

($\vec{M}$ Magnetisierung des Gesamtvolumens, D Curie-Konstante, $\vec{H}$ homogenes Magnetfeld).
Gesucht:

a) $T(S, V, \vec{M})$
b) $U(S, V, \vec{M})$
c) $P(S, V, \vec{M})$, $P(T, V, \vec{M})$ und $P(U, V)$
d) $H(S, V, \vec{M})$ und $H(T, V, \vec{M})$.
e) Bestimmen Sie die Wärmemenge ΔQ, die bei konstanter Temperatur dem Gas zugeführt werden muß, wenn gleichzeitig der Druck von P_1 auf P_2 und das Magnetfeld von $\vec{H}_1$ auf $\vec{H}_2$ geändert werden.

Lösung:

$$dU = TdS - PdV + \vec{H}\cdot d\vec{M}, \quad (n = \text{konst})$$

$$S(T, V, M) = nR\ln\left[\frac{V}{V_0}\left(\frac{T}{T_0}\right)^{3/2}\right] - \frac{M^2}{2nD} + S_0 \tag{1}$$

$$U(T, V, M) = \frac{3}{2}\,nRT \tag{2}$$

a) $$\underline{(1):\ T = T_0\left(\frac{V_0}{V}\right)^{2/3}\exp\left[\frac{2}{3}\,\frac{S - S_0}{nR} + \frac{M^2}{3n^2RD}\right]} \rightarrow \tag{3}$$

b) $$(2):\ \underline{U(S,V,\vec{M}) = \frac{3}{2}\,nRT_0\left(\frac{V_0}{V}\right)^{2/3}\exp\left[\frac{2}{3}\,\frac{S-S_0}{nR}+\frac{M^2}{3n^2RD}\right]},$$

c) $$\underline{P = -\left(\frac{\partial U}{\partial V}\right)_{S,\vec{M}}}$$

$$\underline{P(S,V,\vec{M}) = nRT_0\,\frac{1}{V}\left(\frac{V_0}{V}\right)^{2/3}\exp\left[\frac{2}{3}\,\frac{S-S_0}{nR}+\frac{M^2}{3n^2RD}\right]}$$

$$(3):\ \underline{P=\frac{nRT}{V}}\quad(4),\qquad(2):\ \underline{P=\frac{2}{3}\,\frac{U}{V}},$$

d) $$\underline{\vec{H}(S,V,\vec{M}) = \left(\frac{\partial U}{\partial \vec{M}}\right)_{S,V} = \frac{\vec{M}T_0}{nD}\left(\frac{V_0}{V}\right)^{2/3}\exp\left[\frac{2}{3}\,\frac{S-S_0}{nR}+\frac{M^2}{3n^2RD}\right]},$$

$$(3):\ \underline{\vec{H}(T,V,\vec{M}) = \frac{\vec{M}T}{nD}}, \tag{5}$$

e) $$d'Q = TdS = dU + PdV - \vec{H}\cdot d\vec{M}$$

$$dU = \frac{3}{2}\,nRdT$$

$$(4):\ PdV = nRdT - VdP = nRdT - \frac{nRT}{P}\,dP$$

$$(5):\ -\vec{H}\cdot d\vec{M} = -\frac{\vec{H}nD}{T}\cdot d\vec{H} + H^2\,\frac{nD}{T^2}\,dT \rightarrow$$

$$TdS = \left[\frac{3}{2}\,nR + nR + H^2\,\frac{nD}{T^2}\right]dT - \frac{nRT}{P}\,dP - \frac{nD\vec{H}}{T}\cdot d\vec{H}$$

$\underline{\text{bei } T = \text{konst.:}}$ $\quad dT = 0,\quad \Delta Q_{12} = \int_1^2 TdS,$

$$\Delta Q_{12} = T\Delta S = -\,nRT\ln\left(\frac{P_2}{P_1}\right) - \frac{nD}{2T}\left(H_2^2 - H_1^2\right).$$

$$\underline{\Delta Q_{12} = nRT\ln\left(\frac{P_1}{P_2}\right) + \frac{nD}{2T}\left(H_1^2 - H_2^2\right)}.$$

Beispiel T25

Ein ideales Gas hat im Anfangszustand in V_1 die Temperatur T_1 und in V_2 die Temperatur T_2 (Bild 43). Der Kolben zwischen V_1 und V_2 ist wärmedurchlässig, alle übrigen Wände sind wärmeisoliert. Im gesamten System wird durch den Kolben K ein konstanter Druck P_0 aufrechterhalten. Es wird sich ein Gleichgewichtsendzustand einstellen. Wie groß ist dann (die Größen im Gleichgewichtsendzustand werden mit einem Strich gekennzeichnet):

a) $V_1', V_2', V_1' + V_2', T'$ im Endzustand
b) $\Delta I_1, \Delta I_2, \Delta I = \Delta I_1 + \Delta I_2$, wenn $\Delta I := I' - I$ usw.
c) $\Delta U_1, \Delta U_2, \Delta U = \Delta U_1 + \Delta U_2$
d) $\Delta S_1, \Delta S_2, \Delta S$
e) Fall d) speziell für $T_1 = 2T_2, V_1 = V_2$.

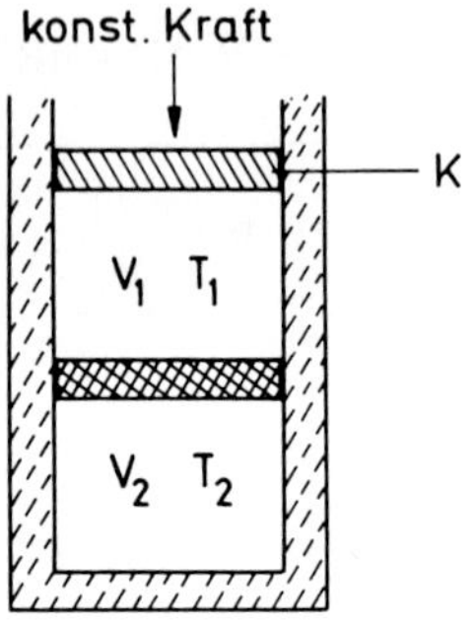

Bild 43

Lösung:

a) *Anfangszustand:*
$$\left.\begin{aligned} P_0 V_1 &= n_1 R T_1 \\ P_0 V_2 &= n_2 R T_2 \end{aligned}\right\} \quad (1)$$

Endzustand: $T_1' = T_2' = T' \rightarrow$
$$\left.\begin{aligned} P_0 V_1' &= n_1 R T' \\ P_0 V_2' &= n_2 R T' \end{aligned}\right\} \quad (2)$$

Energiebilanz:

Das Gesamtsystem ist wärmeisoliert $\rightarrow d'Q = 0$. $d'A = -PdV$, da Druckgleichheit herrscht, ist außerdem $P = P_0 = \text{konst.} \rightarrow$

$$dU = d'Q + d'A = 0 - PdV = -PdV = -d(PV) \rightarrow$$

$$d(U + PV) = 0 \rightarrow dI = 0 \rightarrow \underline{I = I'} \rightarrow \quad (3)$$

$$c_P n_1 T_1 + c_P n_2 T_2 = c_P (n_1 + n_2) T' \rightarrow$$

$$(1): \underline{T'} = \frac{n_1 T_1 + n_2 T_2}{n_1 + n_2} = \frac{P_0}{R} \frac{V_1 + V_2}{\frac{P_0}{R}\left(\frac{V_1}{T_1} + \frac{V_2}{T_2}\right)} = \underline{\frac{V_1 + V_2}{\frac{V_1}{T_1} + \frac{V_2}{T_2}}} \quad (4)$$

$$\left.\begin{aligned} (1),(2){:}\ \underline{V_1'} &= \frac{n_1 R}{P_0} T' = \frac{V_1}{T_1} T' = \underline{\frac{V_1}{T_1} \frac{V_1 + V_2}{\frac{V_1}{T_1} + \frac{V_2}{T_2}}} \\ \underline{V_2'} &= \frac{n_2 R}{P_0} T' = \frac{V_2}{T_2} T' = \underline{\frac{V_2}{T_2} \frac{V_1 + V_2}{\frac{V_1}{T_1} + \frac{V_2}{T_2}}} \end{aligned}\right\} \quad (5)$$

$$\underline{V_1' + V_2'} = \left(\frac{V_1}{T_1} + \frac{V_2}{T_2}\right) \frac{V_1 + V_2}{\frac{V_1}{T_1} + \frac{V_2}{T_2}} = \underline{V_1 + V_2}, \quad (6)$$

das Gesamtvolumen bleibt unverändert, d. h., für das Gesamtsystem gilt auch $A = 0$. Dies gilt aber nur für das ideale Gas, wenn in beiden Teilvolumina c_P gleich groß ist.

b) $0 = \Delta I = \Delta I_1 + \Delta I_2$; $dI = d'Q + VdP$, bei konstantem $P \rightarrow$

$$dI = d'Q = 0 \rightarrow$$

$$\Delta I_1 = -\Delta I_2 = n_1 c_P (T' - T_1)$$

(4), (5): $\underline{\Delta I_1 = c_P \frac{P_0 V_1}{RT_1} (T' - T_1) = P_0 \frac{c_P}{R} (V_1' - V_1) = Q_1}$

(6): $\underline{\Delta I_2 = c_P \frac{P_0 V_2}{RT_2} (T' - T_2) = P_0 \frac{c_P}{R} (V_2' - V_2) = Q_2 = \overline{Q}_1}$.

Beim Temperaturausgleich wird vom System 1 die Wärmemenge $\overline{Q}_1$ an das System 2 abgegeben, wenn $T_1 > T_2$ ist, sonst umgekehrt.

c) $\Delta U_1 = c_v n_1 (T' - T_1)$

$$\underline{\Delta U_1} = P_0 \frac{c_v}{R} \left(\frac{V_1}{T_1} T' - V_1 \right) = \underline{P_0 \frac{c_v}{R} (V_1' - V_1)}$$

$$\underline{\Delta U_2} = P_0 \frac{c_v V_2}{RT_2} (T' - T_2) = \underline{P_0 \frac{c_v}{R} (V_2' - V_2)}$$

(6): $\underline{\Delta U} = \Delta U_1 + \Delta U_2 = P_0 \frac{c_v}{R} (V_1' + V_2' - V_1 - V_2) = \underline{0}$,

d) $\underline{\Delta S_1} = \int \frac{d'Q_{rev}}{T} = n_1 c_P \int_{T_1}^{T'} \frac{dT}{T} = \underline{n_1 c_P \ln \frac{T'}{T_1} = c_P \frac{P_0 V_1}{RT_1} \ln \frac{T'}{T_1}}$,

da $P = \text{konst.} \rightarrow d'Q_{rev} = c_p n dT$,

$$\underline{\Delta S_2} = n_2 c_P \ln \frac{T'}{T_2} = \underline{c_P \frac{P_0 V_2}{RT_2} \ln \frac{T'}{T_2}}$$

(4): $\underline{\Delta S} = \Delta S_1 + \Delta S_2 = c_P \ln \left(\frac{T'}{T_1}\right)^{n_1} \left(\frac{T'}{T_2}\right)^{n_2} = \underline{c_P \ln \left[\left(\frac{n_1 T_1 + n_2 T_2}{n_1 + n_2} \right)^{n_1 + n_2} T_1^{-n_1} T_2^{-n_2} \right]}$

$\Delta S > 0$, da das geometrische Mittel kleiner ist als das arithmetische Mittel.

e) $V_1 = V_2,\ T_1 = 2T_2 \rightarrow T' = T_2 \frac{4}{3},\ n_1 = \frac{P_0 V_1}{RT_1},$

$$n_2 = 2\frac{P_0 V_1}{RT_1}$$

$$\Delta S_1 = c_P \frac{P_0 V_1}{RT_1} \ln\left(\frac{2}{3}\right) < 0$$

$$\Delta S_2 = c_P \frac{2P_0 V_1}{RT_1} \ln\left(\frac{4}{3}\right) = c_P \frac{P_0 V_1}{RT_1} \ln\left(\frac{16}{9}\right) > 0$$

$$\Delta S = c_P \frac{P_0 V_1}{RT_1} \ln\left(\frac{32}{27}\right) > 0.$$

Da $Q = 0$ und $\Delta S > 0$ ist, ist dieser Prozeß irreversibel.

Beispiel T26

Im Anfangszustand hat ein ideales Gas im Teilvolumen V_1 den Druck P_1 und in V_2 den Druck P_2. Die Wand zwischen V_1 und V_2 ist wärmedurchlässig, alle übrigen Wände sind wärmeisoliert. Die Anfangstemperatur ist T_0. Durch eine Drossel findet Druckausgleich statt (Bild 44). Die Größen im Gleichgewicht, also nach dem Druckausgleich werden mit einem Strich gekennzeichnet.

Gesucht ist:
a) P', T_0', n_1', n_2' im Endzustand
b) $\Delta U_1, \Delta U_2, \Delta U = \Delta U_1 + \Delta U_2$, wenn $\Delta U := U' - U$ usw.
c) $\Delta S_1, \Delta S_2, \Delta S$.

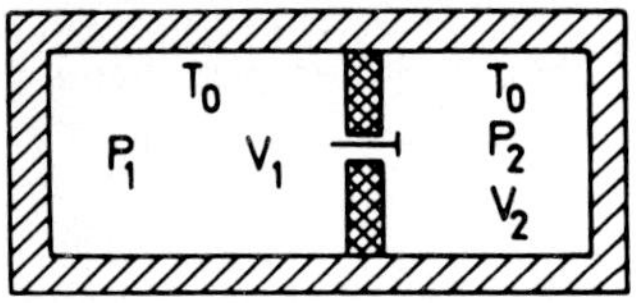

Bild 44

Lösung:

Anfangszustand: $P_1 V_1 = n_1 RT_0$, $P_2 V_2 = n_2 RT_0$ (1)

Endzustand:

$T_1' = T_2' = T_0'$, $P_1' = P_2' = P'$ (Gleichgewicht) $P'V_1 = n_1' RT_0'$, $P'V_2 = n_2' RT_0'$ (2)

Erhaltungssatz: $n_1 + n_2 = n_1' + n_2'$ (3)

Energiebilanz: Gesamtsystem: $A = 0, Q = 0 \rightarrow \Delta U = 0$

$\rightarrow U_1 + U_2 = U_1' + U_2'$ $\quad n_1 c_v T_0 + n_2 c_v T_0 = c_v T_0'(n_1' + n_2')$

a) (3): $\underline{T_0 = T'_0}$

$$(2), (3):\ P'(V_1 + V_2) = (n'_1 + n'_2)\, RT_0 = (n_1 + n_2)\, RT_0 = = P_1 V_1 + P_2 V_2\,,$$

$$\underline{P' = \frac{P_1 V_1 + P_2 V_2}{V_1 + V_2}}\,,\quad n_1 = \frac{P_1 V_1}{RT_0}\,,\quad n_2 = \frac{P_2 V_2}{RT_0}\,,\quad V = V_1 + V_2$$

$$\underline{n'_1} = \frac{V_1 P'}{RT_0} = \underline{\frac{V_1}{RT_0}\,\frac{P_1 V_1 + P_2 V_2}{V}}\,,\quad \underline{n'_2} = \frac{V_2 P'}{RT_0} = \underline{\frac{V_2}{RT_0}\,\frac{P_1 V_1 + P_2 V_2}{V}}\,,$$

b) $$\underline{\Delta U_1} = c_v T_0 (n'_1 - n_1) = c_v T_0 \frac{V_1}{RT_0} (P' - P_1) = \underline{\frac{c_v}{R}\,\frac{V_1 V_2}{V}\,(P_2 - P_1)}$$

$$\underline{\Delta U_2} = -\,\Delta U_1 = c_v T_0 (n'_2 - n_2) = \underline{\frac{c_v}{R}\,\frac{V_1 V_2}{V}\,(P_1 - P_2)}$$

c) $$(12.39):\ S = nR \left\{ \frac{5}{2} \ln T - \ln P + \ln \left[\left(\frac{2\pi m}{h^2} \right)^{3/2} (ke)^{5/2} \right] \right\}$$

$$\Delta S_1 = S'_1 - S_1 = n'_1 R \left[\frac{5}{2} \ln T_0 - \ln P' + \frac{s_0}{R} \right] - n_1 R \left[\frac{5}{2} \ln T_0 - \ln P_1 + \frac{s_0}{R} \right],$$

$$\Delta S_2 = S'_2 - S_2 = n'_2 R \left[\frac{5}{2} \ln T_0 - \ln P' + \frac{s_0}{R} \right] - n_2 R \left[\frac{5}{2} \ln T_0 - \ln P_2 + \frac{s_0}{R} \right],$$

$$\Delta S = \Delta S_1 + \Delta S_2 = \frac{5}{2} R \ln T_0 \underbrace{[n'_1 + n'_2 - n_1 - n_2]}_{0} +$$

$$+ s_0 \underbrace{[n'_1 + n'_2 - n_1 - n_2]}_{0} - \underbrace{(n'_1 + n'_2)}_{n_1 + n_2} R \ln P' +$$

$$+ R(n_1 \ln P_1 + n_2 \ln P_2) =$$

$$= n_1 R \ln \frac{P_1}{P'} + n_2 R \ln \frac{P_2}{P'}$$

$$\underline{\Delta S = \frac{P_1 V_1}{T_0} \ln \frac{P_1 V}{P_1 V_1 + P_2 V_2} + \frac{P_2 V_2}{T_0} \ln \frac{P_2 V}{P_1 V_1 + P_2 V_2}}$$

$$X_1 := P_1 V_1,\ X_2 := P_2 V_2 \rightarrow V_1 = \frac{X_1}{P_1},\ V_2 = \frac{X_2}{P_2}$$

$$\Delta S = \frac{1}{T_0} \ln \left[\left(\frac{\frac{1}{P_1} X_1 + \frac{1}{P_2} X_2}{X_1 + X_2} \right)^{X_1 + X_2} P_1^{X_1} P_2^{X_2} \right] > 0, \qquad (4)$$

da das geometrische Mittel kleiner ist als das arithmetische Mittel.

II. Die kinetische Theorie

Die hier behandelte kinetische Theorie ist eigentlich, wie schon in der Einleitung erwähnt, ein Sonderfall des allgemeinen Konzeptes der statistischen Mechanik, die thermodynamischen Gesetzmäßigkeiten eines Systems aus seinen Mikroeigenschaften, d. h. aus den Besonderheiten seines atomaren Aufbaues, zu erklären. Die Gaskinetik war nicht nur historisch das erste Gebiet, auf dem diesem Bemühen Erfolg beschieden war, sondern die behandelten Systeme und deren statistische Betrachtung sind auch von so spezieller Art, daß eine Behandlung der Kinetik als eigener II. Teil gerechtfertigt erscheint.

Die Kinetik beschäftigt sich mit Systemen in speziellen Zustandsbereichen. Dabei handelt es sich um Bereiche, in denen die Wechselwirkung der Moleküle nur in Form von Stößen auftritt und außerdem die Wechselwirkungsenergie vernachlässigbar klein bleibt. Da wir die außerordentlich vielen Anfangsbedingungen aller Moleküle (10^{23}) nicht kennen – und auch aus mathematischen Gründen –, ist es nicht möglich, das mikroskopische Verhalten des Systems rechnerisch zu verfolgen. Unter den einfachen Voraussetzungen der Kinetik entspringen aus der Unkenntnis dieser Bedingungen Durchschnittsaussagen, welche die Mittelwertbildung aus Molekülvariablen über eine große Anzahl von Molekülen betreffen. Die Theorie der Kinetik gestattet uns nicht nur die Beschreibung von Gleichgewichtszuständen, sondern ermöglicht es uns auch, auf relativ einfache Art zu zeigen, wie sich das System außerhalb des Gleichgewichts verhält und wie es ins Gleichgewicht übergeht. Wir werden daher bei nicht zu großer Abweichung vom Gleichgewicht im Kapitel Transporterscheinungen die Phänomene der Diffusion, der inneren Reibung, der Wärmeleitung und der Elektrizitätsleitung behandeln.

Im Gegensatz zur statistischen Mechanik verwendet die Kinetik als statistische Einheit das einzelne Molekül. Die statistische Mechanik hingegen benützt als statistische Einheit das einzelne System, um alle Systeme ohne Einschränkung behandeln zu können. Dabei versucht sie aus einer geeignet gewählten Schar oder Gesamtheit solcher Systeme, die unsere mikroskopische Unkenntnis wiederspiegelt, das thermodynamische Verhalten des Einzelsystems abzuleiten. Im III. Teil werden wir diese Theorie behandeln, uns aber dort auf das thermodynamische Gleichgewicht beschränken. Wir können dann allerdings nur Aussagen über das Gleichgewicht selbst machen und nicht, wie dieses erreicht wird. Letzteres wäre nur im Rahmen einer Nichtgleichgewichtstheorie möglich.

8. Transporttheorie

8.1. Verteilungsfunktion

Ein kinetisches System läßt sich vornehmlich durch verdünnte Gase verwirklichen. Die Moleküle erfahren dabei elastische Zusammenstöße, doch bleibt ihre Wechselwirkungsenergie vernachlässigbar klein. (Innere Anregungen der Moleküle lassen wir hier einfachheitshalber unberücksichtigt.) Um klassisch rechnen zu können (nicht quantenmechanisch), müssen die Wellenpakete der Moleküle so lokalisiert sein, daß ihre Ausdehnung kleiner ist als der mittlere Molekülabstand. Dies ist der Fall, wenn für die *de-Broglie-Wellenlänge* λ_B die Ungleichung

$$\lambda_B := \frac{h}{\sqrt{2mkT}} \ll \left(\frac{V}{N}\right)^{1/3}$$

besteht, also entsprechend hohe Temperatur und niedrige Teilchendichte vorliegt. Unter den eben genannten Bedingungen können wir für jedes Teilchen einen hinreichend bestimmten Ort und Impuls angeben. Die Teilchen sind dann auch unterscheidbar. Das bedeutet, wir können die klassische Mechanik verwenden. Wir werden vorerst nur Systeme mit Molekülen gleicher Art untersuchen.

Um die makroskopischen Eigenschaften eines Vielteilchensystems zu bestimmen, wäre es hinreichend, die Bewegung der Moleküle zu verfolgen. Dies ist jedoch praktisch weder möglich noch notwendig. Es ist nämlich völlig ausgeschlossen, die Bewegungsgleichungen von größenordnungsmäßig 10^{23} Molekülen rechnerisch zu beherrschen, auch sind wir nicht in der Lage, die notwendigen Anfangszustände aller Moleküle zu bestimmen. Andererseits können wir nur wenige Eigenschaften an makroskopischen Systemen meßtechnisch verfolgen bzw. ihre Anfangswerte vorgeben. Es ist daher in den meisten Fällen eine statistische Beschreibung für makroskopische Systeme ausreichend. Dies geschieht in der kinetischen Theorie durch eine Verteilungsfunktion $f(\vec{r}, \vec{v}, t)$. Statt der Molekülbewegung verfolgen wir dann das zeitliche Verhalten der Verteilungsfunktion. Sie ist so definiert, daß

$$f(\vec{r}, \vec{v}, t)\, d^3r d^3v$$

die mittlere Anzahl der Teilchen d^6N angibt, welche sich zur Zeit t im Volumen d^3r ($d^3r := dxdydz$) um $\vec{r}$ befinden, und deren Geschwindigkeit im Geschwindigkeitsraumelement d^3v ($d^3v := dv_x dv_y dv_z$) um $\vec{v}$ liegt:

$$d^6N = f(\vec{r}, \vec{v}, t)\, d^3r d^3v. \tag{8.1}$$

Den sechsdimensionalen Raum, der von den Variablen $\vec{r}$ und $\vec{v}$ aufgespannt wird, nennen wir μ-Raum oder auch *Phasenraum.* Das Volumenelement des μ-Raumes ist dann $d^3r d^3v$. Unter normalen Bedingungen hat ein Gas etwa $3 \cdot 10^{19}$ Moleküle pro cm^3. In einem Volumen von $d^3r = 10^{-10}\,cm^3$, das wir gegenüber makroskopischen Dimensionen fast als Punkt ansehen können, befinden sich dann immer noch ca. $3 \cdot 10^9$ Moleküle. Wie wir auf Seite 249 sehen werden, tritt bei einer so großen Anzahl von Molekülen nur mehr eine sehr kleine relative Schwankung der Teilchenzahl auf. Daraus ergibt sich: Die tatsächliche und die mittlere Teilchenzahl sind in einem nicht zu kleinen Phasenraum $d^3r d^3v$ weitgehend gleich groß. Für $d^3r d^3v \to 0$ trifft dies jedoch nicht mehr zu. Die tatsächliche Teilchenzahl ist dann unstetigen Schwankungen unterworfen, während die mittleren Teilchenzahl nach wie vor eine stetige Funktion in $\vec{r}, \vec{v}$ und t bleibt.

Die Gesamtteilchenzahl N des Systems ist durch

$$N = \int f(\vec{r}, \vec{v}, t)\, d^3r d^3v \tag{8.2}$$

bestimmt, wobei über alle Geschwindigkeitskomponenten von $-\infty$ bis $+\infty$ und über das Gesamtvolumen V des Systems integriert wird. Dividieren wir Gl. (8.1) durch $d^3 r$ und integrieren dann über $d^3 v$, so erhalten wir die mittlere Anzahl der Teilchen pro Volumeneinheit, welche sich zur Zeit t am Ort $\vec{r}$ befinden, oder anders ausgedrückt die orts- und zeitabhängige mittlere Teilchendichte

$$n(\vec{r}, t) = \frac{d^3 N}{d^3 r} = \int f(\vec{r}, \vec{v}, t)\, d^3 v. \tag{8.3}$$

Ist f von $\vec{r}$ unabhängig, also im Raum konstant, so ist

$$\int f(\vec{v}, t)\, d^3 v = \frac{N}{V} = n$$

die räumlich konstante mittlere Teilchendichte.

Allgemein kann man nun mit der Verteilungsfunktion die für das System charkteristischen ortsabhängigen Mittelwerte von physikalischen Größen, z. B. $A(\vec{r}, \vec{v})$, durch Mittelung im Geschwindigkeitsraum berechnen:

$$\overline{A}(\vec{r}, t) := \langle A(\vec{r}, t)\rangle := \frac{\int d^3 v\, A(\vec{r}, \vec{v})\, f(\vec{r}, \vec{v}, t)}{\int d^3 v\, f(\vec{r}, \vec{v}, t)} = \frac{1}{n(\vec{r}, t)} \int d^3 v\, A f. \tag{8.4}$$

$\langle\,\rangle$ kennzeichnet die Mittelwertbildung ebenso wie ein Querstrich, d. h. $\langle A\rangle = \overline{A}$. Mit derartigen Mittelwerten werden die makroskopischen Eigenschaften des Systems, vor allem bei Nichtgleichgewicht, beschrieben. So lange die experimentelle Bestimmung der betreffenden Dichten nicht an extrem kleinen Volumselementen durchgeführt wird, stimmen die Mittelwerte mit den gemessenen Werten überein (siehe Seite 249).

Ziel der kinetischen Theorie ist es, die Verteilungsfunktion $f(\vec{r}, \vec{v}, t)$ zu bestimmen, um damit die zeitabhängigen Mittelwerte zu berechnen. Für $t \to \infty$ wird dann $f(\vec{r}, \vec{v}, t)$ den Gleichgewichtszustand des Systems beschreiben und somit die Thermodynamik verdünnter Gase einschließen.

Die Bewegungsgleichung für die Verteilungsfunktion ist, wenn wir vorderhand keine Stöße berücksichtigen, leicht aufgestellt. Die Verteilungsfunktion ändert sich dauernd, da in einem gegebenen Volumen des μ-Raumes immer Moleküle ein- und austreten. Betrachten wir daher die Vorgänge für ein Molekül, das zur Zeit t die Koordinaten $(\vec{r}, \vec{v})$ im μ-Raum hat. Nach einer infinitesimalen Zeit dt wird sich seine Lage im μ-Raum in $(\vec{r}\,' = \vec{r} + \vec{v}dt, \vec{v}\,' = \vec{v} + \frac{\vec{F}}{m} dt)$ geändert haben, wobei $\vec{F}$ die auf das Molekül wirkende äußere Kraft (z. B. Schwerkraft, aber nicht eine Kraft zwischen den Molekülen) und m seine Masse sind. Es werden daher alle Moleküle, die sich zur Zeit t in $d^3 r d^3 v$ um $(\vec{r}, \vec{v})$ befinden, zur Zeit $t + dt$ in $d^3 r' d^3 v'$ um $(\vec{r}\,', \vec{v}\,')$ anzutreffen sein. Wenn zwischen den Teilchen keine Stöße stattfinden, befinden sich daher zur Zeit t in $d^3 r d^3 v$ genauso viele Teilchen wir zur Zeit $t + dt$ in $d^3 r' d^3 v'$ (Bild 45). Es gilt also die Gleichung

$$f\left(\vec{r} + \vec{v}dt, \vec{v} + \frac{\vec{F}}{m} dt, t + dt\right) d^3 r'\, d^3 v' = f(\vec{r}, \vec{v}, t)\, d^3 r d^3 v,$$

wobei $d^3r'd^3v'$ gegeben ist durch

$$d^3r'd^3v' = \frac{\partial(\vec{r}\,',\vec{v}\,')}{\partial(\vec{r},\vec{v})}\, d^3r d^3v$$

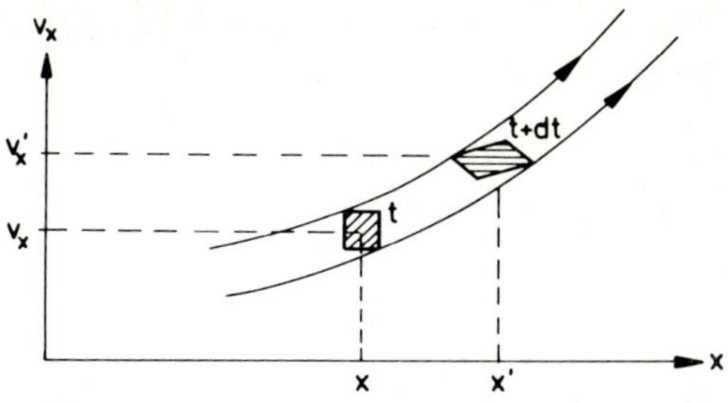

Bild 45

mit der Funktionaldeterminante

$$\frac{\partial(\vec{r}\,',\vec{v}\,')}{\partial(\vec{r},\vec{v})} = \begin{vmatrix} \frac{\partial x'}{\partial x} & \frac{\partial x'}{\partial y} & \cdots & \frac{\partial x'}{\partial v_y} & \frac{\partial x'}{\partial v_z} \\ \frac{\partial y'}{\partial x} & \frac{\partial y'}{\partial y} & \cdots & \frac{\partial y'}{\partial v_y} & \frac{\partial y'}{\partial v_z} \\ \vdots & & & & \vdots \\ \frac{\partial v_z'}{\partial x} & \cdots & \cdots & \cdots & \frac{\partial v_z'}{\partial v_z} \end{vmatrix}$$

Bei Berücksichtigung von

$$x' = x + v_x dt,\ \ y' = y + v_y dt,\ \ z' = z + v_z dt,$$

$$v_x' = v_x + \frac{F_x}{m} dt,\ \ v_y' = v_y + \frac{F_y}{m} dt,\ \ v_z' = v_z + \frac{F_z}{m} dt,$$

folgt für die Ableitungen (x, y, z, v_x, v_y und v_z sind voneinander unabhängig)

$$\vec{r} = (x_1, x_2, x_3),\ \ \vec{v} = (v_1, v_2, v_3),$$

$$\frac{\partial x_i'}{\partial x_k} = \delta_{ik},\ \ \frac{\partial x_i'}{\partial v_k} = \delta_{ik} dt,$$

$$\frac{\partial v_i'}{\partial x_k} = \frac{1}{m}\frac{\partial F_i}{\partial x_k} dt,\ \ \frac{\partial v_i'}{\partial v_k} = \delta_{ik}, \qquad i, k = 1, 2, 3,$$

wenn $\vec{F}$ von $\vec{v}$ unabhängig ist. Dies ergibt für die Funktionaldeterminante

$$\frac{\partial(\vec{r}\,',\vec{v}\,')}{\partial(\vec{r},\vec{v})} = \begin{vmatrix} 1 & 0 & 0 & dt & 0 & 0 \\ 0 & 1 & 0 & 0 & dt & 0 \\ 0 & 0 & 1 & 0 & 0 & dt \\ \frac{1}{m}\frac{\partial F_x}{\partial x} dt & . & . & 1 & 0 & 0 \\ . & . & . & 0 & 1 & 0 \\ . & . & . & 0 & 0 & 1 \end{vmatrix} = 1 + (\ldots)\, dt^2 + \ldots$$

D. h. die Funktionaldeterminante ist einschließlich der Glieder erster Ordnung in dt gleich eins, also

$$d^3r'd^3v' = d^3rd^3v \tag{8.5}$$

und daher auch

$$f\left(\vec{r} + \vec{v}dt, \vec{v} + \frac{1}{m}\vec{F}dt, t + dt\right) = f(\vec{r}, \vec{v}, t). \tag{8.6}$$

Bei Stoßfreiheit bewegen sich die Moleküle im μ-Raum wie die Moleküle einer inkompressiblen Flüssigkeit.

Wenn Stöße auftreten, kommen nicht mehr alle Teilchen von d^3rd^3v nach $d^3r'd^3v'$, sondern werden durch die Stöße in andere Phasenvolumenelemente gestreut; außerdem können Teilchen in $d^3r'd^3v'$ gestreut werden, die vorher nicht in d^3rd^3v waren. Wir berücksichtigen dies durch den sogenannten *Stoßterm* $\left(\frac{\partial f}{\partial t}\right)_{coll}$, der durch die Gleichung

$$f\left(\vec{r} + \vec{v}dt, \vec{v} + \frac{1}{m}\vec{F}dt, t + dt\right) =: f(\vec{r}, \vec{v}, t) + \left(\frac{\partial f}{\partial t}\right)_{coll} dt \tag{8.7}$$

definiert ist (coll. von collision = Stoß).

Entwickeln wir die linke Seite von Gl. (8.7) nach dt und lassen dt gegen Null gehen, so erhalten wir die Bewegungsgleichung der Verteilungsfunktion

$$\left(\frac{\partial}{\partial t} + \vec{v}\cdot\nabla_r + \frac{1}{m}\vec{F}\cdot\nabla_v\right) f(\vec{r}, \vec{v}, t) = \left(\frac{\partial f}{\partial t}\right)_{coll}, \tag{8.8}$$

$$\nabla_r := \left(\frac{\partial}{\partial x}, \frac{\partial}{\partial y}, \frac{\partial}{\partial z}\right), \quad \nabla_v := \left(\frac{\partial}{\partial v_x}, \frac{\partial}{\partial v_y}, \frac{\partial}{\partial v_z}\right),$$

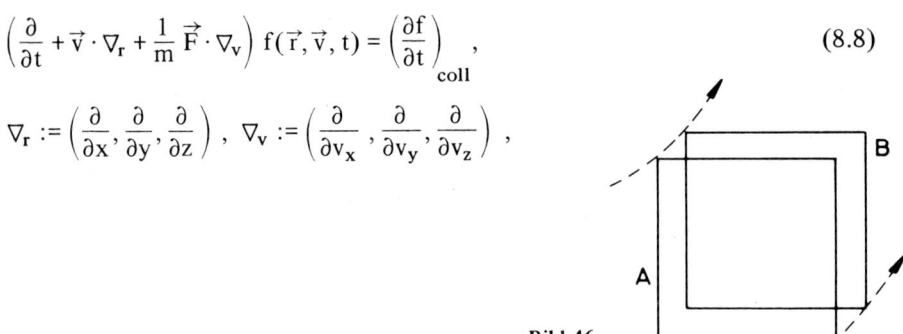

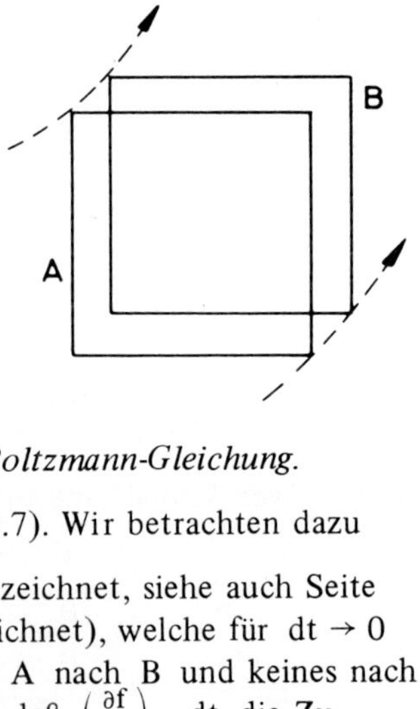

Bild 46

wenn wir $\left(\frac{\partial f}{\partial t}\right)_{coll}$ explizit angeben. Dies ist die *allgemeine Boltzmann-Gleichung*.

Die explizite Form für $\left(\frac{\partial f}{\partial t}\right)_{coll}$ erhalten wir aus Gl. (8.7). Wir betrachten dazu ein Volumenelement des μ-Raumes bei $(\vec{r}, \vec{v}, t)$ (mit A bezeichnet, siehe auch Seite 140) und eines bei $(\vec{r} + \vec{v}dt, \vec{v} + \frac{1}{m}\vec{F}dt, t + dt)$ (mit B bezeichnet), welche für $dt \to 0$ ineinander übergehen. Ohne Stöße kämen alle Moleküle von A nach B und keines nach B außer jenen von A. Aus Gl. (8.7) und dem Bild 46 folgt, daß $\left(\frac{\partial f}{\partial t}\right)_{coll}$ dt die Zunahme der Verteilungsfunktion während der Bewegung im Zeitintervall dt darstellt. Diese Zunahme kann nur durch Stöße der Teilchen erfolgen, da für stoßfreie Teilchen Gl. (8.6) gilt.

Wenn wir A so klein machen, daß jeder Stoß – den ein Molekül in A erfährt – dazu führt, daß das Molekül nach dem Stoß weder in A noch in B ist, so bedeutet jeder Stoß in A eine Abnahme in der Verteilungsfunktion. Umgekehrt bedeutet jeder Stoß eines Teilchens, welches sich ursprünglich außerhalb A nach dem Stoß jedoch in A und damit auf dem Weg nach B befindet, eine Zuanhme in der Verteilungsfunktion. Es gilt daher

$$\left(\frac{\partial f}{\partial t}\right)_{\text{coll}} dt = (\bar{R} - R)\, dt. \tag{8.9}$$

Dabei bedeutet $R\, dt\, d^3 r\, d^3 v$ die Zahl der Stöße (in der Zeit zwischen t und t + dt), bei denen sich eines der beiden stoßenden Moleküle (Teilchen (1)) *vor* dem Stoß in $d^3 r d^3 v$ um $(\vec{r}, \vec{v})$ befindet, und $\bar{R} dt d^3 r d^3 v$ die Zahl der Stöße (während derselben Zeit) bei denen sich eines der beiden stoßenden Moleküle *nach* dem Stoß in $d^3 r d^3 v$ um $(\vec{r}, \vec{v})$ befindet.

Wir haben dabei die Annahme getroffen, daß *jeder Stoßpartner* (Teilchen (2)) der gestoßenen Moleküle (Teilchen (1)) sich weder vor noch nach dem Stoß in A oder B befindet und daher nicht mit gezählt werden muß. Dies ist durch die Kleinheit von $d^3 v$ hinreichend erfüllt. Weiteres wurden nur Zweierstöße gezählt, d. h. alle Stöße vernachlässigt, bei denen gleichzeitig mehr als zwei Teilchen zusammenstoßen (was bei dünnen Gasen im Verhältnis zur Zahl der Zweierstöße selten ist).

8.2. Zweierstöße

Um $\bar{R}$ und R zu bestimmen, untersuchen wir den Stoß von zwei Molekülen (1) und (2) mit den Massen m_1 und m_2 (hier sind alle Massen der Moelküle gleich $m_1 = m_2 = m$, doch wir wollen allgemein bleiben). Es wird vorausgesetzt, daß alle äußeren Kräfte, welche auf die Moleküle wirken, klein sind verglichen mit jenen, die beim Stoß auftreten. Daher vernachlässigen wir beim Stoßvorgang die äußeren Kräfte. Wir bezeichnen die Geschwindigkeiten der Moleküle (1) und (2) *vor* bzw. *nach* dem Stoß mit $\vec{v}_1, \vec{v}_2$ bzw. $\vec{v}_1{}', \vec{v}_2{}'$. Die Erhaltungssätze von Impuls und Energie lauten dann

$$\left.\begin{aligned} &m_1 \vec{v}_1 + m_2 \vec{v}_2 = m_1 \vec{v}_1{}' + m_2 \vec{v}_2{}' \\ &\frac{1}{2} m_1 v_1^2 + \frac{1}{2} m_2 v_2^2 = \frac{1}{2} m_1 v_1'^2 + \frac{1}{2} m_2 v_2'^2 \end{aligned}\right\} \tag{8.10}$$

Daraus folgt, daß die *Schwerpunktsgeschwindigkeit* $\vec{V}$ während des Stoßes konstant ist:

$$\left.\begin{aligned} &\vec{V} = \mu_1 \vec{v}_1 + \mu_2 \vec{v}_2 = \mu_1 \vec{v}_1{}' + \mu_2 \vec{v}_2{}' \\ &\text{mit} \\ &\mu_1 := \frac{m_1}{m_1 + m_2}, \quad \mu_2 := \frac{m_2}{m_1 + m_2}, \quad \sum_{i=1}^{2} \mu_i = 1. \end{aligned}\right\} \tag{8.11}$$

Die *Relativgeschwindigkeiten* vor und nach dem Stoß sind:

$$\vec{u} = \vec{v}_2 - \vec{v}_1, \quad \vec{u}\,' = \vec{v}_2{}' - \vec{v}_1{}' \tag{8.12}$$

Die inversen Gleichungen zu (8.11) und (8.12) lauten

$$\left.\begin{aligned} \vec{v}_1 &= \vec{V} - \mu_2 \vec{u}, \quad & \vec{v}_2 &= \vec{V} + \mu_1 \vec{u} \\ \vec{v}_1' &= \vec{V} - \mu_2 \vec{u}', \quad & \vec{v}_2' &= \vec{V} + \mu_1 \vec{u}' \end{aligned}\right\} \tag{8.13}$$

Setzt man Gl. (8.13) in (8.10) ein, so folgt

$$u = u' \tag{8.14}$$

d. h., die Absolutbeträge von $\vec{u}$ und $\vec{u}'$ sind gleich, doch ihre Richtungen nicht (Bild 47).

$\Omega := (\vartheta, \varphi)$ gibt die Richtung von $\vec{u}'$ (des gestreuten Strahls) bezüglich der Einfallrichtung $\vec{u}$ und einer beliebigen Ebene durch $\vec{u}$ an.

Hat man $\vec{V}, \vec{u}$ und die Winkel ϑ und φ, so ist $\vec{u}'$ vollständig bestimmt. Mit $\vec{u}'$ hat man wegen Gl. (8.13) auch $\vec{v}'_1$ und $\vec{v}_2'$. Der Streuvorgang ist also vollständig festgelegt durch die Größen $\vec{V}, \vec{u}, \vartheta$ und φ oder $\vec{v}_1, \vec{v}_2, \vartheta$ und φ.

Für das Folgende benötigen wir eine Beziehung zwischen den Differentialen der Geschwindigkeiten der Moleküle vor und nach dem Stoß. Dies leiten wir nun ab. Aus den Gln. (8.11), (8.12) und (8.13) folgt

$$\left.\begin{aligned} \vec{v}_1' &= \mu_1 \vec{v}_1 + \mu_2 \vec{v}_2 - \mu_2 \vec{u}' \\ \vec{v}_2' &= \mu_1 \vec{v}_1 + \mu_2 \vec{v}_2 + \mu_1 \vec{u}' \\ \vec{u} &= -\vec{v}_1 + \vec{v}_2 \end{aligned}\right\} \tag{8.15}$$

und analog

$$\left.\begin{aligned} \vec{v}_1 &= \mu_1 \vec{v}_1' + \mu_2 \vec{v}_2' - \mu_2 \vec{u} \\ \vec{v}_2 &= \mu_1 \vec{v}_1' + \mu_2 \vec{v}_2' + \mu_1 \vec{u} \\ \vec{u}' &= -\vec{v}_1' + \vec{v}_2'. \end{aligned}\right\} \tag{8.16}$$

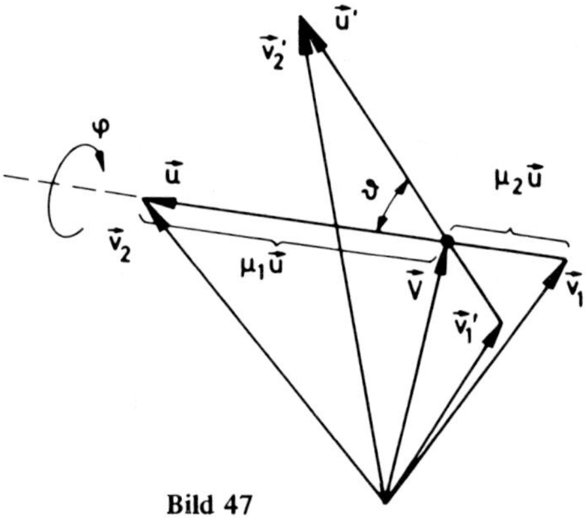

Bild 47

Daraus sieht man, daß die beiden Transformationen

$$(8.15): \quad (\vec{v}_1, \vec{v}_2, \vec{u}') \longrightarrow (\vec{v}_1', \vec{v}_2', \vec{u})$$

und

$$(8.16): \quad (\vec{v}_1', \vec{v}_2', \vec{u}) \longrightarrow (\vec{v}_1, \vec{v}_2, \vec{u}')$$

dieselbe Funktionaldeterminante besitzen:

$$\frac{\partial(\vec{v}_1, \vec{v}_2, \vec{u}')}{\partial(\vec{v}_1', \vec{v}_2', \vec{u})} = \frac{\partial(\vec{v}_1', \vec{v}_2', \vec{u})}{\partial(\vec{v}_1, \vec{v}_2, \vec{u}')}. \tag{8.17}$$

Allgemein gilt für jede Transformation

$$\frac{\partial(\vec{v}_1, \vec{v}_2, \vec{u}')}{\partial(\vec{v}_1', \vec{v}_2', \vec{u})} \, \frac{\partial(\vec{v}_1', \vec{v}_2', \vec{u})}{\partial(\vec{v}_1, \vec{v}_2, \vec{u}')} = 1$$

und speziell mit Gl. (8.17)

$$\left(\frac{\partial(\vec{v}_1, \vec{v}_2, \vec{u}')}{\partial(\vec{v}_1', \vec{v}_2', \vec{u})}\right)^2 = 1.$$

Daher folgt

$$d^3 v_1 d^3 v_2 d^3 u' = d^3 v_1' d^3 v_2' d^3 u$$

und mit Gl. (8.14)

$$d^3 v_1 d^3 v_2 d^2 \hat{u}' = d^3 v_1' d^3 v_2' d^2 \hat{u}, \tag{8.18}$$

wobei die Einheitsvektoren $\hat{u}$ und $\hat{u}'$ definiert sind durch

$$\hat{u} := \frac{\vec{u}}{u}, \quad \hat{u}' := \frac{\vec{u}'}{u}. \tag{8.18'}$$

8.3. Berechnung von R

Mit Hilfe einiger Annahmen berechnete *Boltzmann* R und $\overline{R}$. Die Annahmen lauten:

1. Nur Zweierstöße werden berücksichtigt (genügend dünnes Gas).
2. Der Einfluß der Gefäßwände wird vernachlässigt. Später wird gezeigt, daß dies erlaubt ist (siehe Seite 156).
3. Die Einflüsse äußerer Kräfte auf den dynamischen Ausgang des Stoßes seien vernachlässigbar.
4. Die mittlere Anzahl der Stöße in einem gegebenen Volumselement zwischen Molekülen, die zu verschiedenen Geschwindigkeitsbereichen gehören, kann mit Hilfe des *Stoßzahlansatzes* berechnet werden (siehe Gl. (8.19)).

Wir betrachten im weiteren den Stoßvorgang in einem Koordinatensystem dessen Ursprung immer im Schwerpunkt des Moleküls (1) liegt (dieses Koordinatensystem ist kein Inertialsystem, sondern ein beschleunigtes Koordinatensystem). In diesem Koordinatensystem ist der Stoßvorgang besonders einfach darzustellen, da hier das Molekül (1) ruht, während sich das Molekül (2) vor dem Stoß mit der Geschwindigkeit $\vec{u} = \vec{v}_2 - \vec{v}_1$ und nach dem Stoß mit der Geschwindigkeit $\vec{u}' = \vec{v}_2' - \vec{v}_1'$ bewegt (Bild 48). b heißt *Stoßparameter* und ist der kleinste Abstand auf den sich die Moleküle nähern würden, wenn keine Wechselwirkung zwischen den Teilchen auftreten würde.

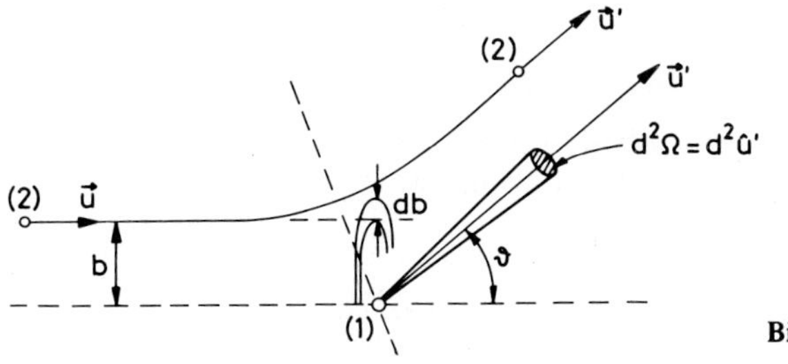

Bild 48

Wir berechnen nun die mittlere Anzahl der Teilchen (2), die in der Zeit dt (dt groß gegenüber der Wechselwirkungszeit; die Wechselwirkungszeit ist jene Zeit, während der die Bahn des Teilchens (2) von einer Geraden abweicht) zum Stoß mit dem Molekül (1) beitragen und im Bereich db um b sowie $d\varphi$ um φ liegen (Bild 49). Es sind dies jene Moleküle (2), die sich im *Stoßzylinder*

$$\text{Zylinderhöhe} \cdot \text{Zylinderbasis} = u\,dt \cdot b\,db\,d\varphi$$

befinden. Die mittlere Anzahl der Moleküle (2) im Stoßzylinder und im Geschwindigkeitsbereich d^3v_2 um $\vec{v}_2$ beträgt

$$f(\vec{r}, \vec{v}_2, t)\, u\, b\, db\, d\varphi\, d^3v_2\, dt.$$

Für alle

$$f(\vec{r}, \vec{v}_1, t)\, d^3v_1\, d^3r$$

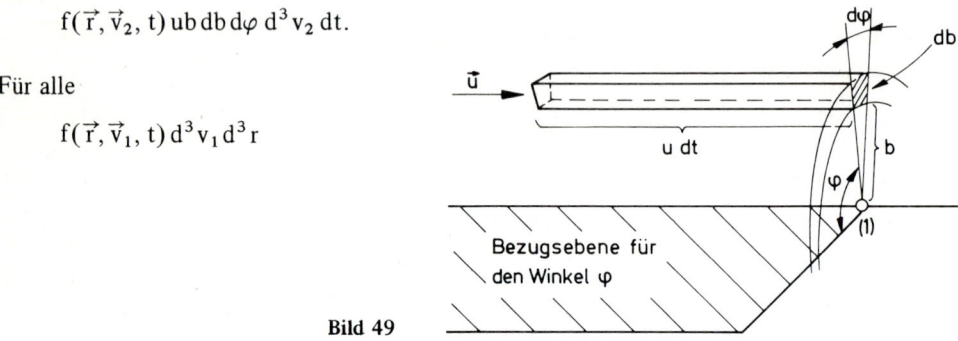

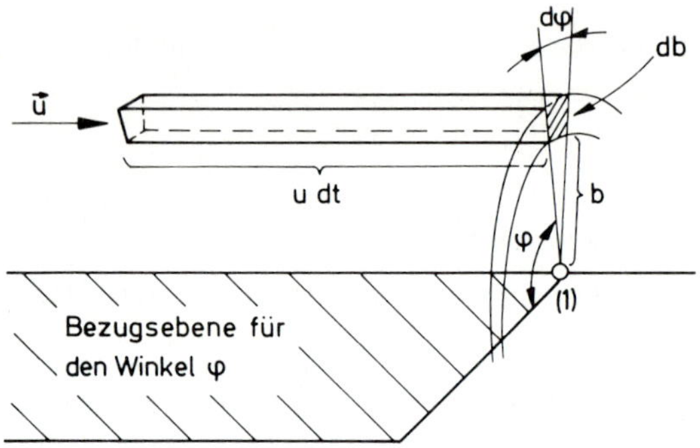

Bild 49

Moleküle (1), die sich innerhalb d^3v_1 um $\vec{v}_1$ und d^3r um $\vec{r}$ befinden, können wir uns einen Stoßzylinder für die Moleküle (2) vorstellen. Bei genügend kleiner Zylinderbasis findet bei genügend dünnen Gasen keine Überlappung der Zylinder statt. Dann ist die mittlere Stoßzahl in d^3r um $\vec{r}$ während der Zeit dt zwischen den Molekülen (1) und (2), die in den Geschwindigkeitsbereichen $d^3v_1\,d^3v_2$ um $(\vec{v}_1, \vec{v}_2)$ liegen und die *geometrischen Streuvariablen* db, $d\varphi$ um (b, φ) aufweisen, gegeben durch:

$$f(\vec{r}, \vec{v}_1, t)\, f(\vec{r}, \vec{v}_2, t)\, u\, b\, db\, d\varphi\, d^3v_1\, d^3v_2\, d^3r\, dt. \tag{8.19}$$

Dies ist der *Boltzmannsche Stoßzahlansatz.* Bei ihm wird angenommen, daß zwischen den Molekülen (1) und (2) keine *Korrelation* besteht, d. h., daß die Position von (2) nicht davon abhängt, wo sich das Molekül (1) befindet. Andernfalls müßte in Gl. (8.19) statt dem Produkt von zwei Einzel-Verteilungsfunktionen $f(\vec{r}, \vec{v}_1, t)\, f(\vec{r}, \vec{v}_2, t)$ die Paarverteilungsfunktion $f(\vec{r}, \vec{v}_1, \vec{r}, \vec{v}_2, t)$ verwendet werden. Der Stoßzahlansatz, er wird auch *Annahme vom molekularen Chaos* genannt, ist verantwortlich für die Einführung der *Irreversibilität* in die Boltzmann-Gleichung.

Jeder Stoß eines Teilchens, das sich im Bereich $d^3v_1\,d^3r$ um $(\vec{v}_1, \vec{r})$ befindet, führt es aus diesem Bereich heraus, liefert also einen Beitrag zu R. Die Anzahl der Moleküle (1), die durch Stoß mit (2) im Zeitintervall dt aus $d^3v_1\,d^3r$ um $(\vec{v}_1, \vec{r})$ verlorengehen, ist daher nach Gl. (8.19)

$$R\,d^3r\,d^3v_1\,dt = \int f(\vec{r}, \vec{v}_1, t)\, f(\vec{r}, \vec{v}_2, t)\, u\, b\, db\, d\varphi\, d^3v_2\, d^3v_1\, d^3r\, dt,$$

wobei auf der rechten Seite über $d^3 v_2 \, db \, d\varphi$ integriert wird. Daraus folgt

$$R = \int f(\vec{r}, \vec{v}_1, t) \, f(\vec{r}, \vec{v}_2, t) \, u \, b \, db \, d\varphi \, d^3 v_2 . \tag{8.20}$$

In der klassischen Mechanik ist die Bahnkurve von (2) durch das Wechselwirkungspotential (nur Zentralkräfte werden hier angenommen, d. h. kugelsymmetrisches Potential) exakt bestimmt.

In einem Koordinatensystem, das bezüglich (1) ruht, liegt die Bahnkurve von (2) in einer Ebene (im Schwerpunktsystem ist dies ebenso der Fall), in der sich auch das Molekül (1) befindet. Diese Ebene schließt mit der Bezugsebene (irgendeine Ebene die durch (1) geht und parallele zu $\vec{u}$ ist) den Winkel φ ein. Der Ablenkwinkel ϑ ist durch

$$\cos\vartheta := \hat{u} \cdot \hat{u}'$$

definiert. Der Stoß ist vollständig beschrieben, wenn außer $\vec{v}_1$ und $\vec{v}_2$ die Richtung von $\vec{u}\,'$, also (ϑ, φ) bekannt ist. φ ist durch die Anfangslage von (2), welche die Bahnebene festlegt, gegeben. Die Bahn von (2) und somit auch ϑ sind durch das Wechselwirkungspotential, die Anfangsgeschwindigkeit u und die Anfangslage von (2), d.h. durch b, bestimmt. ϑ ist also bei gegebenem Wechselwirkungspotential eine Funktion von b und u, d.h. es hängt wegen der Drehinvarianz beim kugelsymmetrischen Potential nur vom Betrag der Relativgeschwindigkeit und vom Stoßparameter b ab. Dieser Zusammenhang ist eindeutig; zu jedem Stoßparameter b gehört nur ein Ablenkwinkel ϑ:

$$\vartheta = \vartheta(b, u). \tag{8.21}$$

Wir können daher zwischen dem Raumwinkelelement (des Geschwindigkeitsraumes $\vec{u}\,'$) $d^2\Omega$ und $db\,d\varphi$ einen Zusammenhang finden:

$$d^2\Omega := d^2\hat{u}' := \sin\vartheta \, d\vartheta \, d\varphi = \sin\vartheta \left| \frac{\partial\vartheta}{\partial b} \right| db \, d\varphi = \sin\vartheta \, \frac{1}{\left| \frac{\partial b}{\partial \vartheta} \right|} \, db \, d\varphi. \tag{8.21'}$$

Zur dynamischen Beschreibung des Stoßes, also der Wechselwirkung zweier Teilchen untereinander, wird der *differentielle Wirkungsquerschnitt* $\sigma(\vartheta, u)$ benützt. Er ist definiert durch

$$\sigma(\Omega)\, d^2\Omega := \frac{\begin{pmatrix} \text{Anzahl der Moleküle, die in die Richtung } \Omega \\ \text{innerhalb } d^2\Omega \text{ von einem Streuer pro Sekun-} \\ \text{de abgelenkt werden} \end{pmatrix}}{\text{einfallende Stromdichte}} . \tag{8.22}$$

Die *Stromdichte* ist definiert als die Anzahl der Teilchen, die in einer Sekunde durch eine senkrecht zur Stromrichtung stehende Fläche von 1 cm^2 hindurchtreten.

Ist das Molekül (1) der Streuer, so wird die einfallende Stromdichte für jene Moleküle (2), welche sich im Geschwindigkeitsbereich $d^3 v_2$ um $\vec{v}_2$ befinden, gebildet durch:

$$dI = f(\vec{r}, \vec{v}_2, t) \, d^3 v_2 \, u.$$

Die *mittlere Anzahl der Stöße* während der Zeit dt im Volumen $d^3 r$ um $\vec{r}$ zwischen Molekülen in den Geschwindigkeitsbereichen $d^3 v_1$, $d^3 v_2$ um $(\vec{v}_1, \vec{v}_2)$, welche nach dem

Stoß die relative Geschwindigkeit u im Richtungsbereich $d^2\Omega$ aufweisen, ist somit gegeben durch (Gl. (8.22))

$$\begin{aligned}&(\text{Anzahl der Streuer in } d^3r\,d^3v_1)\cdot dI\,\sigma(\Omega)\,d^2\Omega\,dt =\\ &= f(\vec{r},\vec{v}_1,t)\,f(\vec{r},\vec{v}_2,t)\,u\sigma(\Omega)\,d^2\Omega\,d^3v_1\,d^3v_2\,d^3r\,dt.\end{aligned} \tag{8.19'}$$

Sie ist gleich der Größe (8.19), da die Teilchen mit den geometrischen Streuvariablen $db\,d\varphi$ in das Richtungselement $d^2\Omega$ gestreut werden. Ein Vergleich von Gl. (8.19) mit Gl. (8.19′) liefert eine einfache Beziehung für den differentiellen Wirkungsquerschnitt

$$b\,db\,d\varphi = \sigma(\vartheta,u)\,d^2\Omega = \sigma(\vartheta,u)\,d^2\hat{u}'. \tag{8.22'}$$

Aus Gl. (8.21′) folgt dann für $\sigma(\vartheta, u)$ (σ ist in unserem Fall eines Zentralpotentials als Wechselwirkung nur von ϑ und u abhängig)

$$\sigma(\vartheta,u) = \frac{1}{\sin\vartheta}\left|b\,\frac{\partial b}{\partial\vartheta}\right|.$$

Gl. (8.20) kann daher auch geschrieben werden als

$$R = \int f(\vec{r},\vec{v}_1,t)\,f(\vec{r},\vec{v}_2,t)\,u\sigma(\vartheta,u)\,d^2\Omega\,d^3v_2. \tag{8.23}$$

8.4. Der inverse Stoß

Die klassischen Bewegungsgleichungen der Punktmechanik sind invariant gegen *Inversion,* d. h. gleichzeitig Vorzeichenumkehr von Zeit- und Ortskorrdinaten. Dies ist aus den klassischen Bewegungsgleichungen des Zweierstoßes ersichtlich:

$$m\,\frac{d^2\vec{r}_1}{dt^2} = -\nabla_{r_1}\varphi(|\vec{r}_1-\vec{r}_2|),\quad m\,\frac{d^2\vec{r}_2}{dt^2} = -\nabla_{r_2}\varphi(|\vec{r}_1-\vec{r}_2|),$$

$\varphi(|\vec{r}_1-\vec{r}_2|)$ ist das Wechselwirkungspotential der Teilchen (1) und (2).

Durch die Transformation

$$(t,\vec{r}_1,\vec{r}_2)\longrightarrow(-t,-\vec{r}_1,-\vec{r}_2)$$

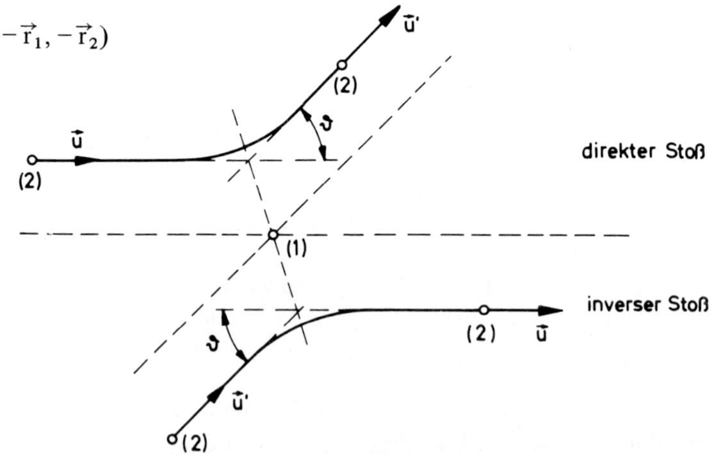

Bild 50

erhält man wieder eine mögliche Bahn der Bewegungsgleichung, wobei beim *inversen Stoß* gegenüber dem *direkten Stoß* die Anfangs- und Endgeschwindigkeiten vertauscht sind (Bild 50). Wesentlich ist dabei, daß nur kugelsymmetrische Kraftfelder (Wechselwirkungspotentiale) auftreten. Für Teilchen mit Spin gibt es den inversen Stoß nicht.

direkter Stoß: $(\vec{v}_1, \vec{v}_2) \longrightarrow (\vec{v}_1', \vec{v}_2')$

inverser Stoß: $(\vec{v}_1', \vec{v}_2') \longrightarrow (\vec{v}_1, \vec{v}_2)$

Da der Wirkungsquerschnitt $\sigma(\vartheta, u)$ nur von ϑ und $u = u'$ abhängt, ist dieser für den direkten und den dazugehörigen inversen Stoß gleich.

8.5. Berechnung von $\bar{R}$

Für die Berechnung von $\bar{R}$ benötigen wir einen Stoß, bei dem (1) nach dem Stoß in $d^3v_1 d^3r$ um $(\vec{v}_1, \vec{r})$ liegt. Wir benützen dazu den inversen Stoß $(\vec{v}_1', \vec{v}_2') \to (\vec{v}_1, \vec{v}_2)$. Die mittlere Anzahl der Stöße in d^3r um $\vec{r}$ während der Zeit dt, so daß die Moleküle nach dem Stoß im Geschwindigkeitsbereich $d^3v_1 d^3v_2$ um $(\vec{v}_1, \vec{v}_2)$ liegen und die geometrischen Streuvariablen $d^2\hat{u}$ besitzen, ist analog zu Gl. (8.19) gegeben durch $(u = u')$ (Gl. (8.18)):

$$f(\vec{r}, \vec{v}_1', t)\, f(\vec{r}, \vec{v}_2', t)\, u\, \sigma(\vartheta, u)\, d^2\hat{u}\, d^3v_1'\, d^3v_2'\, d^3r\, dt =$$

$$= f(\vec{r}, \vec{v}_1', t)\, f(\vec{r}, \vec{v}_2', t)\, u\, \sigma(\vartheta, u)\, d^2\hat{u}'\, d^3v_1\, d^3v_2\, d^3r\, dt.$$

Daraus folgt für $\bar{R}$

$$\bar{R} = \int f(\vec{r}, \vec{v}_1', t)\, f(\vec{r}, \vec{v}_2', t)\, u\, \sigma(\vartheta, u)\, d^2\Omega\, d^3v_2 \tag{8.24}$$

und für den Streuterm $\left(\frac{\partial f}{\partial t}\right)_{\text{coll}}$ nach Gl. (8.9)

$$\left(\frac{\partial f}{\partial t}\right)_{\text{coll}} = \bar{R} - R = \int (f_1' f_2' - f_1 f_2)\, u\, \sigma(\vartheta, u)\, d^2\Omega d^3v_2, \tag{8.24'}$$

wenn wir die Abkürzungen

$$\begin{aligned} f_1 &:= f(\vec{r}, \vec{v}_1, t), \quad f_2 := f(\vec{r}, \vec{v}_2, t) \\ f_1' &:= f(\vec{r}, \vec{v}_1', t), \quad f_2' := f(\vec{r}, \vec{v}_2', t) \end{aligned} \tag{8.24''}$$

einführen. Damit erhalten wir eine nichtlineare Integrodifferentialgleichung für die Verteilungsfunktion $f(\vec{r}, \vec{v}_1, t)$:

$$\boxed{\left(\frac{\partial}{\partial t} + \vec{v}_1 \cdot \nabla_r + \frac{\vec{F}}{m} \cdot \nabla_{v_1}\right) f(\vec{r}, \vec{v}_1, t) = \int (f_1' f_2' - f_1 f_2)\, u\, \sigma(\vartheta, u)\, d^2\Omega\, d^3v_2.} \tag{8.25}$$

Diese Gleichung wurde 1872 von *Boltzmann* abgeleitet. Sie wird daher *Boltzmann-Gleichung* genannt. Sie ist gegen Zeitumkehr nicht invariant, beschreibt also irreversible Prozesse. Dies ist eine Folge der *Annahme des molekularen Chaos* (siehe (8.19)).

Das Problem der kinetischen Gastheorie ist damit auf das mathematische Problem der Lösung der Boltzmann-Gleichung (8.25) zurückgeführt.

8.6. Das Boltzmannsche H-Theorem

Die Verteilungsfunktion ist von der Zeit abhängig. Ein Gas, das nicht im Gleichgewicht ist, aber unter konstanten Nebenbedingungen steht, verändert sich mit der Zeit, bis es schließlich das entsprechende Gleichgewicht erreicht hat und dann keine Veränderung mehr erfährt. Die Verteilungsfunktion, die diesen Gleichgewichtszustand beschreibt, muß daher definitionsgemäß die zeitunabhängige Lösung der Boltzmann-Gleichung sein. Wir werden sehen, daß diese Lösung der Grenzwert der zeitabhängigen Verteilungsfunktion für $t \to \infty$ ist, was auch den Erwartungen entspricht.

Angenommen, wir hätten keine äußere Kraft, und f wäre von $\vec{r}$ unabhängig ($\nabla_r f = 0$) – dies ist mit der Kräftefreiheit verträglich – so lautet die Boltzmann-Gleichung:

$$\frac{\partial f(\vec{v}_1, t)}{\partial t} = \int d^3 v_2 \int d^2 \Omega \, \sigma(\vartheta, u) \, u (f_2' f_1' - f_2 f_1). \tag{8.26}$$

Bezeichnen wir die Gleichgewichtsverteilung, die ja von der Zeit unabhängig ist, mit f_0, so ist $\frac{\partial f_0}{\partial t} = 0$. Für diese gilt dann:

$$0 = \int d^3 v_2 \int d^2 \Omega \, \sigma(\vartheta, u) \, u \, [f_0(\vec{v}_2') \, f_0(\vec{v}_1') - f_0(\vec{v}_2) \, f_0(\vec{v}_1)]. \tag{8.27}$$

Die hinreichende Bedingung dafür, daß dieses Integral verschwindet, ist das Verschwinden des Klammerausdruckes

$$f_0(\vec{v}_2') \, f_0(\vec{v}_1') - f_0(\vec{v}_2) \, f_0(\vec{v}_1) = 0 \tag{8.28}$$

für jeden beliebigen Stoß $(\vec{v}_1, \vec{v}_2) \to (\vec{v}_1', \vec{v}_2')$. Gl. (8.28) ist auch eine notwendige Bedingung für das Verschwinden des Integrals, solange $\sigma(\vartheta, u)$ selbst nicht verschwindet.

Um auch die Notwendigkeit von Gl. (8.28) zu zeigen, definieren wir das *Boltzmannsche Funktional:*

$$H(t) := \int d^3 v \, f(\vec{v}, t) \ln f(\vec{v}, t). \tag{8.29}$$

Dabei ist $f(\vec{v}, t)$ die Verteilungsfunktion zur Zeit t und genügt der Boltzmann-Gleichung (8.26). Gl. (8.29) differenziert, ergibt:

$$\frac{dH(t)}{dt} = \int d^3 v \, \frac{\partial f(\vec{v}, t)}{\partial t} \, [1 + \ln f(\vec{v}, t)]. \tag{8.30}$$

Für $\frac{\partial f}{\partial t} = 0$ folgt

$$\frac{dH}{dt} = 0. \tag{8.31}$$

Gl. (8.31) ist also eine notwendige Bedingung dafür, daß $\frac{\partial f}{\partial t} = 0$ ist. $\frac{dH}{dt} = 0$ sagt aber dasselbe aus wie Gl. (8.28), was wir gleich zeigen werden. D. h. aber, Gl. (8.28) ist ebenso wie Gl. (8.31) eine notwendige Bedingung für das Verschwinden von $\frac{\partial f}{\partial t}$ und somit für den Gleichgewichtszustand.

Die Äquivalenz der Gln. (8.31) und (8.28) können wir mit Hilfe des *Boltzmannschen H-Theorems* zeigen, welches besagt

$$\frac{dH(t)}{dt} \leqslant 0. \tag{8.32}$$

Zum Beweis von Gl. (8.32) setzen wir (8.26) in (8.30) ein und erhalten:

$$\frac{dH}{dt} = \int d^3v_1 d^3v_2 d^2\Omega\, \sigma(\vartheta, u)\, u(f_2' f_1' - f_2 f_1)(1 + \ln f_1). \tag{8.33}$$

Dieses Integral ist gegen Vertauschung von $\vec{v}_1$ und $\vec{v}_2$ invariant, da $\sigma(\vartheta, u)$ dagegen invariant ist. Führen wir diese Vertauschung in Gl. (8.33) durch und bilden die halbe Summe aus Gl. (8.33) und dem neuen Integral, so erhalten wir:

$$\frac{dH}{dt} = \frac{1}{2}\int d^3v_1 d^3v_2 d^2\hat{u}'\, \sigma(\vartheta, u)\, u(f_2' f_1' - f_2 f_1)(2 + \ln(f_1 f_2)). \tag{8.34}$$

Dies ist nun wieder gegen Vertauschung von $(\vec{v}_1, \vec{v}_2)$ und $(\vec{v}_1', \vec{v}_2')$ invariant, da es zu jedem Stoß einen inversen mit dem gleichen Wirkungsquerschnitt gibt:

$$\frac{dH}{dt} = \frac{1}{2}\int d^3v_1' d^3v_2' d^2\hat{u}\, \sigma(\vartheta, u)\, u'(f_2 f_1 - f_2' f_1')(2 + \ln(f_1' f_2')). \tag{8.35}$$

Die halbe Summe von Gl. (8.34) und (8.35) ergibt bei Berücksichtigung von $d^3v_1' d^3v_2' d^2\hat{u} = d^3v_1 d^3v_2 d^2\hat{u}' = d^3v_1 d^3v_2 d^2\Omega$ und $u' = u$

$$\frac{dH}{dt} = \frac{1}{4}\int d^3v_1 d^3v_2 d^2\Omega\, \sigma(\vartheta, u)\, u(f_2' f_1' - f_2 f_1)(\ln(f_1 f_2) - \ln(f_1' f_2')). \tag{8.36}$$

Dieses Integral ist nie positiv, da (wegen $f_2' f_1' \geqslant 0$ und $f_2 f_1 \geqslant 0$) $f_2 f_1 - f_2' f_1'$ immer das gleiche Vorzeichen hat wie $\ln \frac{f_2 f_1}{f_2' f_1'}$ und alle anderen Größen in Gl. (8.36) postiv sind. Das bedeutet, daß $\frac{dH}{dt}$ tatsächlich kleiner oder gleich Null ist, und zwar nur dann gleich Null, wenn für *alle* Stöße $(\vec{v}_1, \vec{v}_2) \rightarrow (\vec{v}_1', \vec{v}_2')$, d. h. den gesammten Integrationsbereich,

$$f_2' f_1' - f_2 f_1 = 0$$

ist. Damit ist auch die Notwendigkeit von Gl. (8.28) bewiesen.

Aus der Forderung, daß H wegen der beschränkten Teilchenzahl und Energie selbst eine obere und untere Schranke hat, folgt zwangsläufig, daß für $t \rightarrow \infty$ $\frac{dH}{dt} \rightarrow 0$ gehen muß. D. h. aber, daß auch für beleibige Anfangsbedingungen

$$\frac{\partial f}{\partial t} \xrightarrow[t \rightarrow \infty]{} 0$$

gilt. Daher geht $f(\vec{v}, t)$ im Grenzfall $t \rightarrow \infty$ in die Gleichgewichtsverteilung $f(\vec{v}, t \rightarrow \infty) = f_0(\vec{v})$ über. $f_0(\vec{v})$ heißt *Maxwell-Boltzmann-Verteilung*.

8.7. Die Maxwell-Boltzmann-Verteilung

Die Verteilungsfunktion $f_0(\vec{v})$ für das Gleichgewicht muß Gl. (8.28) erfüllen:

$$f_0(\vec{v}_1)\, f_0(\vec{v}_2) = f_0(\vec{v}_2')\, f_0(\vec{v}_2'). \tag{8.28}$$

Um die Maxwell-Boltzmann-Verteilung zu finden, bilden wir den Logarithmus von (8.28):

$$\ln f_0(\vec{v}_1) + \ln f_0(\vec{v}_2) = \ln f_0(\vec{v}_1') + \ln f_0(\vec{v}_2'). \tag{8.37}$$

Gl. (8.37) hat das Aussehen eines Erhaltungssatzes. Für jeden Erhaltungssatz gilt nämlich, daß die Summe der auftretenden Werte einer Größe vor dem Stoß gleich ist der Summe der entsprechenden Werte nach dem Stoß. Ist $\chi(\vec{v})$ irgendeine Größe des Moleküls, die von der Geschwindigkeit $\vec{v}$ abhängt, für die $\chi(\vec{v}_1) + \chi(\vec{v}_2)$ beim Stoß erhalten bleibt, so ist

$$\ln f_0(\vec{v}) = \chi(\vec{v})$$

eine Lösung von Gl. (8.37). Die allgemeinste Lösung von (8.37) ist allerdings die Linearkombination

$$\ln f_0(\vec{v}) = a_1\chi_1(\vec{v}) + a_2\chi_2(\vec{v}) + \ldots ;$$

dabei sind $\chi_1, \chi_2, \ldots$ alle von einander unabhängigen Erhaltungsgrößen des Stoßes und $a_1, a_2, \ldots$ beliebige Konstante. Für die spinlosen Moleküle sind diese:

$$\left.\begin{array}{llll} \vec{v}: & \vec{v}_1 + \vec{v}_2 = \vec{v}_1' + \vec{v}_2' & \text{(aus Impulssatz)} & \Big|\cdot \vec{a}_2 \\ v^2: & v_1^2 + v_2^2 = v_1'^2 + v_2'^2 & \text{(aus Energiesatz)} & \Big|\cdot a_1 \\ c: & c + c = c + c & \text{(aus Massenerhaltung)} & \Big|\cdot a_3 \end{array}\right\} \tag{8.38}$$

(c ist eine beliebige, jedem Molekül zugeordnete Konstante).

Jede beliebige Linearkombination von (8.38) ist daher ebenfalls Erhaltungsgröße und erfüllt Gl. (8.37). Wir bilden daher eine Linearkombination von $\vec{v}^2, \vec{v}$ und c derart, daß

$$\ln f_0(\vec{v}) = -A(\vec{v} - \vec{v}_0)^2 + \ln C$$

oder

$$f_0(\vec{v}) = C\, e^{-A(\vec{v} - \vec{v}_0)^2} \tag{8.39}$$

ist, mit

$$A = -a_1, \quad \vec{v}_0 = -\frac{\vec{a}_2}{2a_1}, \quad C = e^{-\frac{a_2^2}{4a_1} + a_3 c}.$$

Die Konstanten A, C und $\vec{v}_0$ lassen sich durch makroskopische Größen des Systems ausdrücken.

Eine derartige Größe ist z. B. die Teilchendichte (siehe Gl. (8.3)), für die wir erhalten (statt mittlerer Teilchendichte sagen wir kurz Teilchendichte):

$$n := \frac{N}{V} = \int f_0(v)\, d^3v = C \int d^3v\, e^{-A(\vec{v} - \vec{v}_0)^2} = C \int d^3v'\, e^{-Av'^2} = C \left(\frac{\pi}{A}\right)^{3/2}, \tag{8.40}$$

wenn $\vec{v}' = \vec{v} - \vec{v}_0$.

Daraus folgt, daß

$$C = \left(\frac{A}{\pi}\right)^{3/2} n \tag{8.41}$$

ist und $A > 0$ sein muß.

Um dies zu zeigen, führen wir das Volumenelement im Geschwindigkeitsraum in Kugelkoordinaten ein ($\vec{v}'$ wird einfachheitshalber im weiteren mit $\vec{v}$ bezeichnet), um Gl. (8.40) zu berechnen

$$d^3v := dv_x dv_y dv_z = v^2 dv\, d\Omega = v^2 dv \sin\vartheta\, d\vartheta\, d\varphi.$$

Dabei gilt $v^2 = v_x^2 + v_y^2 + v_z^2$, (v, ϑ, φ) sind die Kugelkoordinaten im Geschwindigkeitsraum und $d^2\Omega = \sin\vartheta\, d\vartheta\, d\varphi$ ist das dazugehörige Raumwinkelelement (nicht mit $d^2\Omega$ von Gl. (8.21′) verwechseln), d. h. das Flächenelement auf der Einheitskugel. Damit erhalten wir für Gl. (8.40)

$$\int_0^{2\pi} d\varphi \int_0^{\pi} \sin\vartheta\, d\vartheta \int_0^{\infty} v^2 e^{-Av^2} dv = 4\pi \int_0^{\infty} v^2 e^{-Av^2} dv. \tag{8.42}$$

Die Integration über das Raumwinkelelement $d\Omega$ kann sofort durchgeführt werden, da die Verteilungsfunktion von ϑ, φ unabhängig ist, und liefert den Wert 4π. Es bleibt nur noch das Integral $\int v^2 e^{-Av^2} dv$ oder allgemein (das nun öfter vorkommende Integral)

$$J_n(a) := \int_0^{\infty} v^n e^{-av^2} dv, \qquad n = 0, 1, 2, \ldots \tag{8.43}$$

(das sogenannte n-te Moment der Funktion e^{-av^2}) zu berechnen. Es ist

$$\frac{dJ_n}{da} = -\int_0^{\infty} v^{n+2} e^{-av^2} dv = -J_{n+2}(a) \tag{8.44}$$

und

$$J_0 = \int_0^{\infty} e^{-av^2} dv = \frac{1}{2}\sqrt{\frac{\pi}{a}} \qquad \text{aus} \int_{-\infty}^{\infty} e^{-x^2} dx = \sqrt{\pi} \quad ,$$

$$J_1 = \int_0^{\infty} v\, e^{-av^2} dv = \frac{1}{2a}\int_0^{\infty} e^{-av^2} d(av^2) = -\frac{1}{2a} e^{-av^2} \Big|_0^{\infty} = \frac{1}{2a}.$$

Aus J_0 folgen durch Differenzieren nach a alle geraden und aus J_1 alle ungeraden Momente. Wir erhalten:

$$\left.\begin{aligned} J_0 &= \frac{1}{2}\sqrt{\frac{\pi}{a}}, \quad J_2 = \frac{\sqrt{\pi}}{4a^{3/2}}, \quad J_4 = \frac{3\sqrt{\pi}}{8a^{5/2}}, \quad J_6 = \frac{15\sqrt{\pi}}{16a^{7/2}}, \ldots \\ J_1 &= \frac{1}{2a}, \qquad J_3 = \frac{1}{2a^2}, \qquad J_5 = \frac{1}{a^3}, \qquad J_7 = \frac{3}{a^4}, \ldots \end{aligned}\right\} \tag{8.45}$$

Allgemein gilt für gerade bzw. ungerade Momente

$$J_{2k}(a) := \int_0^\infty v^{2k} e^{-av^2}\, dv = \frac{1.3.5.\ldots.(2k-1)\sqrt{\pi}}{2^{k+1} a^{k+1/2}}, \quad k = 0, 1, 2, \ldots$$

$$J_{2k+1}(a) := \int_0^\infty v^{2k+1} e^{-av^2}\, dv = \frac{k!}{2a^{k+1}}, \quad k = 0, 1, 2, \ldots \tag{8.46}$$

Das Integral (8.40) ist also gleich

$$\int d^3 v e^{-Av^2} = 4\pi \int_0^\infty v^2 e^{-Av^2}\, dv = 4\pi \frac{\sqrt{\pi}}{4A^{3/2}} = \left(\frac{\pi}{A}\right)^{3/2}. \tag{8.47}$$

Für die mittlere Geschwindigkeit folgt nun mit der Verteilungsfunktion (8.39)

$$\langle \vec{v} \rangle = \frac{C}{n} \int \vec{v} e^{-A(\vec{v}-\vec{v}_0)} d^3 v = \frac{C}{n} \int (\vec{v}' + \vec{v}_0)\, e^{-Av'^2} d^3 v' = \vec{v}_0. \tag{8.48}$$

Dabei wurde die Integrationsvariable wie in Gl. (8.40) substituiert. Das Integral $\int \vec{v} e^{-Av^2} d^3 v$ ist Null, da alle Richtungen von $\vec{v}$ gleich häufig vorkommen und sich daher gegenseitig aufheben.

Die mittlere Geschwindigkeit des Gases ist also durch $\vec{v}_0$ gegeben. Führt das Gas als Ganzes keine Translationsbewegung durch, müssen wir $\vec{v}_0 = 0$ setzen. Im weiteren werden wir (bis auf wenige Ausnahmen) nur ruhende Gase betrachten und haben daher

$$f_0(\vec{v}) = C\, e^{-Av^2}. \tag{8.49}$$

Wir wollen nun die mittlere Energie $\bar{\epsilon}$ eines Moleküls berechnen. Sie ist gegeben durch

$$\bar{\epsilon} = \frac{\int d^3 v \frac{1}{2} m v^2 f_0(\vec{v})}{\int d^3 v\, f_0(\vec{v})} = \frac{m\overline{v^2}}{2}. \tag{8.50}$$

Dies gibt mit den Gln. (8.41), (8.45) und (8.49):

$$\bar{\epsilon} = \frac{mC}{2n} \int d^3 v\, v^2 e^{-Av^2} = \frac{2\pi m C}{n} \int_0^\infty dv\, v^4 e^{-Av^2} = \frac{3}{4} \frac{m}{A}. \tag{8.51}$$

Die Konstanten A und C hängen also von der mittleren Energie ab:

$$A = \frac{3}{4} \frac{m}{\bar{\epsilon}}, \tag{8.52}$$

$$C = n \left(\frac{3m}{4\pi\bar{\epsilon}}\right)^{3/2}. \tag{8.53}$$

$\bar{\epsilon}$ ist nicht direkt meßbar. Da zwischen $\bar{\epsilon}$ und dem Druck eine Relation besteht, der Druck jedoch direkt meßbar ist, wollen wir diesen berechnen. Der Druck ist die mittlere Kraft, die das Gas auf die Flächeneinheit der vollständig reflektierenden Gefäßwand ausübt. Atomistisch gesehen entsteht die Kraft durch die Impulsänderung der aufprallenden Moleküle $\left(\vec{F} = \frac{d\vec{p}}{dt}, \vec{p} = m\vec{v}\right.$ Impuls eines Moleküls, $\vec{F}$ ausgeübte Kraft des Moleküls$\Big)$. Betrachten wir eine Fläche senkrecht zur x-Achse. Nur Teilchen mit $v_x > 0$ treffen auf diese Fläche und werden reflektiert. Jedes Teilchen gibt dabei den Impuls $2mv_x$ an die Fläche ab. Teilchen, die eine Geschwindigkeit $\vec{v}$ innerhalb d^3v mit den Komponenten $v_x > 0$ haben, treffen pro Sekunde und Quadratzentimeter die Wand, wenn sie in einem Volumen $v_x \cdot 1\ \text{cm}^2$ liegen (Bild 51). Das sind $v_x f_0(v)\, d^3v$ Teilchen. Der pro Sekunde abgegebene Impuls für alle Geschwindigkeiten zusammen ist aber gleich der auf $1\ \text{cm}^2$ ausgeübte Kraft, also gleich dem Druck P:

$$P = \int_{v_x > 0} 2mv_x^2 f_0(\vec{v})\, d^3v = 2mC \int_0^\infty v_x^2 e^{-Av_x^2} dv_x \int_{-\infty}^\infty e^{-Av_y^2} dv_y \int_{-\infty}^\infty e^{-Av_z^2} dv_z = \qquad (8.54)$$

$$= mC \int v_x^2 e^{-Av^2} d^3v = \frac{1}{3}\, mC \int v^2 e^{-Av^2} d^3v.$$

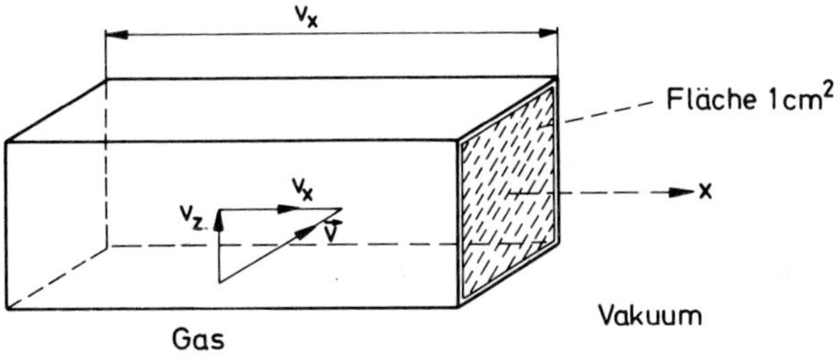

Bild 51

Das letzte Gleichheitszeichen von (8.54) ist wegen

$$\int v_x^2\, e^{-Av^2} d^3v = \int v_y^2\, e^{-Av^2} d^3v = \int v_z^2\, e^{-Av^2} d^3v$$

und

$$v^2 = v_x^2 + v_y^2 + v_z^2$$

gerechtfertigt. Das heißt nichts anderes, als daß die Mittelwerte von v_x^2, v_y^2 und v_z^2 gleich sind. Dies ist eine Folge davon, daß die Verteilungsfunktion nur von $|\vec{v}|$ abhängt, also richtungsunabhängig ist. Mit Gl. (8.51) erhalten wir schließlich

$$P = \frac{2}{3}\, n\bar{\epsilon}. \qquad (8.55)$$

Dies ist die Zustandsgleichung des idealen Gases, da in Gl. (8.55) kein zweites Glied der Ordnung $\left(\frac{N}{V}\right)^2$ auftritt, wie es für eine nichtideale Zustandsgleichung sein müßte. Das

Erscheinen der idealen Zustandsgleichung überrascht, da in der Boltzmanngleichung Zweierstöße berücksichtigt werden und man daher eine nichtideale Zustandsgleichung erwarten würde. Die Erklärung ist, daß in der Boltzmann-Gleichung der Zweiteilchenstoß nicht vollständig berücksichtigt wurde (*Hirschfelder* et al., 1954). Für die Transportvorgänge bei mittleren Drucken ist jedoch eine Korrektur nicht nötig. Vergleicht man Gl. (8.55) mit der Temperaturdefinition durch das ideale Gas

$$P = \frac{\nu}{V} RT = \frac{N}{V} \frac{\nu R}{N} T = nkT \tag{8.56}$$

$\left[\nu \text{ Molzahl (sie wurde früher mit n bezeichnet), } n = \frac{N}{V} \text{ Teilchendichte, } \frac{\nu R}{N} = \frac{R}{L} =: k\right]$, so ergibt sich $\bar{\epsilon}$ als Funktion der Temperatur:

$$\bar{\epsilon} = \frac{m\overline{v^2}}{2} = \frac{3}{2} kT. \tag{8.57}$$

Wir haben dabei zwei neue Größen nämlich die konstante Anzahl der Moleküle pro Mol, die sogenannte

Loschmidtsche Zahl $\quad L := \frac{N}{\nu} = 6{,}0220 \cdot 10^{23}$ Moleküle/mol (8.58)

und die

Boltzmann-Konstante $\quad k := \frac{R}{L} = 1{,}3807 \cdot 10^{-16}$ erg/K (8.59)

benützt. Mit Gl. (8.53) folgt für A und C

$$A = \frac{3}{4} \frac{m}{\bar{\epsilon}} = \frac{m}{2kT}, \qquad C = n\left(\frac{3m}{4\pi\bar{\epsilon}}\right)^{3/2} = n\left(\frac{m}{2\pi kT}\right)^{3/2}. \tag{8.60}$$

Wenn äußere Kräfte fehlen, ist die Gleichgewichtsverteilung eine Funktion der Variablen T, n und $\vec{v}_0$ (Gl. (8.39))

$$\boxed{f_0(\vec{v}) = n\left(\frac{m}{2\pi kT}\right)^{3/2} e^{-\frac{m(\vec{v}-\vec{v}_0)^2}{2kT}},} \tag{8.61}$$

wobei $\vec{v} - \vec{v}_0$ an die Stelle von $\vec{v}$ in Formel (8.57) tritt. Es gilt dann

$$\frac{m\overline{(\vec{v}-\vec{v}_0)^2}}{2} = \frac{3}{2} kT. \tag{8.57'}$$

Gl. (8.61) ist die *Maxwell-Boltzmann-Verteilung* für ein Gas mit der Translationsgeschwindigkeit $\vec{v}_0$. Sie gibt an, wie viele Teilchen pro μ-Raumeinheit mit der Geschwindigkeit $\vec{v}$ anzutreffen sind. Wenn in ein ruhendes Gas ($\vec{v}_0 = 0$) eine vollkommen relfektierende Wand eingeschoben wird, ändert sich $f_0(\vec{v})$ nicht. Denn $f_0(\vec{v})$ hängt nur vom Betrag von $\vec{v}$ ab, der sich bei Reflexion an der Wand nicht ändert. Die Maxwell-Boltzmann-Verteilung wird also von einer Wand nicht beeinflußt. Der Einfluß der Wände wurde daher am Beginn der Ableitung mit Recht vernachlässigt.

Wir wollen nun die wahrscheinlichste Geschwindigkeit, den mittleren Absolutbetrag der Geschwindigkeit sowie das mittlere Geschwindigkeitsquadrat eines ruhenden Gases berechnen. Die wahrscheinlichste Geschwindigkeit v_w der Moleküle eines Gases mit $\vec{v}_0 = 0$ ist jene, bei der die größte Teilchendichte in dv

$$dn = 4\pi v^2 f_0(\vec{v})\, dv$$

auftritt, d. h. jene Geschwindigkeit, bei der $4\pi v^2 f_0(\vec{v})$ ein Maximum bzw. die Ableitung davon gleich Null ist:

$$\frac{d}{dv}\left(v^2 e^{-Av^2}\right) = 0,$$

$$(2v - 2Av^3)\, e^{-Av^2} = 0,$$

$$v_w = v = \frac{1}{\sqrt{A}} = \sqrt{\frac{2kT}{m}}. \tag{8.62}$$

Der mittlere Absolutbetrag der Geschwindigkeit (nicht mit Gl. (8.48) zu verwechseln) ist gegeben durch (Gl. (8.4)):

$$\langle v \rangle = \bar{v} = \frac{\int v f_0(\vec{v})\, d^3v}{\int f_0(\vec{v})\, d^3v}.$$

Wir erhalten mit Gl. (8.45)

$$\bar{v} = \frac{4\pi}{n}\, n \left(\frac{m}{2\pi kT}\right)^{3/2} \int_0^\infty v^3 e^{\frac{mv^2}{2kT}}\, dv = 4\pi \left(\frac{m}{2\pi kT}\right)^{3/2} \frac{1}{2} \left(\frac{2kT}{m}\right)^2,$$

$$\bar{v} = \frac{2}{\sqrt{\pi}} \sqrt{\frac{2kT}{m}} = \sqrt{\frac{8kT}{\pi m}} = \frac{2}{\sqrt{\pi}}\, v_w > v_w. \tag{8.63}$$

Analog ergibt sich für das mittlere Geschwindigkeitsquadrat:

$$\overline{v^2} = \langle v^2 \rangle = \frac{\int v^2 f_0(\vec{v})\, d^3v}{\int f_0(\vec{v})\, d^3v} =$$

$$= \frac{4\pi}{n}\, n \left(\frac{m}{2\pi kT}\right)^{3/2} \int_0^\infty v^4 e^{-\frac{mv^2}{2kT}}\, dv = 4\pi \left(\frac{m}{2\pi kT}\right)^{3/2} \frac{3}{8} \sqrt{\frac{\pi}{A^5}},$$

$$\overline{v^2} = \frac{3kT}{m}. \tag{8.64}$$

Dieses Resultat hätten wir auch sofort aus Gl. (8.50), also

$$\bar{\epsilon} = \frac{\overline{mv^2}}{2} = \frac{3}{2}\,kT, \tag{8.57}$$

durch Multiplikation mit $\frac{2}{m}$ erhalten.

Die Wurzel aus dem mittleren Geschwindigkeitsquadrat ist größer als die wahrscheinlichste und die mittlere Geschwindigkeit (Bild 52)

$$\sqrt{\overline{v^2}} = \sqrt{\frac{3kT}{m}} = \sqrt{\frac{3}{2}}\,v_w = \sqrt{\frac{3\pi}{8}}\,\bar{v} > \bar{v};\quad v_w < \bar{v} < \sqrt{\overline{v^2}},$$

$$v_w : \bar{v} : \sqrt{\overline{v^2}} = 1 : \sqrt{\frac{4}{\pi}} : \sqrt{\frac{3}{2}} = 1 : 1{,}128 : 1{,}225.$$

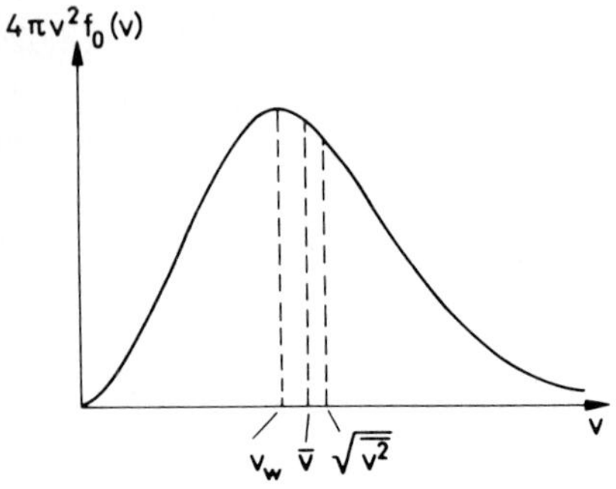

Bild 52

Mit der absoluten Temperatur T = 273,15 K = 0 °C, der Gaskonstanten und dem Molekulargewicht für verschiedene Gase ergeben sich z. B. folgende Werte:

	$\sqrt{\overline{v^2}}/\frac{m}{s}$	$\bar{v}/\frac{m}{s}$	$v_w/\frac{m}{s}$
H_2	1838	1694	1487
O_2	461	425	377
J_2	164	151	138
N_2	492	453	398

Diese Werte liegen in der Größenordnung der jeweiligen Schallgeschwindigkeit. Denn

$$c_{Schall} = \sqrt{\kappa\frac{P}{\rho}} = \sqrt{\kappa\frac{kT}{m}} = \sqrt{\frac{\kappa}{2}}\,v_w = \sqrt{\frac{\kappa}{3}}\sqrt{\overline{v^2}}. \tag{8.65}$$

Für Geschwindigkeiten v, die größer als die Lichtgeschwindigkeit c sind, müßte $4\pi v^2 f_0(\vec{v})$ Null werden, da es laut Relativitätstheorie keine Teilchen mit Überlichtgeschwindigkeit geben kann. Dies ist hier nicht der Fall und rührt daher, daß für die Ableitung von $f_0(\vec{v})$ die klassische Mechanik (Newtonsche Mechanik) benützt wurde. Bei Raumtemperatur ist dieser Fehler vernachlässigbar; da hier $\bar{v} \ll c$ ist. Eine grobe Abschätzung, oberhalb welcher Temperatur die relativistische Mechanik zu benützen ist, erhalten wir, wenn wir $\bar{v} = c$ setzen. Mit $kT \approx mc^2$ ergibt sich z. B. für H_2 $T \approx 10^{13}$ K.

8.8. Gleichgewichtsverteilung bei äußerem Kraftfeld

Wir werden nun die Gleichgewichtsverteilung eines verdünnten Gases bei Anwesenheit eines äußeren Kraftfeldes

$$\vec{F} = -\nabla\varphi(\vec{r}) \qquad (\varphi(\vec{r}) \text{ Potential des Feldes}) \tag{8.66}$$

untersuchen. Dazu stellen wir die Behauptung auf, daß (B ist eine Konstante)

$$f_0(\vec{r}, \vec{v}) = Bf_0(\vec{v})\, e^{-\varphi(\vec{r})/kT} = B\,\frac{N}{V}\left(\frac{m}{2\pi kT}\right)^{3/2} e^{-\left(\frac{mv^2}{2} + \varphi(\vec{r})\right)\frac{1}{kT}}$$

eine Gleichgewichtlösung der Boltzmannschen Transportgleichung (8.25) ist. *Beweis:*

1. $\dfrac{\partial f_0(\vec{r}, \vec{v})}{\partial t} = 0,$ da keine Zeitabhängigkeit vorhanden.

2. $\left(\dfrac{\partial f_0(\vec{r}, \vec{v})}{\partial t}\right)_{\text{coll}} = 0,$ da φ von $\vec{v}$ unabhängig ist und daher vor das Integral gezogen werden kann:

$$\left(\frac{\partial f_0(\vec{r}, \vec{v})}{\partial t}\right)_{\text{coll}} = B^2 e^{-2\varphi(\vec{r})/kT} \int d^3v_2 \int d\Omega\, \sigma(\vartheta, u) \cdot |\vec{v}_2 - \vec{v}_1|\, [f_0(v_2')\, f_0(v_1') - f_0(v_2)\, f_0(v_1)] = 0.$$

Das Integral ist wegen Gl. (8.28) gleich Null. 1. und 2. sind notwendige Bedingungen für die Gleichgewichtsverteilung, die daher

$$\left(\vec{v} \cdot \nabla_r + \frac{1}{m}\vec{F} \cdot \nabla_v\right) f_0(\vec{r}, \vec{v}) = 0$$

erfüllen muß. Daß f_0 diese Differentialgleichung erfüllt, sieht man sofort durch Einsetzen und Beachten von Gl. (8.66):

$$\left[\vec{v} \cdot \left(-\frac{1}{kT}\nabla\varphi(\vec{r})\right) + \frac{1}{m}\vec{F} \cdot \left(-\frac{m\vec{v}}{kT}\right)\right] = 0.$$

Mit der Normierungsbedingung

$$N = \int f_0(\vec{r}, \vec{v})\, d^3r\, d^3v$$

erhalten wir für die Konstante

$$B = \frac{V}{\int e^{-\varphi(\vec{r})/kT}\, d^3r}.$$

Die Verteilungsfunktion lautet endgültig

$$f(\vec{r}, \vec{v}) = n(\vec{r})\left(\frac{m}{2\pi kT}\right)^{3/2} e^{-\frac{mv^2}{2kT}}. \tag{8.67}$$

Dabei ist

$$n(\vec{r}) = \int f(\vec{r}, \vec{v})\, d^3v = B\,\frac{N}{V}\, e^{-\frac{\varphi(\vec{r})}{kT}} \tag{8.68}$$

die ortsabhängige *Teilchendichte.*

Bisher haben wir die Verteilungsfunktion im Geschwindigkeitsraum benützt. Wir können aber ebensogut eine Verteilungsfunktion $f(\vec{r}, \vec{p})$ für den Impulsraum definieren durch

$$d^6N = f(\vec{r}, \vec{v})\, d^3r d^3v =: f(\vec{r}, \vec{p})\, d^3r d^3p, \tag{8.69}$$

wobei wegen $\vec{p} = m\vec{v}$

$$f(\vec{r}, \vec{p}) = m^{-3} f(\vec{r}, \vec{v}) \tag{8.70}$$

ist. Allgemein können wir daher sagen

$$f_0(\vec{r}, \vec{p}) = C' e^{-\frac{H(\vec{r}, \vec{p})}{kT}},$$

da

$$\frac{mv^2}{2} + \varphi(\vec{r}) = \frac{\vec{p}^{\,2}}{2m} + \varphi(\vec{r}) = H(\vec{r}, \vec{p}) \tag{8.71}$$

die Hamiltonfunktion (bzw. Gesamtenergie E) eines Teilchens ist. Die Konstante C' ist wieder durch die Normierungsbedingung

$$N = \int f_0(\vec{r}, \vec{p})\, d^3r\, d^3p$$

bestimmt. Damit erhalten wir endgültig

$$\boxed{f_0(\vec{r}, \vec{p}) = \frac{N}{z}\, e^{-\frac{H(\vec{r}, \vec{p})}{kT}}} \quad \textit{(allgemeine Maxwell-Boltzmann-Verteilung)}, \tag{8.72}$$

wobei

$$\boxed{z = \int e^{-\frac{H}{kT}}\, d^3r d^3p} \tag{8.73}$$

bis auf einen universellen Faktor das sogenannte *Zustandsintegral* (bzw. *Zustandssumme*) ist (siehe Seite 212).

Anwendung der Gleichgewichtsverteilung:

8.8.1. Barometrische Höhenformel

Gesucht ist die Dichteverteilung eines Gases konstanter Temperatur im homogenen Schwerefeld (die Koordinate z nicht mit dem Zustandsintegral z verwechseln)

$$\varphi(\vec{r}) = \varphi(x, y, z) = mgz.$$

Aus $d^6N = f_0(\vec{r}, \vec{p})\, d^3r d^3p$ folgt für die ortsabhängige Dichte

$$n(\vec{r}) = \frac{d^3N}{d^3r} = \int f_0(\vec{r}, \vec{p})\, d^3p.$$

Ist die Dichte am Erdboden $n(z = 0) = n_0$ gegeben, erhält man mit Gl. (8.68) sofort die von der Höhe abhängige Dichteverteilung

$$n(z) = n_0 e^{-\frac{mgz}{kT}}.$$

Geht man mit

$$\frac{L}{v} = n, \quad R = Lk, \quad P = \frac{RT}{v} = \frac{L}{v} kT = nkT$$

zum Druck über, so erhält man

$$P(z) = P_0 e^{-\frac{mgz}{kT}}, \tag{8.74}$$

wobei $P_0 = n_0 kT$ der Druck bei $z = 0$ ist. Weiter ist

$$\frac{m}{kT} = \frac{Lm}{LkT} = \frac{\mu}{RT} = \frac{\mu}{P_0 v_0} = \frac{\rho_0}{P_0},$$

$Lm =: \mu$ Molmasse, $\rho_0 = \frac{\mu}{v_0}$ Massendichte bei $z = 0$. Der Index 0 bezeichnet die jeweilige ortsabhängige Größe bei $z = 0$. Wir können daher die atomaren Größen durch die direkt meßbaren Größen ρ_0 und P_0 ausdrücken. Also ist der Druck als Funktion der Höhe

$$P(z) = P_0 e^{-\frac{\rho_0 gz}{P_0}}. \tag{8.75}$$

Diese Formel wird *barometrische Höhenformel* genannt. Sie gilt nur, wenn T zeit- und ortsunabhängig ist.

8.8.2. Mittlere Energie eines Kristalls der Temperatur T

Kristallmodell: Regelmäßige Anordnung unabhängiger (keine gegenseitige Koppelung angenommen) räumlicher harmonischer Oszillatoren. Wir nehmen an, daß das thermodynamische Gleichgewicht auch dieser nicht wechselwirkenden Teilchen durch die Maxwell-Boltzmann-Verteilung (8.72) beschrieben wird, was die statistische Mechanik rechtfertigt.

Die Hamiltonfunktion des i-ten Oszillators lautet

$$H_i = T_i + \varphi_i$$

mit

$$\varphi_i = \frac{m\omega^2 \vec{r}_i^{\,2}}{2}, \qquad T_i = \frac{\vec{p}_i^{\,2}}{2m}.$$

Demnach ist $\frac{N}{z}\,e^{-H_i/kT}$ die Anzahl der Teilchen im Kristall pro Phasenraumeinheit, welche die Entfernung $\vec{r}_i$ von *ihrer* Ruhelage und den Impuls $\vec{p}_i$ haben. Allgemein ist im thermodynamischen Gleichgewicht

$$f(\vec{r},\vec{p}) = \frac{N}{z}\,e^{-H/kT} = \frac{N}{z}\,e^{-\frac{1}{kT}\left(\frac{p^2}{2m}+\frac{m\omega^2 r^2}{2}\right)} \tag{8.76}$$

die Anzahl jener Oszillatoren in der Phasenraumeinheit, die von ihrer jeweiligen Ruhelage um r entfernt sind und den Impulsbetrag p haben.

Damit können wir die mittlere thermische Gesamtenergie des Kristalls berechnen:

$$U = E = N\bar{\epsilon} = N\frac{\int Hf_0\,d^3r\,d^3p}{\int f_0\,d^3r\,d^3p} = \int Hf_0\,d^3r\,d^3p =$$

$$= \frac{N}{z}\int_0^\infty\int_0^\infty\left(\frac{p^2}{2m}+\frac{m\omega^2r^2}{2}\right)e^{-\frac{1}{kT}\left(\frac{p^2}{2m}+\frac{m\omega^2r^2}{2}\right)}4\pi r^2\,dr\,4\pi p^2\,dp. \tag{8.77}$$

Die hier auftretenden Integrale vom Typ $J_2 = \int_0^\infty x^2 e^{-ax^2}dx$ haben den Wert $\frac{\sqrt{\pi}}{4a^{3/2}}$ und diejenigen vom Typ J_4 den Wert $\frac{3\sqrt{\pi}}{8a^{5/2}}$. Damit erhält man die Resultate

$$U = E = \left(\frac{3}{2}kT+\frac{3}{2}kT\right)N = \frac{6}{2}NkT = 3NkT = 3\nu RT,$$
$$u = 3LkT = 3RT, \tag{8.78}$$

$$c_v = \left(\frac{\partial u}{\partial T}\right)_v = 3R \qquad \textit{(Dulong-Petit)}, \tag{8.79}$$

welche unabhängig von ω sind. D.h. für jedes Teilchen ist die mittlere Energie pro *Freiheitsgrad* der kinetischen und potentiellen Energie gleich $\frac{1}{2}$ kT.

8.8.3. Sedimentationsgleichgewicht

Ganz analoge Überlegungen können bei der Untersuchung der Höhenverteilung kolloidaler Teilchen der Dichte ρ und dem Volumen τ des Einzelteilchens in einer Flüssigkeit der Dichte ρ' angewendet werden. Wegen des Auftriebes ist die potentielle Energie eines Teilchens

$$\varphi(z) = (\rho-\rho')\,\tau\,gz, \qquad \varphi(0) = 0.$$

(Dies wegen Auftrieb = Gewicht der verdrängten Flüssigkeit und Kraft = $-\frac{d\varphi}{dz}$.) Aus unserer Formel (die Koordinate z nicht mit dem Zustandsintegral z verwechseln)

$$f(\vec{r},\vec{p}) = \frac{N}{z}\,e^{-\frac{H}{kT}}$$

folgt

$$n(z) : n(0) = e^{-\frac{\varphi(z)}{kT}} : e^{-\frac{\varphi(0)}{kT}}$$

und

$$n(z) = n_0 e^{-\frac{\varphi(z)}{kT}} = n_0 e^{-\frac{(\rho - \rho')\tau g}{kT} \cdot z} . \tag{8.80}$$

Damit läßt sich k und mit $L = \frac{R}{k}$ (R ist experimentell bekannt) auch L bestimmen, indem mit Hilfe eines Mikroskops die Teilchenzahlen in zwei verschiedenen Höhen ausgezählt werden.

Beim Sedimentationsgleichgewicht sieht man auch den Unterschied der kinetischen zur makroskopischen Betrachtungsweise. Wirft man ein Kolloid in eine Flüssigkeit, so wäre makroskopisch zu erwarten, daß sich alle Teilchen wegen ihrer größeren Schwere am Boden des Gefäßes ablagern. Die mikroskopische Betrachtung und die Erfahrung zeigen nun, daß die Teilchen, sofern sie hinreichend klein sind, infolge ihrer thermischen Energie in bestimmter mittlerer Anzahl in der Höhe z über dem Boden anzutreffen sind.

8.9. Die Thermodynamik des idealen Gases

Wir werden nun zeigen, daß es die Verteilungsfunktion gestattet, die thermodynamischen Gesetze eines verdünnten Gases abzuleiten. Nach der möglichen Definition der Temperatur für das ideale Gas durch Gl. (8.57) folgt mit Gl. (8.55) die Zustandsgleichung (8.56). Außerdem gilt

$$U = N\bar{\epsilon} = \frac{3}{2} NkT = U(T), \tag{8.81}$$

d. h., U ist für das ideale Gas nur eine Funktion der Temperatur. Der erste Hauptsatz definiert die Wärme:

$$d'Q = dU + PdV. \tag{8.82}$$

Aus den Gln. (8.81) und (8.82) folgt unmittelbar für die spezifischen Wärmen:

$$c_V = \left(\frac{\partial u}{\partial T}\right)_V = \frac{3}{2} R, \quad c_P = \left(\frac{\partial i}{\partial T}\right)_P = \frac{d(u + RT)}{dT} = \frac{5}{2} R. \tag{8.83}$$

Dem 2. Hauptsatz der Thermodynamik entspricht das H-Theorem in der kinetischen Theorie, welches aussagt, daß H bei festem Volumen (d. h. für ein isoliertes Gas) nur kleiner, während die Entropie in diesem Fall nur größer werden kann. Dies läßt einen Zusammenhang der beiden Größen erwarten. Wir rechnen daher H_0 für das Gleichgewicht aus:

$$H_0 := \int d^3 v\, f_0(\vec{v}) \ln f_0(\vec{v})$$

gibt mit

$$f_0(\vec{v}) = n \left(\frac{A}{\pi}\right)^{3/2} e^{-Av^2} \quad \text{und} \quad A = \frac{3}{4}\frac{m}{\bar{\epsilon}} = \frac{3}{4}\frac{Nm}{U}$$

$$H_0 = \int d^3 v\, f_0 \left[-Av^2 + \ln\left\{n\left(\frac{A}{\pi}\right)^{3/2}\right\}\right] = -An\overline{v^2} + n \ln\left[n\left(\frac{A}{\pi}\right)^{3/2}\right].$$

Mit Gl. (8.50) folgt

$$H_0 = -\frac{3}{2}\,n + n\ln\left[\frac{N}{V}\left(\frac{3Nm}{4\pi U}\right)^{3/2}\right],$$

$$-VkH_0 = kN\left\{\frac{3}{2}\ln U + \ln V - \ln\left[N\left(\frac{3Nm}{4\pi e}\right)^{3/2}\right]\right\}. \tag{8.84}$$

Das Differential davon gibt bei konstantem N (die Variablen sind U und V)

$$-d(VkH_0) = kN\left[\frac{3}{2}\frac{dU}{U} + \frac{dV}{V}\right],$$

und mit $U = \frac{3}{2}\,NkT$ sowie $V = NkT\,\frac{1}{P}$ folgt

$$-d(VkH_0) = \frac{dU + PdV}{T}.$$

Dies ist der 2. Hauptsatz, der mit Gl. (8.82) und der Identifizierung

$$S = -kVH_0 + \text{const} \tag{8.85}$$

oder

$$\boxed{S = -k\int d^3r\,d^3v\,f_0 \ln f_0 + \text{konst}} \tag{8.86}$$

die bekannte Form

$$dS = \frac{d'Q}{T}$$

annimmt.

Damit sind die thermodynamischen Gesetze eines verdünnten Gases aus der kinetischen Theorie abgeleitet. Der 3. Hauptsatz kann hier nicht gefolgert werden, da wir der Theorie die klassische Mechanik zu Grunde legten und nicht die Quantenmechanik, die bei tiefsten Temperaturen, also kleinsten Energien, erforderlich wäre.

8.10. Diskussion des H-Theorems

Das H-Theorem sagt aus, daß H für ein abgeschlossenes System mit der Zeit nur abnehmen oder konstant bleiben kann:

$$\frac{dH}{dt} \leqslant 0. \tag{8.87}$$

Das überrascht, da bei der Ableitung des H-Theorems die Stoßgesetze der Mechanik benutzt wurden. Diese sind aber wie die gesamte Mechanik, gegen Zeitumkehr invariant, also reversibel, da in der Mechanik nur zweite Ableitungen nach der Zeit vorkommen und somit die Bewegungen vom Vorzeichen der Zeit unabhängig sind, also bei entsprechenden Anfangsbedingungen ebensogut in entgegengesetzter Richtung ablaufen können. Daher würde man erwarten, daß dies auch für H gilt und nicht die Auszeichnung einer Richtung im Zeitverhalten von H existiert, wie sie durch Gl. (8.87) gegeben ist.

Der Grund für diese Auszeichnung ist die nicht durch die Mechanik begründbare Annahme des molekularen Chaos (8.19) bei der Herleitung der Boltzmann-Gleichung. Durch diese Annahme kommt die Irreversibilität in die Theorie. Man kann zeigen, daß diese Annahme vom molekularen Chaos unter bestimmten Bedingungen eine gute Näherung der Wirklichkeit darstellt. Die Boltzmann-Gleichung (8.25) ist also infolge dieser Näherung, nicht immer gültig. Sie versagt für zu dichte Systeme, und wenn die Verteilungsfunktion bereits im Bereich intermolekularer Abstände einerseits und in Zeitintervallen von der Größenordnung der Stoßzeit (siehe (9.5)) andererseits große Variationen aufweist.

9. Transporterscheinungen

9.1. Die mittlere freie Weglänge

Befindet sich ein Gas in einem Nichtgleichgewichtszustand, so weicht die Verteilungsfunktion von der Maxwell-Boltzmann-Verteilung ab. Dies zeigt sich makroskopisch z. B. dadurch, daß Temperatur, Dichte und mittlere Geschwindigkeit nicht überall den gleichen Wert haben. Zur Erreichung des Gleichgewichts müssen diese Ungleichmäßigkeiten durch Transport von Energie, Masse, Impuls usw. ausgeglichen werden. Der Ausgleich erfolgt durch Fortbewegung der Moleküle einerseits und Zusammenstoß mit weiteren Molekülen andererseits. Bei der Fortbewegung werden Impuls, Energie, Masse usw. weitertransportiert und beim Zusammenstoß zumindest teilweise an andere Moleküle übertragen. Daher sind Stoß und freie Fortbewegung zwischen den Stößen von ausschlaggebender Bedeutung für den Ausgleich.

Die Anzahl der Stöße, welche ein Molekül in der Zeiteinheit erfährt, soll also ausgerechnet werden. Wir betrachten daher aus der Schar der Moleküle ein spezielles Molekül (Streuer). Die Anzahl Z der Stöße, die das betrachtete Molekül pro Sekunde erfährt, ist dann gleich der Anzahl der Moleküle, die pro Sekunde den Streuer treffen und somit wegen Gl. (8.22)

$$Z = \int \sigma(\Omega)\, d^2\Omega \cdot (\text{einfallende Stromdichte})\,. \tag{9.1}$$

Mit der einfachsten Näherung – der Streuer soll die Geschwindigkeit Null haben – ist die einfallende Stromdichte der Teilchen im Geschwindigkeits-Raumelement d^3v um $\vec{v}$ gleich

$$vf\, d^3v.$$

Die gesamte Stromdichte ist somit

$$\int vf\, d^3v = n\bar{v}.$$

Mit dem *totalen Wirkungsquerschnitt* (keine v-Abhängigkeit berücksichtigt)

$$\sigma_t := \int \sigma(\Omega)\, d\Omega \tag{9.2}$$

folgt dann

$$Z = \sigma_t n \bar{v}. \tag{9.3}$$

Exakter ist es, statt v die Relativgeschwindigkeit u zu nehmen, da alle Moleküle bewegt sind. Z, exakt berechnet, ist um den Faktor $\sqrt{2}$ größer. Die Ungenauigkeit in Gl. (9.3) ist nicht so wesentlich, da die Ungenauigkeit des totalen Wirkungsquerschnittes der Gasmoleküle σ_t von gleicher Größenordnung ist.

Mit Z kann man nun leicht die freie Weglänge ausrechnen. Ein mit der Geschwindigkeit $\bar{v}$ fliegendes Molekül legt pro Sekunde den Weg $\bar{v}$ zurück und erfährt außerdem in dieser Sekunde im Mittel Z Stöße. Der mittlere Weg zwischen zwei Stößen ist gerade die *mittlere freie Weglänge* l und daher gilt:

$$\bar{v} = lZ,$$

$$l = \frac{\bar{v}}{Z} = \frac{1}{\sigma_t n}. \tag{9.4}$$

Die Zeit zwischen zwei Stößen, die sogenannte *Stoßzeit* τ, ist dann (Gln. (8.63) und (9.4))

$$\tau = \frac{l}{\bar{v}} = \frac{1}{Z} = \frac{1}{n\sigma_t}\sqrt{\frac{\pi m}{8kT}}. \tag{9.5}$$

Wir können die freie Weglänge auch noch auf andere Weise anschaulich einführen. Wir betrachten die Wahrscheinlichkeit, daß ein Molekül bei der Durchdringung einer Schicht Materie einen Zusammenstoß erfährt (Bild 53). Setzen wir die Wahrscheinlichkeit eines Zusammenstoßes in der Schicht Δx gleich $\Sigma\,\Delta x$ (die Proportionalitätskonstante Σ stellt sich später als makroskopischer Wirkungsquerschnitt heraus), so ist die Wahrscheinlichkeit, daß kein Zusammenstoß erfolgt $1 - \Sigma\,\Delta x$. Die Wahrscheinlichkeit $w'(x)$, daß in keiner von i Schichten eine Zusammenstoß erfolgt (sowohl-als-auch-Wahrscheinlichkeit), ist das Produkt aller $(1 - \Sigma\,\Delta x)$ und daher

$$w'(x) = (1 - \Sigma\,\Delta x)^i, \qquad w'(0) = 1. \tag{9.6}$$

Lassen wir nun die Anzahl i der Schichten auf der Strecke x immer mehr wachsen, so ist wegen

$$\Delta x = \frac{x}{i}$$

und

$$\lim_{i \to \infty} \left(1 + \frac{y}{i}\right)^i = e^y \tag{9.7}$$

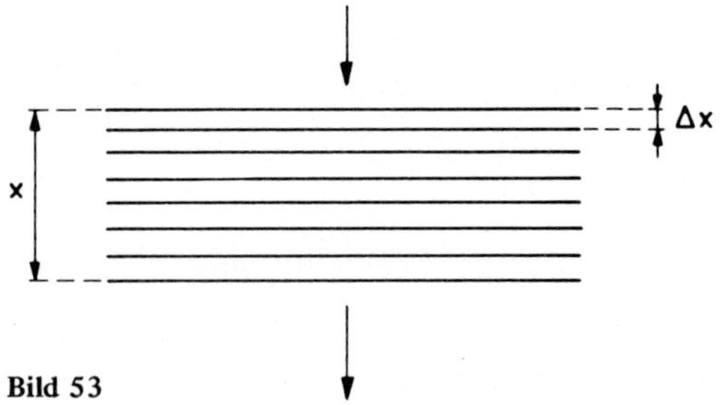

Bild 53

die (nicht auf eins normierte) Wahrscheinlichkeit im Grenzfall unendlich dünner Schichten

$$w'(x) = \lim_{i \to \infty} \left(1 - \frac{\Sigma x}{i}\right)^i = e^{-\Sigma x}. \tag{9.8}$$

Wie zu erwarten, nimmt die Wahrscheinlichkeit für zusammenstoßloses Durchlaufen der Strecke x mit x ab. Es ist weiterhin

$$w(x)\,dx := \Sigma\,dx\,e^{-\Sigma x} = \text{Wahrscheinlichkeit,}$$

daß das Molekül bis x *frei* durchläuft und dann in dx einen Stoß erleidet = Wahrscheinlichkeit für den Stoß in dx nach der Strecke x. Diese Wahrscheinlichkeit ist im Intervall $[0, \infty]$ auf 1 normiert:

$$\int_0^\infty w(x)\,dx = 1.$$

Wir kommen somit auch zur anderen Definition der mittleren freien Weglänge als *mittlere stoßfreie Eindringtiefe* eines Moleküls in die aus den anderen Molekülen gebildete Materie:

$$l = \int_0^\infty x w(x)\,dx = \Sigma \int_0^\infty x e^{-\Sigma x}\,dx = \Sigma \left[x \left(-\frac{1}{\Sigma}\right) e^{-\Sigma x}\right]_0^\infty + \int_0^\infty e^{-\Sigma x}\,dx = \frac{1}{\Sigma}. \tag{9.9}$$

Es besteht also ein Zusammenhang zwischen der Wahrscheinlichkeit eines Zusammenstoßes pro Längeneinheit $\frac{1}{l}$, der Größe Σ und dem Wirkungsquerschnitt σ_t:

$$\frac{1}{l} = \Sigma = \sigma_t n. \tag{9.10}$$

σ_t wird als *mikroskopischer,* Σ als *makroskopischer Wirkungsquerschnitt* bezeichnet.

Bei 0 °C und 1 atm ist z. B. für H_2

$l \approx 10^{-5}$ cm,	$\bar{v} \approx 10^5$ cm/s,
$Z \approx 10^{10}\,s^{-1}$,	$\tau \approx 10^{-10}$ s,
$\sigma_t \approx 10^{-14}\,cm^2$,	$\Sigma \approx 10^5\,cm^{-1}$,
$n \approx 10^{19}\,cm^{-3}$,	

9.2. Näherung des Stoßterms bei kleiner Abweichung vom Gleichgewicht

Ist ein Gas nicht im Zustand des thermodynamischen Gleichgewichtes, so werden die Stöße der Moleküle dazu führen, daß sich die Verteilungsfunktion f so lange mit der Zeit ändert, bis das Gleichgewicht erreicht ist. Dabei wird der Stroßterm $\left(\frac{\partial f}{\partial t}\right)_{coll}$ der Boltzmann-Gleichung eine wichtige Rolle spielen.

Wir betrachten nun Fälle, in denen die Verteilung f nur sehr wenig von der Gleichgewichtsverteilung f_0 (gegeben durch die Maxwell-Boltzmann-Verteilung) abweicht.

Zur Zeit t sei $f = f(\vec{r}, \vec{v}, t)$, zur Zeit $t + t_c$ habe f die Gleichgewichtsform $f_0(\vec{r}, \vec{v})$ erreicht. Man nennt t_c die *Relaxationszeit.* Sie ist von der Größenordnung der mittleren Stoßzeit τ. Aus der Taylor-Reihe für die totale Zeitableitung (sie ist die Zeitableitung in einem im μ-Raum mitbewegten Punkt)

$$f(t + t_c) = f(t) + \left(\frac{df}{dt}\right)_t t_c + \ldots \tag{9.11}$$

folgt mit $f(t + t_c) = f_0$ näherungsweise

$$\frac{df}{dt} = \frac{1}{t_c}(f_0 - f). \tag{9.12}$$

Vergleichen wir dies mit (siehe Gl. (8.8))

$$\frac{df}{dt} = \left(\frac{\partial}{\partial t} + \vec{v} \cdot \nabla_r + \frac{1}{m}\vec{F} \cdot \nabla_v\right) f = \left(\frac{\partial f}{\partial t}\right)_{coll},$$

so folgt für den Stoßterm

$$\left(\frac{\partial f}{\partial t}\right)_{coll} = \frac{1}{t_c}(f_0 - f)\,; \tag{9.13}$$

er ist also proportional der Abweichung von der Gleichgewichtsform, was auch plausibel ist. Dies ist die *Relaxationszeitnäherung* des Stoßterms, auf welche wir uns im weiteren beschränken werden. Gl. (8.8) wird dann zu

$$\left(\frac{\partial}{\partial t} + \vec{v} \cdot \nabla_r + \frac{1}{m}\vec{F} \cdot \nabla_v\right) f = \frac{1}{t_c}(f_0 - f). \tag{9.14}$$

Für den Sonderfall $\nabla_r f = 0$ und $\vec{F} = 0$ (keine äußere Kraft) reduziert sich diese Gleichung auf

$$\frac{\partial f}{\partial t} = \frac{1}{t_c}(f_0 - f).$$

Die Lösung dafür lautet:

$$f = f_0 + [f(t = 0) - f_0]\, e^{-\frac{t}{t_c}}, \tag{9.15}$$

d. h. die Abweichung von f_0 klingt in der Relaxationszeit t_c um den Faktor e ab. Die Lösung erfüllt folgende Anfangs- und Endbedingungen:

$$t = 0, \quad f(t = 0) = f(0)$$

$$t = \infty, \quad f(t = \infty) = f_0.$$

Das stimmt mit der obigen Bedingung $f(t + t_c) = f_0$ wegen der verwendeten Näherung (9.12) nicht überein, es ist vielmehr so, daß die Abweichung vom Gleichgewicht nach der Relaxationszeit t_c auf den e-ten Teil abgesunken ist (siehe Gl. (9.15)).

9.3. Transporterscheinungen

Wir haben schon erwähnt, daß im thermodynamischen Gleichgewicht die Teilchendichte und die Temperatur zeitlich und räumlich konstant sind und in einem ruhenden System die mittlere Geschwindigkeit $\langle \vec{v} \rangle$ Null ist. Betrachten wir hingegen einen Zustand in dem die Teilchendichte, die mittlere Geschwindigkeit und die Temperatur nicht überall die gleichen Werte haben, so handelt es sich um einen Nichtgleichgewichtszustand des Systems. Zur Erreichung des Gleichgewichts müssen die Ungleichmäßigkeiten durch Transport von Masse, Impuls und Energie (d. h. der entsprechenden physikalischen Erhaltungsgröße) ausgeglichen werden.

Der Transport jeder Größe wird durch die Stromdichte $\vec{g}$ der jeweiligen zu transportierenden Größe beschrieben. Die Stromdichte $\vec{g}$ ist definiert durch die transportierte Größe, die pro Sekunde durch die Flächeneinheit strömt:

$$\text{transportierte Größe}/(\text{cm}^2\,\text{s}) = \vec{v} \cdot (\text{transportierte Größe}/\text{cm}^3) =$$

$$= \vec{v} \cdot \left(\frac{\text{transportierte Größe}}{\text{Molekül}}\right) \cdot \left(\frac{\text{Anzahl der Moleküle}}{\text{cm}^3}\right) \Rightarrow$$

$$\vec{g}(\vec{r}, t) = \int \vec{v}\,(\text{Trgr})\, f(r, v, t)\, d^3 v. \tag{9.16}$$

Wir haben dabei die pro Molekül transportierte Größe als *Transportgröße (Trgr)* bezeichnet.

Wir erhalten damit entweder die Teilchenstromdichte, die Impulsstromdichte, die Wärmestromdichte (Energiestromdichte) oder die elektrische Stromdichte, je nachdem ob wir für die Transportgröße 1, den Impuls $m\vec{v}$ oder die kinetische Energie $\frac{mv^2}{2}$ der Moleküle oder die elektrische Ladung e der Elektronen in Gl. (9.16) einsetzen.

Um Gl. (9.16) zu berechnen, benötigen wir $f(\vec{r}, \vec{v}, t)$, d. h. eine Lösung der Boltzmann-Gleichung. Im allgemeinen ist die Boltzmann-Gleichung nicht exakt lösbar. Wir benützen daher die Relaxationszeitnäherung (9.14) und erhalten

$$f = f_0 - t_c \frac{\partial f}{\partial t} - t_c \left[\vec{v} \cdot \nabla_r + \frac{\vec{F}}{m} \cdot \nabla_v\right] f. \tag{9.17}$$

Dies ist noch keine Lösung der Boltzmann-Gleichung für f, da auch auf der rechten Seite von (9.17) f steht. Um f nahe dem Gleichgewicht zu berechnen, setzen wir auf der *rechten Seite* von Gl. (9.17) *eine Näherung für* f ein und zwar die sogenannte *lokale Maxwell-Boltzmann-Verteilung* (analog Gl. (8.61))

$$f_l = n(\vec{r}, t) \left(\frac{m}{2\pi k T(\vec{r}, t)}\right)^{3/2} e^{-\frac{m(\vec{v} - \vec{c}(\vec{r}, t))^2}{2kT(\vec{r}, t)}}, \tag{9.18}$$

wobei $n(\vec{r}, t)$, $\vec{c}(\vec{r}, t) := \langle \vec{v} \rangle$ und $T(\vec{r}, t)$ die orts- und zeitabhängige Dichte, mittlere Geschwindigkeit und Temperatur des Nichtgleichgewichtszustandes sind.

Wir erhalten daher nahe dem Gleichgewicht für die endgültige Verteilungsfunktion f die Näherung

$$f = f_0 - t_c \frac{\partial f_l}{\partial t} - t_c \left[\vec{v} \cdot \nabla_r + \frac{\vec{F}}{m} \cdot \nabla_v\right] f_l \tag{9.19}$$

und für die Stromdichte

$$\vec{g}(r,t) = \int \vec{v}(\text{Trgr})\, f_0\, d^3v -$$

$$- \int \vec{v}(\text{Trgr})\, t_c \frac{\partial f_l}{\partial t}\, d^3v - \int \vec{v}(\text{Trgr})\, t_c \left[\vec{v}\cdot\nabla_r + \frac{\vec{F}}{m}\cdot\nabla_v\right] f_l d^3v. \tag{9.20}$$

Nach diesen allgemeinen Überlegungen wollen wir uns den Spezialfällen der Diffusion, Viskosität, Wärmeleitung und Elektrizitätsleitung zuwenden.

9.4. Diffusion

Unter Diffusion versteht man die Mischung ungleichmäßig verteilter Moleküle verschiedener Art. Um das Problem zu vereinfachen und mit der bisher gemachten Voraussetzung weiterhin arbeiten zu können (nur Moleküle gleicher Art werden behandelt), untersuchen wir die Diffusion *(Selbstdiffusion)* radioaktiver Moleküle in einem nichtradioaktiven Gas gleicher Art. Die mechanischen Eigenschaften sind für beide Molekülarten, die radioaktive wie die nichtradioaktive, gleich (Isomere). Beide gehorchen daher der gleichen Boltzmann-Gleichung (8.8). Die Radioaktivität der radioaktiven Moleküle gestattet jedoch die Beobachtung der Veränderung ihrer Verteilung, falls sie ursprünglich ungleichmäßig verteilt waren. Die Verteilung aller Moleküle (radioaktive und nichtradioaktive zusammen) ist aber immer gleichmäßig, so daß nicht etwa Druckunterschiede die Veränderung der Verteilungsfunktion der radioaktiven Moleküle hervorrufen. Den Teilchentransport (Teilchenstromdichte) der radioaktiven Moleküle wollen wir unter folgenden Voraussetzungen untersuchen:

Transportgröße = 1,

$\vec{F} = 0$: es wird angenommen, daß keine äußeren Kräfte wirken,

$\vec{c} = 0$ (= gemeinsame mittlere Geschwindigkeit der radioaktiven und nichtradioaktiven Moleküle, da $\vec{c}$ die Bewegung des lokalen Schwerpunktes des Gasgemisches ausdrückt),

T = konstant im ganzen Raum (auch zeitlich konstant),

$$n(\vec{r},t) = \int f(\vec{r},\vec{v},t)\, d^3v = \int f_l(\vec{r},\vec{v},t)\, d^3v,$$

wobei n, f und f_l die Größen für die radioaktiven Moleküle sind. Die lokale Maxwell-Boltzmann-Verteilung lautet hier

$$f_l = n(\vec{r},t)\left(\frac{m}{2\pi kT}\right)^{3/2} e^{-\frac{mv^2}{2kT}}. \tag{9.21}$$

Somit folgt für die Teilchenstromdichte, wir nennen sie auch *Diffusionsstromdichte*, aus Gl. (9.20)

$$\vec{g}(\vec{r},t) = -\,t_c \int \vec{v}(\vec{v}\cdot\nabla_r)\, f_l\, d^3v, \tag{9.22}$$

da das 1. und 2. Integral in Gl. (9.20) verschwinden:

1. Integral:

$$\int \vec{v}\, f_0\, d^3v = 0,$$

da in Polarkoordinaten

$$\int \vec{v}\; e^{-\frac{mv^2}{2kT}}\, d^3v =$$

$$= \int_0^\infty v\, e^{-\frac{mv^2}{2kT}}\, v^2 dv \int_0^\pi \int_0^{2\pi} \begin{pmatrix} \cos\varphi \sin\vartheta \\ \sin\varphi \sin\vartheta \\ \cos\vartheta \end{pmatrix} \sin\vartheta\, d\vartheta\, d\varphi = 0, \tag{9.23}$$

2. Integral (Gl. (9.21)):

$$-t_c \frac{\partial}{\partial t} \int \vec{v}\, f_l\, d^3v = -t_c \frac{\partial n}{\partial t} \left(\frac{m}{2\pi kT}\right)^{3/2} \int \vec{v} e^{-\frac{mv^2}{2kT}}\, d^3v = 0. \tag{9.24}$$

Zur Integration von Gl. (9.22) benutzen wir die Indexschreibweise und erhalten

$$\begin{aligned} g_i(\vec{r}, t) &= -t_c \sum_k \frac{\partial n(\vec{r}, t)}{\partial x_k} \left(\frac{m}{2\pi mkT}\right)^{3/2} \int v_i v_k e^{-\frac{mv^2}{2kT}}\, d^3v = \\ &= -\frac{t_c kT}{m} \frac{\partial n(\vec{r}, t)}{\partial x_i}, \end{aligned} \tag{9.25}$$

wenn wir beachten, daß sich alle gemischten Glieder wegheben, da

$$\int v_i v_k\, d^2\Omega_v = \delta_{ik} \int v_i^2\, d^2\Omega_v \tag{9.26}$$

und mit den Gln. (8.57) und (8.61)

$$\left(\frac{m}{2\pi kT}\right)^{3/2} \int v_i^2\, e^{-\frac{mv^2}{kT}}\, d^3v = \frac{\overline{v^2}}{3} = \frac{kT}{m} \tag{9.27}$$

ist.

Für die Diffusionsstromdichte $\vec{g}$ folgt dann das *Diffusionsgesetz (Ficksche Gesetz)*

$$\boxed{\vec{g}\,(r, t) = -D\, \nabla n(\vec{r}, t)} \tag{9.28}$$

Dabei bedeutet (Gl. (9.5))

$$D = \frac{t_c kT}{m} = \frac{1}{n_g \sigma_t} \sqrt{\frac{\pi kT}{8m}} = \frac{l}{\bar{v}} \cdot \frac{\pi}{8} (\bar{v})^2 = \frac{\pi}{8}\, l \bar{v} \approx \frac{l \bar{v}}{3} \tag{9.29}$$

(wegen $t_c \approx \tau = \frac{l}{\bar{v}}$, $(\bar{v})^2 = \frac{8kT}{\pi m} \approx \frac{3kT}{m}$ und n_g = Gesamtteilchendichte (radioaktive + nicht-radioaktive)) die *Diffusionskonstante.*

Nimmt man die Kontinuitätsgleichung für die radioaktiven Moleküle

$$\frac{\partial n}{\partial t} + \nabla \cdot \vec{g} = 0 \tag{9.30}$$

hinzu, so folgt die *Diffusionsgleichung*

$$D \, \Delta \, n = \frac{\partial n}{\partial t}. \tag{9.31}$$

Diese beschreibt die Dichteänderung der radioaktiven Moleküle infolge ihrer ursprünglich ungleichförmigen Ortsverteilung.

9.5. Innere Reibung (Viskosität)

Zwischen zwei einander gegenüberliegenden Platten befindet sich Gas (Bild 54). Die obere Platte bewegt sich in x-Richtung (⇒), die untere ruht. Das Gas setzt der Bewegung der oberen Platte einen Widerstand entgegen. Die dabei in x-Richtung auftretende Kraft pro Flächeneinheit (Flächennormale in y-Richtung), die Schubspannung τ_{yx}, wird infolge der Zähigkeit (innere Reibung) des Gases auf die untere Fläche übertragen. Für sie gilt das aus der Strömungslehre bekannte Gesetz

$$\boxed{\tau_{yx} = -\eta \frac{\partial c_x}{\partial y}} \quad \text{(Newtonscher Ansatz der Zähigkeit)}, \tag{9.32}$$

wobei c_x die mittlere Geschwindigkeit des Gases in x-Richtung und η der *Reibungskoeffizient* ist. Wir versuchen nun, dieses phänomenologische Gesetz mit der Transporttheorie abzuleiten.

Für die Schubspannung gilt

$$\tau_{yx} = \frac{dF_x}{df_y}. \tag{9.33}$$

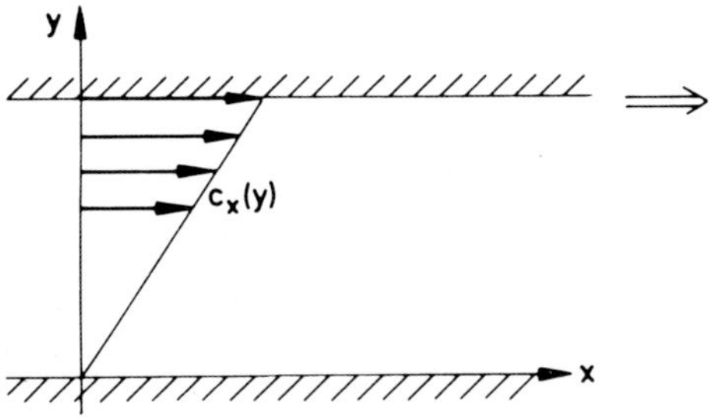

Bild 54

τ_{yx} ist die Kraft in x-Richtung pro Flächeneinheit (senkrecht zur y-Richtung). Sie ist gleich dem pro Sekunde durch die Flächeneinheit (in y-Richtung) fließenden p_x-Impuls. Für Teilchen mit der Geschwindigkeit in d^3v um $\vec{v}$ ergibt sich eine y-Komponente der p_x-Stromdichte

$$v_y p_x f(\vec{r}, \vec{v}, t) \, d^3v$$

und für alle Teilchen zusammen

$$\tau_{yx} = g_{yx} = \int v_y p_x f(\vec{r}, \vec{v}, t) \, d^3v. \tag{9.34}$$

Wir suchen daher wegen Gl. (9.16) die stationäre Lösung $\left(\frac{\partial f}{\partial t} = 0\right)$ des Transportproblems mit folgenden Bedingungen:

$$\text{Transportgröße} = p_x = mv_x,$$
$$\vec{F} = 0 \quad \text{(keine äußere Kraft)},$$
$$n = \text{konst} = \frac{N}{V},$$
$$\vec{c}(y) = (c_x(y), 0, 0),$$
$$T = \text{konst.}$$

Die lokale Verteilungsfunktion lautet nun

$$f_l = n\left(\frac{m}{2\pi kT}\right)^{3/2} e^{-\frac{m(\vec{v}-\vec{c}(y))^2}{2kT}}. \tag{9.35}$$

Mit den Gln. (9.19) bzw. (9.20) erhalten wir für die Schubspannung

$$\tau_{yx} = g_{yx} = -t_c \int v_y p_x (\vec{v} \cdot \nabla_r f_l) d^3 v, \tag{9.36}$$

da wieder das 1. und 2. Integral in Gl. (9.20) verschwinden.

Somit wird in Indexschreibweise

$$g_{21}(\vec{r}) = -t_c m \frac{\partial}{\partial x_2} \int v_1 v_2^2 f_l d^3 v, \tag{9.37}$$

da f_l nur von x_2 und $\vec{v}$ abhängt, wobei

$$f_l = f_0(|\vec{v} - \vec{c}|) \quad \text{und} \quad f_0(|\vec{v}|) = n\left(\frac{m}{2\pi kT}\right)^{3/2} e^{-\frac{mv^2}{2kT}} \text{ ist.}$$

Mit der Substitution

$$v_j - c_j = v_j', \quad d^3 v = d^3 v'$$

folgt aus Symmetriegründen (Gln. (9.26) und (9.27))

$$\int v_1 v_2^2 f_0(|\vec{v} - \vec{c}|) d^3 v = \int (v_1' + c_1) v_2'^2 f_0(|\vec{v}'|) d^3 v' =$$
$$= n(\overline{v_1' v_2'^2} + c_1 \overline{v_2'^2}) = c_1 n \frac{\overline{v'^2}}{3} = c_1 n \frac{kT}{m}.$$

Wir erhalten mit Gl. (9.37)

$$g_{21}(\vec{r}) = -t_c nkT \frac{\partial c_1}{\partial x_2}$$

oder

$$\tau_{yx}(\vec{r}) = g_{yx}(\vec{r}) = -t_c nkT \frac{\partial c_x}{\partial y}$$

und mit (siehe Gl. (9.29), wobei hier $n_g = n$)

$$t_c\, nkT = mnD \tag{9.38}$$

die Schubspannung

$$\boxed{\tau_{xy}(\vec{r}) = g_{yx}(\vec{r}) = -\eta\,\frac{\partial c_x}{\partial y}\,.} \tag{9.39}$$

Damit ist Gl. (9.32) mit Hilfe der Transporttheorie abgeleitet, und der *Reibungskoeffizient* η bestimmt:

$$\eta = \frac{1}{\sigma_t}\sqrt{\frac{\pi}{8}\,mkT} = \frac{\pi}{8}\,ml\bar{v}\,n \approx \frac{m\bar{v}l}{3}\,n\,. \tag{9.40}$$

Der Reibungskoeffizient ist von der Dichte n und bei gegebenem T auch von P *unabhängig! Maxwell* konnte dieses Resultat durch Pendeldämpfung in Gasen verschiedener Dichte bestätigen. Diese Ableitung versagt und η verliert seinen Sinn, wenn die freie Weglänge l so groß wird wie die Gefäßdimension, d. h. wenn Hochvakuum herrscht.

Der Newtonsche Ansatz hat sich auch für Nichtgase bewährt.

9.6. Wärmeleitung

Wir wollen die Wärmeleitung eines ruhenden Gases untersuchen, das folgende Bedingungen aufweist:

$\vec{F} = 0$ (keine äußeren Kräfte wirken),

P = konst (der Druck ist ortsunabhängig),

$\vec{c} = 0$,

$T = T(\vec{r}, t)$.

Damit lautet die lokale Maxwell-Boltzmann-Verteilung

$$f_l = n(\vec{r}, t)\left(\frac{m}{2\pi kT(\vec{r}, t)}\right)^{3/2} e^{-\frac{mv^2}{2kT(\vec{r}, t)}}\,. \tag{9.41}$$

Für die Wärmestromdichte ist die dazugehörige Transportgröße die kinetische Energie $\frac{mv^2}{2}$ und somit

$$\vec{g}(r, t) = -t_c \int \vec{v}\,\frac{mv^2}{2}\,(\vec{v}\cdot\nabla_r f_l)\,d^3v\,, \tag{9.42}$$

da wieder das 1. Integral in Gl. (9.20) verschwindet und auch das 2. Integral von (9.20) verschwindet, wie wir gleich zeigen werden.

Da der Druck P im ganzen Raum konstant ist (bei ungleichförmigem Druck würde eine daraus entstehende Bewegung des Gases den Druck viel rascher ausgleichen, als der Energieausgleich möglich ist), erhält man bei Berücksichtigung der idealen Gasgleichung

$$\text{konst} = P = n(\vec{r}, t)\, kT(\vec{r}, t)$$

$n(\vec{r}, t)$ als Funktion von $T(\vec{r}, t)$ und somit für f_l

$$f_l = P \left(\frac{m}{2\pi}\right)^{3/2} \frac{1}{(kT(\vec{r}, t))^{5/2}}\, e^{-\frac{mv^2}{2\,kT(\vec{r}, t)}} . \tag{9.43}$$

Mit

$$\begin{aligned} \nabla_r f_l &= f_l \left(\frac{mv^2}{2kT} - \frac{5}{2}\right)\frac{1}{T}\, \nabla_r T, \\ \frac{\partial f_l}{\partial t} &= f_l \left(\frac{mv^2}{2kT} - \frac{5}{2}\right)\frac{1}{T}\frac{\partial T}{\partial t} \end{aligned} \tag{9.44}$$

sieht man, daß das 2. Integral in Gl. (9.20) analog wie in Gl. (9.24) verschwindet und $\vec{g}$ in Indexschreibweise lautet

$$g_i = -t_c \frac{1}{T}\sum_k \frac{\partial T}{\partial x_k}\frac{m}{2}\int \underbrace{v_i v_k v^2}\left(\frac{mv^2}{2kT} - \frac{5}{2}\right) f_l\, d^3 v =$$

$$(9.26): \qquad v_i^2\, \delta_{ik} \Rightarrow \frac{v^2}{3}\, \delta_{ik}$$

$$= -t_c \frac{1}{T}\frac{\partial T}{\partial x_i}\frac{mP}{6}\left(\frac{m}{2\pi}\right)^{3/2}\frac{1}{(kT)^{5/2}}\, 4\pi \int_0^\infty \left(\frac{m}{2kT}\, v^8 - \frac{5}{2}\, v^6\right) e^{-\frac{mv^2}{2kT}}\, dv.$$

Die Integration des letzten Integrals ergibt mit den Gln (8.44) und (8.45)

$$\sqrt{\pi}\left(\frac{m}{2kT}\cdot\frac{7\cdot 15}{32}\cdot\frac{2kT}{m} - \frac{5}{2}\cdot\frac{15}{16}\right)\left(\frac{2kT}{m}\right)^{7/2}.$$

Damit erhalten wir für die Wärmestromdichte

$$\boxed{\vec{g}(\vec{r}, t) = -\lambda\, \nabla T(\vec{r}, t),} \tag{9.45}$$

wenn wir die Wärmeleitfähigkeit (Gl. (9.29), wobei hier $n_g = n$)

$$\lambda = \frac{5}{2}\frac{nk^2 t_c}{m}\, T = \frac{5}{2}\, nkD = \frac{5}{2}\frac{k}{\sigma_t}\sqrt{\frac{\pi}{8}\frac{kT}{m}} = \frac{5\pi}{16}\, k\, l\, \bar{v}\, n \approx \frac{5}{6}\, k\, l\, \bar{v}\, n \tag{9.46}$$

einführen.

Auf diese Weise haben wir die *Wärmeleitfähigkeit* λ kinetisch berechnet. Sie ist (wie der Reibungskoeffizient) von der Dichte n unabhängig.

Formel (9.45) wird *Fouriersches Gesetz* genannt und gilt mit experimentell bestimmter Konstanten λ ganz allgemein, d. h. auch für nicht gasförmige Stoffe. Man kann daraus ganz allgemein die Wärmeleitungsgleichung für alle Stoffe folgern: Der Erhaltungssatz der Wärmemenge besagt, daß die aus einem Volumen pro Sekunde abfließende Wärmemenge gleich der Abnahme der Wärmemenge plus der Wärmeerzeugung (Wärmequelle, z. B. elektrische Heizung) pro Sekunde innerhalb des Volumens ist (bei konstantem Druck, da mechanisches Gleichgewicht herrscht) (Bild 55):

$$\oiint_A \vec{g}\, d\vec{f} = -\frac{d}{dt}\int_V \rho c_{p_g} T\, dV + \int_V \eta\, dV, \qquad (9.47)$$

$$\oiint \vec{g}\, d\vec{f} = \int_V \operatorname{div}\vec{g}\, dV \quad \text{(Gaußscher Satz)}.$$

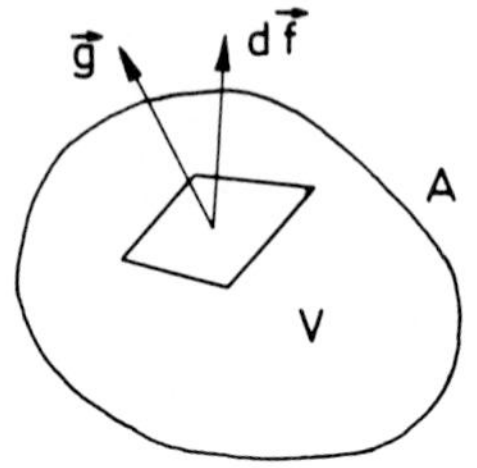

Bild 55

Weil Gl. (9.47) für jedes beliebige Volumenelement gilt, ergibt dies

$$\operatorname{div}\vec{g} + \rho c_{p_g}\frac{\partial T}{\partial t} = \eta(\vec{r}, t); \qquad (9.48)$$

dabei ist

ρc_{p_g}	Wärmekapazität pro cm^3	$\left[\frac{cal}{cm^3 K}\right.$	bzw.	$\left.\frac{erg}{cm^3 K}\right]$,
$\rho = nm$	Massendichte	$[g/cm^3]$		
c_{p_g}	spezifische Wärme = Wärmekapazität pro g (daher der Index g)	$\left[\frac{cal}{gK}\right.$	bzw.	$\left.\frac{erg}{gK}\right]$,
$\eta(\vec{r}, t)$	pro Zeit und Volumeneinheit erzeugte Wärme (Quellglied, z. B. elektrische Heizung)	$\left[\frac{cal}{cm^3 s}\right.$	bzw.	$\left.\frac{erg}{cm^3 s}\right]$,
$\vec{g}$	Wärmestromdichte	$\left[\frac{cal}{cm^2 s}\right.$	bzw.	$\left.\frac{erg}{cm^2 s}\right]$,

Aus den Gln. (9.45) und (9.48) folgt bei homogenem Medium die *Wärmeleitungsgleichung:*

$$\Delta T - \frac{1}{a}\frac{\partial T}{\partial t} = -\frac{1}{\lambda}\eta(\vec{r}, t). \qquad (9.49)$$

$a := \dfrac{\lambda}{\rho c_{p_g}}$ wird *Temperaturleitfähigkeit* genannt.

In Gl. (9.49) wurde die schwache Ortsabhängigkeit von λ (siehe Gl. (9.46)) vernachlässigt.

9.7. Zusammenfassung der Transporterscheinungen

Alle Transporterscheinungen haben in dieser Näherung die gemeinsame Form (für $\vec{F} = 0$):

$$\vec{g} = \int d^3v \, [\vec{v} \text{ (Transportgröße) } f(\vec{r}, \vec{v}, t)] \tag{9.50}$$

$$f(\vec{r}, \vec{v}, t) = f_0(\vec{v}) - t_c \frac{\partial f_l}{\partial t} - t_c \vec{v} \cdot \nabla_r f_l(\vec{r}, \vec{v}, t) \tag{9.51}$$

Art des Transportes	Transport-größe	Verteilungs-funktion f_l	Transport-gesetz	Transport-koeffizient
Diffusion	1	$f_l = n(\vec{r}, t) \left(\frac{m}{2\pi kT}\right)^{3/2} \cdot e^{-\frac{mv^2}{2kT}}$	$\vec{g} = -D\nabla n$	$D = \frac{\pi}{8} l \bar{v} \approx \frac{1}{3} l \bar{v}$
innere Reibung	mv_x	$f_l = n \left(\frac{m}{2\pi kT}\right)^{3/2} \cdot e^{-\frac{m(\vec{v} - \vec{c}(y))^2}{2kT}}$	$g_{yx} = -\eta \frac{\partial c_x}{\partial y}$	$\eta = \frac{\pi}{8} m l \bar{v} \approx \frac{1}{3} m l \bar{v} n$
Wärme-leitung	$\frac{mv^2}{2}$	$f_l = n(\vec{r}, t) \left(\frac{m}{2\pi kT(\vec{r}, t)}\right)^{3/2} \cdot e^{-\frac{mv^2}{2kT(\vec{r}, t)}}$	$\vec{g} = -\lambda \nabla T$	$\lambda = \frac{5\pi}{16} k l \bar{v} n \approx \frac{5}{6} k l \bar{v} n$

Der Quotient aus der thermischen Leitfähigkeit λ und dem Reibungskoeffizienten η

$$\frac{\lambda}{\eta} = \frac{5}{2} \frac{k}{m} = \frac{5Lk}{2Lm} = \frac{5}{3} \frac{c_v}{\mu} = \frac{5}{3} c_{vg} \tag{9.52}$$

kann mit Gl. (8.83) auf die spezifische Wärme des einatomigen idealen Gases zurückgeführt werden. c_{vg} ist die spezifische Wärme pro Masseneinheit. Die Erfahrung stimmt für einatomige Gase mit dieser Formel, die so verschiedene Größen wir Reibungskoeffizient, thermische Leitfähigkeit und spezifische Wärme verknüpft bis auf einen Zahlenfaktor (bedingt durch die Näherung) gut überein.

9.8. Lösung der Wärmeleitungsgleichung

Wir wollen nun die Lösungen der Wärmeleitungsgleichung

$$\Delta T - \frac{1}{a} \frac{\partial T}{\partial t} = -\frac{1}{\lambda} \eta(\vec{r}, t), \quad \frac{1}{a} = \frac{\rho c_{p_g}}{\lambda} \tag{9.53}$$

suchen. Zu diesem Zweck führen wir die uneigentliche Funktion δ ein. Sie ist durch

$$\delta(x - x') = \begin{cases} 0 & \text{für } x \neq x' \\ \infty & \text{für } x = x' \end{cases} \tag{9.54}$$

definiert, wobei für $x = x'$ δ so stark gegen ∞ geht, daß

$$\int_{-\infty}^{\infty} \delta(x - x')\, dx' = 1 \tag{9.55}$$

und

$$\int_{-\infty}^{\infty} f(x')\, \delta(x - x')\, dx' = f(x) \tag{9.56}$$

wird. Die δ-Funktion benutzen wir dazu, die Differentialgleichung (9.53) anders zu schreiben

$$\Delta T - \frac{1}{a} \frac{\partial T}{\partial t} = -\int \frac{1}{\lambda}\, \eta(\vec{r}\,', t')\, \delta(\vec{r} - \vec{r}\,')\, \delta(t - t')\, d^3 r'\, dt', \tag{9.57}$$

wobei wir die Abkürzung

$$\delta(\vec{r} - \vec{r}\,') := \delta(x - x')\, \delta(y - y')\, \delta(z - z') \tag{9.58}$$

verwendet haben.

Wir führungen nun den Differentialoperator

$$L := \Delta - \frac{1}{a} \frac{\partial}{\partial t} \tag{9.59}$$

ein und ebenso den reziproken Differentialoperator L^{-1}, der durch

$$LL^{-1} := L^{-1} L := 1 \tag{9.60}$$

definiert ist. Multiplizieren wir Gl. (9.57) von links mit L^{-1} und beachten wir, daß L^{-1} nur auf die ungestrichenen Größen $\vec{r}$ und t wirkt, so erhalten wir als Lösung der Wärmeleitungsgleichung

$$T(\vec{r}, t) = \int \frac{1}{\lambda}\, \eta(\vec{r}\,', t')\, G(\vec{r}, t; \vec{r}\,', t')\, d^3 r'\, dt' \tag{9.61}$$

mit

$$G(\vec{r}, t; \vec{r}\,', t') := -L^{-1} \delta(\vec{r} - \vec{r}\,')\, \delta(t - t'). \tag{9.62}$$

G wird *Greensche Funktion* genannt.

Multiplizieren wir Gl. (9.62) von links mit L, so sehen wir, daß G eine Lösung der inhomogenen Differentialgleichung

$$\left(\Delta - \frac{1}{a} \frac{\partial}{\partial t}\right) G = -\delta(\vec{r} - \vec{r}\,')\, \delta(t - t') \tag{9.63}$$

ist. Diese lautet[1])

$$G(\vec{r}, t; \vec{r}\,', t') = \left\{ \begin{array}{ll} \dfrac{a}{[4\pi a(t-t')]^{3/2}}\, e^{-\frac{(\vec{r}-\vec{r}\,')^2}{4a(t-t')}} + G_0 & \text{für } t > t' \\ G_0 & \text{für } t < t'. \end{array} \right\} \tag{9.64}$$

$G_0(\vec{r}, t; \vec{r}\,', t')$ ist eine Lösung der homogenen Differentialgleichung

$$LG_0 = 0. \tag{9.65}$$

Mit den Gln. (9.63) und (9.64) können wir auch eine Formel für die δ-Funktion $\delta(\vec{r} - \vec{r}\,')$ finden. Zu diesem Zweck integrieren wir Gl. (9.63) über t von $t' - \tau$ bis $t' + \tau$ $(\tau > 0)$ und machen anschließend den Grenzübergang $\tau \to +0$:

$$\lim_{\tau \to +0} \int\limits_{t'-\tau}^{t'+\tau} \left(\Delta G - \frac{1}{a}\frac{\partial G}{\partial t}\right) dt = -\delta(\vec{r}-\vec{r}\,') \lim_{\tau \to +0} \int\limits_{t'-\tau}^{t'+\tau} \delta(t-t')\, dt = \tag{9.66}$$

$$= -\delta(\vec{r}-\vec{r}\,')$$

G hat bei $t = t'$ eine Sprungstelle. Das linke Integral besteht aus zwei Termen. Das Integral des ersten Terms ist stetig. Für $\tau \to +0$ wird dieser Anteil Null. Der zweite Term ist direkt integrierbar, da aber G bei $t = t'$ eine Sprungstelle hat, verschwindet der Grenzwert für $\tau \to +0$ nicht:

$$\lim_{\tau \to +0} \frac{1}{a} G \Big|_{t'-\tau}^{t'+\tau} = \delta(\vec{r}-\vec{r}\,'). \tag{9.67}$$

Mit Gl. (9.64) folgt vielmehr

$$\lim_{\tau \to +0} \frac{1}{a} G \Big|_{t'-\tau}^{t'+\tau} = \lim_{\tau \to +0} \frac{1}{[4\pi a\tau]^{3/2}}\, e^{-\frac{(\vec{r}-\vec{r}\,')^2}{4a\tau}} + G_0 - G_0. \tag{9.68}$$

Damit ist aber gezeigt, daß gilt

$$\lim_{\tau \to +0} [4\pi a\tau]^{-3/2}\, e^{-\frac{(\vec{r}-\vec{r}\,')^2}{4a\tau}} = \delta(\vec{r}-\vec{r}\,'). \tag{9.69}$$

Die Lösung (9.64) der Wärmeleitungsgleichung ist erst dann eindeutig bestimmt, wenn wir auch die Lösung der homogenen Differentialgleichung, nämlich G_0, kennen, die ihrerseits erst durch die Anfangs- und Randbedingungen des zu lösenden Problems eindeutig gegeben ist. Wir zeigen dies an speziellen Anfangs- und Randwertproblemen.

9.8.1. Lösung des Anfangswertproblems

Häufig ist nur die homogene Wärmeleitungsgleichung $(\eta = 0)$ für eine vorgegebene Anfangstemperatur $T_0(\vec{r})$ (bei $t = 0$) zu lösen. Es wird ein ∞ ausgedehntes System be-

[1]) Siehe z.B. *P. M. Morse, H. Feshbach,* Methods of Theoretical Physics, 1953, Gln. (7.4.3) und (7.4.10).

trachtet mit den sogenannten *natürlichen Randbedingungen*, d.h. für $|\vec{r}| \to \infty$ verschwindet T. Auch hier ist Gl. (9.61) benutzbar, da wir *vor* $t = 0$, η und G_0 so wählen können, daß für $t = 0$ gerade $T(\vec{r}, t = 0) = T_0(\vec{r})$ folgt. Die einfachste Möglichkeit, dies zu erreichen, ist folgende Annahme

$$G_0(\vec{r}, t; \vec{r}\,', t') = 0, \tag{9.70}$$

$$\eta(\vec{r}\,', t') = \frac{\lambda}{a} T_0(\vec{r}\,')\,\delta(t'), \tag{9.71}$$

d.h. für $t < 0$ wird $T(\vec{r}, t) = 0$ angenommen (wie man durch Einsetzen in Gl. (9.61) sieht), bei $t = 0$ wird plötzlich jedem Punkt gerade so viel Wärme zugeführt ($\eta \neq 0$), daß das System die Anfangstemperaturverteilung $T_0(\vec{r}\,')$ erreicht. Die plötzliche Zufuhr bewirkt, daß mit Gl. (9.48) für die Anfangstemperatur die Beziehung

$$\rho c_{p_g} T_0(\vec{r})\, d^3r = \lim_{\tau \to +0} \int_{-\tau}^{\tau} \eta(\vec{r}, t')\, dt'\, d^3r \tag{9.72}$$

gilt, welche vom Ansatz (9.71) erfüllt wird, da $\rho c_{p_g} = \frac{\lambda}{a}$ ist. Wir erhalten daher mit den Gln. (9.61) und (9.64) als Lösung für das Anfangswertproblem der homogenen Wärmeleitungsgleichung

$$T(\vec{r}, t) = (4\pi a t)^{-3/2} \int T_0(\vec{r}\,')\, e^{-\frac{(\vec{r} - \vec{r}\,')^2}{4at}}\, d^3r', \quad t > 0 \tag{9.73}$$

oder

$$T(\vec{r}, t) = \int T_0(\vec{r}\,')\, G^{T_0}(\vec{r}, \vec{r}\,'; t)\, d^3r', \quad t > 0 \tag{9.74}$$

wenn wir

$$G^{T_0}(\vec{r}, \vec{r}\,'; t) = (4\pi a t)^{-3/2}\, e^{-\frac{(\vec{r} - \vec{r}\,')^2}{4at}}, \quad t > 0 \tag{9.75}$$

setzen. Diese Lösung erfüllt die natürlichen Randbedingungen. Für $t \to +0$ geht $T(\vec{r}, t)$ wegen Gl. (9.69) tatsächlich in die Anfangstemperaturverteilung $T_0(\vec{r})$ über. G^{T_0} wird *Greenfunktion des Anfangswertproblems* genannt. Sie stellt nicht für das Quellglied η, sondern für $T_0(\vec{r}\,')$ eine Gewichtsfunktion dar.

9.8.2. Anfangsbedingung des linearen Stabes

Wir wollen nun die Wärmeleitungsgleichung ($\eta = 0$) eines linearen unendlich langen Stabes untersuchen. Er stellt den eindimensionalen Sonderfall des gerade behandelten Falles dar und wird durch einen an den Mantelflächen isolierten Wärmeleiter verwirklicht. Die Wärmeleitungsgleichung lautet dann

$$\left(\frac{\partial^2}{\partial x^2} - \frac{1}{a}\frac{\partial}{\partial t}\right) T(x, t) = 0. \tag{9.76}$$

Für die Anfangsbedingung

$$T(x,0) = T_0(x)$$

folgt die Lösung

$$T(x,t) = (4\pi a t)^{-1/2} \int T_0(x')\, e^{-\frac{(x-x')^2}{4at}}\, dx', \quad t > 0 \tag{9.77}$$

mit

$$G^{T_0}(x,x';t) = (4\pi a t)^{-1/2}\, e^{-\frac{(x-x')^2}{4at}}, \quad t > 0. \tag{9.78}$$

Das lineare G^{T_0} erhalten wir aus Gl. (9.73), wenn dort T_0 nur von x abhängt und wir daher mit Hilfe von Gl. (8.45) über y und z integrieren können.

9.8.3. Isotherme Randbedingung

Wir betrachten wieder einen linearen Stab mit $\eta = 0$, der aber nur von $x = 0$ bis $x = \infty$ reicht. Bei $x = 0$ müssen wir eine Aussage über den Rand machen. Der Stab befinde sich z. B. an dieser Stelle in einem Wärmebad mit der Temperatur $T = 0$. Dann lautet die Randbedingung $T(x = 0, t) = 0$ (isotherme Randbedingung).

Mit der außerdem gegebenen Anfangsbedingung

$$T(x,0) = T_0(x) \quad \text{für } x \geqslant 0$$

ist also jene Lösung zu suchen, welche die Randbedingung erfüllt. Wir gehen ähnlich vor, wie in Kapitel 9.8.2. Wir denken uns links von $x = 0$ einen 2. Stab angeschlossen, und dann im Bereich $x = -\infty$ bis $x = 0$ die Anfangstemperatur so gewählt, daß die Randbedingung immer erfüllt ist. Die entsprechende Gesamttemperaturverteilung lautet (negative Spiegelung von $T_0(x)$ an $x = 0$; siehe Bild 56):

$$T_0'(x) = \begin{cases} T_0(x) & x > 0 \\ 0 & x = 0 \\ -T_0(-x) & x < 0\,. \end{cases} \tag{9.79}$$

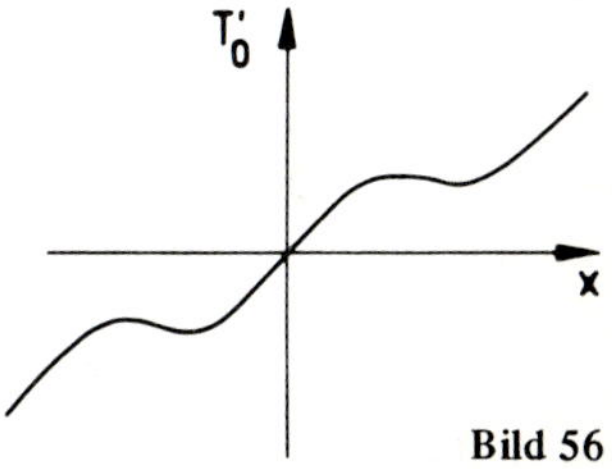

Bild 56

Mit Gl. (9.77) erhalten wir die Lösung

$$T(x,t) = (4\pi a t)^{-1/2} \int_{-\infty}^{\infty} e^{-\frac{(x-x')^2}{4at}}\, T_0'(x')\, dx' =$$

$$= (4\pi a t)^{-1/2} \left[-\int_{-\infty}^{0} T_0(-x')\, e^{-\frac{(x-x')^2}{4at}}\, dx' + \int_{0}^{\infty} T_0(x')\, e^{-\frac{(x-x')^2}{4at}}\, dx' \right].$$

Im ersten Integral führen wir die Substitution $x' \to -x'$ durch und erhalten

$$T(x,t) = (4\pi a t)^{-1/2} \int_0^\infty T_0(x') \left[e^{-\frac{(x-x')^2}{4at}} - e^{-\frac{(x+x')^2}{4at}} \right] dx', \quad t > 0 \tag{9.80}$$

Wir können nun den hinzugedachten Hilfsstab wieder weglassen und haben damit für $x > 0$ eine Lösung des isothermen Randwertproblems gefunden. Da

$$\begin{aligned} G^{T_0}_{\text{isotherm}} &= (4\pi a t)^{-1/2} \left[e^{-\frac{(x-x')^2}{4at}} - e^{-\frac{(x+x')^2}{4at}} \right] = \\ &= G^{T_0}(x, x'; t) - G^{T_0}(x, -x'; t), \quad t > 0 \end{aligned} \tag{9.81}$$

unabhängig von t für $x = 0$ Null wird, erfüllt Gl. (9.80) tatsächlich die isotherme Randbedingung.

9.8.4. Adiabatische Randbedingung

Wir betrachten wieder einen Stab wie in Kapitel 9.8.3, doch ist er diesmal bei $x = 0$ wärmeisoliert. Hier ist der Wärmestrom $g_x(0, t) = 0$ und daher wegen Gl. (9.45) auch

$$\left(\frac{\partial T}{\partial x} \right)_{x=0} = 0. \tag{9.82}$$

Die Anfangstemperaturverteilung ist wieder für $x \geqslant 0$ gegeben: $T(x, 0) = T_0(x)$. Die Randbedingung wird nun durch eine positive Spiegelung von $T_0(x)$ an $x = 0$ erfüllt (Bild 57):

$$T_0'(x) = \begin{cases} T_0(x) & x \geqslant 0 \\ T_0(-x) & x \leqslant 0 \end{cases}$$

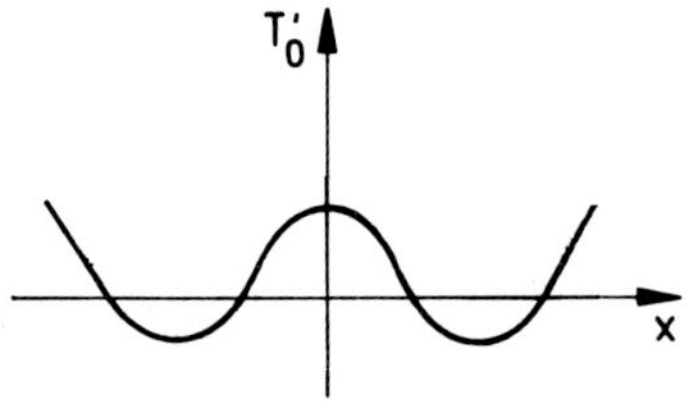

Bild 57

Die Lösung lautet dann:

$$\begin{aligned} T(x,t) &= (4\pi a t)^{-1/2} \left[\int_{-\infty}^0 T_0(-x') e^{-\frac{(x-x')^2}{4at}} dx' + \int_0^\infty T_0(x') e^{-\frac{(x-x')^2}{4at}} dx \right] = \\ &= (4\pi a t)^{-1/2} \int_0^\infty T_0(x') \left[e^{-\frac{(x-x')^2}{4at}} + e^{-\frac{(x+x')^2}{4at}} \right] dx', \quad t > 0 \end{aligned} \tag{9.83}$$

mit

$$G^{T_0}_{ad}(x, x'; t) = (4\pi a t)^{-1/2} \left[e^{-\frac{(x-x')^2}{4at}} + e^{-\frac{(x+x')^2}{4at}} \right], \quad t > 0. \tag{9.84}$$

Die Lösung erfüllt die Randbedingung (9.82), da

$$\left(\frac{\partial}{\partial x} G_{ad}^{T_0}\right)_{x=0} = 0$$

zu allen Zeiten erfüllt ist.

9.8.5. Wärmepol

Als spezielles Beispiel für $T_0(x)$ betrachten wir noch den sogenannten Wärmepol and der Stelle x_0, d. h.

$$T_0(x) = S\delta(x - x_0), \quad S = \text{konstant}. \tag{9.85}$$

Haben wir wieder einen nach beiden Richtungen ∞ langen Stab, so sind natürliche Randbedingungen vorhanden, und wir erhalten mit Gl. (9.77) die Lösung

$$T(x, t) = \frac{S}{\sqrt{4\pi at}} e^{-\frac{(x - x_0)^2}{4at}}, \quad t > 0. \tag{9.86}$$

Die Funktion (9.86), eine *Gaußsche Glockenkurve* mit der Symmetrieachse bei x_0, zerfließt mit der Zeit((Bild 58). Dasselbe hätten wir auch aus Gl. (9.61) mit

$$\eta(x', t') = \frac{\lambda}{a} S\, \delta(x' - x_0)\, \delta(t')$$

erhalten.

Die Gesamtwärmemenge im Stab ist zeitlich konstant und S proportional:

$$\begin{aligned} Q &= \int_{-\infty}^{\infty} \rho c_{p_g} T(x, t)\, dx = \frac{S\rho c_{p_g}}{\sqrt{4\pi at}} \int_{-\infty}^{\infty} e^{-\frac{(x - x_0)^2}{4at}}\, dx = \\ &= \frac{S\rho c_{p_g}}{\sqrt{4\pi at}} \sqrt{4\pi at} = \frac{\lambda}{a} S. \end{aligned} \tag{9.87}$$

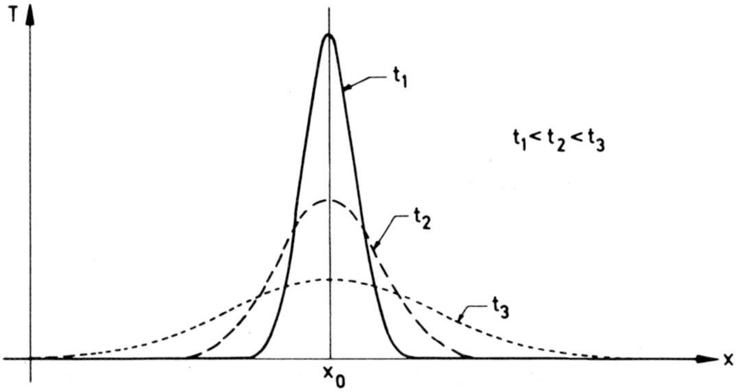

Bild 58

9.9. Elektrizitätsleitung

Wir wollen hier die elektrische Stromdichte eines leitenden Festkörpers (Leiter) in einem äußeren elektrischen Feld $\vec{E}$ bestimmen. Dabei benutzen wir das einfache Modell von *Drude*, das bereits einige interessante Aussagen liefert. Die Leitungselektronen eines elektrischen Leiters werden als fast frei aufgefaßt und daher wie ein ideales Gas *(Elektronengas)* behandelt, dessen Teilchen (Elektronen) ab und zu mit den Gitteratomen des Leiters zusammenstoßen. Diese Stöße und eventuell auch die Elektron-Elektron-Stöße haben für die Elektronen eine Relaxationszeit t_c zur Folge, welche mit Hilfe der Quantenmechanik bestimmt werden muß und eine von der Elektronenenergie abhängige Größe ist. Wie Drude benützen wir jedoch nur den konstanten Mittelwert.

Die Gitterionen sind ortsgebunden und tragen somit nichts zur Stromdichte bei. Es genügt daher die Bestimmung der Stromdichte des Elektronengases. Wir führen diese unter folgenden Bedingungen durch:

$\vec{E} = (E_1, 0, 0)$	homogenes elektrisches Feld
$\vec{F} = e\vec{E}$	äußere Kraft auf die Elektronen
$e = -1{,}6 \cdot 10^{-19}\,C$	elektrische Ladung der Elektronen
$n = \text{konst}$	Dichte der Leitungselektronen
$T = \text{konst}$	Temperatur des Gitters und der Elektronen.

Als Verteilungsfunktion der Elektronen wird näherungsweise die Gleichgewichtsverteilung, also die Maxwell-Verteilung verwendet (Gl. (9.18)):

$$f_l = f_0 = n \left(\frac{m}{2\pi kT}\right)^{3/2} e^{-\frac{mv^2}{2kT}} \tag{9.88}$$

(m Masse der Elektronen).

Genaugenommen müßten wir für Elektronen die Fermi-Verteilung verwenden (siehe Kapitel 16). Dies führte *Sommerfeld* durch. Dadurch ändert sich allerdings nur ein Zahlenfaktor im Resultat.

Beim elektrischen Strom ist die Transportgröße die Ladung e des Elektrons. Für die elektrische Stromdichte folgt dann mit Gl. (9.20) in Indexschreibweise

$$g_i = -\int v_i e t_c \frac{eE_1}{m} \frac{\partial}{\partial v_1} f_0 \, d^3v. \tag{9.89}$$

Das 1. Integral von Gl. (9.20) fällt wegen Gl. (9.23) weg. Das 2. Integral von Gl. (9.20) verschwindet wegen der Näherung (9.88). D.h. wir erhalten mit der benützten Näherung nur die zeitunabhängige, also *stationäre Lösung* der Elektrizitätsleitung (siehe aber Beispiel K 6). Mit

$$\frac{\partial}{\partial v_1} f_0 = -\frac{v_1 m}{kT} f_0 \tag{9.90}$$

und Gl. (9.26) erhalten wir schließlich

$$g_i = \frac{e^2 t_c}{kT} E_l \underbrace{\int v_i v_l f_0 d^3v}_{\delta_{il} \frac{nkT}{m}}, \tag{9.91}$$

Gl. (9.72):

$$\boxed{g_x = \frac{ne^2 t_c}{m} E_x = \sigma E_x.} \tag{9.92}$$

Dies ist das *Ohmsche Gesetz.* σ heißt *elektrische Leitfähigkeit* und ist gegeben durch

$$\sigma := \frac{ne^2 t_c}{m}. \tag{9.93}$$

Sie ist vom Feld $\vec{E}$ unabhängig.

In den Metallen erfolgt auch der Wärmetransport hauptsächlich durch die Elektronen. Die Gitteratome übertragen durch ihre Schwingung (Phononen) fast keine Energie im Vergleich zu den Elektronen. Dies sieht man auch an der unterschiedlichen Wärmeleitfähigkeit von Metallen und Isolatoren. Z. B. ist für Kupfer $\lambda = 3{,}8\ \frac{W}{K\,cm}$, während für Steinsalz $\lambda = 0{,}096\ \frac{W}{K\,cm}$ beträgt. Wir berücksichtigen daher nur den Elektronenanteil und erhalten näherungsweise für die Wärmeleitung des Metalls (Gl. (9.46))

$$\lambda = \frac{5}{2} \frac{nk^2 t_c}{m} T. \tag{9.94}$$

Zusammen mit der elektrischen Leitfähigkeit folgt daraus das *Wiedemann-Franzsche Gesetz*

$$\frac{\lambda}{\sigma} = \frac{5}{2} \frac{k^2}{e^2} T = LT \tag{9.95}$$

mit der *Lorenzzahl*

$$L := \frac{5}{2} \frac{k^2}{e^2} = 1{,}85 \cdot 10^{-8} \frac{V^2}{K^2}. \tag{9.96}$$

Die Lorenzzahl ist in diesem Modell von der Temperatur unabhängig und für alle Metalle gleich, obwohl σ sowie λ für die einzelnen Metalle sehr unterschiedliche Werte annehmen können. Trotz der Einfachheit des Modells stimmt die Lorenzzahl mit den experimentellen Werten für sehr gute Leiter relativ gut überein. Die Übereinstimmung ist noch besser, wenn man statt der Maxwell-Verteilung die Fermi-Verteilung benützt, da dann $L = 2{,}44 \cdot 10^{-8} \frac{V^2}{K^2}$ wird. Einen Vergleich mit den experimentellen Werten erlaubt die folgende Tabelle.

Meßwerte bei T = 300 K			
	$\lambda \left[\frac{W}{K\,cm}\right]$	$10^{-4} \cdot \sigma \left[\frac{1}{\Omega\,cm}\right]$	$10^{8} \cdot L \left[\frac{V^2}{K^2}\right]$
Li	0,707	10,3	2,28
Na	1,32	20,36	2,16
K	0,95	13,86	2,28
Al	2,22	35,6	2,08
Cu	3,84	57,8	2,22
Pb	0,347	4,67	2,48

10. Beispiele zur kinetischen Theorie

Anmerkung:

Bisher war $f(\vec{r}, \vec{v})$ so normiert, daß

$$\int f d^3 r d^3 v = N$$

war. Es kann aber auch auf jede beliebige andere konstante Größe normiert werden. In den Beispielen ist das öfter der Fall. Dies ist daher in den Rechnungen durch entsprechend allgemeine Verwendung von $f(\vec{r}, \vec{v})$ zu berücksichtigen.

D. h. f in den bisher aufgetretenen Formeln ist durch

$$f \cdot \frac{N}{\int f d^3 r d^3 v}$$

zu ersetzen.

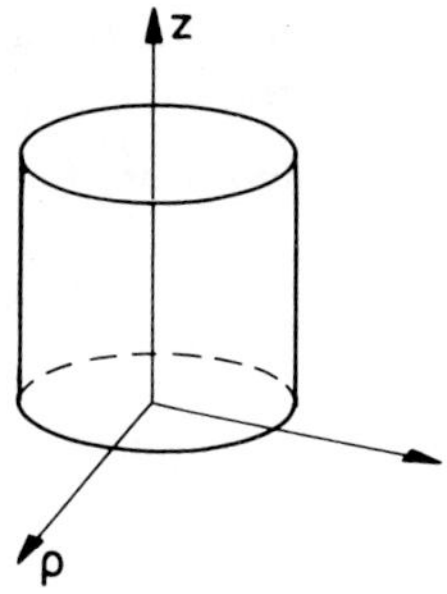

Bild 59

Beispiel K1

Eine zylindrische Säule (Radius a, Länge l) eines Gases mit gegebener Temperatur T rotiere um eine feste Achse mit konstanter Winkelgeschwindigkeit ω (Bild 59)

a) Man bestimme die Gleichgewichtsverteilung der Teilchendichte $n(\vec{r})$ bei gegebener Gesamtteilchenzahl N. Man löse zu diesem Zwecke die Boltzmann-Gleichung mit dem Ansatz

$$f_0(\vec{v}, \vec{r}) = \exp(-A\vec{v}^2) B(\vec{r}), \quad (A > 0).$$

b) Berechnen Sie den Druck

$$P(\vec{r}) = N \int_{v_x > 0} 2m v_x^2 f(\vec{r}, \vec{v}) d^3 v \Big/ \int f(\vec{r}, \vec{v}) d^3 r d^3 v.$$

c) Welcher Zusammenhang besteht zwischen $P(\vec{r})$ und $n(\vec{r})$?

Lösung:

a) $$\left(\vec{v}\cdot\nabla_r + \frac{\vec{F}}{m}\cdot\nabla_v\right) f_0 = 0. \tag{1}$$

Im mitrotierenden Zylinderkoordinatensystem ist die Kraft

$$\vec{F} = \begin{pmatrix} F_\rho \\ F_\varphi \\ F_z \end{pmatrix} = \begin{pmatrix} m\omega^2\rho \\ 0 \\ 0 \end{pmatrix}, \quad \nabla_r = \begin{pmatrix} \frac{\partial}{\partial\rho} \\ \frac{1}{\rho}\frac{\partial}{\partial\varphi} \\ \frac{\partial}{\partial z} \end{pmatrix}, \quad \nabla_v = \begin{pmatrix} \frac{\partial}{\partial v_\rho} \\ \frac{1}{v_\rho}\frac{\partial}{\partial v_\varphi} \\ \frac{\partial}{\partial v_z} \end{pmatrix},$$

$$v^2 = v_\rho^2 + v_\varphi^2 + v_z^2$$

$f_0(\vec{v}, \rho)$ ist auf das mitrotierende Koordinatensystem bezogen und ist nur von $\vec{v}$ und ρ abhängig.

$$f_0 = e^{-Av^2} B(\rho), \quad A > 0$$

(1): $$\left(v_\rho \frac{dB}{d\rho} + \frac{m\omega^2\rho}{m} B(-2Av_\rho)\right) e^{-Av^2} = 0 \rightarrow$$

$$\frac{dB}{d\rho} = 2\omega^2\rho BA, \quad \frac{dB}{B} = A\omega^2 d\rho^2$$

$$B(\rho) = C\, e^{A\omega^2\rho^2}, \qquad \text{C Integrationskonstante}$$

$$\underline{f_0(\vec{v}, \rho) = C\, e^{-A(v^2 - \omega^2\rho^2)}},$$

$$N = \int f_0\, d^3r\, d^3v = C \int_0^l dz \int_0^a e^{A\omega^2\rho^2} \rho\, d\rho\, 2\pi \int_0^\infty e^{-Av^2} v^2 dv 4\pi =$$

$$= C\, l \left(\frac{2\pi}{2A\omega^2} e^{A\omega^2\rho^2}\right)_0^a \frac{\sqrt{\pi}}{4} A^{-3/2} 4\pi,$$

$$N = C \frac{\pi l}{A\omega^2} [e^{A\omega^2a^2} - 1] \left(\frac{\pi}{A}\right)^{3/2}$$

$$\underline{\rightarrow C = \frac{N\omega^2}{l} [e^{A\omega^2a^2} - 1]^{-1} \left(\frac{A}{\pi}\right)^{5/2}},$$

$$n(\rho) = \int f_0\, d^3v = C\, e^{A\omega^2\rho^2} \left(\frac{\pi}{A}\right)^{3/2}$$

$$\underline{n(\rho) = \frac{N\omega^2}{l[e^{A\omega^2a^2} - 1]} \left(\frac{A}{\pi}\right) e^{A\omega^2\rho^2}},$$

b) $$P(\rho) = \frac{N \int\limits_{v_x > 0} 2mv_x^2 f_0 \, d^3v}{\int f_0 \, d^3r \, d^3v} \; ; \quad N = \int f_0 \, d^3r \, d^3v \rightarrow$$

$$P(\rho) = C2m \int\limits_0^\infty v_x^2 e^{-Av_x^2} dv_x \int\limits_{-\infty}^\infty e^{-Av_y^2} dv_y \int\limits_{-\infty}^\infty e^{-Av_z^2} dv_z \, e^{A\omega^2\rho^2} =$$

$$= C2m \frac{1}{4}\sqrt{\frac{\pi}{A^3}} \, 2\frac{1}{2}\sqrt{\frac{\pi}{A}} \, 2\frac{1}{2}\sqrt{\frac{\pi}{A}} \, e^{A\omega^2\rho^2} ,$$

$$\underline{P(\rho) = \frac{N\omega^2 m}{2\pi l [e^{A\omega^2 a^2} - 1]} \, e^{A\omega^2\rho^2}} ,$$

c) $$\underline{P(\rho)} = n(\rho) \frac{m}{2\pi} \frac{\pi}{A} = \underline{n(\rho) \frac{m}{2A}} .$$

Beispiel K2

Die freien Elektronen ($e = - e_0$ Ladung des Elektrons, $e_0 = 1{,}602 \cdot 10^{-19}$ C positive elektrische Elementarladung) in einem teilweise ionisierten Gas (Plasma) haben eine Gleichgewichtsverteilung $f_0(p) = \frac{1}{V} (2\pi mkT)^{-3/2} \exp(- p^2/(2mkT))$. Ein oszillierendes elektrisches Feld $\vec{E} = \vec{E}_0 \exp(j\omega t)$ wird angelegt, wobei $\vec{E}_0$ in die x-Richtung zeigt und im ganzen Volumen V homogen ist ($j = \sqrt{-1}$).

a) Zeigen Sie, daß die genäherte Boltzmann-Gleichung für die resultierende Elektronenverteilung

$$f + t_c \frac{\partial f}{\partial t} = f_0 - eE_0 t_c \exp(j\omega t) \frac{\partial f_0}{\partial p_x}$$

ist. Welche Näherung wurde gemacht?

b) Berechnen Sie daraus $g(\vec{p})$, wenn der Ansatz $f = f_0 + g(\vec{p}) \exp(j\omega t)$ gemacht wird.

c) Die mittlere Geschwindigkeit $\bar{v}_x$ der Elektronen ist zu berechnen. Zeigen Sie, daß $\bar{v}_x$ für $\omega t_c \ll 1$ in Phase und für $\omega t_c \gg 1$ nicht in Phase mit $\vec{E}$ ist.

d) Berechnen Sie die mittlere kinetische Energie $\bar{\epsilon}$ eines Elektrons für die Näherung b).

Lösung:

$$f_0(p) = \frac{1}{V} (2\pi mkT)^{-3/2} \exp\left(- \frac{p^2}{2mkT}\right)$$

a) $$\left(\frac{\partial}{\partial t} + \frac{\vec{p}}{m}\cdot\nabla_r + \vec{F}\cdot\nabla_p\right) f = \frac{1}{t_c}(f_0 - f)$$

$$\vec{E} = \begin{pmatrix} E_0 e^{j\omega t} \\ 0 \\ 0 \end{pmatrix}, \quad F_x = eE_x = eE_0 e^{j\omega t}, \quad F_y = F_z = 0$$

$$f + t_c \frac{\partial f}{\partial t} = f_0 - t_c \underbrace{\frac{\vec{p}}{m}\cdot\nabla_r f}_{} - eE_0 t_c e^{j\omega t}\frac{\partial f}{\partial p_x}$$

0, da f von $\vec{r}$ unabhängig ist,

Näherung $\dfrac{\partial f}{\partial p_x} \approx \dfrac{\partial f_0}{\partial p_x}$

$$f + t_c \frac{\partial f}{\partial t} = f_0 - eE_0 t_c e^{j\omega t}\frac{\partial f_0}{\partial p_x} \qquad \text{w.z.b.w.} \tag{1}$$

b) $$f = f_0 + g(\vec{p})\, e^{j\omega t}$$

(1): $f_0 + g e^{j\omega t} + j\omega t_c g e^{j\omega t} = f_0 - eE_0 t_c e^{j\omega t}\left(-\dfrac{p_x}{mkT} f_0\right)$,

da $\dfrac{\partial f_0}{\partial p_x} = -\dfrac{p_x}{mkT} f_0$,

$$g(\vec{p}) = \frac{1}{(1 + j\omega t_c)}\,\frac{eE_0 t_c p_x}{mkT}\, f_0$$

$$g(\vec{p}) = \frac{1 - j\omega t_c}{1 + \omega^2 t_c^2}\,\frac{eE_0 t_c p_x}{mkT}\, f_0(\vec{p}) = A p_x f_0$$

mit

$$A = \frac{1 - j\omega t_c}{1 + \omega^2 t_c^2}\,\frac{eE_0 t_c}{mkT},$$

c) $$\bar{v}_x = \frac{1}{m}\,\frac{\int p_x f d^3 p}{\int f d^3 p} = \frac{1}{m}\,\frac{I_{II}}{I_I}$$

$$I_I = \int (1 + \underbrace{p_x A e^{j\omega t}}_{}) f_0 d^3 p = \int f_0 d^3 p$$

0, da sich die positiven und negativen Anteile von p_x gegenseitig aufheben.

$$I_I = \frac{1}{V}(2\pi mkT)^{-3/2}\,4\pi \underbrace{\int_0^\infty p^2 e^{-\frac{p^2}{2mkT}}\,dp}_{J_2 = \frac{1}{4}\sqrt{\frac{\pi}{a^3}} = \frac{\sqrt{\pi}}{4}(2mkT)^{3/2}}$$

$$\underline{I_I = \frac{1}{V}},$$

$$I_{II} = \underbrace{\int p_x}_{0}(1 + p_x A e^{j\omega t})\, f_0\, d^3p = A e^{j\omega t}\int p_x^2 f_0\, d^3p =$$

$$= A e^{j\omega t}\frac{1}{V}(2\pi mkT)^{-3/2} \underbrace{\int_{-\infty}^{\infty} p_x^2 e^{-\frac{p_x^2}{2mkT}}\,dp_x}_{2J_2 = 2\frac{\sqrt{\pi}}{4}(2mkT)^{3/2}} \underbrace{\int_{-\infty}^{\infty} e^{-\frac{p_y^2}{2mkT}}\,dp_y}_{2\frac{1}{2}\sqrt{2\pi mkT}} \underbrace{\int_{-\infty}^{\infty} e^{-\frac{p_z^2}{2mkT}}\,dp_z}_{2\frac{1}{2}\sqrt{2\pi mkT}}$$

$$\underline{I_{II} = A e^{j\omega t}\frac{mkT}{V}},$$

$$\underline{\bar{v}_x} = kTA e^{j\omega t} = \underline{\frac{1 - j\omega t_c}{1 + \omega^2 t_c^2}\,\frac{eE_0 t_c}{m}\, e^{j\omega t}},$$

$$(1 - j\omega t_c) \approx \begin{cases} 1 & \text{für } \omega t_c \ll 1 \text{ daher in Gegenphase mit } \vec{E}\text{, da } e = -e_0 \text{ negativ ist;} \\ -j\omega t_c & \text{für } \omega t_c \gg 1 \text{ daher nicht in Phase mit } \vec{E}. \end{cases}$$

d) $$\bar{\epsilon} = \frac{1}{I_I}\int \frac{p^2}{2m} f d^3p = \frac{V}{2mV}(2\pi mkT)^{-3/2}\int p^2(1 + \underbrace{A p_x e^{j\omega t}}_{\to 0})\cdot e^{-\frac{p^2}{2mkT}}\, d^3p =$$

$$= \frac{1}{2m}(2\pi mkT)^{-3/2}\,4\pi \underbrace{\int_0^\infty p^4 e^{-\frac{p^2}{2mkT}}\,dp}_{J_4 = \frac{3}{8}\sqrt{\frac{\pi}{a^5}} = \frac{3\sqrt{\pi}}{8}(2mkT)^{5/2}} = \frac{1}{2m}\frac{3}{2}(2mkT)$$

$\underline{\bar{\epsilon} = \frac{3}{2}kT}$, d. h. durch ein elektrisches Wechselfeld wird die mittlere kinetische Energie der freien Elektronen in dieser Näherung nicht verändert.

Beispiel K3

Die Verteilungsfunktion für N Atome eines Gases laute

a) $$f(\vec{r},\vec{p}) = (2\pi mkT(x))^{-3/2} \exp\left(\frac{-p^2}{2mkT(x)}\right)$$

b) $$f(\vec{r},\vec{p}) = (1+\gamma x)\,(2\pi mkT(x))^{-3/2} \exp\left(\frac{-p^2}{2mkT(x)}\right)$$

mit $T(x) = T_0(1-\gamma x)$, $T_0 = \text{konstant}$.

Der Ursprung des Koordinatensystems befindet sich in der Mitte eines würfelförmigen Behälters mit dem Volumen V, das vom Gas eingenommen wird. γx ist innerhalb des Behälters kleiner als 1.

α) Wir groß ist in beiden Fällen der ortsabhängige Druck $P(\vec{r})$ im Gas:

$$P(\vec{r}) = N \int_{p_x>0} (2p_x^2/m)\, f(\vec{r},\vec{p})\, d^3p \Big/ \int f(\vec{r},\vec{p})\, d^3p\, d^3r.$$

β) In welchem Fall herrscht mechanisches Gleichgewicht?

γ) In welchem Fall herrscht mechanisches Gleichgewicht, wenn nur Glieder erster Ordnung in γ berücksichtigt werden?

Lösung:

α) $$P(\vec{r}) = N \int_{p_x>0} \frac{2p_x^2}{m} f(\vec{r},\vec{p})\, d^3p \Big/ \int f(\vec{r},\vec{p})\, d^3p\, d^3r,$$

a) $$\int f d^3p\, d^3r = \int d^3r\, (2\pi mkT(x))^{-3/2} \underbrace{\int e^{-\frac{p^2}{2mkT(x)}} d^3p}_{(2\pi mkT(x))^{3/2}} = \int d^3r = V$$

$$P(\vec{r}) = \frac{N}{V}(2\pi mkT(x))^{-3/2} \frac{2}{m} \underbrace{\int_0^\infty p_x^2 e^{-\frac{p_x^2}{2mkT(x)}} dp_x}_{\frac{\sqrt{\pi}}{4}(2mkT(x))^{3/2}} \cdot \underbrace{\int_{-\infty}^\infty e^{-\frac{p_y^2}{2mkT(x)}} dp_y}_{(2\pi mkT(x))^{1/2}} \underbrace{\int_{-\infty}^\infty e^{-\frac{p_z^2}{2mkT(x)}} dp_z}_{(2\pi mkT(x))^{1/2}}$$

$$\underline{P(\vec{r})} = \frac{N}{V} kT(x) = \underline{\frac{N}{V} kT_0(1-\gamma x) = P(x)},$$

b) $$\int f d^3r d^3p = \int d^3r(1+\gamma x)(2\pi mkT(x))^{-3/2} \underbrace{\int e^{-\frac{p^2}{2mkT(x)}} d^3p}_{(2\pi mkT(x))^{3/2}} =$$

$$= \int d^3r(1+\gamma x) = \underbrace{\left(x+\gamma\frac{x^2}{2}\right)\Big|_{-a/2}^{a/2}}_{a} a\,a = a^3 = V$$

$$P = \frac{N}{V}(1+\gamma x)(2\pi mkT(x))^{-3/2}\frac{2}{m}\underbrace{\int_{p_x>0} p_x^2 e^{-\frac{p^2}{2mkT(x)}} d^3p}_{\alpha a):\ \frac{1}{4\pi}(2\pi mkT(x))^{5/2}}$$

$$\underline{P(x) = \frac{N}{V}(1+\gamma x)kT(x) = \frac{N}{V}(1-\gamma^2x^2)kT_0}$$

β) In keinem Fall herrscht mechanisches Gleichgewicht, da P ortsabhängig ist.

γ) a) $P = \frac{N}{V}kT_0(1-\gamma x) \rightarrow$ kein Gleichgewicht in 1. Ordnung.

b) $P = \frac{N}{V}kT_0(1-\underset{\substack{\downarrow\\ \text{vernachlässigt}}}{\gamma^2x^2}) \approx \frac{N}{V}kT_0 \rightarrow$ hier herrscht Gleichgewicht in erster Ordnung von γ, da **P** dann ortsunabhängig ist.

Beispiel K4

Die Verteilungsfunktion für N Atome eines Gases laute

$$f(\vec{r},\vec{p}) = (1+\gamma x)(2\pi mkT)^{-3/2}\exp\left(\frac{-p^2}{2mkT}\right). \tag{1}$$

Der Ursprung des Koordinatensystems befindet sich in der Mitte eines quaderförmigen Behälters (Kantenlängen a, b, c) mit dem Volumen V, das vom Gas eingenommen wird.

γx ist innerhalb des Behälters kleiner als 1.

a) Wie groß ist der Druck P im Gas:

$$P(\vec{r}) = N\int_{p_x>0}(2p_x^2/m)f(\vec{r},\vec{p})d^3p\Big/\int f(\vec{r},\vec{p})d^3p\,d^3r.$$

b) Ist das Gas im mechanischen Gleichgewicht, wenn keine äußeren Kräfte wirken? Welche äußere Kraft ist einzuführen, damit das Gas im mechanischen Gleichgewicht ist? Diese Berechnung ist mit Hilfe der Boltzmann-Gleichung durchzuführen.

Lösung:

$$\int f d^3p\, d^3r = \underbrace{\int (1+\gamma x)\, dx\,dy\,dz}_{\left(x+\gamma\frac{x^2}{2}\right)\Big|_{-\frac{a}{2}}^{\frac{a}{2}} y\Big|_{-\frac{b}{2}}^{\frac{b}{2}} z\Big|_{-\frac{c}{2}}^{\frac{c}{2}} \;=\; a\,b\,c = V} \underbrace{(2\pi mkT)^{-3/2}\, 4\pi \underbrace{\int_0^\infty p^2 e^{-\frac{p^2}{2mkT}}}_{\frac{\sqrt{\pi}}{4}(2mkT)^{3/2}}}_{1}$$

$$\int f d^3p\, d^3r = V,$$

$$P = \frac{N}{V}(1+\gamma x)(2\pi mkT)^{-3/2}\frac{2}{m}\underbrace{\int_0^\infty p_x e^{-\frac{p_x^2}{2mkT}} dp_x}_{\frac{\sqrt{\pi}}{4}(2mkT)^{3/2}} \underbrace{\int_{-\infty}^{\infty} e^{-\frac{p_y^2}{2mkT}} dp_y}_{(2\pi mkT)^{1/2}} \underbrace{\int_{-\infty}^{\infty} e^{-\frac{p_z^2}{2mkT}} dp_z}_{(2\pi mkT)^{1/2}}$$

$$P(x) = \frac{N}{V}(1+\gamma x)\, kT.$$

b) P(x) ist ortsabhängig und ist daher ohne äußere Kräfte nicht im mechanischen Gleichgewicht.

$$\left(\frac{\partial}{\partial t} + \frac{\vec{p}}{m}\cdot\nabla_r + \vec{F}\cdot\nabla_p\right) f = \left(\frac{\partial f}{\partial t}\right)_{coll}$$

Für Gleichgewicht: $\frac{\partial f}{\partial t} = \left(\frac{\partial f}{\partial t}\right)_{coll} = 0,$

(1): $\left(\frac{p_x}{m}\frac{\gamma}{1+\gamma x} + \nabla\varphi\cdot\frac{\vec{p}}{mkT}\right) f = 0, \quad$ mit $\vec{F} = -\nabla\varphi$

$$\rightarrow \underbrace{\left(\frac{p_x}{m}\frac{\gamma}{1+\gamma x} + \frac{\partial\varphi}{\partial x}\frac{p_x}{mkT}\right)}_{\text{vom } p_x \text{ abhängig}} = \underbrace{-\left(p_y\frac{\partial\varphi}{\partial y} + p_z\frac{\partial\varphi}{\partial z}\right)\frac{1}{mkT}}_{\text{von } p_y \text{ und } p_z \text{ abhängig}}.$$

Die rechte Seite hängt nur von p_y und p_z ab, die linke Seite hingegen nur von p_x. Dies ist nur dann möglich, wenn bezüglich der p-Komponenten beide Seiten gleich einer Konstanten sind. Für die rechte Seite ist nur die Konstante Null möglich, falls φ von $\vec{p}$ unabhängig ist:

$$\rightarrow \frac{\partial\varphi}{\partial z} = 0, \quad \frac{\partial\varphi}{\partial y} = 0 \rightarrow \varphi = \varphi(x)$$

$$\rightarrow \left(\frac{p_x}{m}\frac{\gamma}{1+\gamma x} + \frac{\partial\varphi}{\partial x}\frac{p_x}{mkT}\right) = 0$$

$$\underline{F_x = -\nabla_x\varphi = kT\frac{\gamma}{1+\gamma x}}, \quad \underline{F_y = 0}, \quad \underline{F_z = 0}.$$

Beispiel K5

Die Impulsverteilung in einem Gas mit der Teilchendichte N/V ist gegeben:

$$f(\vec{p}) = (2\pi mkT)^{-3/2}\exp\left(\frac{-p^2}{2mkT}\right)(1+\epsilon\cos\vartheta).$$

$\epsilon < 1$ und ϑ ist der Winkel zwischen $\vec{p}$ und der z-Achse.

a) Berechnen Sie die mittlere Geschwindigkeit $\langle\vec{v}\rangle$ des Gases.

b) Wieviel Atome pro Sekunde durchfliegen die Flächeneinheit auf der xy-Ebene in der positiven (N_+) bzw. negativen (N_-) z-Richtung?

c) Welche Beziehung besteht zwischen den Größen N_+, N_- und $\langle\vec{v}\rangle$?

Lösung:

a) $$\bar{v}_i = \frac{1}{m}\int p_i\, f(\vec{p})\, d^3p \Big/ \int f(\vec{p})\, d^3p,$$

$$\int f d^3p = (2\pi mkT)^{-3/2}\underbrace{\int_0^\infty e^{-\frac{p^2}{2mkT}}p^2\,dp}_{\frac{\sqrt{\pi}}{4}(2mkT)^{3/2}}\underbrace{\int_0^{2\pi}d\varphi}_{2\pi}\underbrace{\int_0^\pi (1+\epsilon\cos\vartheta)\sin\vartheta\, d\vartheta}_{\underbrace{\int_{-1}^{1}(1+\epsilon x)\,dx}_{\left.\left(x+\epsilon\frac{x^2}{2}\right)\right|_{-1}^{1} = 2}} \quad x = \cos\vartheta$$

$$\rightarrow \int f d^3p = 1,$$

$$\vec{p} = p\begin{pmatrix}\sin\vartheta\cos\varphi \\ \sin\vartheta\sin\varphi \\ \cos\vartheta\end{pmatrix} \text{ in Polarkoordinaten,}$$

$$\int \vec{p} f d^3p = (2\pi mkT)^{-3/2} \underbrace{\int_0^\infty p^3 e^{-\frac{p^2}{2mkT}} dp}_{J_3} \int_0^{2\pi} d\varphi \int_0^\pi \sin\vartheta\, d\vartheta (1 + \epsilon\cos\vartheta) \begin{pmatrix} \sin\vartheta\cos\varphi \\ \sin\vartheta\sin\varphi \\ \cos\vartheta \end{pmatrix},$$

$$a = (2mkT)^{-1}, \quad J_3 = \frac{1}{2a^2} = \frac{1}{2}(2mkT)^2$$

$$\cos\vartheta = x, \qquad \sin\vartheta\, d\vartheta = -dx$$

$$\int \vec{p} f d^3p = \frac{1}{2\pi\sqrt{\pi}} (2mkT)^{1/2}\, 2\pi \int_0^\pi \begin{pmatrix} 0 \\ 0 \\ \cos\vartheta + \epsilon\cos^2\vartheta \end{pmatrix} \sin\vartheta\, d\vartheta =$$

$$= \frac{(2mkT)^{1/2}}{\sqrt{\pi}} \int_{-1}^{1} \begin{pmatrix} 0 \\ 0 \\ x + \epsilon x^2 \end{pmatrix} dx = \frac{(2mkT)^{1/2}}{\sqrt{\pi}} \left.\begin{pmatrix} 0 \\ 0 \\ \frac{x^2}{2} + \epsilon\frac{x^3}{3} \end{pmatrix}\right|_{-1}^{1} =$$

$$= \frac{2\epsilon}{3}\sqrt{\frac{2mkT}{\pi}} \begin{pmatrix} 0 \\ 0 \\ 1 \end{pmatrix},$$

$$\underline{\bar{v}_x = \bar{v}_y = 0}$$

$$\underline{\bar{v}_z = \frac{1}{m}\int p_z f d^3p = \frac{2\epsilon}{3}\sqrt{\frac{2kT}{\pi m}}}\,.$$

b) Die Volumenintegration erfolgt über einen Zylinder mit der Basisfläche 1 und der Höhe v_z.

$$N_+ = \int_{p_z>0} \int_{V=0}^{v_z\cdot 1} d^6n = \frac{N}{V} \int_{p_z>0} f d^3p \underbrace{\int_0^{v_z\cdot 1} d^3r}_{v_z\cdot 1} = \frac{N}{Vm} \int_{p_z>0} p_z f d^3p,$$

$$d^6n = \frac{N}{V} f d^3r d^3p,$$

$$p_z = p\cos\vartheta, \quad x = \cos\vartheta$$

$$N_+ = \frac{N}{Vm}(2\pi mkT)^{-3/2} \underbrace{\int_0^\infty p^3 e^{-\frac{p^2}{2mkT}} dp}_{\frac{1}{2}(2mkT)^2} \underbrace{\int_0^{2\pi} d\varphi}_{2\pi} \underbrace{\int_0^{\frac{\pi}{2}\,\leftarrow\,\text{weil } p_z>0} (\cos\vartheta + \epsilon\cos^2\vartheta)\sin\vartheta\, d\vartheta}_{\int_0^1 (x + x^2)\,dx = \frac{1}{2} + \frac{\epsilon}{3}},$$

$$N_+ = \frac{N}{V}\sqrt{\frac{2kT}{\pi m}}\left(\frac{1}{2}+\frac{\epsilon}{3}\right),$$

damit V positiv ist, da $v_z < 0$

$$N_- = \int\limits_{p_z<0}\int\limits_{V=0}^{-v_z\cdot 1} d^6 n = -\frac{N}{V}\sqrt{\frac{2kT}{\pi m}}\int_{\pi/2}^{\pi}\underbrace{(\cos\vartheta + \epsilon\cos^2\vartheta)\sin\vartheta\, d\vartheta}_{\int_{-1}^{0}\underbrace{(x+\epsilon x^2)\,dx}_{\left(\frac{x^2}{2}+\frac{\epsilon x^2}{3}\right)_{-1}^{0} = \left(-\frac{1}{2}+\frac{\epsilon}{3}\right)}}$$

$$N_- = \frac{N}{V}\sqrt{\frac{2kT}{\pi m}}\left(\frac{1}{2}-\frac{\epsilon}{3}\right),$$

c) $$N_+ - N_- = \frac{N}{V}\sqrt{\frac{2kT}{\pi m}}\,\frac{2\epsilon}{3} = \frac{N}{V}\,\bar{v}_z.$$

Beispiel K6

Die Gleichgewichtsverteilung der leitenden Elektronen im Metall ist keine Maxwell-Verteilung, sondern die Fermi-Verteilung

$$f_0(\vec{p}) = \frac{2}{h^3}\left[\exp\frac{\epsilon-\mu}{kT}+1\right]^{-1} \qquad \text{mit } N = \int f_0\, d^3r\, d^3p \quad ,$$

wobei $\epsilon = (p_x^2 + p_y^2 + p_z^2)/(2m)$ die kinetische Energie eines der N Elektronen ist.

a) Man berechne die obere Grenze μ_F der Fermi-Verteilung bei $T = 0$ als Funktion der Werte h, m und der Elektronendichte N/V.

b) Ein homogenes elektrisches Feld $\vec{E}$ wird zur Zeit $t = 0$ in x-Richtung an das Metall angelegt. Man löse die Boltzmann-Gleichung

$$f + t_c\frac{\partial f}{\partial t} \approx f_0 - t_c\left[\frac{\vec{p}}{m}\cdot\nabla_r f_0 + \vec{F}\cdot\nabla_p f_0\right]$$

um f als Funktion von t_c, f_0 und $\frac{\partial f_0}{\partial\epsilon}$ zu erhalten.

Lösung:

a) $$N = \int f_0\, d^3p\, d^3r = \frac{2V}{h^3}\int\frac{1}{e^{(\epsilon-\mu)/kT}+1}\, d^3p.$$

Für $T \to 0$ gilt: $f_0 = \frac{2}{h^3}$, wenn $0 < \epsilon < \mu(T=0) =: \mu_F = \epsilon_F$

$f_0 = 0$, wenn $\epsilon > \mu(T=0) =: \mu_F = \epsilon_F$,

$$\to N = \int_0^{p_F} f_0 \, d^3p \, d^3r = \frac{2V}{h^3} \int_0^{p_F} d^3p = \frac{2V}{h^3} 4\pi \int_0^{p_F} p^2 \, dp,$$

$$\text{da } \frac{p_F^2}{2m} = \epsilon_F, \quad p_F = (2m\epsilon_F)^{1/2},$$

$$N = \frac{2V}{h^3} 4\pi \frac{p_F^3}{3} = \frac{8\pi V}{3h^3} (2m\epsilon_F)^{3/2} \to$$

$$\mu_F = \epsilon_F = \frac{h^2}{2m} \left(\frac{3N}{8\pi V}\right)^{2/3}.$$

b) $F_x = eE_x, \quad F_y = F_z = 0, \quad e = -e_0$ Elektronenladung
e_0 positive Elementarladung

$$f + t_c \frac{\partial f}{\partial t} = f_0 - t_c \left[\underbrace{\frac{\vec{p}}{m} \cdot \nabla_r f_0}_{0} + F_x \nabla_{p_x} f_0\right]$$

$$\nabla_{p_x} f_0 = \frac{\partial f_0}{\partial \epsilon} \frac{\partial \epsilon}{\partial p_x} = \frac{\partial f_0}{\partial \epsilon} \frac{p_x}{m}, \qquad \epsilon = \frac{p^2}{2m}$$

$$f + t_c \frac{\partial f}{\partial t} = f_0 - t_c \frac{eE_x p_x}{m} \frac{\partial f_0}{\partial \epsilon}. \tag{1}$$

Homogene Lösung $f_h(t)$ (1): $f_h(t) + t_c \frac{\partial f_h}{\partial t} = 0$

$$\to \frac{df_h}{f_h} = -\frac{dt}{t_c} \to f_h(t) = C \, e^{-t/t_c}, \quad C \text{ Konstante}$$

Ansatz:
$$f(t) = f_h(t) + f_0 - t_c \frac{eE_x p_x}{m} \frac{\partial f_0}{\partial \epsilon} \tag{2}$$

erfüllt (1), da Zusatzterm in (2) zeitunabhängig ist.

Anfangsbedingung: $f(t = 0) = f_0$

$$\to C \, e^0 + f_0 - t_c \frac{eE_x p_x}{m} \frac{\partial f_0}{\partial \epsilon} = f_0$$

$$C = t_c \frac{eE_x p_x}{m} \frac{\partial f_0}{\partial \epsilon}$$

$$f(t) = f_0 + t_c \frac{eE_x p_x}{m} \frac{\partial f_0}{\partial \epsilon} (e^{-t/t_c} - 1).$$

Beispiel K7

Gegeben ist ein geschlossener zylindrischer Behälter (Bild 60) (l Höhe, A Grundfläche) im Schwerefeld (g Erdbeschleunigung), in dem sich N Teilchen eines idealen Gases im thermischen Gleichgewicht befinden.

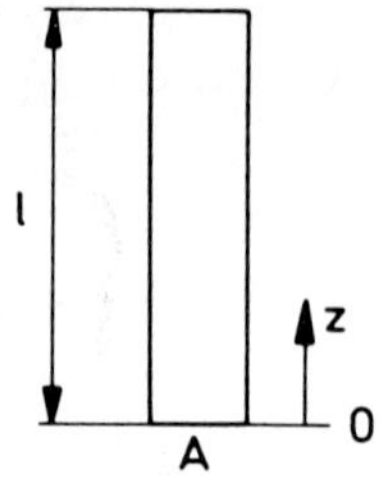

Bild 60

Gesucht ist:

a) Die Verteilungsfunktion f(z, p), welche der Normierungsbedingung $N = \int f d^3p\, d^3r$ gehorcht.

b) $P(z) = N \int\limits_{p_x > 0} (2p_x^2/m) f d^3p \Big/ \int f d^3p\, d^3r$.

c) Wie kann durch Messung der Drücke P(0) und P(l) die Temperatur bestimmt werden?

Lösung:

a) $V = lA, \qquad H(\vec{r}, \vec{p}) = mgz + \dfrac{p^2}{2m},$

$$f(z, p) = C' e^{-\frac{H}{kT}} = \underbrace{C(2\pi mkT)^{-3/2}}_{C'} e^{-\frac{mgz}{kT}} e^{-\frac{p^2}{2mkT}},$$

$$N = C \underbrace{\int_0^l A e^{-\frac{mgz}{kT}} dz (2\pi mkT)^{-3/2} 4\pi \int_0^\infty p^2 e^{-\frac{p^2}{2mkT}} dp}_{\substack{\frac{\sqrt{\pi}}{4}(2mkT)^{3/2} \\ 1}}$$

$$N = CA\left(-\frac{kT}{mg}\right)\left[e^{-\frac{mgl}{kT}} - 1\right],$$

$$C = \frac{Nmg}{kTA\left(1 - e^{-\frac{mgl}{kT}}\right)} = \frac{N}{V}\frac{mgl}{kT}\frac{1}{\left(1 - e^{-\frac{mgl}{kT}}\right)},$$

$$f = \frac{N}{V}\frac{mgl}{kT}\frac{1}{\left(1 - e^{-\frac{mgl}{kT}}\right)}\frac{1}{(2\pi mkT)^{3/2}} e^{-\frac{mgz}{kT} - \frac{p^2}{2mkT}}$$

b) $$P(z) = \int\limits_{p_x > 0} \frac{2p_x^2}{m} f d^3p = C\, e^{-\frac{mgz}{kT}} \frac{2}{m} (2\pi mkT)^{-3/2} .$$

$$\cdot \underbrace{\int\limits_0^\infty p_x^2 e^{-\frac{p_x^2}{2mkT}} dp_x}_{\frac{\sqrt{\pi}}{4}(2mkT)^{3/2}} \underbrace{\int\limits_{-\infty}^\infty e^{-\frac{p_y^2}{2mkT}} dp_y \int\limits_{-\infty}^\infty e^{-\frac{p_z^2}{2mkT}} dp_z}_{2\pi mkT},$$

$$P(z) = CkTe^{-\frac{mgz}{kT}},$$

$$P(z) = \frac{N}{V} mgl \frac{e^{-\frac{mgz}{kT}}}{\left(1 - e^{-\frac{mgl}{kT}}\right)},$$

---

c) $$\frac{P(l)}{P(0)} = e^{-\frac{mgl}{kT}},$$

$$\ln \frac{P(0)}{P(l)} = \frac{mgl}{kT},$$

$$T = \frac{mgl}{k \ln \frac{P(0)}{P(l)}}.$$

III. Statistische Mechanik

11. Theorie der statistischen Gesamtheiten (Ensemble-Theorie)

11.1. Einleitung

Es ist das Ziel der statistischen Mechanik, die thermodynamischen Gesetze makroskopischer Körper aus den Eigenschaften ihrer atomaren Bestandteile abzuleiten. Zugrunde gelegt wird die klassische oder Quanten-Mechanik, je nachdem ob die atomaren Bestandteile noch im Rahmen der klassischen Mechanik behandelt werden können oder nicht. Dabei wollen wir uns auf die Gleichgewichtsthermodynamik und somit auch auf die statistische Mechanik des Gleichgewichts beschränken. Als Resultat erwarten wir nicht nur eine Ableitung der allgemeinen Gesetzmäßigkeiten der Gleichgewichtsthermodynamik, sondern auch für jedes zugrunde gelegte System die zumindest im Prinzip mögliche Aufstellung eines thermodynamischen Potentials und somit aller thermodynamischen Beziehungen, wie Zustandsgleichung, spezifische Wärme usw. Zusätzlich erhalten wir auch Auskunft über die in der Natur feststellbaren Schwankungen, welche von der Thermodynamik nicht erfaßt werden.

Wie schon in der Kinetik hat man bei einem System zwischen den im Prinzip meßbaren thermodynamischen Variablen (z. B. T, P, U, V usw.) und den nicht direkt meßbaren mikroskopischen Variablen zu unterscheiden. Ein vollständiger Satz von mikroskopischen Variablen gibt die theoretisch genaueste Zustandsbestimmung jedes mikroskopischen Systembestandteiles (Moleküls) wieder. In der klassischen Physik wird z.B. ein System aus N Massenpunkten mikroskopisch durch 6N Variablen beschrieben, die Ort und Impuls jedes einzelnen Massenpunktes festlegen. Einen bis in diese Einzelheiten bestimmten Systemzustand nennen wir einen *Mikrozustand,* während der thermodynamische Zustand als *Makrozustand* bezeichnet wird. Im thermodynamischen Gleichgewicht ist bereits eine sehr kleine Zahl von makroskopischen Variablen ausreichend, um den Makrozustand eines Systems festzulegen. Diese Variablen haben wir schon früher thermodynamische Variablen oder Zustandsgrößen genannt. Unter ihnen spielen neben äußeren Parametern die Erhaltungsgrößen des Systems die entscheidende Rolle.

Jeder Makrozustand kann nun durch eine große Anzahl von Mikrozuständen realisiert werden, d. h., bei vorgegebenem thermodynamischem Zustand eines Systems ist sein Mikrozustand weitgehend unbestimmt, und wir wissen nicht, welcher der möglichen Mikrozustände nun tatsächlich vom System eingenommen wird. Der Unkenntnis bezüglich des Systemmikrozustandes bei bekanntem thermodynamischen Makrozustand wird nun dadurch Rechnung getragen, daß eine sehr große Anzahl, eine sogenannte *statistische Gesamtheit,* von gleichartigen Systemen betrachtet wird, die alle dem gegebenen Makrozustand zuzuordnen sind. Die in dieser Gesamtheit gebildeten Mittelwerte entsprechender physikalischer Größen sollen das thermodynamische Verhalten des makroskopischen Systems wiedergeben. Mit welchen Gewichten dabei die einzelnen Mikrozustände in der Gesamtheit auftreten, ergibt sich aus einer Verteilungsfunktion, die durch folgendes *Prinzip* eindeutig bestimmt wird: „Der Grad der Unbestimmtheit unter der Nebenbedingung des vorgegebenen Makrozustandes soll ein Maximum werden." Durch dieses *informationstheoretische Prinzip* wird die für den thermodynamischen Makrozustand typische Verteilungsfunktion der Gesamtheit bestimmt. Der Zusammenhang mit der Thermodynamik ergibt sich nun daraus, daß der Maximalwert des Grades der Unbestimmtheit gleich der thermodynamischen Entropie des Makrozustandes gesetzt wird. Der Erfolg rechtfertigt diesen Schritt, da sich damit die gesamte Thermodynamik der betreffenden Systemart ergibt. Einen Anhalt für dieses Prinzip gab schon der Entropieausdruck der Gaskinetik (8.86) dessen Form dem Grad der Unbestimmtheit entspricht.

Beim Vergleich mit dem sonst viel spezielleren Konzept der Kinetik ist allerdings festzuhalten, daß wir hier nur statistische Gesamtheiten im Gleichgewicht untersuchen. Die statistische Mechanik des Gleichgewichts gibt im Gegensatz zur Kinetik lediglich Auskunft darüber, wie das thermodynamische Gleichgewicht beschaffen ist, aber nicht wie es erreicht wird.

11.2. Grad der Unbestimmtheit

Um den Begriff der Information quantitativ zu erfassen, betrachten wir eine Schar von Ereignissen $i\,(i = 1, 2, 3, \ldots, n)$, die mit den Wahrscheinlichkeiten w_i auftreten $(\sum_i w_i = 1,\ 0 \leqslant w_i \leqslant 1)$. Wir wollen nun feststellen, wieviel Information wir beim Eintritt eines Ereignisses i erhalten. Um eine Funktion $I(w_i)$ für die Information zu finden, müssen wir vorher festlegen, welche Eigenschaften die Information haben soll. Wir verlangen folgende Eigenschaften:

1. Ist ein Ereignis i mit Sicherheit zu erwarten, ist also $w_i = 1$, so erfahren wir bei Meldung über seinen Eintritt nichts Neues. Wir sagen daher, beim Eintritt des sicheren Ereignisses erhalten wir keine Information, und setzen

   $$I(1) = 0.$$

2. Je unwahrscheinlicher ein Ereignis ist, d. h. je kleiner w_i ist, um so größer ist beim Eintritt dieses Ereignisses die gewonnene Information. $I(w_i)$ soll daher eine monoton wachsende Funktion von $\frac{1}{w_i}$ sein.
3. Treten gleichzeitig zwei unabhängige Ereignisse i und j auf, so ist die betreffende Wahrscheinlichkeit $w_i \cdot w_j$, wenn die Wahrscheinlichkeiten der einzelnen Ereignisse w_i und w_j sind. Wir verlangen nun, daß die Information für zwei unabhängige Ereignisse additiv sei:

   $$I(w_i w_j) = I(w_i) + I(w_j). \tag{11.1}$$

   Alle diese Eigenschaften erfüllt die Funktion

   $$I(w_i) = -C \ln w_i, \tag{11.2}$$

wenn C eine positive Konstante ist. Diese Konstante C legt die Informationseinheit fest. Das ganz unwahrscheinliche Ereignis $(w_i = 0)$ liefert also bei seinem Eintritt unendlich viel Information:

$$I(0) = \infty.$$

Die bei einem Ereignis zu gewinnende Information liegt, da $1 \geqslant w_i \geqslant 0$ ist, im Wertbereich von 0 bis ∞, ist also immer positiv.

Vor einem Ereignis wissen wir nicht, welches der möglichen Ereignisse eintreten wird und somit auch nicht welche Information wir gewinnen werden. Wir können allerdings den Mittelwert der zu erwartenden Information S' angeben:

$$S' := \sum_i w_i I(w_i) = -\sum_i C w_i \ln w_i .$$

Er ist um so größer, je weniger das Eintreten der Ereignisse i durch große oder kleine w_i festgelegt ist, und verschwindet, wenn ein Ereignis i mit Sicherheit ($w_i = 1$) und die anderen mit Sicherheit nicht ($w_{i'} = 0, i' \neq i$) eintreten (da $\lim_{w_{i'} \to 0} w_{i'} \ln w_{i'} = 0$). Wir nennen daher den Mittelwert der zu erwartenden Information auch *Grad der Unbestimmtheit*, da er angibt, wie groß unsere Unkenntnis vor Eintritt eines Ereignisses ist, bzw. wieviel Information wir im Mittel bei Eintritt eines Ereignisses gewinnen. Andere Bezeichnungen für den Grad der Unbestimmtheit sind Informationsentropie, Unschärfemaß, Nichtwissen usw.

Muß w_i außer der Nebenbedingung

$$\sum_i w_i - 1 = 0$$

keine weiteren Nebenbedingungen erfüllen, dann tritt das Maximum des Grades der Unbestimmtheit bei gleich großen w_i auf. Wir zeigen dies, indem wir das Maximum mit Hilfe der Variation bestimmen. Die Nebenbedingung wird dabei, mit dem Lagrange-Multiplikator $-\alpha C$ multipliziert, zu S' addiert und davon die Variation Null gesetzt (siehe Seite 74):

$$\delta \left[-\sum_i C w_i \ln w_i - \alpha C \left(\sum_i w_i - 1 \right) \right] = 0,$$

$$-C \sum_i \delta w_i [\ln w_i + 1 + \alpha] = 0 .$$

δw_i ist nun beliebig, da die Nebenbedingung bereits durch die Methode der Lagrange-Multiplikatoren erfaßt wurde und somit die Summe nur dann gleich Null ist, wenn der Faktor von δw_i selbst Null wird:

$$\ln w_i + 1 + \alpha = 0$$

$$w_i = e^{-1-\alpha} = \text{const.} \qquad \text{w.z.b.w.}$$

11.3. Entropie als maximaler Grad der Unbestimmtheit

Betrachten wir wieder unsere Gesamtheit von Systemen, so entspricht dem Ereignis i die (in Wirklichkeit nicht vollziehbare) Messung eines Mikrozustandes ν an einem aus der Gesamtheit herausgegriffenen System. Ist die Wahrscheinlichkeit, einen Mikrozustand ν zu messen, gleich w_ν, so beträgt der Grad der Unbestimmtheit S' in dieser Gesamtheit

$$S' = -C \sum_\nu w_\nu \ln w_\nu . \tag{11.3}$$

Sein Maximum setzen wir gleich der Entropie S des Makrozustandes, wobei sich das richtige thermodynamische Verhalten in den gewohnten Einheiten ergibt, wenn wir C gleich der Boltzmannschen Konstanten k setzen. Es gilt daher für die Entropie

$$S = \max S' = \max \left(-k\sum_{\nu} w_{\nu} \ln w_{\nu}\right), \tag{11.4}$$

wobei die Maximalisierung unter den durch den Makrozustand gegebenen Nebenbedingungen zu erfolgen hat. Gl. (11.4) ist ein Prinzip der Statistik, das nur durch die Übereinstimmung seiner Resultate mit den Beobachtungen gerechtfertigt werden kann. Durch dieses informationstheoretische Prinzip wird auch die für den thermodynamischen Makrozustand typische Wahrscheinlichkeitsverteilung bestimmt. Schon in der Gaskinetik, wo einem System der Gesamtheit eine einzelne Molekel und w_{ν} die Gleichgewichtsverteilung $f_0(\vec{v})$ entsprechen, ergab sich ein Ausdruck, der Gl. (11.4) ähnlich ist (siehe Gl. (8.86)).

11.4. Die Wahrscheinlichkeit w_{ν} der drei Gesamtheiten

Die Aufgabe der statistischen Mechanik des Gleichgewichts besteht darin, die Wahrscheinlichkeitsverteilung w_{ν} für das Gleichgewicht zu berechnen: Wir haben jene Wahrscheinlichkeitsverteilung w_{ν} zu suchen, für die S' unter den gegebenen Nebenbedingungen ein Maximum wird.

Bei der Ermittlung der Wahrscheinlichkeitsverteilung w_{ν} der Gesamtheit für einen bestimmten Makrozustand ist es erforderlich, den Makrozustand in Form von Nebenbedingungen zu berücksichtigen. Diese Nebenbedingungen können wir in Mikro- und Makro-Nebenbedingungen unterteilen. *Mikro-Nebenbedingungen* sind solche, die jedes System der Gesamtheit, also auch *jeder* Mikrozustand, erfüllt, *Makro-Nebenbedingungen* werden nur von der Gesamtheit *im Mittel* erfüllt. Wir führen nun drei Arten von Gesamtheiten ein (es gibt noch andere, siehe Beispiele), von denen jede durch drei Nebenbedingungen gekennzeichnet ist. Die Nebenbedingungen unterscheiden sich dadurch, daß sie entweder als Mikro- oder Makro-Nebenbedingungen auftreten. Handelt es sich z. B. um einen Makrozustand mit der inneren Energie U, so kann die innere Energie vorgeschrieben sein entweder als Makro-Nebenbedingung $U = \sum_{\nu} w_{\nu} U_{\nu}$ oder als Mikro-Nebenbedingung. Letztere verlangt, daß in der Gesamtheit überhaupt nur Systemmikrozustände mit gleicher innerer Energie $U_{\nu} = U$ vorkommen (U_{ν} ist die innere Energie des Mikrozustandes ν).

In allen Fällen ergibt die statistische Mechanik der Gesamtheit das gleiche thermodynamische Verhalten, wenn die Teilchenzahl N der Systeme gegen unendlich geht. Für makroskopische Systeme deren Teilchenzahl in der Größenordnung der Loschmidt-Zahl ($L = 6{,}02 \cdot 10^{23}\,\mathrm{mol}^{-1}$) liegt, ist das bereits in außerordentlich guter Näherung erfüllt (siehe auch Seite 249). Welche der drei Gesamtheiten wir schließlich unseren Überlegungen zugrundelegen, ist dann nur mehr eine Frage der Zweckmäßigkeit. Die drei Gesamtheiten sind die *mikrokanonische*, die *kanonische* und die *großkanonische Gesamtheit:*

Art der Gesamtheit	Mikro-Nebenbedingungen, Mikroauswahl	Makro-Nebenbedingungen	
	Zur Mittelung werden nur Systeme zugelassen mit gleichen Werten von:	Zur Mittelung werden Systeme zugelassen mit den variablen Größen:	Die Makro-Nebenbedingungen sind die vorgegebenen Mittelwerte der variablen Größen:
mikrokanonische Gesamtheit	V, N, U	—	—
kanonische Gesamtheit	V, N	U_ν	$U = \sum_\nu w_\nu U_\nu$ (11.5)
groß-kanonische Gesamtheit	V	U_ν N_ν	$U = \sum_\nu w_\nu U_\nu$ (11.5) $N = \sum_\nu w_\nu U_\nu$ (11.6)

Für die Berechnung der Entropie S (Maximalisierung des Grades der Unbestimmtheit) ist nun folgendes zu beachten:

Für alle Gesamtheiten gilt die Nebenbedingung

$$\sum_\nu w_\nu = 1. \tag{11.7}$$

Für alle drei Gesamtheiten sind außerdem als Nebenbedingungen V, N und U gegeben. Alle drei beschreiben daher ein System mit vorgegebenem V, N und U, doch sind die Nebenbedingungen von verschiedener Art.

Mikro-Nebenbedingungen: Die Mikro-Nebenbedingungen, auch *Mikroauswahl* genannt, müssen bei der Variation von S′ nicht berücksichtigt werden, da sie die zugehörige Gesamtheit bereits erfüllen. Die Größen der Mikroauswahl treten als Parameter auf (siehe Seiten 206 und 210).

Makro-Nebenbedingungen: Größen, welche den Makrozustand bestimmen, über die jedoch keine Mikroauswahl getroffen wurde, müssen Makro-Nebenbedingungen gehorchen. Diese legen die Werte der vorgegebenen thermodynamischen Größen fest, wir sprechen daher auch von *thermodynamischen Nebenbedingungen.* Sie beschränken nicht direkt das einzelne System, wie dies bei der Mikroauswahl geschieht, sondern nur die Mittelwerte der Gesamtheit. Sie müssen daher bei der Variation von S′ als Nebenbedingungen berücksichtigt werden.

Was bedeutet die verschiedene Wahl der Nebenbedingungen:

1. Mikrokanonische Gesamtheit

Alle Systeme der Gesamtheit haben gleiches U, V und N. Das Mittel einer Eigenschaft dieser Gesamtheit entspricht dem thermodynamischen Zustand eines vollkommeneabgeschlossenen Systems.

2. Kanonische Gesamtheit

In der Gesamtheit haben alle Systeme gleiches V und N. U ist als Mittelwert vorgeschrieben (Makro-Nebenbedingung). Das Mittel entspricht dem thermodynamischen Zustand eines Systems, das mit einem Wärmespeicher gegebener Temperatur T Wärme austauschen kann (also mit ihm im Gleichgewicht ist).

3. Großkanonische Gesamtheit

Alle Systeme der Gesamtheit haben als Mikro-Nebenbedingung gleiches V. Als Makro-Nebenbedingungen sind U und N vorgeschrieben. D. h., das Mittel entspricht dem thermodynamischen Zustand eines Systems, das mit einem Speicher gegebener Temperatur T und gegebenem chemischen Potential μ in bezug auf diese Größen im Gleichgewicht steht. Man kann sich dies so vorstellen, daß in einem unendlich großen im thermodynamischen Gleichgewicht befindlichen System das Volumen des betrachteten Systems fest abgegrenzt ist, die Wände jedoch wärme- und teilchendurchlässig sind. Die Energie U und die Teilchenzahl N werden in diesem abgegrenzten Volumen die dem thermodynamischen Zustand entsprechenden zeitlichen Schwankungen aufweisen.

Die in der Tabelle auftretenden Gesamtheiten sind jeweils Sonderfälle der darunterstehenden Gesamtheit. Beispielsweise ist die mikrokanonische Gesamtheit ein Spezialfall der kanonischen und der großkanonischen. Für diesen Spezialfall gilt:

$$w_\nu = \sum_{\bar\nu} \delta_{\nu\bar\nu} w_{\bar\nu} = \begin{cases} w_\nu & \text{für } \nu \in \{\bar\nu\} \\ 0 & \text{für } \nu \notin \{\bar\nu\} \end{cases}, \qquad \delta_{\nu\bar\nu} := \begin{cases} 1 \text{ für } \nu = \bar\nu \\ 0 \text{ für } \nu \neq \bar\nu \end{cases} \tag{11.8}$$

$$\sum_\nu w_\nu = 1 \rightarrow \sum_\nu \sum_{\bar\nu} \delta_{\nu\bar\nu} w_{\bar\nu} = \sum_{\bar\nu} w_{\bar\nu} = 1,$$

wobei $\{\bar\nu\}$ die Menge aller Mikrozustände eines Systems mit der Teilchenzahl N und der Energie U darstellt, also

$$N_{\bar\nu} = N \quad \text{und} \quad U_{\bar\nu} = U \quad \forall \bar\nu$$

und $\{\nu\}$ die Menge aller Mikrozustände gleichartiger Systeme mit jeder möglichen Teilchenzahl und jeder möglichen Energie bedeutet, also die Menge der Mikrozustände der großkanonischen Gesamtheit ist. $\{\bar\nu\}$ ist eine Teilmenge von $\{\nu\}$, d. h. $\{\bar\nu\} \subset \{\nu\}$. Es gilt daher

$$\sum_\nu \delta_{\nu\bar\nu} = 1 \qquad \forall \bar\nu; \qquad \sum_{\bar\nu} \delta_{\nu\bar\nu} = \begin{cases} 1 & \nu \in \{\bar\nu\} \\ 0 & \nu \notin \{\bar\nu\}. \end{cases}$$

11.5. Die kanonische Gesamtheit

Für die kanonische Gesamtheit gelten die thermodynamischen Nebenbedingungen (11.5) und (11.7). Unter diesen Nebenbedingungen muß im Gleichgewicht der Grad der Unbestimmtheit

$$S' = -k \sum_\nu w_\nu \ln w_\nu$$

ein Maximum sein. Wir finden dieses Maximum durch Nullsetzen der Variation bei Verwendung der auf Seite 74 behandelten Methode der Lagrangeschen Multiplikatoren. Damit erhalten wir die Wahrscheinlichkeit w_ν, den Mikrozustand ν in der Gesamtheit anzutreffen:

$$S' = -k\sum_\nu w_\nu \ln w_\nu$$

$$\left.\begin{aligned} \sum_\nu w_\nu - 1 \quad &= 0 \qquad (11.7) \\ \sum_\nu w_\nu U_\nu - U &= 0 \qquad (11.5) \end{aligned}\right\} \text{Nebenbedingungen}$$

$$\delta\left[S' - k\alpha\left(\sum_\nu w_\nu - 1\right) - k\beta\left(\sum_\nu w_\nu U_\nu - U\right)\right] = 0,$$

(11.3):

$$\delta S' = -k\sum_\nu \delta w_\nu(\ln w_\nu + 1), \tag{11.9}$$

$$\rightarrow k\sum_\nu \delta w_\nu(-\ln w_\nu - 1 - \alpha - \beta U_\nu) = 0.$$

δw_ν ist beliebig, daher muß

$$\ln w_\nu = -1 - \alpha - \beta U_\nu \quad \text{sein,}$$

$$\rightarrow w_\nu = \frac{1}{Z}\, e^{-\beta U_\nu}, \quad \text{mit } \frac{1}{Z} = e^{-1-\alpha};$$

(11.7):

$$\frac{1}{Z}\sum_\nu e^{-\beta U_\nu} = 1 \rightarrow \boxed{Z(\beta, V, N) := \sum_\nu e^{-\beta U_\nu}} \tag{11.10}$$

$$\rightarrow \boxed{w_\nu = \frac{1}{Z}\, e^{-\beta U_\nu} = \frac{1}{\sum_\nu e^{-\beta U_\nu}}\, e^{-\beta U_\nu}.} \tag{11.11}$$

Z wird *kanonische Zustandssumme* oder kurz *Zustandssumme* genannt und hängt von β und infolge der Mikroauswahl auch von V und N ab.

Der Lagrangesche Multiplikator β kann aus der Nebenbedingung für die Energie (11.5) bestimmt werden. Wir erhalten dann β als Funktion von U:

$$U = \sum_\nu w_\nu U_\nu = \frac{\sum_\nu e^{-\beta U_\nu} U_\nu}{\sum_\nu e^{-\beta U_\nu}} = -\left(\frac{\partial \ln Z}{\partial \beta}\right)_{V,N} =: U(\beta, V, N). \tag{11.12}$$

U_ν hängt infolge der Mikroauswahl von V und N ab, so daß mit

$$U = U(\beta, V, N) \quad \text{und} \quad Z = Z(\beta, V, N) \tag{11.13}$$

folgt:

$$\beta = \beta(U, V, N), \tag{11.14}$$

und unter Berücksichtigung der Gln (11.4) und (11.11)

$$S = -k \sum_\nu \underbrace{\frac{1}{Z} e^{-\beta U_\nu}}_{w_\nu} (-\ln Z - \beta U_\nu),$$

sowie (11.5) und (11.7)

$$S = k \ln Z + \beta k U = S(\beta, V, N). \tag{11.15}$$

Wir definieren nun (wie in der Thermodynamik) die Temperatur durch

$$\frac{1}{T} := \left(\frac{\partial S}{\partial U}\right)_{V,N}. \tag{11.16}$$

Damit kann β als Funktion der Temperatur ausgedrückt werden:

(11.15):

$$\frac{dS}{k} = \left(\frac{\partial \ln Z}{\partial \beta}\right)_{V,N} d\beta + \left(\frac{\partial \ln Z}{\partial V}\right)_{\beta,N} dV + \left(\frac{\partial \ln Z}{\partial N}\right)_{\beta,V} dN + U d\beta + \beta dU,$$

(11.12):

$$dS = k\beta dU + k\left(\frac{\partial \ln Z}{\partial V}\right)_{\beta,N} dV + k\left(\frac{\partial \ln Z}{\partial N}\right)_{\beta,V} dN, \tag{11.17}$$

$$S = S(U, V, N)$$

(S ist Legendre-Transformierte von $k \ln Z(\beta, V, N)$, siehe auch Gln. (11.12) und (11.15)),

$$\rightarrow \left(\frac{\partial S}{\partial U}\right)_{V,N} = k\beta \rightarrow \tag{11.18}$$

(11.16):

$$\boxed{\beta = \frac{1}{kT}.} \tag{11.19}$$

Durch die Gln (11.5) bzw. (11.13) ist dann die Energie mit der Temperatur verknüpft.

Für die Entropie folgt mit Gl. (11.19)

$$S = k \ln Z + \frac{1}{T} U. \tag{11.20}$$

Mit der (kanonischen) Zustandssumme

$$Z(T, V, N) = \sum_{\nu} e^{-U_\nu/kT} \tag{11.21}$$

erhalten wir für die Wahrscheinlichkeit w_ν, in der Gesamtheit Systeme mit dem Mikrozustand ν anzutreffen, den Ausdruck:

$$w_\nu = \frac{1}{Z} e^{-\frac{U_\nu}{kT}}. \tag{11.22}$$

Definieren wir wie in Gl. (3.51) die freie Energie F durch

$$F := U - TS, \tag{11.23}$$

so erhalten wir mit Gl. (11.20)

$$\boxed{F(T, V, N) = -kT \ln Z(T, V, N).} \tag{11.24}$$

11.6. Die mikrokanonische Gesamtheit

Für die mikrokanonische Gesamtheit (alle Mikrozustände $\bar{\nu}$ haben die gleiche Energie U) ergibt sich

$$w_\nu = \sum_{\bar{\nu}} \delta_{\nu\bar{\nu}} \frac{e^{-\frac{U_\nu}{kT}}}{Z} = \begin{cases} \frac{1}{Z} e^{-\frac{U}{kT}} & \ldots \text{ für } U_\nu = U, \text{ d. h. } \nu \in \{\bar{\nu}\} \\ 0 & \ldots \text{ für } U_\nu \neq U, \text{ d. h. } \nu \notin \{\bar{\nu}\}, \end{cases} \tag{11.25}$$

wenn $\{\bar{\nu}\}$ die Menge aller Mikrozustände des N-Teilchensystems mit der Energie

$$U_{\bar{\nu}} = U \qquad \forall \bar{\nu}$$

ist. Mit der Nebenbedingung

$$1 = \sum_{\nu} w_\nu = \frac{1}{Z} e^{-\frac{U}{kT}} \sum_{\bar{\nu}} 1 = \frac{1}{Z} e^{-\frac{U}{kT}} W,$$

$$W := \sum_{\bar{\nu}} 1$$

erhalten wir für die Zustandssumme der besetzbaren Zustände

(11.25):

$$Z = \sum_{\nu} Z w_\nu = \sum_{\nu\bar{\nu}} \delta_{\nu\bar{\nu}} e^{-\frac{U_\nu}{kT}} = \sum_{\bar{\nu}} e^{-\frac{U_{\bar{\nu}}}{kT}} = e^{-\frac{U}{kT}} \sum_{\bar{\nu}} 1 = W e^{-\frac{U}{kT}} \tag{11.26}$$

und die Entropie

$$S = k \ln Z + \frac{1}{T} U = k \ln W,$$

wobei W die Gesamtzahl der möglichen Mikrozustände eines Systems mit der Energie U darstellt. Die Gleichung

$$\boxed{S = k \ln W} \tag{11.27}$$

ist die historische Gleichung Boltzmanns mit der sogenannten *thermodynamischen Wahrscheinlichkeit* W.

11.7. Die großkanonische Gesamtheit

Für die großkanonische Gesamtheit gelten die Makro-Nebenbedingungen

$$\sum_\nu w_\nu - 1 = 0 \tag{11.7}$$

$$\sum_\nu w_\nu U_\nu - U = 0 \tag{11.5}$$

$$\sum_\nu w_\nu N_\nu - N = 0\,. \tag{11.6}$$

Unter diesen Makro-Nebenbedingungen ist S′ für das Gleichgewicht wieder ein Maximum. Mit den Lagrangeschen Multiplikatoren $-\alpha k, -\beta k$ und $-\gamma k$ erhalten wir daher (siehe auch Seite 74):

$$\delta\left[S' - \alpha k\left(\sum_\nu w_\nu - 1\right) - \beta k\left(\sum_\nu w_\nu U_\nu - U\right) - \gamma k\left(\sum_\nu w_\nu N_\nu - N\right)\right] = 0 \to$$

(11.9):

$$k \sum_\nu \delta w_\nu (-\ln w_\nu - 1 - \alpha - \beta U_\nu - \gamma N_\nu) = 0$$

δw_ν ist beliebig, daher muß

$$w_\nu = \frac{1}{Z} e^{-\beta U_\nu - \gamma N_\nu} \quad \text{sein mit} \quad Z = e^{1+\alpha}$$

(11.7):

$$\frac{1}{Z} \sum_\nu e^{-\beta U_\nu - \gamma N_\nu} = 1$$

$$\boxed{Z(\beta, V, \gamma) := \sum_\nu e^{-\beta U_\nu - \gamma N_\nu},} \tag{11.28}$$

$$\boxed{w_\nu = \frac{1}{\sum_{\nu'} e^{-\beta U_{\nu'} - \gamma N_{\nu'}}} e^{-\beta U_\nu - \gamma N_\nu}.} \tag{11.29}$$

$\mathcal{Z}$ wird *große* (oder *großkanonische*) *Zustandssumme* genannt und hängt infolge der Mikroauswahl auch von V ab.

β und γ sind durch die Nebenbedingungen (11.5) und (11.6) bestimmt:

$$U = \sum_\nu w_\nu U_\nu = \frac{1}{\mathcal{Z}} \sum_\nu e^{-\beta U_\nu - \gamma N_\nu} U_\nu = -\left(\frac{\partial \ln \mathcal{Z}}{\partial \beta}\right)_{\gamma, V} =: U(\beta, V, \gamma), \tag{11.30}$$

$$N = \sum_\nu w_\nu N_\nu = \frac{1}{\mathcal{Z}} \sum_\nu e^{-\beta U_\nu - \gamma N_\nu} N_\nu = -\left(\frac{\partial \ln \mathcal{Z}}{\partial \gamma}\right)_{\beta, V} =: N(\beta, V, \gamma). \tag{11.31}$$

Wir brauchen nur

$$U = U(\beta, \gamma, V), \quad N = N(\beta, \gamma, V) \tag{11.32}$$

nach β und γ aufzulösen und erhalten β und γ als Funktionen von U, V und N

$$\beta = \beta(U, N, V), \quad \gamma = \gamma(U, N, V). \tag{11.33}$$

Die Entropie lautet dann unter Berücksichtigung der Gln. (11.4) und (11.29)

$$S = -k \sum_\nu \frac{1}{\mathcal{Z}} e^{-\beta U_\nu - \gamma N_\nu} (-\ln \mathcal{Z} - \beta U_\nu - \gamma N_\nu)$$

sowie der Gln (11.7), (11.5) und (11.6)

$$S = k \ln \mathcal{Z} + \beta k U + \gamma k N. \tag{11.34}$$

β und γ können einfacher als in Gl. (11.33) ausgedrückt werden, wenn wir die aus der Thermodynamik bekannten Größen (μ ist hier *chemisches Potential pro Molekül* und nicht pro Mol!)

$$\left(\frac{\partial S}{\partial U}\right)_{V,N} =: \frac{1}{T} \quad \text{und} \quad \left(\frac{\partial S}{\partial N}\right)_{U,V} =: -\frac{\mu}{T} \tag{11.35}$$

per definitionem einführen. Damit folgt für β und γ:

$$\frac{dS}{k} = \left(\frac{\partial \ln \mathcal{Z}}{\partial \beta}\right)_{\gamma, V} d\beta + \left(\frac{\partial \ln \mathcal{Z}}{\partial \gamma}\right)_{\beta, V} d\gamma + \left(\frac{\partial \ln \mathcal{Z}}{\partial V}\right)_{\beta, \gamma} dV +$$

$$+ U d\beta + \beta dU + N d\gamma + \gamma dN,$$

(11.30), (11.31):

$$dS = k \left(\frac{\partial \ln \mathcal{Z}}{\partial V}\right)_{\beta, \gamma} dV + k\beta dU + k\gamma dN, \tag{11.36}$$

$$\rightarrow S = S(U, V, N)$$

(S ist Legendre-Transformierte von $k \ln \mathcal{Z}$),

$$\rightarrow \left(\frac{\partial S}{\partial U}\right)_{V,N} = k\beta, \quad \left(\frac{\partial S}{\partial N}\right)_{U,V} = k\gamma, \tag{11.37}$$

(11.35):

$$\boxed{\beta = \frac{1}{kT}}, \quad \boxed{\gamma = -\frac{\mu}{kT}}. \tag{11.38}$$

Die großkanonische Zustandssumme und die Wahrscheinlichkeit w_ν lauten dann

$$Z(T, V, \mu) = \sum_\nu e^{-\frac{U_\nu}{kT} + \frac{\mu N_\nu}{kT}}, \tag{11.39}$$

$$w_\nu = \frac{1}{Z} e^{-\frac{U_\nu}{kT} + \frac{\mu N_\nu}{kT}}. \tag{11.40}$$

Die Nebenbedingungen (11.5) und (11.6) legen nun T und μ fest. Die Entropie lautet

$$S = k \ln Z + \frac{1}{T} U - \frac{\mu}{T} N, \tag{11.41}$$

womit wir für

$$\Omega := U - \mu N - TS = -PV \tag{11.42}$$

erhalten

$$\boxed{\Omega(T, V, \mu) = -kT \ln Z(T, V, \mu).} \tag{11.43}$$

Z – und somit auch Ω – ist aber wegen Gl. (11.39) eine Funktion von T, μ und V, d. h. Ω ist ein thermodynamisches Potential. Mit Ω ist daher das thermodynamische Verhalten des Systems vollständig beschrieben. Falls Z bekannt ist, können mit Gl. (11.43) nicht nur alle Zustandsgrößen und Zustandsgleichungen, sondern auch alle Konstanten für das betrachtete System berechnet werden. Die wesentliche Aufgabe der statistischen Mechanik ist also die Berechnung der Zustandssumme für das jeweils zu untersuchende System.

Dies gilt analog auch für andere Gesamtheiten, da die Beziehungen zwischen den Mittelwerten (makroskopische Variable) bei großer Teilchenzahl von der besonderen Art der gewählten Gesamtheit unabhängig sind. Sie müssen daher aus jeder beliebigen Art der Gesamtheit folgen. Es kann also prinzipiell jede Gesamtheit und damit die entsprechende Zustandssumme zur Ableitung der thermodynamischen Gesetze benützt werden (siehe Seite 249). Je nach behandeltem System bietet die eine oder andere Gesamtheit mehr mathematische Vorteile, wodurch die Auswahl der entsprechenden Gesamtheit für die Berechnung der Zustandssumme bedingt wird. Wir werden uns daher im weiteren der Berechnung der Zustandssumme für verschiedene Systeme zuwenden, wollen aber vorerst noch den Übergang von der Zustandssumme zum Zustandsintegral zeigen.

11.8. Zustandssumme und Zustandsintegral

In der Zustandssumme tritt die Summe über alle Mikrozustände, die in der Gesamtheit vertreten sind, auf. Eine Summe ist nur dann möglich, wenn es sich um diskrete Mikrozustände handelt (wie sie auch tatsächlich in der Quantenmechanik vorkommen). Werden die Teilchen hingegen als klassische Teilchen betrachtet, so können ihre Bewegungsgrößen alle Werte kontinuierlich durchlaufen und die Zustandssumme ist durch ein Zustandsintegral zu ersetzen. Der Mikrozustand eines Systems von N Molekülen wird dann durch die 3N kanonischen Koordinaten $(q_1, \ldots, q_{3N})$ und die 3N kanonischen Impulse $(p_1, \ldots, p_{3N})$ bestimmt, wenn wir innere Anregungen der Moleküle vorerst außer acht lassen. In einem 6N-dimensionalen Raum (6N-dimensionaler Phasenraum), der durch die Vektoren

$$(q_1, \ldots, q_{3N}, p_1, \ldots, p_{3N}) =: (q, p)$$

aufgespannt wird, kann daher der Mikrozustand des *gesamten* Systems durch *einen* Punkt, den *repräsentativen Punkt*, auch *Phasenpunkt* genannt, dargestellt werden. Man nennt diesen 6N-dimensionalen Raum Γ-Raum (im Gegensatz zum 6-dimensionalen μ-Raum).

Bei klassischer Betrachtung hätten wir in jedem noch so kleinen Phasenvolumen beliebig viele Mikrozustände. Durch die Quantenmechanik ist jedoch die Anzahl der Zustände in einem fest gegebenem Phasenvolumen beschränkt. Diese Beschränkung wollen wir auch im kontinuierlichen Fall berücksichtigen (da es eigentlich keine klassischen Moleküle gibt). Es genügt dazu bereits die Berücksichtigung der quasiklassischen Quantisierung, die für periodische Systeme (Gas im Kasten, Kristall usw.) für jedes einzelne Komponentenpaar [z.B. (q_x, p_x)] lautet:

$$\oint p\,dq = nh, \qquad n = 0, 1, 2, \ldots \tag{11.44}$$

Das Phasenintegral $\oint$ ist über eine Periode zu erstrecken. Diese beträgt bei nicht wechselwirkenden Gasmolekülen im Kasten zwei Kastenlängen, bei den Oszillatoren eines Kristalls eine Hin- und Herschwingung usw. $h = 6{,}6262\ 10^{-27}$ erg s ist das *Plancksche Wirkungsquantum.* Es hat die Dimension einer Wirkung, welche gleich der Dimension von $dp\,dq$ ist (Bild 62).

Die quantenmechanische Berücksichtigung der Ununterscheidbarkeit der Teilchen erfolgt im Kapitel 12.

Die Beziehung (11.44) gibt das Phasenvolumen für ein Komponentenpaar (q, p) im n-ten Zustand an, der $(n-1)$-te Zustand hat also das Phasenvolumen $(n-1)h$ usw. Durch-

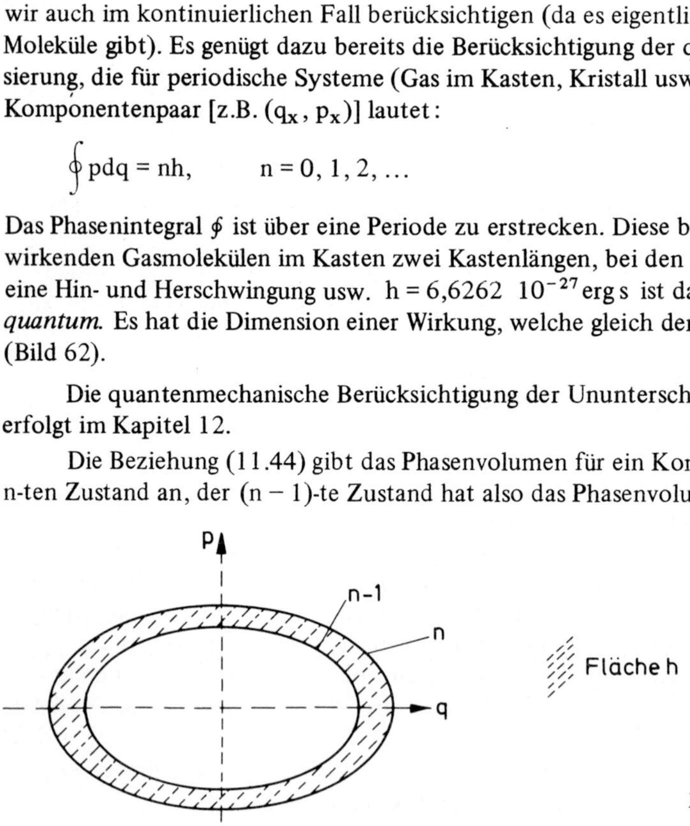

Bild 62

laufen wir die Werte $n = 0, 1, 2, \ldots$, so sehen wir, daß für jeden neuen Zustand das Phasenvolumen um h größer wird, oder anders ausgedrückt: Das Phasenvolumen pro Zustand und Komponentenpaar beträgt h. Haben wir also ein μ-Raum-Volumen $d^3q d^3p$, so können wir an Hand der hier durchgeführten quantenmechanischen Betrachtungen sofort die *Anzahl der möglichen Mikrozustände* in diesem Phasenvolumen angeben. Sie beträgt

$$\frac{d^3q d^3p}{h^3}.$$

Das Phasenvolumen ω_μ im μ-Raum pro Mikrozustand und Teilchen ist

$$\omega_\mu = h^3 \tag{11.45}$$

und analog im Γ-Raum für N Teilchen

$$\omega_\Gamma = h^{3N} \tag{11.46}$$

Das Volumen pro Mikrozustand für ein oder N Teilchen wird auch *Elementarzelle* des μ-Raumes oder Γ-Raumes genannt.

Die Summe über die Mikrozustände ist daher beim Übergang zu kontinuierlichen Koordinaten durch folgendes Integral zu ersetzen:

$$\begin{aligned} &\sum_i \ldots \to \int \frac{d^3q d^3p}{h^3} \ldots \quad \mu\text{-Raum} \\ &\sum_\nu \ldots \to \int \frac{d^{3N}q d^{3N}p}{h^{3N}} \ldots \quad \Gamma\text{-Raum.} \end{aligned} \tag{11.47}$$

Im Rahmen des Korrespondenzprinzips kann man also allgemein einem Zustand pro Freiheitsgrad des Systems (kanonisches Koordinatenpaar q_x, p_x eines Moleküls) das durchschnittliche Phasenvolumen h zuordnen.

Als Beispiel betrachten wir ein freies Teilchen in einem Würfel der Kantenlänge a. Seine Zustandssumme ist

$$z = \sum_\nu e^{-\frac{\epsilon_\nu}{kT}} = \sum_i e^{\frac{-p_{xi}^2}{2mkT}} \sum_j e^{\frac{-p_{yj}^2}{2mkT}} \sum_k e^{\frac{-p_{zk}^2}{2mkT}} = z_x z_y z_z, \tag{11.48}$$

da

$$\epsilon_\nu = \epsilon_{ijk} = \frac{1}{2m}(p_{xi}^2 + p_{yj}^2 + p_{zk}^2), \quad \nu = (i, j, k). \tag{11.49}$$

Die Indizes i, j, k werden benützt, da jede Komponente von p verschiedene diskrete Werte annehmen kann.

Wir werden nun z_x berechnen. Mit Hilfe der quasiklassischen Quantisierung können wir die diskreten Werte von p_x bestimmen. In diesem Beispiel ergibt die Auswertung des Phasenintegrals (11.44) für die x-Komponente (Bild 63)

$$2a\,|p_{xi}| = ih, \qquad i = 1, 2, \ldots \tag{11.50}$$

$$p_{xi}^2 = \left(\frac{ih}{2a}\right)^2.$$

Für die Zustandssumme folgt daher

$$z_x = \sum_i e^{-\frac{p_{xi}^2}{2mkT}} = \sum_{i=1}^{\infty} e^{-i^2 \frac{\theta}{T}} \qquad (11.51)$$

mit

$$\theta := \frac{h^2}{8ma^2k}. \qquad (11.52)$$

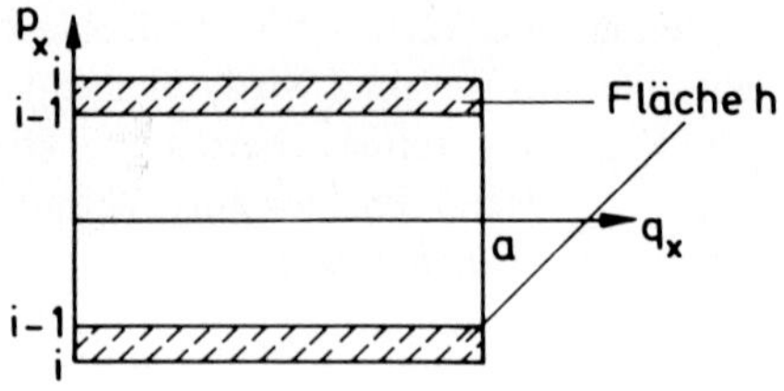

Bild 63

θ ist eine konstante Temperatur, die von der Abmessung a des Würfels und der Masse des Moleküls abhängt. Für Helium und a = 1 cm beträgt ihr Wert $\theta = 6.10^{-15}$ K.

Wir können für $T \gg \theta$ die Variable $\zeta = \sqrt{\frac{\theta}{T}}\, i$ als kontinuierlich ansehen und die Summe in z_x durch ein Integral ersetzen:

$$z_x = \sum_{i=1}^{\infty} e^{-i^2 \frac{\theta}{T}} \underbrace{\Delta i}_{1} = \sqrt{\frac{T}{\theta}} \int_0^{\infty} e^{-\zeta^2} d\zeta = \frac{\sqrt{\pi}}{2} \left(\frac{T}{\theta}\right)^{1/2} = a \left(\frac{2\pi mkT}{h^2}\right)^{1/2}. \qquad (11.53)$$

Es soll nun gezeigt werden, daß diese Zustandssumme tatsächlich einem Zustandsintegral der Art (11.47) entspricht. Wir wandeln daher Gl. (11.53) entsprechend um. Mit

$$\left.\begin{aligned} \zeta &= \sqrt{\frac{\theta}{T}}\, i = \frac{2a}{h}\sqrt{\frac{\theta}{T}}\, p_x \\ d\zeta &= \sqrt{\frac{\theta}{T}}\, \Delta i = \frac{2a}{h}\sqrt{\frac{\theta}{T}}\, dp_x \end{aligned}\right\} \text{ für } p_x > 0 \qquad (11.54)$$

und

$$\int_0^a dq_x = a$$

erhalten wir für Gl. (11.53) sofort

$$z_x = \frac{1}{h}\int_0^a dq_x \, 2\int_0^{\infty} dp_x\, e^{-\frac{p_x^2}{2mkT}} = \frac{1}{h}\int_0^a dq_x \int_{-\infty}^{\infty} dp_x e^{-\frac{p_x^2}{2mkT}}, \qquad (11.55)$$

da $e^{-\frac{p_x^2}{2mkT}}$ eine gerade Funktion von p_x ist. Gl. (11.55) ergibt wieder Gl. (11.53). Damit ist für ein einfaches Beispiel gezeigt, daß beim Übergang zum klassischen Fall (kontinuierliche Werte) für ein Koordinatenpaar (q_x, p_x) der Faktor 1/h im Zustandsintegral des Phasenraums auftritt.

Für den kontinuierlichen Fall entspricht gemäß Gl. (11.45) bzw. Gl. (11.46)

$$\sum_i w_i = 1 \to \int \frac{w(\vec{q}, \vec{p})}{\omega_\mu} d^6\tau = 1, \tag{11.56a}$$

$$\sum_\nu w_\nu = 1 \to \int \frac{w(q, p)}{\omega_\Gamma} d^{6N}\tau = 1, \tag{11.56b}$$

$$d^{6N}\tau := dq_1 \ldots dq_{3N} dp_1 \ldots dp_{3N} =: d^{3N}q d^{3N}p,$$

$$(q, p) := (q_1 \ldots q_{3N}, p_1 \ldots p_{3N})$$

mit

$$\left.\begin{aligned} w(\vec{q}, \vec{p}) &= \frac{N(\vec{q}, \vec{p})}{N} \quad \text{in (11.56a)}, \\ w(q, p) &= \frac{M(q, p)}{M} \quad \text{in (11.56b)}, \end{aligned}\right\} \tag{11.57}$$

wobei $w(p, q)$ $[w(\vec{q}, \vec{p})]$ des Γ-Raums [μ-Raums] die Wahrscheinlichkeit ist ein System [Molekül] in der Elementarzelle h^{3N} $[h^3]$ mit den Koordinaten (q, p) $[(\vec{q}, \vec{p})]$ anzutreffen. $N(\vec{q}, \vec{p})$ gibt die mittlere Anzahl der Teilchen in der Elementarzelle des μ-Raums mit den Koordinaten $(\vec{q}, \vec{p})$ an. $M(q, p)$ ist hingegen die mittlere Anzahl der Systeme in der Elementarzelle (q, p) des Γ-Raums und M die Gesamtzahl aller Systeme in dieser Gesamtheit. Es gilt daher

$$\int \frac{N(\vec{q}, \vec{p})}{\omega_\mu} d^6\tau = N, \quad \int \frac{M(q, p)}{\omega_\Gamma} d^{6N}\tau = M, \tag{11.58}$$

$$d^6N = f d^6\tau, \qquad d^{6N}M = \rho d^{6N}\tau, \tag{11.59}$$

mit

$$f(\vec{q}, \vec{p}) := \frac{N(\vec{q}, \vec{p})}{\omega_\mu}, \quad \rho(q, p) := \frac{M(q, p)}{\omega_\Gamma}, \tag{11.60}$$

wobei mit f die Punktdichte (der Teilchenpunkte) im μ-Raum und mit ρ die Punktdichte (der repräsentativen Systempunkte) im Γ-Raum eingeführt wurden.

11.9. Der Liouvillesche Satz

Für die Verteilung der Punkte (Systeme) im Γ-Raum, haben wir eine Dichtefunktion $\rho(q, p)$ aufgestellt. Allgemein, also auch im Nichtgleichgewichtsfall ist diese Dichtefunktion auch noch von der Zeit abhängig: $\rho(q, p, t)$. $\rho d^{6N}\tau$ gibt an, wieviele repräsentative Punkte im 6N-dimensionalen Volumselement $d^{6N}\tau$ enthalten sind. Die Gesamtzahl M der Systeme ist dann

$$M = \int \rho(q, p, t)\, d^{6N}\tau. \tag{11.61}$$

Besonders zu beachten ist, daß zwischen den Systemen bzw. zwischen den repräsentativen Punkten keine Wechselwirkung besteht, da die letzteren nur gedachte Repräsentanten eines Systems sind. Damit haben wir eine Schar von prinzipiell wechselwirkungsfreien Punkten im Γ-Raum, deren statistisches Verhalten die Thermodynamik der Makrozustände beschreibt.

Bei gegebener Anfangsverteilung ist die zeitliche Veränderung von $\rho(q, p, t)$ durch die Veränderung der repräsentativen Punkte, also durch die Dynamik eines Systems, gegeben. Wenn $H(p_1, \dots p_{3N}, q_1 \dots, q_{3N})$ die Hamiltonfunktion eines Systems der Gesamtheit ist (die Hamiltonfunktion ist für alle Systeme der Gesamtheit gleich, da die Systeme gleicher Art sind), lauten die Bewegungsgleichungen des Systems

$$\begin{aligned} \dot{p}_i &= -\frac{\partial H}{\partial q_i} \\ \dot{q}_i &= \frac{\partial H}{\partial p_i}\,. \end{aligned} \qquad (i = 1, 2, \dots 3N) \qquad (11.62)$$

Sie beschreiben die Bahnkurve im Γ-Raum, die der repräsentative Punkt dieses Systems im Laufe der Zeit zurücklegt. Die Bewegung des Punktes ist durch Gl. (11.62) eindeutig bestimmt, wenn seine Lage zu einem beliebigen Zeitpunkt bekannt ist. Daraus folgt, daß im Γ-Raum die Bahnkurve eines respräsentativen Punktes entweder eine geschlossene Kurve ist, oder eine Kurve, die sich nie schneidet (wegen der Eindeutigkeit des Bewegungsablaufes; im Schnittpunkt wäre die Bahnkurve zweideutig). Auch Bahnen zweier verschiedener repräsentativer Punkte können sich aus den gleichen Gründen nicht schneiden, sondern höchstens gleich sein.

Wir werden nun eine wichtige Eigenschaft der Dichtefunktion ableiten. Das Resultat wird der *Liouvillesche Satz*

$$\frac{d\rho}{dt} = \frac{\partial \rho}{\partial t} + \sum_{i=1}^{3N} \left(\frac{\partial \rho}{\partial p_i}\, \dot{p}_i + \frac{\partial \rho}{\partial q_i}\, \dot{q}_i \right) = 0 \qquad (11.63)$$

sein, wobei $\frac{d\rho}{dt}$ die totale Dichteänderung, d. h. die Änderung der Punktdichte in der unmittelbaren Umgebung eines gemäß der Bewegungsgleichung mitbewegten repräsentativen Punktes ist.

Beweis: Die Gesamtzahl aller Systeme in einer Gesamtheit bleibt erhalten. In jedem beliebigen Volumen des Γ-Raumes kann sich daher die Anzahl der repräsentativen Punkte nur durch Zu- oder Abfluß durch die Oberfläche des Volumens ändern. Bezeichnen wir mit

$$\vec{R} := (q_1, \dots, q_{3N}, p_1, \dots, p_{3N})$$

den Ortsvektor eines repräsentativen Punktes im Γ-Raum, so ist seine Geschwindigkeit im Γ-Raum

$$\vec{V} := \dot{\vec{R}} = (\dot{q}_1, \dots, \dot{q}_{3N}, \dot{p}_1, \dots \dot{p}_{3N})$$

verantwortlich für die Anzahl der durch die Oberfläche abfließenden Punkte. Diese ist ihrerseits wieder gleich der zeitlichen Punkteabnahme im Inneren des betrachteten Volumens (Bild 64):

$$-\frac{d}{dt}\int_\tau \rho\, d^{6N}\tau = \oiint d\vec{f}\cdot\vec{V}\rho \qquad (11.64)$$

$d\vec{f}$ Flächenvektor im Γ-Raum
τ Volumen im Γ-Raum.

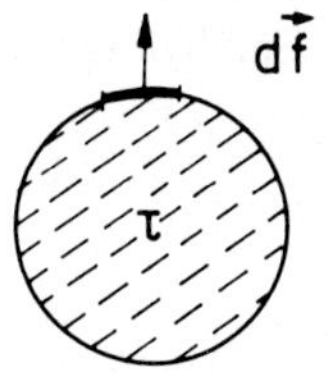

Bild 64

Mit Hilfe des Divergenzsatzes im Γ-Raum formen wir Gl. (11.64) um:

$$\int_\tau d^{6N}\tau\left[\frac{\partial\rho}{\partial t} + \nabla_{6N}\cdot(\vec{V}\rho)\right] = 0 \qquad (11.65)$$

Wir haben dabei den 6N-dimensionalen ∇-Operator

$$\nabla_{6N} := \left(\frac{\partial}{\partial q_1},\ldots,\frac{\partial}{\partial q_{3N}},\frac{\partial}{\partial p_1},\ldots,\frac{\partial}{\partial p_{3N}}\right) \qquad (11.66)$$

benützt. τ kann jedes beliebige ortsfeste Volumen im Γ-Raum sein. Damit Gl. (11.65) erfüllt ist, muß daher der Integrand

$$\frac{\partial\rho}{\partial t} + \nabla_{6N}\cdot(\vec{V}\rho) = 0 \qquad (11.67)$$

sein. Daraus folgt

$$-\frac{\partial\rho}{\partial t} = \nabla_{6N}\cdot(\vec{V}\rho) = \sum_{i=1}^{3N}\left[\frac{\partial}{\partial q_i}(\dot{q}_i\rho) + \frac{\partial}{\partial p_i}(\dot{p}_i\rho)\right] =$$

$$= \sum_{i=1}^{3N}\left(\frac{\partial\rho}{\partial q_i}\dot{q}_i + \frac{\partial\rho}{\partial p_i}\dot{p}_i\right) + \sum_{i=1}^{3N}\rho\left(\frac{\partial\dot{q}_i}{\partial q_i} + \frac{\partial\dot{p}_i}{\partial p_i}\right).$$

Aus der Bewegungsgleichung (11.62) erhalten wir aber

$$\frac{\partial\dot{q}_i}{\partial q_i} + \frac{\partial\dot{p}_i}{\partial p_i} = 0,$$

womit Gl. (11.63) bewiesen ist.

Der Liouvillesche Satz sagt aus, daß die Anzahl der repräsentativen Punkte in der Umgebung eines mit der Strömung mitbewegten Punktes konstant bleibt: Die Verteilung der repräsentativen Punkte bewegt sich im Γ-Raum wie eine inkompressible Flüssigkeit weiter.

Wir wollen nun die Bedingungen suchen, welche ρ erfüllen muß, damit das System im thermodynamischen Gleichgewicht ist. Das thermodynamische Gleichgewicht, auch statistisches Gleichgewicht genannt, ist dadurch gekennzeichnet, daß sich die thermodynamischen Variablen mit der Zeit nicht ändern. Mikroskopisch bedeutet diese Forderung keineswegs, daß sich die Systeme der Gesamtheit selbst in einem unveränderlichen Mikrozustand befinden müssen. Damit die Mittelwerte der makroskopischen Variablen stationär werden, genügt bereits die Zeitunabhängigkeit von w_ν bzw. ρ, die wir als mikroskopische Bedingung für das statistische Gleichgewicht ansehen:

$$\rho = \rho(q, p) \quad \text{bzw.} \quad \frac{\partial \rho}{\partial t} = 0.$$

Diese Bedingung und der Liouvillesche Satz sind erfüllt, wenn ρ nur über H von (q, p) abhängt (hinreichende Bedingung):

$$\rho(q, p) = \rho(H(q, p)). \tag{11.68}$$

Dasselbe gilt auch, wenn ρ über eine andere Erhaltungsgröße A des Systems von (q, p) abhängt:

$$\rho(q, p) = \rho(A(q, p)). \tag{11.69}$$

Für jede Erhaltungsgröße A gilt nämlich

$$\frac{dA}{dt} = \sum_i \left(\frac{\partial A}{\partial q_i} \dot{q}_i + \frac{\partial A}{\partial p_i} \dot{p}_i \right) = 0 \tag{11.70}$$

und somit für $\rho(A)$

$$\frac{d\rho}{dt} = \sum_i \left(\frac{\partial \rho}{\partial q_i} \dot{q}_i + \frac{\partial \rho}{\partial p_i} \dot{p}_i \right) = \frac{d\rho}{dA} \sum_i \left(\frac{\partial A}{\partial q_i} \dot{q}_i + \frac{\partial A}{\partial p_i} \dot{p}_i \right) = 0,$$

womit der Liouvillesche Satz erfüllt ist (da im statistischen Gleichgewicht $\frac{\partial \rho}{\partial t} = 0$).

ρ läßt sich daher im statistischen Gleichgewicht in der Form

$$\rho = \rho(A_1, A_2, \ldots) \tag{11.71}$$

darstellen, wenn A_i die Erhaltungsgrößen des Systems sind. In Frage kommen jedoch nur jene Erhaltungsgrößen, die für alle Systeme gleichzeitig gelten. Die wichtigsten davon sind die Energie, der Impuls und bei Teilchenerhaltung auch die Teilchenzahl. Die bereits behandelten Wahrscheinlichkeitsverteilungen der verschiedenen Gesamtheiten w_ν – die ja proportional zu ρ sind – erfüllen diese Bedingungen und sind daher tatsächlich Gleichgewichtsverteilungen.

12. Die Berechnung der kanonischen Zustandssumme

12.1. Berechnung der Zustandssumme eines Systems, das aus N Subsystemen besteht

Der Index ν in der Zustandssumme

$$Z = \sum_\nu e^{-\frac{U_\nu}{kT}} \tag{12.1}$$

bezeichnete bisher die einzelnen Mikrozustände der Systeme der Gesamtheit (bzw. Elementarzellen im Γ-Raum). Da in der kanonischen Zustandssumme nur die Energien der Mikrozustände vorkommen, ist es auch möglich, den Index ν nur zur Unterscheidung der verschiedenen Energien zu benützen. Die Zustandssumme geht dann über in:

$$Z = \sum_{\nu} W_{\nu} e^{-\frac{U_{\nu}}{kT}}. \tag{12.2}$$

Dabei ist W_{ν} jene Anzahl der Mikrozustände (Entartungsfaktor), welche die Energie U_{ν} besitzt. In Gl. (12.2) hat U_{ν} definitionsgemäß für jeden Index ν einen anderen Wert. Eine andere (dritte) Möglichkeit der Verwendung des Index ν ist die folgende.

Wir betrachten als System ein Gas in einem Behälter mit dem Volumen V. Das Gas bestehe aus N gleichen, nicht wechselwirkenden Molekülen. Unter dieser Voraussetzung ist es möglich, für jedes Molekül einen Satz von Teilchenzuständen $i (i = 1, \ldots, m$, m kann auch ∞ sein) mit den Teilchenenergien ϵ_i anzugeben, die jedes Molekül unabhängig von den anderen Molekülen einnehmen kann (eine Ausnahme davon bildet das Pauliverbot, siehe Seite 255). Für verschiedene Teilchenzustände i können die Teilchenenergien auch den gleichen Wert annehmen, wir sprechen dann von Entartung der Energieniveaus der Teilchen. Z. B. haben wir für die x-Komponente eines Teilchens ohne innere Struktur (analoges gilt für die anderen Komponenten) die Teilchenzustände bereits auf Seite 213 ausgerechnet. Bei N Molekülen stehen jedem Molekül die gleichen Teilchenzustände zur Verfügung, da bei wechselwirkungsfreien Molekülen keine gegenseitige Beeinflussung besteht. In jedem Teilchenzustand i wird sich daher eine bestimmte Anzahl n_i (n_i kann jede natürliche Zahl $\leqslant N$ einschließlich der Null sein) von Molekülen befinden. Die Summe der Teilchenzahlen über alle Teilchenzustände muß dann die Gesamtteilchenzahl N des Systems ergeben:

$$\sum_i n_i = N. \tag{12.3}$$

Es gibt nun nicht einen Zahlensatz $\{n_i\}$ der Gl. (12.3) erfüllt, sondern mehrere, die wir durch einen oberen Index ν unterscheiden wollen, wobei ν die Art der Zerlegung von N, d.h. den Zahlensatz $\{n_i\}$ $(i = 1, 2, \ldots, m)$ eindeutig bestimmen soll:

$$\sum_i n_i^{(\nu)} = N, \ \forall \nu. \tag{12.4}$$

Hier wird also ν im Gegensatz zu oben zur Kennzeichnung der verschiedenen Zahlensätze (Zerlegungen) $\{n_1^{(\nu)}, n_2^{(\nu)}, n_3^{(\nu)}, \ldots\}$ von Gl. (12.4) benützt. $n_i^{(\nu)}$ ist dabei jene Anzahl der Moleküle, die sich bei der Zerlegung ν im Teilchenzustand i befindet.

Bei der Zerlegung ν erhalten wir daher für die Energie des Gesamtsystems

$$U_{\nu} = \sum_i n_i^{(\nu)} \epsilon_i. \tag{12.5}$$

Die Energien U_{ν} können auch für verschiedene Indizes ν gleich sein, da ν ja nicht verschiedene Energieniveaus des Systems, sondern die Art der Zerlegung der Zahl N bezeichnet.

Von jetzt an soll *in diesem Kapitel* ν immer nur die Art der Zerlegung von N bezeichnen. Die Zustandssumme geht dann über in

$$Z = \sum_{\nu} g_\nu e^{-\frac{1}{kT} \sum\limits_i n_i^{(\nu)} \epsilon_i}, \tag{12.6}$$

wobei g_ν die Anzahl der Mikrozustände bedeutet, die bei gleicher Zerlegung ν durch Vertauschung der Teilchen entstehen.

Wir betreiben zunächst Statistik *unterscheidbarer Teilchen.*

Für *einen* beliebig vorgegebenen Satz $\{n_i^{(\nu)}\}(i = 1, 2, 3, \ldots, m)$, der Gl. (12.4) erfüllt, gibt es bei N unterscheidbaren Teilchen (man denke sich z.B., sie trügen Nummern)

$$g_\nu = \frac{N!}{n_1^{(\nu)}!\, n_2^{(\nu)}! \ldots n_m^{(\nu)}!} \tag{12.7}$$

unterscheidbare Arten, sie in den Teilchenzuständen i unterzubringen (siehe Beispiel S 5). Der Nenner entsteht, weil es keinen neuen Mikrozustand bedeutet, wenn Teilchen im Teilchenzustand i vertauscht werden. Ihre Bildpunkte im Γ-Raum liegen nämlich in derselben Elementarzelle. Daher gibt es zu einem Satz $\{n_i^{(\nu)}\}$ genau g_ν unterscheidbare Mikrozustände, die gemäß Gl. (12.5) alle zum selben U_ν gehören:

$$Z = \sum_{\nu} \frac{N!}{n_1^{(\nu)}!\, n_2^{(\nu)}! \ldots n_m^{(\nu)}!}\, e^{-\frac{1}{kT} \sum\limits_{i=1}^{m} n_i^{(\nu)} \epsilon_i} \tag{12.8}$$

mit der Abkürzung $e^{-\frac{\epsilon_i}{kT}} =: x_i$ und wegen $e^{a+b} = e^a e^b$ folgt

$$Z = \sum_{\nu} \frac{N!}{n_1^{(\nu)}!\, n_2^{(\nu)}! \ldots}\, x_1^{n_1^{(\nu)}} x_2^{n_2^{(\nu)}} \ldots . \tag{12.9}$$

Die rechte Seite von Gl. (12.9) ist nun identisch mit der rechten Seite des *Multinomialsatzes*

$$(x_1 + x_2 + \ldots + x_m)^N = \sum_{n_1=0}^{N} \sum_{n_2=0}^{N-n_1} \ldots \sum_{n_{m-1}=0}^{N-n_1-\ldots-n_{m-2}} \frac{N!}{n_1!\, n_2! \ldots} x_1^{n_1} x_2^{n_2} \ldots x_m^{N-n_1-\ldots-n_{m-1}} \tag{12.10}$$

(wo jede ganzzahlige Zerlegung $N = n_1 + n_2 + \ldots + n_m$ berücksichtigt ist). Es ist also

$$Z = (x_1 + x_2 + \ldots)^N = \left(e^{-\frac{\epsilon_1}{kT}} + e^{-\frac{\epsilon_2}{kT}} + \ldots\right)^N = \left(\sum_i e^{-\frac{\epsilon_i}{kT}}\right)^N = z^N, \tag{12.11}$$

wenn man mit z die *Zustandssumme eines Subsystems* (d. h. eines Moleküls) bezeichnet:

$$z = \sum_i e^{-\frac{\epsilon_i}{kT}}. \tag{12.12}$$

Bei einem System, das aus N unterscheidbaren wechselwirkungsfreien Subsystemen besteht, ist die Zustandssumme durch $Z = z^N$ gegeben, wobei z die Zustandssumme eines Subsystems ist. Beispiele sind das klassische ideale Gas und das Einsteinmodell des Kristalls (Seite 245).

12.2. Das klassische ideale Gas

Die nun folgende Berechnung gilt für ein Gas bei idealem Verhalten (siehe Seite 213). Dabei können wir zwar ϵ_i klassisch berechnen, doch muß der Phasenraum, wie bereits bekannt, bei *jeder* Temperatur in Zellen $\omega = h^3$ eingeteilt werden. Die Zustandssumme geht in das Zustandsintegral über:

$$z = \sum_i e^{-\frac{\epsilon_i}{kT}} \tag{12.13}$$

$$\epsilon_i = \frac{p_i^2}{2m}$$

(11.47):

$$z = \frac{1}{h^3} \int e^{-\frac{p^2}{2mkT}} d^3q d^3p =$$

$$= \frac{1}{h^3} \int_V dV \int_0^\infty e^{-\frac{p^2}{2mkT}} 4\pi p^2 dp = \frac{V}{h^3} (2\pi mkT)^{3/2}. \tag{12.14}$$

Der im folgenden sehr häufig auftretende Ausdruck

$$\frac{h}{\sqrt{2\pi mkT}}$$

kann quantenmechanisch gedeutet werden und zwar als de-Broglie-Wellenlänge λ_B desjenigen Atoms, das bis auf einen Faktor $\frac{1}{\sqrt{\pi}}$ die der Temperatur T entsprechende wahrscheinlichste Geschwindigkeit hat. Für die de-Broglie-Wellenlänge λ_B gilt nämlich

$$p = \frac{h}{\lambda_B}, \qquad (8.62)\text{: } p = \sqrt{2mkT} \rightarrow \lambda_B = \frac{h}{\sqrt{2mkT}}. \tag{12.15}$$

Wir führen daher die Abkürzung

$$\lambda(T) := \frac{h}{\sqrt{2\pi mkT}} \qquad \text{bzw.} \qquad \lambda^{-3}(T) = \left(\frac{2\pi mkT}{h^2}\right)^{3/2} \tag{12.16}$$

ein und nennen $\lambda(T)$ die *thermische Wellenlänge.*

Es ist nun leicht möglich, die Maxwellsche Geschwindigkeitsverteilung für ein Gas im Gleichgewicht aus der kanonischen Verteilung und der Zustandssumme abzuleiten: Als erstes suchen wir die Zahl N_i der Teilchen, die sich im Mittel im Teilchenzustand i befinden (N_i kann als Mittelwert auch nicht-ganzzahlige Werte annehmen). Wir erhalten sie durch Mittelung über alle ν

$$N_i := \overline{n_i^{(\nu)}} = \sum_\nu n_i^{(\nu)} w_\nu \qquad \textit{(mittlere Besetzungszahl)} \tag{12.17}$$

mit

$$w_\nu = \frac{g_\nu}{Z} e^{-\frac{1}{kT}\sum_i n_i^{(\nu)} \epsilon_i} \tag{12.18}$$

g_ν tritt auf, da hier w_ν die Wahrscheinlichkeit ist, die Zerlegung ν anzutreffen. Mit (Gl. (12.6))

$$\frac{\partial}{\partial \epsilon_i} \ln Z(T, N, \epsilon_1, \ldots, \epsilon_m) =$$

$$= -\sum_\nu \frac{n_i^{(\nu)}}{kT} \frac{1}{Z} g_\nu e^{-\frac{1}{kT}\sum_{i'} n_{i'}^{(\nu)} \epsilon_{i'}} = -\frac{1}{kT}\sum_\nu n_i^{(\nu)} w_\nu \tag{12.19}$$

folgt also für N_i

$$N_i = -kT \frac{\partial \ln Z}{\partial \epsilon_i} = -kTN \frac{\partial \ln z}{\partial \epsilon_i} = N \frac{1}{z} e^{-\frac{\epsilon_i}{kT}} = N w_i\,, \tag{12.20}$$

wenn

$$w_i := \frac{1}{z} e^{-\frac{\epsilon_i}{kT}}$$

ist. Daraus ergibt sich die Maxwellsche Geschwindigkeitsverteilung (Übergang zum kontinuierlichen Fall $\epsilon_i \to \frac{p^2}{2m}$):

(11.60):

$$f_i = \frac{N_i}{h^3} = \frac{1}{h^3} \frac{N}{z} e^{-\frac{\epsilon_i}{kT}} \to f = \frac{1}{h^3} \frac{N}{z} e^{-\frac{p^2}{2mkT}} \tag{12.21}$$

$$d^6 N = f d^3 q \, d^3 p, \qquad n = \frac{d^3 N}{d^3 q} \ldots \text{Teilchendichte} \tag{12.22}$$

$$d^3 n = \frac{d^6 N}{d^3 q} = f d^3 p,$$

(12.14):

$$d^3n = \frac{N}{V} \frac{1}{(2\pi mkT)^{3/2}} e^{-\frac{p^2}{2mkT}} p^2 \, dp \, d\Omega = \frac{N}{V} \left(\frac{m}{2\pi kT}\right)^{3/2} e^{-\frac{mv^2}{2kT}} v^2 \, dv \, d\Omega. \tag{12.23}$$

Das ist genau die Gl. (8.61) mit $\vec{v}_0 = 0$.

Die freie Energie des idealen Gases ist also unter Berücksichtigung der Gln. (11.24) und (12.14):

$$F = -kT \ln Z = -kT \ln(z^N) = -kTN \ln z,$$

$$F = -kTN \ln\left(\frac{V}{h^3} (2\pi mkT)^{3/2}\right). \tag{12.24}$$

Wir erhalten daher:

$$S = -\left(\frac{\partial F}{\partial T}\right)_{V,N},$$

$$\left(\frac{\partial}{\partial T}\right)_{V,N} \left(\frac{V}{h^3} (2\pi mkT)^{3/2}\right) = \frac{V}{h^3} (2\pi mk)^{3/2} \frac{3}{2} T^{1/2},$$

$$S = -\left(\frac{\partial F}{\partial T}\right)_{V,N} = kN \ln\left(\frac{V}{h^3} (2\pi mkT)^{3/2}\right) + kTN \frac{\frac{V}{h^3} (2\pi mk)^{3/2} \frac{3}{2} T^{1/2}}{\frac{V}{h^3} (2\pi mkT)^{3/2}} =$$

$$= kN \ln\left(\frac{V}{h^3} (2\pi mkT)^{3/2}\right) + kN \frac{3}{2} = kN \ln z + Nk \frac{3}{2}, \tag{12.25}$$

$$S = kN \left(\ln V - \ln h^3 + \ln(2\pi mk)^{3/2} + \frac{3}{2} \ln T\right) + kN \frac{3}{2}, \tag{12.26}$$

$$N = \nu L, \quad kN = k\nu L = \nu R \quad (\nu \text{ hier Molzahl}),$$

$$S = \nu R \ln V + \frac{3}{2} \nu R \ln T + \nu \,\mathrm{const} \tag{12.27}$$

so wie früher. Dies ist die *Entropie* der sogenannten *Boltzmann-Statistik*.

Für die Zustandsgleichung folgt

$$P = -\left(\frac{\partial F}{\partial V}\right)_{T,N} = NkT \left[\frac{V}{h^3} (2\pi mkT)^{3/2}\right]^{-1} \left[\frac{1}{h^3} (2\pi mkT)^{3/2}\right] = \frac{NkT}{V}. \tag{12.28}$$

Einerseits haben wir also tatsächlich die Zustandsgleichung und die Zustandsgrößen des idealen Gases erhalten, andererseits tritt in der Entropie der Ausdruck $\ln V$ auf, d.h. die Entropie ist keine extensive Größe. S ist uns aber von der Thermodynamik her als extensive Größe bekannt.

Diese Unstimmigkeit kommt daher, daß wir *gleiche Teilchen* als *unterscheidbar* angesehen haben. Gerade deshalb haben wir in Z den Faktor $g_\nu \neq 1$ hineinbekommen. Die

Individualisierung gleicher Teilchen ist unphysikalisch und gibt daher zu einer Korrektur Anlaß. Das richtige $Z_{\text{nichtunterscheidbar}}$ lautet also

$$Z_{nu} = \sum_{\nu} x_1^{n_1^{(\nu)}} x_2^{n_2^{(\nu)}} \ldots x_m^{n_m^{(\nu)}} . \tag{12.29}$$

Es ist also $g_\nu = 1$, da bei *nicht unterscheidbaren Teilchen* die möglichen Vertauschungen der Teilchen, solange der Zahlensatz $\{n_i^{(\nu)}\}$ unverändert bleibt, nicht mehr feststellbar sind und daher auch keine neuen Mikrozustände bilden.

Gl. (12.29) ist leider nicht in Einzelteilchen-z separierbar. Man kann aber unter der Bedingung genügend *hoher Temperatur*

$$Z_{nu} \approx \frac{1}{N!} z^N \approx \left(\frac{ez}{N}\right)^N \tag{12.30}$$

setzen, also die Separierbarkeit doch näherungsweise beibehalten. Dieser fehlende Faktor $1/N!$ in der bisherigen Zustandssumme führte zu falschen Werten von S und F. Solange man F nur für Differenzen heranzieht, spielt das keine Rolle, weil der Fehler bei der Differenzbildung herausfällt.

Der Ausdruck (12.30) ergibt sich, wenn wir beachten, daß für hohe Temperaturen in

$$Z_u = \sum_{\nu} \frac{N!}{n_1^{(\nu)}!\, n_2^{(\nu)}! \ldots} x_1^{n_1^{(\nu)}} x_2^{n_2^{(\nu)}} \ldots = z^N \quad \text{(unterscheidbare Teilchen)}$$

nur jene Summanden einen nennenswerten Beitrag liefern für die $n_i^{(\nu)} = 0$ oder 1 für alle i ist und wir daher alle anderen Glieder in der Summe vernachlässigen können. Das heißt aber, daß wir

$$\frac{N!}{n_1^{(\nu)}!\, n_2^{(\nu)}! \ldots} \approx N!$$

setzen können. Damit folgt

$$Z_{nu} \approx \frac{1}{N!} \sum_{\nu} \frac{N!}{n_1^{(\nu)}!\, n_2^{(\nu)}! \ldots} x_1^{n_1^{(\nu)}} x_2^{n_2^{(\nu)}} \ldots = \frac{1}{N!} z^N . \tag{12.31}$$

$n_i^{(\nu)} = 0{,}1$ bedeutet, daß alle Zellen nur mit höchstens einem Teilchen besetzt sind. Die Näherung (12.31) ist daher nur dann anwendbar, wenn auch die Mittelwerte von $n_i^{(\nu)}$ kleiner als eins sind, d. h. die $N_i \ll 1$ sind. Wegen (unter Beachtung der Gln. (12.14) und (12.20))

$$N_i = N \frac{e^{-\epsilon_i/kT}}{z} = \frac{N}{V} \left(\frac{h^2}{2\pi mkT}\right)^{3/2} e^{-\frac{\epsilon_i}{kT}} = \frac{N}{V} \lambda^3 e^{-\frac{\epsilon_i}{kT}}$$

und $e^{-\epsilon_i/kT} \leqslant 1$, erhalten wir als hinreichende Bedingung dafür

$$\frac{N}{V} \lambda^3 \ll 1 \quad \text{oder } \lambda \ll l .$$

wobei $l := \left(\frac{V}{N}\right)^{1/3}$ der mittlere Teilchenabstand ist. Oder anders ausgedrückt: Genügend hohe Temperatur und kleine Teilchendichte sind erforderlich. Für die meisten Stoffe, ausgenommen Helium und Wasserstoff, ist bereits bei Temperatur und Teilchendichte des kritischen Punktes $\lambda \ll l$. Dies bedeutet, daß für die meisten Stoffe im Bereich des idealen Gasverhaltens die Näherung (12.31) auf jeden Fall zulässig ist. Beobachtbare Abweichungen davon sind lediglich bei Helium und eventuell Wasserstoff bei tiefen Temperaturen zu erwarten.

In der sogenannten *korrigierten Boltzmann-Statistik*

$$\boxed{Z_{nu} = \frac{1}{N!} z^N} \tag{12.31}$$

folgt schließlich für das ideale Gas

$$\boxed{Z_{nu} = Z \approx \left(\frac{eV}{N}\right)^N \left[\left(\frac{2\pi mkT}{h^2}\right)^{3/2}\right]^N} \tag{12.32}$$

und

$$F = -kT \ln Z = -NkT \ln\left[\frac{V}{N} e \left(\frac{2\pi mkT}{h^2}\right)^{3/2}\right], \tag{12.33}$$

wenn wir die Stirlingsche Näherung $N! \approx \left(\frac{N}{e}\right)^N$ benützen.

Jetzt tritt V nur mehr als $\frac{V}{N}$ auf. Somit ist F einwandfrei extensiv und damit auch $S = -\left(\frac{\partial F}{\partial T}\right)_{V,N}$:

$$S = Nk\left[\ln\frac{V}{N} + \frac{3}{2}\ln\frac{2\pi mkT}{h^2}\right] + \frac{5}{2} Nk. \tag{12.34}$$

$$U = F + TS = \frac{3}{2} NkT = \nu c_V T \rightarrow c_V = \frac{3}{2} R, \tag{12.35}$$

(ν Molzahl)

$$P = -\left(\frac{\partial F}{\partial V}\right)_{T,N} = \frac{NkT}{V} \rightarrow \text{(ideales Gas)}, \tag{12.36}$$

$$I = U + PV = \frac{5}{2} NkT \rightarrow c_P = \frac{5}{2} R. \tag{12.37}$$

Die korrigierte Zustandssumme (12.32) ergibt für die Maxwellsche Geschwindigkeitsverteilung dieselben Ergebnisse wie die unkorrigierte, da die Korrektur beim Differenzieren von lnZ bei konstantem N in Gl. (12.20) wegfällt.

Mit Gl. (12.34) kann aber auch die sogenannte Entropiekonstante s_0 berechnet werden, die definiert ist durch

$$s = c_P \ln T - R \ln P + s_0 \quad \text{(für 1 Mol)} \tag{12.38}$$

bzw.

$$s_0 = s(T = 1\,K, P = 1\,\text{dyn/cm}^2).$$

Es gilt

$$s(v, T) = -\frac{L}{N}\left(\frac{\partial F}{\partial T}\right)_{V,N} = -\frac{L}{N}\frac{\partial}{\partial T}\left\{-NkT \ln\left[\frac{v}{L}\, e\left(\frac{2\pi mkT}{h^2}\right)^{3/2}\right]\right\}_{V,N},$$

$$PV = \nu RT = NkT,\; V = \nu v \rightarrow \frac{V}{N} = \frac{v}{L} = \frac{kT}{P} \quad (\nu \text{ Molzahl}),$$

$$\rightarrow s(P, T) = \frac{5}{2} kL \ln T - kL \ln P + kL \ln\left[\left(\frac{2\pi m}{h^2}\right)^{3/2} (ek)^{5/2}\right], \tag{12.39}$$

$$\rightarrow \text{Entropiekonstante } s_0 = R \ln\left[\left(\frac{2\pi m}{h^2}\right)^{3/2} (ek)^{5/2}\right]. \tag{12.40}$$

Diese Formel von *Sackur-Tetrode* für s_0 gilt im Rahmen der Näherung $Z = \frac{1}{N!} z^N$. Die Entropiekonstante s_0 hängt nicht von der Anzahl der Mole ab (die Teilchenzahl und das Volumen kommen nicht vor). Sie ist die zur Berechnung der chemischen Konstanten j benötigte Größe (siehe Gl. (6.39)).

Die Entropiefunktion (12.39) gilt nur für genügend hohe Temperaturen. Für tiefe Temperaturen liefert sie falsche Werte, da z.B. für $T \rightarrow 0$ s und c_v nicht gegen Null gehen, also der 3. Hauptsatz verletzt wird. Um zu zeigen, daß für einatomige Gase die Entropiefunktion (12.39) bei genügend hohen Temperaturen wirklich die richtigen *Absolutwerte* liefert, ist eine experimentelle Überprüfung nötig. Dies kann direkt durch kalorische Messung der Entropie geschehen, wobei man vom Festkörper bei $T = 0\,K$ ausgehend, die spezifische Wärme bis zur Temperatur der Gasphase experimentell bestimmt und damit die Entropie unter Berücksichtigung des 3. Hauptsatzes ($s(T = 0, P) = 0$ für das Kondensat) berechnet:

$$s(T, P) = \int_0^{T_0} \frac{c_{\text{fest}}}{T}\, dT + \frac{l_s}{T_s} + \int_{T_s}^{T_0} \frac{c_{\text{fl}}}{T}\, dT + \frac{l_v}{T_v} + \int_{T_v}^{T} \frac{c_{P\,\text{Gas}}}{T}\, dT. \tag{12.41}$$

l_s und l_v bzw. T_s und T_v sind die experimentell bestimmten Schmelz- und Verdampfungswärmen bzw. die Siede- und Verdampfungstemperaturen. Stimmt die derartig gemessene Entropie eines Gases bei höheren Temperaturen mit den Werten der Gl. (12.39) überein, so hat die Entropiekonstante s_0 die richtige Größe, ohne den Anspruch zu erheben, bei $T = 1\,K$ und $P = 1\,\text{dyn/cm}^2$ den richtigen Entropiewert darzustellen.

Man kann die Entropiekonstante auch direkt mit Hilfe des Dampfdruckes experimentell überprüfen. Wir berechnen zu diesem Zweck den Dampfdruck beim Phasenübergang von dem flüssigen (2) in den gasförmigen (3) Zustand bzw. von dem festen (1) in den gasförmigen (3) Zustand (Sublimation) mit Hilfe der *Clausius-Clapeyron-Gleichung* (6.3) oder Gl. (6.5)

$$\frac{dP}{dT} = \frac{s_3 - s_c}{v_3 - v_c} = \frac{l_{c3}(T)}{T(v_3 - v_c)} \qquad (c \to 3)\,. \tag{12.42}$$

Der Index c kennzeichnet dabei den kondensierten Zustand, der entweder der flüssige (2) oder feste (1) sein kann.

Benützen wir für den Gaszustand die idealen Gasgesetze

$$v_3 = \frac{RT}{P} \tag{12.43}$$

und beachten, daß $v_3 \gg v_c$ ist, so folgt damit aus Gl. (12.42)

$$\frac{1}{P}\frac{dP}{dT} = \frac{l_{c3}(T)}{RT^2}\,. \tag{12.44}$$

Um diese Gleichung integrieren zu können, ist die Kenntnis von

$$l_{c3}(T) = T\,[s_3(T, P(T)) - s_c(T, P(T))] \tag{12.45}$$

erforderlich. Wir erhalten $l_{c3}(T)$, indem wir einmal bei 0 K verdampfen und dann die Temperatur auf T erhöhen, und das andere Mal, indem wir das Kondensat von 0 K bis zur Temperatur T erwärmen und anschließend verdampfen. In beiden Fällen ist die aufgewendete Energie gleich. Beschränken wir uns außerdem auf einatomige Gase, so können wir $c_P^{(3)}$ bei niedrigen Temperaturen als konstant ansehen:

$$l_{c3}(0) + \int_0^T c_P^{(3)}\, dT = \int_0^T c_P^{(c)}(T')\,dT' + l_{c3}(T)\,,$$

$$l_{c3}(T) = l_{c3}(0) + c_P^{(3)}\,T - \int_0^T c_P^{(c)}(T')\,dT'\,. \tag{12.46}$$

Die Clausius-Clapeyron-Gleichung lautet daher allgemein

$$\frac{1}{P}\frac{dP}{dT} = \frac{l_{c3}(0)}{RT^2} + \frac{c_P^{(3)}}{RT} - \frac{1}{RT^2}\int_0^T c_P^{(c)}(T')\,dT'\,. \tag{12.47}$$

Durch Integration erhalten wir schließlich für den Dampfdruck ($c_P^{(3)} = \frac{5}{2}R$)

$$\ln P = -\frac{l_{c3}(0)}{RT} + \frac{5}{2}\ln T - \int_0^T \frac{dT'}{RT'^2}\int_0^{T'} c_P^{(c)}(T'')\,dT'' + j\,. \tag{12.48}$$

Die Integrationskonstante j wird *Dampfdruckkonstante*, aber auch *chemische Konstante* genannt, da sie mit der chemischen Konstanten (6.39) übereinstimmt, wie wir in Gl. (12.50) sehen werden. Für sehr tiefe Temperaturen streben die Entropie und die spezifische Wärme des Kondensats infolge des 3. Hauptsatzes gegen Null und wir erhalten daher für diesen Fall

$$\ln P = -\frac{l_{c3}(0)}{RT} + \frac{5}{2}\ln T + j\,. \tag{12.49}$$

Unter diesen Umständen wird Gl. (12.45) mit Gl. (12.46) zu

$$l_{c3}(0) + c_P^{(3)}\,T = T\,s_3\,(T, P)\,. \tag{12.50}$$

Damit kann man den Dampfdruck auch aus Gl. (12.39) berechnen:

$$\ln P = -\frac{s_3(T, P)}{R} + \frac{5}{2}\ln T + \frac{s_0}{R}\,, \tag{12.51}$$

$$\ln P = -\frac{l_{c3}(0)}{RT} + \frac{5}{2}\ln T + \frac{s_0 - c_P^{(3)}}{R}\,. \tag{12.52}$$

Durch Vergleich mit Gl. (12.49) erhalten wir schließlich für die Dampfdruckkonstante j des einatomigen Gases

$$j = \frac{s_0 - c_P^{(3)}}{R} = \ln\left[\left(\frac{2\pi m}{h^2}\right)^{3/2} k^{5/2}\right] \tag{12.53}$$

in Übereinstimmung mit Gl. (6.39) für die chemische Konstante.

Durch Messung des Dampfdruckes kann j experimentell bestimmt werden und mit dem Wert aus der Theorie verglichen werden. Die Übereinstimmung beider Werte ist sehr gut.

Daß der modifizierte Wert der Entropie auch in anderer Hinsicht der richtige ist, kann man aus folgender Überlegung ableiten, die zugleich die Lösung des *Gibbsschen Paradoxons* bringt.

Wir untersuchen ein ideales Gas in einem Volumen, welches durch eine Trennwand in zwei gleichgroße Volumina V geteilt werden kann (Bild 65). Betrachten wir einmal die Entropie nach der Boltzmann-Statistik. Ist die Trennwand eingeschoben, so sind die beiden Teilvolumina voneinander unabhängig. Die Entropie des Gesamtsystems ist daher die Summe der Entropie für die beiden Hälften:

$$S_u^I = 2\,(Nk\ln V + N\varphi(T)) = 2\,(k\ln V^N + N\varphi(T)).$$

Wir haben die nur von der Temperatur abhängigen Glieder in $\varphi(T)$ zusammengefaßt. Bei herausgehogener Trennwand erhalten wir die Entropie des Gesamtsystems, indem wir Volumen und Teilchenzahl im Entropieausdruck für eine Hälfte verdoppeln:

$$S_u^{II} = k\ln(2V)^{2N} + 2N\varphi(T) = S_u^I + 2kN\ln 2. \tag{12.54}$$

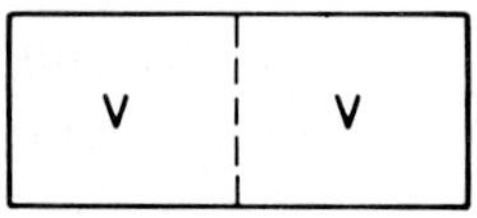

Bild 65

Man sieht also, daß das Herausziehen der Trennwand nach der klassischen Statistik mit einer Zunahme der Entropie verknüpft ist. Das steht damit im Widerspruch, daß dieses Herausziehen für ein einheitliches Gas (auf beiden Seiten befindet sich das gleiche Gas) einen adiabatischen reversiblen Vorgang darstellt.

Benützt man zur Ausführung des Gedankenversuchs bei einheitlichem Gas den bezüglich der Nichtunterscheidbarkeit modifizierten Entropieausdruck (korrigierte Boltzmann-Statistik)

$$S(T, V, N) = \frac{5}{2}\,Nk + Nk\ln\left[\frac{V}{N}\left(\frac{2\pi mkT}{h^2}\right)^{3/2}\right] = \frac{5}{2}\,Nk + Nk\ln\left[\frac{V}{N}\,\lambda^{-3}(T)\right],$$

wobei λ für verschiedene Gase verschieden ist, so erhält man einmal (eingeschobene Wand)

$$S^{I}_{nu} = 2\left[kN\ln\frac{V}{N} + N\varphi'(T)\right] = 2\left[k\ln\left(\frac{V}{N}\right)^{N} + N\varphi'(T)\right]$$

und nach der Wegnahme der Trennwand

$$S^{II}_{nu} = \left[k\ln\left(\frac{2V}{2N}\right)^{2N} + 2N\varphi'(T)\right] = 2\,k\ln\left(\frac{V}{N}\right)^{N} + 2N\varphi'(T) = S^{I}_{nu}. \tag{12.55}$$

Es tritt also nach dieser Formel keine Änderung der Entropie auf, wie es auch für das einheitliche ideale Gas aus nicht unterscheidbaren Molekülen der Fall sein muß. Erst nach dieser Berechnung ist die Entropie eine additive Größe bezüglich der Teilentropien der einzelnen Volumsteile eines einheitlichen Gases.

Bei zwei verschiedenen Gasen ergibt sich in beiden Statistiken ein Mischungsglied. Es ist dann mit Trennwand

$$S^{I}_{nu\,gesamt} = S^{I}_{nu\,1} + S^{I}_{nu\,2} = 2\cdot\frac{5}{2}\,kN + kN\ln\left[\frac{V}{N}\,\lambda_1^{-3}(T)\right] + kN\ln\left[\frac{V}{N}\,\lambda_2^{-3}(T)\right].$$

und nach Wegnahme der Trennwand

$$S^{II}_{nu\,gesamt} = S^{II}_{nu\,1} + S^{II}_{nu\,2} = 2\cdot\frac{5}{2}\,kN + kN\ln\left[\frac{2V}{N}\,\lambda_1^{-3}\right] + kN\ln\left[\frac{2V}{N}\,\lambda_2^{-3}\right].$$

Es ergibt sich also

$$S^{II}_{nu\,gesamt} - S^{I}_{nu\,gesamt} = 2kN\ln 2 > 0, \tag{12.56}$$

das bekannte Mischglied.

Durch die Wahl der intensiven Variablen (P und T und die Nichtbestimmung von s_0) trat früher der Unterschied zwischen S_{nu} und S_u nicht in Erscheinung.

13. Mikrokanonische Gesamtheit

Bei der kanonischen Gesamtheit war die Temperatur T (die Teilchenzahl N und das Volumen V) festgelegt und wir erhielten die Wahrscheinlichkeit w_ν als Funktion der variablen Energie U_ν (ν kennzeichnet hier wieder die Mikrozustände, was im letzten Kapitel nicht immer der Fall war)

$$w_\nu = \frac{1}{Z} e^{-\frac{U_\nu}{kT}} . \tag{13.1}$$

In einem energetisch abgeschlossenen System kommen nur jene Mikrozustände $\bar{\nu}$ vor, deren Energie $U_{\bar{\nu}}$ gleich einem festen Wert U ist. Man erhält für eine derartige Gesamtheit von Systemen als Spezialfall der kanonischen Gesamtheit die Wahrscheinlichkeitsverteilung (siehe Gl. (11.25)).

$$w_\nu = \sum_{\bar{\nu}} \delta_{\nu\bar{\nu}} \frac{1}{Z} e^{-\frac{U_{\bar{\nu}}}{kT}} = \begin{cases} \frac{1}{Z} e^{-\frac{U}{kT}} = \frac{1}{W} & \text{für } U_\nu = U \\ 0 & \text{für } U_\nu \neq U, \end{cases} \tag{13.2}$$

d. h., es gibt nur für die Mikrozustände $\{\bar{\nu}\}$ ein $w_{\bar{\nu}} \neq 0$, wobei für alle $\bar{\nu}$ $U_{\bar{\nu}} = U$ gilt. U ist stark entartet, d.h., viele Mikrozustände haben dieselbe Energie. Eine Gesamtheit solcher Systeme heißt *mikrokanonisch* (siehe auch Gln. (11.25) bis 11.27)).

Nach Gl. (11.26) ist dann die Zustandssumme gegeben durch

$$Z = \sum_{\bar{\nu}} e^{-\frac{U}{kT}} = W e^{-\frac{U}{kT}}, \tag{13.3}$$

wobei

$$W := \sum_{\bar{\nu}} 1 \tag{13.4}$$

Die Anzahl der Mikrozustände mit derselben Energie U ist.

Wollen wir W nicht quantenmechanisch, sondern wie bisher näherungsweise mit Hilfe der klassischen Mechanik berechnen, so müssen wir den bereits bekannten Übergang von der Summe zum Integral

$$\sum_\nu \ldots \to \frac{1}{h^{3N}} \int d^{6N}\tau \ldots \tag{13.5}$$

durchführen. Dies ist jedoch bei der mikrokanonischen Gesamtheit mit einigen Schwierigkeiten verbunden, da das Phasenintegral unter der Nebenbedingung

$$H(q, p) = U = \text{konst} \tag{13.6}$$

der klassischen Mechanik eines abgeschlossenen Systems zu berechnen wäre, das dann Null wird.

Diese Schwierigkeit beseitigen wir, indem wir die grundlegende Theorie, nämlich die Quantenmechanik, zu Hilfe nehmen. Beim Übergang von der quantenmechanischen Beschreibung zum klassischen Zustandsintegral ist zu beachten, daß jeder Mikrozustand im Γ-Raum ein endliches Phasenvolumen h^{3N} belegt. Wollen wir die Anzahl der Mikrozustände mit der Energie U mit Hilfe des Phasen-Integrals berechnen, so müssen wir daher über ein *endliches* Phasenvolumen integrieren, das die Bedingung

$$U - \delta U \leqslant H(q, p) \leqslant U \tag{13.7}$$

erfüllt. δU ist dabei so zu wählen, daß im Phasenvolumen zwischen den beiden Energieflächen (Hyperflächen) $U - \delta U$ und U alle Elementarzellen, die zur Energie $H(q, p) = U$ gehören, Platz finden. Das klassische Resultat muß nun näherungsweise von δU unabhängig sein, da es die approximative Beschreibung des quantenmechanischen Ergebnisses ist, in dem ein δU überhaupt nicht vorkommt. Wie wir am Ende dieses Kapitels zeigen werden, erfüllt die klassische Näherung in ihrem Gültigkeitsbereich diese Forderung.

Für die mikrokanonische Gesamtheit ergibt sich somit folgender Übergang

$$W = \sum_{\bar{\nu}} 1 \rightarrow W = \frac{1}{h^{3N} N!} \int\limits_{U - \delta U \leqslant H(q,p) \leqslant U} d^{6N}\tau. \tag{13.8}$$

Hier haben wir beim Integral den Faktor $\frac{1}{N!}$ hinzugefüht, der die Ununterscheidbarkeit der N gleichen Teilchen des Systems berücksichtigt. Diese einfache Korrektur ist nur dann hinreichend genau, wenn das Gas soweit verdünnt ist, daß die Teilchenzustände höchstens mit einem Teilchen besetzt sind.

Die Berechnung des Phasenintegrals (13.8) ist im allgemeinen sehr schwierig. Wir wollen uns daher hier auf das ideale Gas mit N gleichen Teilchen im Volumen V beschränken, wo H durch

$$H(p) = \sum_{i=1}^{3N} \frac{p_i^2}{2m} \tag{13.9}$$

gegeben ist. Wir erhalten dann

$$\begin{aligned} W &= \frac{1}{h^{3N} N!} \int dq_1 \dots dq_{3N} \int\limits_{U - \delta U \leqslant H(p) \leqslant U} dp_1 \dots dp_{3N} = \\ &= \phi(U) - \phi(U - \delta U) \approx \phi(U) \end{aligned} \tag{13.10}$$

mit

$$\phi(U) := \frac{V^N}{h^{3N} N!} \phi_p(U) \tag{13.11}$$

und

$$\phi_p(U) := \int\limits_{0 \leqslant H(p) \leqslant U} dp_1 \dots dp_{3N}. \tag{13.12}$$

Die Näherung in Gl. (13.10) wird am Ende des Kapitels erklärt.

$\phi_p(U)$ ist das Volumen einer 3N-dimensionalen Kugel im Impulsraum mit dem Radius

$$R = \sqrt{p_1^2 + p_2^2 + \ldots + p_{3N}^2} = \sqrt{2mU}. \tag{13.13}$$

Ganz allgemein lautet die Formel für das Volumen V_n einer n-dimensionalen Kugel mit dem Radius R

$$V_n = \frac{\pi^{\frac{n}{2}}}{\left(\frac{n}{2}\right)!} R^n. \tag{13.14}$$

Beachten wir noch die *Stirlingschen Näherungen*

$$N! \approx \left(\frac{N}{e}\right)^N \quad \text{und} \quad \left(\frac{3N}{2}\right)! \approx \left(\frac{3N}{2e}\right)^{\frac{3N}{2}}, \tag{13.15}$$

so erhalten wir schließlich für $\phi_p(U)$, W, Z, S und F:

$$\phi_p(U) = \frac{1}{\left(\frac{3N}{2}\right)!}(2\pi mU)^{\frac{3N}{2}} = \left(\frac{4\pi mUe}{3N}\right)^{\frac{3N}{2}}, \tag{13.16}$$

$$W(U, V, N) = \phi(U, V, N) = \left[\frac{V}{N}\left(\frac{4\pi mU}{3h^2 N}\right)^{3/2} e^{5/2}\right]^N, \tag{13.17}$$

$$Z = We^{-\frac{U}{kT}} = \left[\frac{V}{N}\left(\frac{4\pi mU}{3h^2 N}\right)^{3/2} e^{5/2}\right]^N e^{-\frac{U}{kT}}, \tag{13.18}$$

$$S = k \ln Z + \frac{U}{T} = k \ln W,$$

$$S(U, V, N) = k N \ln\left[\frac{V}{N}\left(\frac{4\pi mU}{3h^2 N}\right)^{3/2} e^{5/2}\right], \tag{13.19}$$

$$F = -kT \ln Z = -NkT \ln\left[\frac{V}{N}\left(\frac{4\pi mU}{3h^2 N}\right)^{3/2} e^{5/2}\right] + U. \tag{13.20}$$

Um U zu eliminieren, wird man die Formel $\left(\frac{\partial S}{\partial U}\right)_{V,N} = \frac{1}{T}$ in Gl. (13.19) benützen. Man erhält wie früher

$$U = \frac{3}{2} NkT \tag{13.21}$$

und

$$S(T, V, N) = kN \ln\left[\frac{V}{N}\left(\frac{2\pi mkT}{h^2}\right)^{3/2} e^{5/2}\right] \tag{13.22}$$

und somit das gesamte thermodynamische Verhalten des idealen Gases. Gl. (13.22) stimmt wieder mit Gl. (12.34) überein. Ein Nachteil der mikrokanonischen Gesamtheit ist das meist schwer zu berechnende W.

Es ist noch zu zeigen, daß die Näherung in Gl. (13.10) zutrifft. Wir führen daher folgende Umformung durch

$$\phi(U) - \phi(U - \delta U) = \phi(U) \left[1 - \frac{\phi(U - \delta U)}{\phi(U)}\right] =$$

$$= \phi(U) \left[1 - \left(1 - \frac{\delta U}{U}\right)^{\frac{3N}{2}}\right] = \phi(U)[1 - e^{-b}], \tag{13.23}$$

wobei wir mit Hilfe der Formel

$$\left(1 + \frac{x}{n}\right)^n \xrightarrow[n \to \infty]{} e^x \tag{13.24}$$

für großes N die Näherung

$$\left(1 - \frac{\delta U}{U}\right)^{\frac{3N}{2}} = \left[1 - \frac{2}{3N}\left(\frac{3N\delta U}{2U}\right)\right]^{\frac{3N}{2}} \xrightarrow[N \to \infty]{} e^{-b}, \tag{13.25}$$

$$b := \frac{3N\delta U}{2U} \tag{13.26}$$

verwendet haben. Damit erhalten wir

$$\ln[\phi(U) - \phi(U - \delta U)] = \ln\phi(U) + \ln[1 - e^{-b}]. \tag{13.27}$$

Die Näherung in Gl. (13.10) ist verwendbar, wenn

$$\ln\phi(U) \gg |\ln[1 - e^{-b}]|$$

ist. Um eine größenordnungsmäßige Abschätzung dieser Terme zu erhalten, berechnen wir sie für 1 mol ideales Heliumgas bei einer Temperatur von 300 K und einem Druck von 1 atm. Mit der Masse des Heliumatoms $m = 6{,}65 \cdot 10^{-24}$ g erhalten wir für

$$\ln\phi(U) \approx 10^{25} \tag{13.28}$$

den größten Wert nimmt $|\ln[1 - e^{-b}]|$ für den kleinstmöglichen Wert von b bzw. δU an.

Die kleinste Ausdehnung einer Elementarzelle im Impulsraum ist durch die Gl. (11.46)

$$d^{3N}q\, d^{3N}p = h^{3N} \to dq\, dp = h \tag{13.29}$$

gegeben. In einem Würfel mit dem Volumen V ist der größtmögliche Ortsanteil der Elementarzelle V und somit für jede Impulskomponente

$$dp = \frac{h}{V^{1/3}} \tag{13.30}$$

Der Abstand der Energieschalen wird daher zwischen

(13.13):

$$\frac{h}{V^{1/3}} \leqslant \delta R \leqslant \sqrt{N}\,\frac{h}{V^{1/3}} \tag{13.31}$$

liegen, wobei $\frac{h}{V^{1/3}}$ die Kantenlänge und $\sqrt{N}\,\frac{h}{V^{1/3}}$ die Diagonale eines entsprechenden Zellenanteils im Impulsraum ist. Das kleinste b folgt aus der kleinsten Energieabweichung

(13.13):

$$\delta U = \sqrt{\frac{2U}{m}}\,\delta R = \sqrt{\frac{2U}{m}}\,\frac{h}{V^{1/3}} \tag{13.32}$$

als

$$b = 583\,,$$

womit wir für den größten Wert von $|\ln[1 - e^{-b}]|$ erhalten:

$$|\ln[1 - e^{-b}]| \approx \ldots \approx 10^{-253}\,. \tag{13.33}$$

Dieser Wert ist aber gegen $\ln \phi(U) \approx 10^{25}$ vernachlässigbar und daher die Näherung in Gl. (13.10) gerechtfertigt.

14. Der Gleichverteilungssatz der Energie, seine Anwendungen auf die spezifische Wärme und seine Abweichungen

14.1. Der Gleichverteilungssatz der Energie

Die mittlere Energie eines Systems lautet nach Gl. (15.25)

$$U = \sum_i \epsilon_i N_i\,, \tag{14.1}$$

wobei ϵ_i die Energie eines Teilchens im Zustand i ist. Bei *genügend hohen Temperaturen* können wir für die mittlere Teilchenzahl N_i im Zustand i die Maxwell-Boltzmann-Statistik benützen (Gl. (15.21)):

$$N_{i\,MB} = e^{-\frac{\mu - \epsilon_i}{kT}}\,. \tag{14.2}$$

Der Übergang zu kontinuierlichen Variablen $\sum_i \ldots \to \frac{1}{h^3}\int d^3q\, d^3p \ldots$ ergibt dann für N und U:

$$N = \frac{e^{\mu/kT}}{h^3}\int e^{-\frac{\epsilon(p,q)}{kT}}\, d^3p\, d^3q, \tag{14.3}$$

$$U = \frac{e^{\mu/kT}}{h^3}\int \epsilon(p,q)\, e^{-\frac{\epsilon(p,q)}{kT}}\, d^3p\, d^3q = N\frac{\int d^3p\, d^3q\, \epsilon(p,q)\, e^{-\epsilon(p,q)/kT}}{\int d^3p\, d^3q\, e^{-\epsilon(p,q)/kT}}. \tag{14.4}$$

Die beiden Ausdrücke gelten allgemein für wechselwirkungsfreie Teilchen genügend hoher Temperatur. Es sind aber im allgemeinen mehr als jene drei Freiheitsgrade der Bewegung möglich, die beim einatomigen Gas auftreten. Z. B. können beim mehratomigen Molekül neben der Translation noch Drehungen und Schwingungen auftreten. Allgemein wird also ϵ in zwei Teile aufspaltbar sein (die Variablen (q, p) werden durchlaufend mit $x_1 \ldots x_g$ bezeichnet)

$$\epsilon(x_1, \ldots, x_g) = \epsilon_f(x_1, \ldots, x_f) + \epsilon_g(x_{f+1}, \ldots, x_g), \tag{14.5}$$

wobei x_1 bis x_f jene Variablen sein sollen, die nur quadratisch in ϵ vorkommen und x_{f+1} bis x_g die anderen. Meistens ist ϵ_f mit der kinetischen Energie identisch und die $x_1, .., x_f$ sind die Impulse, während ϵ_g irgendeine potentielle Energie bedeutet, aber nicht die des harmonischen Oszillators, da diese wegen $\frac{m\omega^2 x^2}{2}$ zu ϵ_f zu zählen ist. Aus Gl. (14.5) folgt:

$$U = N\frac{\int e^{-\frac{\epsilon_f+\epsilon_g}{kT}}(\epsilon_f+\epsilon_g)\, dx_1 \ldots dx_g}{\int e^{-\frac{\epsilon_f+\epsilon_g}{kT}}\, dx_1 \ldots dx_g} =$$

$$= N\frac{\int e^{-(\epsilon_f+\epsilon_g)/kT}\epsilon_f\, dx_1 \ldots dx_g}{\int e^{-(\epsilon_f+\epsilon_g)/kT}\, dx_1 \ldots dx_g} + N\frac{\int e^{-(\epsilon_f+\epsilon_g)/kT}\epsilon_g\, dx_1 \ldots dx_g}{\int e^{-(\epsilon_f+\epsilon_g)/kT}\, dx_1 \ldots dx_g} =$$

$$= U_f + U_g, \tag{14.6}$$

$$U_f = N\frac{\int e^{-\epsilon_f/kT}\epsilon_f\, dx_1 \ldots dx_f \int e^{-\epsilon_g/kT}\, dx_{f+1} \ldots dx_g}{\int e^{-\epsilon_f/kT}\, dx_1 \ldots dx_f \int e^{-\epsilon_g/kT}\, dx_{f+1} \ldots dx_g},$$

$$U_f = N\frac{\int e^{-\epsilon_f/kT}\epsilon_f\, dx_1 \ldots dx_f}{\int e^{-\epsilon_f/kT}\, dx_1 \ldots dx_f} \tag{14.7}$$

Mit der Eulerschen Differentialgleichung für homogene Funktionen (siehe Seite 49) folgt für ϵ_f und U_f:

$$\epsilon_f(x_1, \ldots, x_f) = \frac{1}{2}\left(\frac{\partial \epsilon_f}{\partial x_1} x_1 + \ldots + \frac{\partial \epsilon_f}{\partial x_f} x_f\right) \rightarrow \tag{14.8}$$

$$\int e^{-\frac{\epsilon_f}{kT}} \epsilon_f dx_1 \ldots dx_f = \frac{1}{2}\int e^{-\frac{\epsilon_f}{kT}} \left(\frac{\partial \epsilon_f}{\partial x_1} x_1 + \ldots + \frac{\partial \epsilon_f}{\partial x_f} x_f\right) dx_1 \ldots dx_f,$$

$$\int e^{-\frac{\epsilon_f}{kT}} x_1 \frac{\partial \epsilon_f}{\partial x_1} dx_1 = -kT \int x_1 \frac{\partial}{\partial x_1}\left(e^{-\frac{\epsilon_f}{kT}}\right) dx_1 =$$

$$= \underbrace{-kT\left[x_1 e^{-\frac{\epsilon_f(x_1^2, \ldots, x_f^2)}{kT}}\right]_{x_1 = -\infty}^{x_1 = +\infty}}_{0} + kT \int e^{-\frac{\epsilon_f}{kT}} dx_1 .$$

Ergänzung durch die übrigen Integrationen und f-malige Durchführung gibt

$$\int e^{-\frac{\epsilon_f}{kT}} \epsilon_f dx_1 \ldots dx_f = \frac{1}{2} fkT \int e^{-\frac{\epsilon_f}{kT}} dx_1 \ldots dx_f \rightarrow \tag{14.9}$$

(14.7):

$$U_f = Nf \frac{kT}{2} = N\bar{\epsilon}_f, \tag{14.10}$$

$$\bar{\epsilon}_f = f \frac{kT}{2}. \tag{14.11}$$

$\bar{\epsilon}_f$ ist der quadratische Anteil der mittleren Energie pro Molekül und f die Anzahl der in ϵ quadratisch vorkommenden Variablen.

Jeder Freiheitsgrad der Bewegung oder des Ortes, der nur quadratisch in der Teilchenenergie vorkommt, trägt bei hohen Temperaturen (klassisch) den Betrag $\frac{kT}{2}$ zur thermodynamischen Systemenergie bei. Das ist der Inhalt des sogenannten *Gleichverteilungssatzes.* Die Quantenstatistik ergibt bei tiefen Temperaturen Abweichungen von diesem Gesetz.

14.2. Spezifische Wärme nach dem Gleichverteilungssatz

Die spezifische Wärme pro Mol eines idealen Gases (nicht wechselwirkenden Teilchen) erhält man durch Einsetzen der Loschmidtschen Zahl als Teilchenzahl in die innere Energie von Gl. (14.10) und Differentiation nach der Temperatur ($U_g = 0$, da hier in ϵ nur quadratische Glieder vorkommen):

$$u = u_f = fL \frac{kT}{2}, \tag{14.12}$$

$$c_v = \left(\frac{\partial u}{\partial T}\right)_v = \frac{\partial}{\partial T}\left(\frac{fLkT}{2}\right)_v = f\frac{Lk}{2} = f\frac{R}{2}. \tag{14.13}$$

Für *einatomige Gase* existieren nur die drei Freiheitsgrade der kinetischen Energie des Atoms: f = 3. Daher lauten die spezifischen Wärmen, da $R \approx 2$ cal/mol K (siehe Seite 335) ist

$$c_V = \frac{3}{2} R \approx 3 \text{ cal/mol K},$$

$$c_P = c_V + R = \frac{5}{2} R \approx 5 \text{ cal/mol K}, \tag{14.14}$$

$$\kappa = c_P/c_V = \frac{5}{3} = 1{,}66,$$

was mit dem Experiment im entsprechenden Temperaturbereich gut übereinstimmt.

Bei *zweiatomigen Gasen* kommen zu den drei Freiheitsgraden der kinetischen Energie nach dem Hantelmodell noch zwei Freiheitsgrade der Rotation um die beiden Achsen ξ und η senkrecht zur Verbindungslinie ζ der Atome (siehe Bild 66):

$$\epsilon = \frac{1}{2m}(p_x^2 + p_y^2 + p_z^2) + \frac{1}{2I}(L_\xi^2 + L_\eta^2), \tag{14.15}$$

$\frac{L_\zeta^2}{2I_\zeta}$ vernachlässigt, da $\frac{I_\zeta^2 \omega_\zeta^2}{2I_\zeta}$ verschwindet,

I Trägheitsmoment um ξ bzw. η,
$\vec{L}$ Drehimpuls.

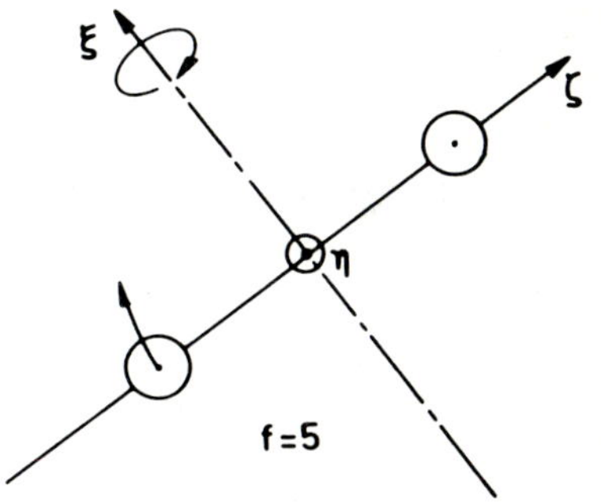

Bild 66

Die Rotation um die Verbindungslinie der beiden Atome wird nicht berücksichtigt, da wir das Trägheitsmoment um diese Achse als sehr klein voraussetzen. Weiterhin berücksichtigen wir nicht die möglichen Schwingungen der beiden Atome gegeneinander. Wir werden später aufgrund der Quantentheorie erörtern, warum wir diese an und für sich vorhandenen Freiheitsgrade bei normalen Temperaturen nicht berücksichtigen müssen. Für zweiatomige Gase ist also f = 5 und somit

$$c_V = \frac{5R}{2} \approx 5 \text{ cal/mol K}, \qquad c_P = \frac{7R}{2} \approx 7 \text{ cal/mol K}$$

$$\kappa = \frac{7}{5} = 1{,}4. \tag{14.16}$$

Bei *drei- und mehratomigen Gasen* berücksichtigen wir alle 3 Freiheitsgrade der Rotation, also ist insgesamt f = 6 und die spezifischen Wärmen lauten (Bild 67)

$$c_V = 3R, \qquad c_P = 4R, \tag{14.17}$$

$$\kappa = \frac{4}{3} = 1{,}33. \tag{14.18}$$

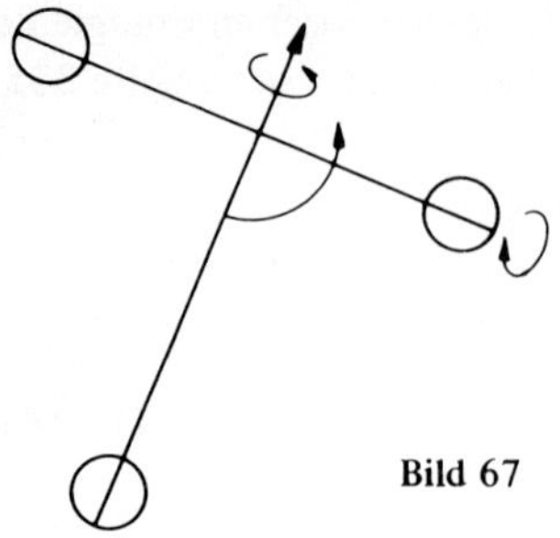

Bild 67

Bei *festen Körpern* können wir uns die Wärmebewegung so vorstellen, daß die einzelnen Atome um ihre Gitterplätze als dreidimensionale Oszillatoren schwingen. Die Schwingungsenergie des Oszillators

$$\epsilon = \frac{1}{2m}(p_x^2 + p_y^2 + p_z^2) + \underbrace{\frac{m\omega^2}{2}(x^2 + y^2 + z^2)}_{\text{Parabelpotential des harmonischen Oszillators}} \tag{14.19}$$

($m\omega^2$ ist die „Federkonstante") enthält 6 *quadratisch* vorkommende Variable, somit ist auch dafür unsere Theorie anwendbar. Es ist also

$$f = 6$$

und die spezifische Wärme des festen Körpers wird

$$c_v = \frac{fR}{2} = 3R \approx 6\ \text{cal/mol K}\ \textit{(Gesetz von Dulong-Petit)}\,. \tag{14.20}$$

Aus der Erfahrung weiß man aber, und dies bestätigt die Richtigkeit der Quantentheorie, daß dieses Gesetz für manche Stoffe (Diamant) erst bei sehr hohen Temperaturen (einige tausend Kelvin) gültig wird und die spezifische Wärme bei tieferen Temperaturen für alle Stoffe gegen Null abfällt. Dies muß ja auch nach dem 3. Hauptsatz der Fall sein. Wir können eine Verbesserung schon dadurch erreichen, daß wir den *harmonischen Oszillator quantenmechanisch,* statt klassisch behandeln (siehe Seite 245).

14.3. Spezifische Wärme des idealen zweiatomigen Gases

Wir wollen nun das zweiatomige Gas quantenmechanisch untersuchen, die korrigierte Maxwell-Boltzmann-Statistik jedoch beibehalten. Wir werden vorerst Moleküle mit verschiedenen Atomkernen betrachten und auch ihren Kernspin unberücksichtigt lassen. Auf die Symmetrieeffekte bei gleichen Atomkernen gehen wir später ein. Die entscheidende Größe ist die kanonische Zustandssumme

$$Z(N) = \frac{1}{N!}\,z^N \tag{14.21}$$

mit

$$z = \sum_i e^{-\frac{\epsilon_i}{kT}}. \tag{14.22}$$

Vernachlässigen wir die Kopplung zwischen der Rotation und der Vibration des zweiatomigen Moleküls, so können wir die Energiezustände des Moleküls als Summe von Translations-, Rotations- und Vibrationsanteil angeben und somit auch die Zustandssumme als Produkt schreiben:

$$\epsilon_{ijk} = \epsilon_i^{tr} + \epsilon_j^{rot} + \epsilon_k^{vib}, \tag{14.23}$$

$$z = \sum_{i,j,k} e^{-(\epsilon_i^{tr} + \epsilon_j^{rot} + \epsilon_k^{vib})/kT}, \tag{14.24}$$

$$Z = Z_{tr} Z_{rot} Z_{vib}, \tag{14.25}$$

$$Z_{tr} = \frac{1}{N!}\left(\sum_i e^{-\frac{\epsilon_i^{tr}}{kT}}\right)^N = \frac{1}{N!}(z_{tr})^N, \tag{14.26}$$

$$Z_{rot} = \left(\sum_j e^{-\epsilon_j^{rot}/kT}\right)^N = (z_{rot})^N, \tag{14.27}$$

$$Z_{vib} = \left(\sum_k e^{-\epsilon_k^{vib}/kT}\right)^N = (z_{vib})^N. \tag{14.28}$$

Die Faktorisierung von Z bewirkt eine additive Aufspaltung der thermodynamischen Größen in Translations-, Rotations- und Vibrationsterme (siehe Gl. (11.24)):

$$F = -kT \ln Z,$$

$$\left.\begin{aligned} F_{tr} &= -kT \ln Z_{tr}, \\ F_{rot} &= -kT \ln Z_{rot}, \\ F_{vib} &= -kT \ln Z_{vib}, \end{aligned}\right\} \tag{14.29}$$

$$F = F_{tr} + F_{rot} + F_{vib}, \tag{14.30}$$

$$S_{rot} = -\left(\frac{\partial F_{rot}}{\partial T}\right)_{V,N} \tag{14.31}$$

$$U_{rot} = F_{rot} + TS_{rot}, \tag{14.32}$$

$$S = S_{tr} + S_{rot} + S_{vib}, \tag{14.33}$$

$$U = U_{tr} + U_{rot} + U_{vib}. \tag{14.34}$$

14.3.1. Rotation

Wir wollen nun den Anteil der Rotationsenergie eines zweiatomigen Gases untersuchen. Die Rotationsenergie des zweiatomigen Moleküls ist

$$\epsilon_j^{rot} = \frac{L^2}{2I} \,. \tag{14.35}$$

$\vec{L}$ ist der Drehimpuls des Moleküls. Wenn wir die Atome punktförmig annehmen, ist das Trägheitsmoment in bezug auf eine senkrecht auf die Verbindungslinie stehende durch den Schwerpunkt gehende Achse (Bild 68) gegeben durch

$$I = \frac{m_1 m_2}{m_1 + m_2} r_0^2 \,.$$

Bild 68

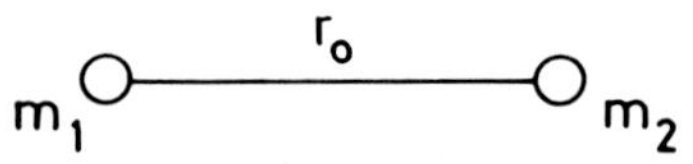

Der Drehimpuls L und eine Komponente (z. B. die z-Komponente L_z) können laut Quantentheorie nur die diskreten Werte

$$L = \sqrt{l(l+1)}\,\hbar \qquad l = 0, 1, 2, \ldots \quad \hbar := \frac{h}{2\pi} \tag{14.36}$$

$$L_z = m\hbar \qquad m = -l, -l+1, \ldots, l-1, l$$

annehmen. Daraus folgt, da für jedes l, infolge der Quantenzahl m, $(2l+1)$ verschiedene Zustände möglich sind und über alle Zustände $j = (l, m)$ in z summiert werden muß,

$$z_{rot} = \sum_{l=0}^{\infty} (2l+1) \exp[-\theta_{rot} l(l+1)/T] \tag{14.37}$$

mit

$$\theta_{rot} := \frac{\hbar^2}{2Ik} \,. \tag{14.38}$$

Das sogenannte „Einfrieren" des Rotationsfreiheitsgrades tritt ein, wenn $\theta_{rot} \gg T$ ist. Alle Summenglieder in Gl. (14.37) mit Ausnahme von $l = 0$ gehen dann gegen Null. Es wird also

$$z_{rot} = 1 \qquad (\text{für } \theta_{rot} \gg T), \tag{14.39}$$

und der Freiheitsgrad der Rotation liefert wegen $\ln 1 = 0$ keinen Beitrag zur freien Energie F, spielt also keine Rolle bei der Berechnung der thermodynamischen Größen. θ_{rot} ist z. B. für

H_2: 85,4 K,	HD: 64 K,	D_2: 43 K,
HCl: 15,2 K,	O_2: 2,1 K,	N_2: 2,9 K,
NO: 2,4 K,	CCl_2: 0,36 K.	

Für $T \gg \theta_{rot}$ können wir die Summe in Gl. (14.37) näherungsweise durch ein Integral ersetzen und erhalten mit der fast kontinuierlichen Variablen x_l:

$$x_l := \frac{\theta_{rot}}{T}(l^2 + l), \quad \Delta x_l \approx \frac{\theta_{rot}}{T}(2l+1)\underbrace{\Delta l}_{1}, \quad x_l \to x,$$

$$z_{rot} = \sum_l e^{-x_l}\Delta x_l \frac{T}{\theta_{rot}} \approx \frac{T}{\theta_{rot}}\int_0^\infty e^{-x}dx = -\frac{T}{\theta_{rot}}e^{-x}\Big|_0^\infty = \frac{T}{\theta_{rot}}, \quad (14.40)$$

$$Z_{rot} \approx \left(\frac{T}{\theta_{rot}}\right)^N, \quad F_{rot} \approx -NkT\ln\frac{T}{\theta_{rot}},$$

$$S_{rot} = -\left(\frac{\partial F}{\partial T}\right)_{V,N} \approx Nk\ln\frac{T}{\theta_{rot}} + Nk,$$

$$U_{rot} = F_{rot} + TS_{rot} \approx NkT, \quad (14.41)$$

$$c_v^{rot} \approx R$$

Dieses Resultat entspricht den Ergebnissen des Gleichverteilungssatzes für zwei Freiheitsgrade. Ganz allgemein hat jedoch der Rotationsanteil der spezifischen Wärme eines Gases, dessen Moleküle aus *verschiedenen* Atomen bestehen, den Verlauf in Bild 69.

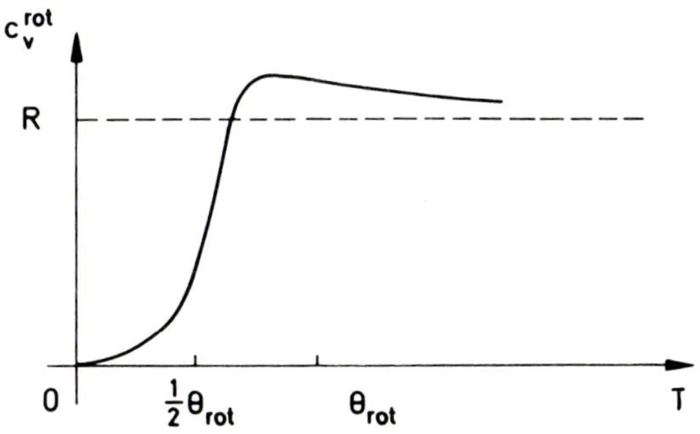

Bild 69

Auch der Rotationsanteil der spezifischen Wärme erfüllt den 3. Hauptsatz. Da F_{rot} außerdem nicht von V abhängt, liefert der Rotationsanteil keinen Beitrag zum Druck des Gases, hat also keinen Einfluß auf die Zustandsgleichung des Gases.

Für Moleküle aus zwei gleichen Atomen (z.B. H_2, D_2, O_2) ist die Nichtunterscheidbarkeit der Atomkerne im Molekül, die eine Änderung des Verhaltens bei tiefen Temperaturen bewirkt, in Gl. (14.37) zu berücksichtigen. Diese Änderung ist jedoch nur für H_2 und D_2 von Bedeutung, da sie nur für diese beiden Stoffe in den Bereich des Gaszustandes fällt. Am Beispiel von H_2 wollen wir diesen Sachverhalt genauer untersuchen.

14.3.2. Para- und Orthowasserstoff

Die entscheidende Rolle spielen die Freiheitsgrade der Rotation der Protonen (Hantel), während die Effekte der Hülle für unsere Betrachtungen wegen der kleinen Masse der Elektronen außeracht gelassen werden können. Für gleiche Teilchen im Molekül (H_2) verlangt die Quantentheorie, daß die Zustandsfunktionen gegenüber Teilchenaustausch antisymmetrisch ist. Bei zwei gleichen Teilchen (Protonen) ist dies der Fall, wenn der Ortsanteil der Zustandsfunktion gegen Teilchenaustausch symmetrisch ist ($l = 0, 2, 4, \ldots$) und der Spinanteil antisymmetrisch (Singulettzustand mit Gesamtspin 0) oder wenn der Ortsanteil antisymmetrisch ist ($l = 1, 3, 5, \ldots$) und der Spinanteil symmetrisch (Triplett, Gesamtspin 1, drei Einstellmöglichkeiten des Spins). Da die Energie der Molekülzustände nur von l abhängt

$$\epsilon_l^{\text{rot}} = \frac{1}{2I}\, l(l+1)\hbar^2 \,,$$

kann in der Zustandssumme über alle anderen Quantenzahlen (Zustände) bereits summiert werden: (a) über die möglichen Spineinstellungen und (b) über $2l+1$ mögliche Einstellungen des Bahndrehimpulses mit der Quantenzahl l:

$$z_{\text{rot}} = \sum_{l=0}^{\infty} \sum_{\text{SE}} (2l+1)\, e^{-\frac{\epsilon_l^{\text{rot}}}{kT}} = 1 \cdot z_{\text{rot}}^{g} + 3 \cdot z_{\text{rot}}^{u} \qquad (14.42)$$

$$\left.\begin{aligned} z_{\text{rot}}^{g} &= \sum_{l=0,2,4,\ldots} (2l+1)\, e^{-\theta_{\text{rot}} \frac{l(l+1)}{T}} \\ z_{\text{rot}}^{u} &= \sum_{l=1,3,5,\ldots} (2l+1)\, e^{-\theta_{\text{rot}} \frac{l(l+1)}{T}} \,. \end{aligned}\right\} \qquad (14.43)$$

Entsprechend den Einstellmöglichkeiten des Gesamtspins der Kerne (Protonen) ergeben sich beim Singulett der Faktor 1 und beim Triplett der Faktor 3. Wasserstoffmoleküle im Singulettzustand heißen *Parawasserstoff,* jene in Triplettzuständen *Orthowasserstoff*. Dies ergibt für die spezifische Wärme:

$$Z_{\text{rot}} = z_{\text{rot}}^{N} = (z_{\text{rot}}^{g} + 3z_{\text{rot}}^{u})^{N} \,,$$

$$F = -kT \ln Z$$

$$U_{\text{rot}} = F_{\text{rot}} + TS_{\text{rot}} = -Tk \ln Z_{\text{rot}} + T\left(\frac{\partial kT \ln Z_{\text{rot}}}{\partial T}\right)_{V,N}$$

$$C_V = \left(\frac{\partial U}{\partial T}\right)_{V,N} = kT\, \frac{\partial^2 T \ln Z}{\partial T^2} \,,$$

$$c_V^{\text{rot}} = LkT\, \frac{\partial^2 T \ln z_{\text{rot}}}{\partial T^2} \,. \qquad (14.44)$$

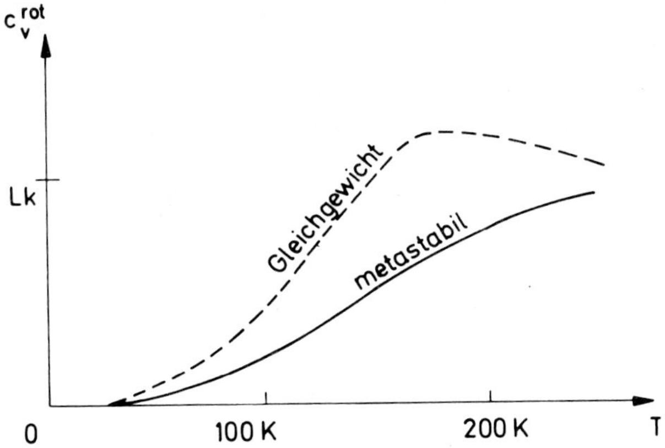

Bild 70

Diese spezifische Wärme ist im Bild 70 gestrichelt eingetragen (Gleichgewichtsfall). Mißt man die spezifische Wärme, stellt man allerdings eine andere Kurve fest (voll ausgezogene Kurve). Das kommt daher, daß die Spinwechselwirkung sehr gering ist und daher ein Übergang von einem Spinzustand in einen anderen (Gleichgewichtseinstellung) längere Zeit (einige Tage) erfordert als die Messung der spezifischen Wärme. Man mißt daher ein metastabiles Gleichgewicht, bei dem die Gleichgewichtseinstellung der Spins verhindert ist, d. h. also ein Gas, das sich so verhält wie eine Mischung aus zwei verschiedenen Gasen. Es ist dann

$$Z_{rot} = (z_{rot}^{g})^{N/4} \cdot (z_{rot}^{u})^{3N/4},$$

da 1/4 der Moleküle im Singlettzustand und 3/4 im Triplettzustand auftreten. Daher wird

$$c_V^{rot} = LkT \left[\frac{1}{4} \frac{\partial^2}{\partial T^2} (T \ln z_{rot}^{g}) + \frac{3}{4} \frac{\partial^2}{\partial T^2} (T \ln z_{rot}^{u}) \right], \tag{14.45}$$

was mit den gemessenen Werten gut übereinstimmt.

Auch die Gleichgewichtskurve ist meßbar, wenn entsprechend langsam gemessen wird und außerdem die Gleichgewichtseinstellung durch einen Katalysator (Aktivkohle) beschleunigt wird. Die Werte stimmen dann mit der strichlierten Kurve überein.

14.3.3. Vibration

Das Potential eines zweiatomigen Moleküls hat etwa die Form in Bild 71. Dabei ist r der Abstand der beiden Atome. r_0 ist der Gleichgewichtsabstand der Atome, von dem aus eine Schwingung stattfinden kann. In der Nähe von r_0 kann das Potential durch das Potential eines linearen harmonischen Oszillators ersetzt werden. Für kleine Schwingungen um r_0 wirkt das System daher wie ein linearer harmonischer Oszillator mit der Schwingung in der Verbindungslinie der beiden Atome. Wenn das Molekül rotiert, kommt zum Potential V(r) noch das dynamische Potential der Fliehkraft hinzu. In Z kann dann die Faktorisierung in Z_{rot} und Z_{vib} nicht mehr exakt vorgenommen werden. In den meisten Fällen kann jedoch das dynamische Potential gegenüber V(r) vernachlässigt werden, die beiden Zustandssummen können dann als voneinander unabhängig angenommen werden. Diesen Fall wollen wir nun behandeln.

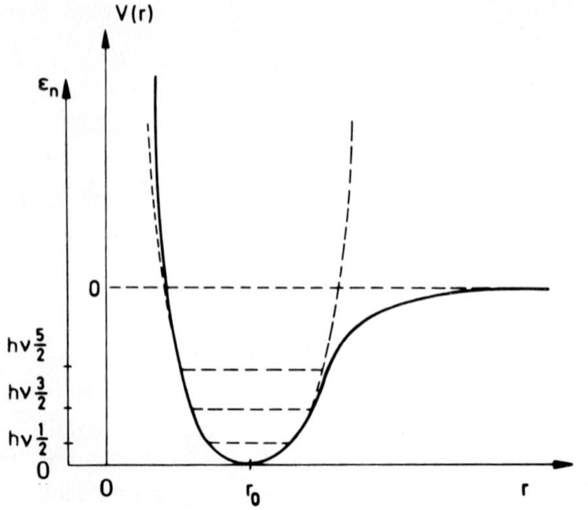

Bild 71

Nach der Quantentheorie sind für den linearen harmonischen Oszillator nur diskrete Zustände mit den Energien

$$\epsilon_n = \left(\frac{1}{2} + n\right) h\nu \qquad \text{für } n = 0, 1, 2, \ldots \tag{14.46}$$

möglich, wobei ν die Eigenfrequenz des Oszillators ist.

Damit erhalten wir die thermodynamischen Eigenschaften der Vibration:

$$z_{vib} = e^{-\frac{h\nu}{2kT}} \sum_{n=0}^{\infty} e^{-\frac{h\nu n}{kT}} = \frac{e^{-\frac{h\nu}{2kT}}}{1 - e^{-h\nu/kT}}, \tag{14.47}$$

$$Z_{vib} = z_{vib}^N, \qquad \epsilon_0 := \frac{h\nu}{2}$$

$$F_{vib} = -kT \ln Z_{vib} = N\epsilon_0 + NkT \ln\left(1 - e^{-\frac{h\nu}{kT}}\right),$$

$$S_{vib} = -\left(\frac{\partial F}{\partial T}\right)_{V,N} = -Nk \ln\left(1 - e^{-\frac{h\nu}{kT}}\right) + \frac{e^{-h\nu/kT}}{1 - e^{-h\nu/kT}} \frac{h\nu}{T} N, \tag{14.48}$$

$$U_{vib} = (F + ST)_{vib} = N\epsilon_0 + \frac{Nh\nu}{e^{h\nu/kT} - 1} \approx$$

$$\approx \begin{cases} N\epsilon_0 + Nh\nu e^{-h\nu/kT} & \text{für } T \ll \theta_{vib} \\ N\epsilon_0 + NkT & \text{für } T \gg \theta_{vib}, \end{cases} \tag{14.49}$$

$$\theta_{vib} := \frac{h\nu}{k}, \tag{14.50}$$

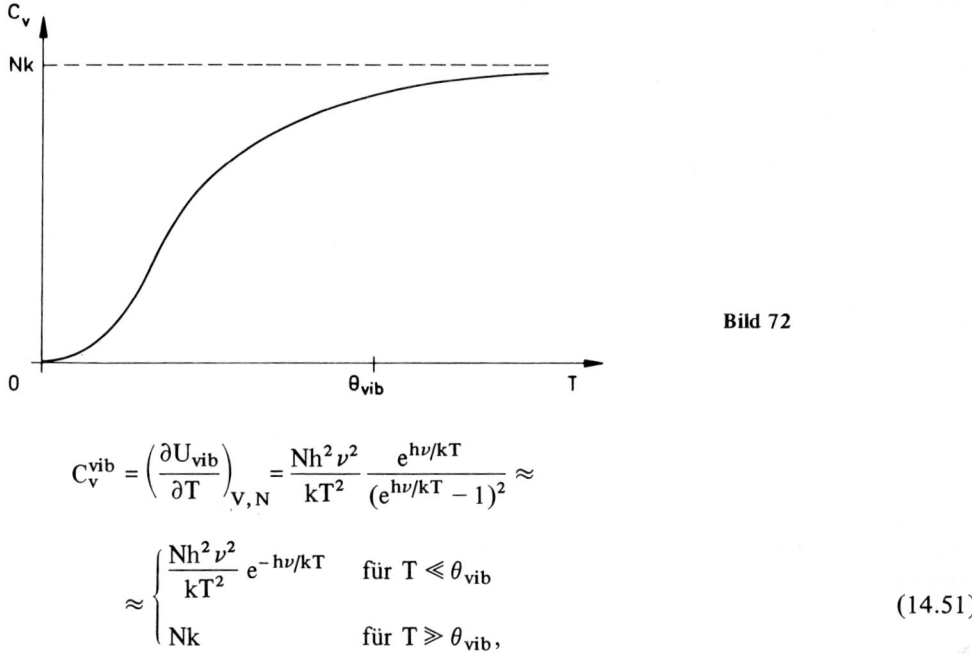

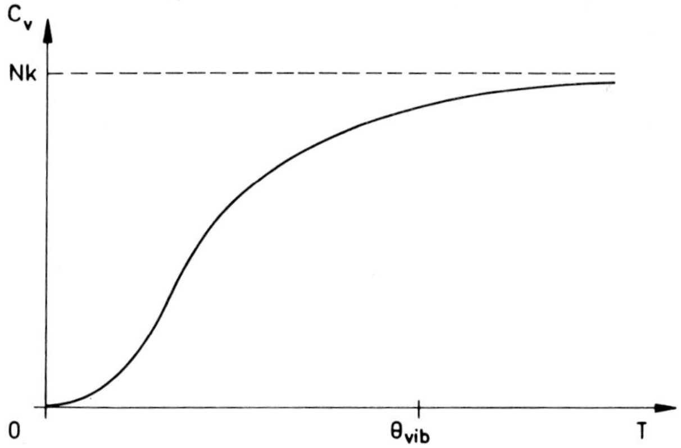

Bild 72

$$C_V^{vib} = \left(\frac{\partial U_{vib}}{\partial T}\right)_{V,N} = \frac{Nh^2\nu^2}{kT^2} \frac{e^{h\nu/kT}}{(e^{h\nu/kT}-1)^2} \approx$$

$$\approx \begin{cases} \dfrac{Nh^2\nu^2}{kT^2} e^{-h\nu/kT} & \text{für } T \ll \theta_{vib} \\ Nk & \text{für } T \gg \theta_{vib}, \end{cases} \qquad (14.51)$$

(siehe Bild 72).

Dies zeigt, daß infolge der Energiequantelung der 3. Hauptsatz erfüllt ist und für hohe Temperaturen wieder der Gleichverteilungssatz (für f = 2) gilt. Da F_{vib} volumsunabhängig ist, hat auch der Vibrationsanteil keinen Einfluß auf die Zustandsgleichung des Gases. θ_{vib} liegt fast durchwegs weit über der Zimmertemperatur:

θ_{vib} ist z. B. für

J_2: 310 K, Cl_2: 810 K, O_2: 2270 K,
N_2: 3380 K, HCl: 4140 K, H_2: 6340 K.

D. h. aber, daß bei Zimmertemperatur der Vibrationsfreiheitsgrad praktisch immer „eingefroren“ ist und erst über einigen tausend Kelvin zur Geltung kommt.

14.4. Spezifische Wärme der Festkörper. Das Einsteinmodell des Kristalls

Beim einfachen Einsteinmodell des Kristalls wird angenommen, daß der Kristall aus N ungekoppelten dreidimensionalen isotropen Oszillatoren gleicher Frequenz besteht. Dieses Modell ergab beim ungequantelten Oszillator (siehe Seite 238) für die spezifische Wärme das Gesetz von *Dulong-Petit* ($c_v = 3R$). Quantenmechanisch betrachtet, haben wir 3N lineare harmonische Oszillatoren (da jeder dreidimensionale Oszillator durch 3 lineare Oszillatoren ersetzt werden kann) der Frequenz ν mit dem Energiespektrum

$$\epsilon_n = h\nu\left(\frac{1}{2} + n\right) \qquad n = 0, 1, 2, \ldots \qquad (14.52)$$

Wir benützen die nichtkorrigierte Maxwell-Boltzmann-Statistik, weil die Atome der Kristalle ortsgebunden sind und wir sie durch ihre Lage unterscheiden können. Damit folgt für den Kristall mit Gl. (14.47):

$$Z_{vib} = \left(e^{-\frac{h\nu}{2kT}} \sum_{n=0}^{\infty} e^{-\frac{nh\nu}{kT}}\right)^{3N} = z_{vib}^{3N} \tag{14.53}$$

$$F_{vib} = 3N\frac{h\nu}{2} + 3NkT\ln\left(1 - e^{-\frac{h\nu}{kT}}\right), \tag{14.54}$$

$$U_{vib} = 3N\frac{h\nu}{2} + \frac{3Nh\nu}{e^{h\nu/kT} - 1}, \tag{14.55}$$

$$c_v^{vib} = 3R\left(\frac{h\nu}{kT}\right)^2 \frac{e^{\frac{h\nu}{kT}}}{\left(e^{\frac{h\nu}{kT}} - 1\right)^2} \approx \begin{cases} 3R\left(\frac{h\nu}{kT}\right)^2 e^{-\frac{h\nu}{kT}} & \text{für } T \ll \theta_{vib} \\ 3R & \text{für } T \gg \theta_{vib}. \end{cases} \tag{14.56}$$

Für c_v gilt nun der 3. Hauptsatz und es fällt mit sinkender Temperatur gegen Null ab. Bei tiefen Temperaturen ist allerdings eine geringe Abweichung von den gemessenen Werten festzustellen. c_v fällt zu stark gegen Null ab (Bild 73). Wir werden in Abschnitt 18 das bessere Modell von Debye besprechen.

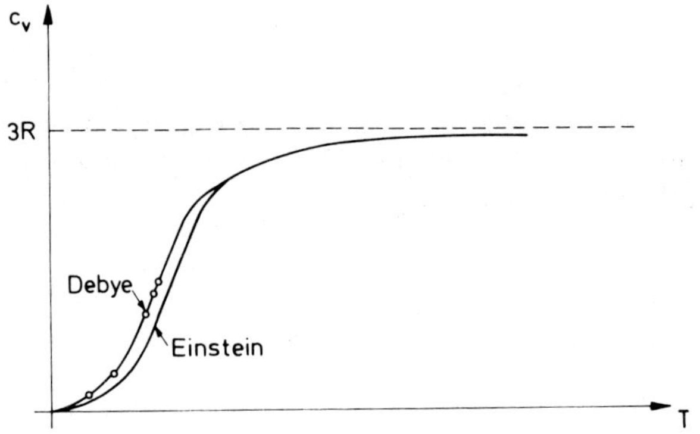

Bild 73

15. Berechnung der großkanonischen Zustandssumme

15.1. Maxwell-Boltzmann-Statistik

Für die großkanonische Gesamtheit haben wir erhalten:

$$N = \sum_\nu w_\nu N_\nu \qquad (N_\nu \text{ kann alle ganzzahligen positiven Werte annehmen}), \tag{15.1}$$

$$U = \sum_\nu w_\nu U_\nu ,$$

$$w_\nu = \frac{1}{\mathcal{Z}} e^{-\frac{U_\nu}{kT} + \frac{\mu N_\nu}{kT}} \tag{15.2}$$

mit der großen Zustandssumme

$$\mathcal{Z} = \sum_\nu e^{-\frac{U_\nu}{kT} + \frac{\mu N_\nu}{kT}} ; \tag{15.3}$$

ν kennzeichnet die Mikrozustände.

Besteht das System wieder aus wechselwirkungsfreien nicht unterscheidbaren Molekülen (Subsystemen) in den Teilchenzuständen i mit den Energieniveaus ϵ_i ($i = 1, 2, \ldots, m$), so folgt daraus sofort

$$U_\nu = \sum_i n_i^{(\nu)} \epsilon_i, \qquad N_\nu = \sum_i n_i^{(\nu)}. \tag{15.4}$$

$n_i^{(\nu)}$ ist die Anzahl der Teilchen, die im Mikrozustand ν den Teilchenzustand i besitzen. Hier ist zu beachten, daß der Mikrozustand ν erst bestimmt, welche Energie und Teilchenzahl dem System zukommt ($\nu \to U_\nu, N_\nu$), wobei der Mikrozustand ν bei ununterscheidbaren Teilchen durch den Zahlensatz $\{n_1^{(\nu)}, n_2^{(\nu)}, \ldots, n_m^{(\nu)}\}$ festgelegt ist.

Vorerst betrachten wir N_ν als konstant. Wir erhalten dann mit derselben Methode, die in Abschnitt 12 zu Gl. (12.11) beziehungsweise Gl. (12.31) führte, für jenen Anteil der Zustandssumme (15.3), für welchen N_ν nur einen festen Wert annimmt, den Betrag

$$e^{+\frac{\mu N_\nu}{kT}} Z(N_\nu),$$

wobei $Z(N_\nu)$ wie früher bei der kanonischen Gesamtheit zu bilden ist. Die große Zustandssumme ist daher

$$\mathcal{Z} = \sum_{N_\nu = 0}^{\infty} e^{\frac{\mu N_\nu}{kT}} Z(N_\nu), \tag{15.5}$$

weil N_ν alle Werte von 0 bis ∞ annehmen kann. $Z(N_\nu)$ beinhaltet bereits die Summation über alle möglichen $n_i^{(\nu)}$ die zu einem festen N_ν gehören. Gerade das variable N_ν wird sich als vorteilhaft erweisen.

15.2. Ideales Gas

Wir verwenden die bezüglich der tatsächlichen Nichtunterscheidbarkeit der Teilchen korrigierte Boltzmannstatistik des idealen Gases:

$$Z(N_\nu) = \frac{1}{N_\nu!}\, z^{N_\nu} = \frac{1}{N_\nu!}\, [V(2\pi mkT/h^2)^{3/2}]^{N_\nu}.$$

Daher ist

$$\mathcal{Z} = \sum_{N_\nu=0}^{\infty} e^{\frac{\mu N_\nu}{kT}} \frac{1}{N_\nu!}\, [V(2\pi mkT/h^2)^{3/2}]^{N_\nu} = \exp\left[e^{\frac{\mu}{kT}}\, V(2\pi mkT/h^2)^{3/2}\right], \tag{15.6}$$

da $e^x = \sum_{N=0}^{\infty} \frac{1}{N!}\, x^N$, und somit

$$\Omega = -kT \ln \mathcal{Z} = -kT\left[e^{\frac{\mu}{kT}}\, V(2\pi mkT/h^2)^{3/2}\right] = -PV. \tag{15.7}$$

Aus (Gl. (3.82))

$$N = -\left(\frac{\partial\Omega}{\partial\mu}\right)_{T,V}, \qquad -\frac{\Omega}{kT} = \frac{PV}{kT} \tag{15.8}$$

und Gl. (15.7) folgt für das *ideale Gas*

$$-\left(\frac{\partial\Omega}{\partial\mu}\right)_{T,V} = -\frac{\Omega}{kT}, \quad PV = NkT \quad \text{und} \quad \mathcal{Z} = e^{-\frac{\Omega}{kT}} = e^{\frac{PV}{kT}} = e^N. \tag{15.9}$$

Weiterhin ist (Gl. (3.82))

$$S = -\left(\frac{\partial\Omega}{\partial T}\right)_{\mu,V} = Nk\left(\frac{5}{2} - \frac{\mu}{kT}\right),$$

$$U = \Omega + TS + \mu N = \frac{3}{2}\, NkT$$

und mit Gl. (15.7)

$$\mu(T,P) = -kT \ln\left[\left(\frac{2\pi m}{h^2}\right)^{3/2} \frac{(kT)^{5/2}}{P}\right], \tag{15.10}$$

$$S = Nk \ln\left[\left(\frac{2\pi m}{h^2}\right)^{3/2} \frac{(kTe)^{5/2}}{P}\right]. \tag{15.11}$$

15.3. Dichteschwankungen des idealen Gases

Es ist interessant zu untersuchen, wie groß die mittlere Abweichung von der Teilchenzahl N bei einer großkanonischen Gesamtheit ist. Für das ideale Gas können wir dies sofort durchführen.

Wir berechnen die *mittlere quadratische Schwankung von* N, die durch

$$(\Delta' N)^2 := \overline{(N_\nu - N)^2} \tag{15.12}$$

definiert ist (im Gegensatz zu $\Delta N := \overline{N_\nu - N}$).

$$N = \overline{N_\nu} = \sum_\nu N_\nu w_\nu \tag{15.13}$$

ist der Mittelwert der Teilchenzahl in der Gesamtheit. Daraus folgt

$$\overline{(N_\nu - N)^2} = \overline{N_\nu^2} - 2N\overline{N_\nu} + N^2 = \overline{N_\nu^2} - N^2 . \tag{15.14}$$

Die Berechnung des Mittelwertes $\overline{N_\nu^2} = \sum_\nu N_\nu^2 w_\nu$ lautet: (15.15)

(15.2), (15.13):

$$N Z = \sum_\nu N_\nu e^{\frac{\mu N_\nu}{kT} - \frac{U_\nu}{kT}},$$

$$\left(\frac{\partial}{\partial\mu}(N Z)\right)_{T,V} = \frac{1}{kT}\sum_\nu N_\nu^2 \, e^{\frac{\mu N_\nu}{kT} - \frac{U_\nu}{kT}} = \frac{Z}{kT}\sum_\nu N_\nu^2 w_\nu = \frac{1}{kT} Z \overline{N_\nu^2} ,$$

$$\rightarrow \overline{N_\nu^2} = kT \frac{1}{Z}\left(\frac{\partial}{\partial\mu}(N Z)\right)_{T,V} = kTN\left(\frac{\partial}{\partial\mu}\ln Z\right)_{T,V} + kT\left(\frac{\partial N}{\partial\mu}\right)_{T,V},$$

(15.7), (15.8):

$$kTN\left(\frac{\partial}{\partial\mu}\ln Z\right)_{T,V} = -N\left(\frac{\partial\Omega}{\partial\mu}\right)_{T,V} = N^2,$$

(15.8), (15.9):

$$\left(\frac{\partial N}{\partial\mu}\right)_{T,V} = -\left(\frac{\partial^2\Omega}{\partial\mu^2}\right)_{T,V} = -\frac{\partial}{\partial\mu}\left(\frac{\Omega}{kT}\right)_{T,V} = \frac{N}{kT}$$

$$\overline{N_\nu^2} = N^2 + N \rightarrow \tag{15.16}$$

(15.14):

$$(\Delta' N)^2 = N^2 + N - N^2 = N = \frac{PV}{kT} \tag{15.17}$$

Die *mittlere relative Schwankung* von N

$$\frac{\Delta' N}{N} = \frac{1}{\sqrt{N}} = \sqrt{\frac{kT}{PV}} \tag{15.18}$$

ist demnach umso größer, je kleiner das Volumen der Gesamtheit gewählt wird. Z. B. ist bei einem Volumen, das 100 Teilchen enthält $\Delta' N = 10$ und $\frac{\Delta' N}{N} = 0{,}1$, d. h. die Teilchenzahl schwankt in diesem Volumen im Mittel zwischen 90 und 110 Teilchen. Für großes

V (ca. 1 cm^3 ideales Gas bei Normalbedingungen) mit $N = 10^{20}$ Teilchen ist hingegen die relative Schwankung $\frac{\Delta' N}{N} = 10^{-10}$, d. h. außerordentlich klein und daher makroskopisch bedeutungslos, obwohl $\Delta' N = 10^{10}$ ist. Analoge Überlegungen gelten auch für die anderen Größen, welche in der Gesamtheit gemittelt werden (siehe Beispiel S. 17).

Dieses Ergebnis rechtfertigt überhaupt erst die Einführung von Gesamtheiten, mit deren Hilfe wir *makroskopische* Systeme selbst beschreiben wollen. Da die Messung einer physikalischen Größe an einem einzelnen makroskopischen System nur mit einer gewissen Ungenauigkeit erfolgen kann, ist bei derartig kleinen relativen Schwankungen der Unterschied zwischen diesem Meßwert und dem dazugehörigen Mittelwert der Gesamtheit meßtechnisch nicht mehr feststellbar. Das bedeutet: Für makroskopische Systeme kann die Gesamtheit zur Beschreibung des Einzelsystems verwendet werden. Auch die Unterschiede zwischen den verschiedenen Gesamtheiten liegen unterhalb der Meßgenauigkeit, so daß es gleichgültig ist, welche Gesamtheit wir für die Beschreibung eines makroskopischen Systems verwenden. Für mikroskopische Systembereiche werden die Schwankungen jedoch bedeutungsvoll. Dafür zwei Beispiele.

Das Himmelsblau ist eine direkte Folge der Dichteschwankungen der Atmosphäre im Bereich der Lichtwellenlänge. Lichtwellen, die Gas durchstrahlen, erfahren eine Streuung deren Intensität proportional zur vierten Potenz der Lichtfrequenz (Rayleigh-Streuung) und proportional der mittleren quadratischen Schwankung der Anzahl der Streuer ist. Ohne Dichteschwankung könnte also keine Streuung erfolgen, da bei vollkommen homogener Teilchendichte destruktive Interferenz auftreten würde. Bei einfallendem weißem Licht wird im gestreuten Anteil Licht mit der kleinsten Wellenlänge am stärksten vertreten sein. Dadurch entsteht das Himmelsblau.

Eine weitere mit dem Mikroskop wahrnehmbare Schwankungserscheinung ist die *Brownsche Bewegung* von Teilchen einer kolloidalen Lösung. Die Dichteschwankungen im Lösungsmittel entsprechen den oben betrachteten Dichteschwankungen des idealen Gases. Sie haben eine ungeordnete Zitterbewegung der kolloidalen Teilchen zur Folge, deren Heftigkeit mit der Temperatur steigt.

Die Thermodynamik konnte über Schwankungserscheinungen nichts aussagen, da deren Ursache in der Bewegung von Teilchen liegt, welche von der Thermodynamik nicht erfaßt wird.

15.4. Korrigierte Maxwell-Boltzmann-Statistik

Für die korrigierte Maxwell-Boltzmann-Statistik (also nichtunterscheidbare, nicht wechselwirkende Teilchen, nicht zu tiefe Temperaturen) erhalten wir gemäß Gl. (15.5) die große Zustandssumme:

$$\mathcal{Z} = \sum_{N_\nu = 0}^{\infty} e^{\frac{\mu N_\nu}{kT}} Z_{MB}(N_\nu),$$

(12.30):

$$Z_{MB}(N_\nu) = \frac{1}{N_\nu!} z^{N_\nu}, \qquad z = \sum_i e^{-\frac{\epsilon_i}{kT}}$$

(MB *korrigierte Maxwell-Boltzmann-Statistik*)

$$\rightarrow Z_{MB} = \sum_{N_\nu=0}^{\infty} \frac{1}{N_\nu!} \left[e^{\frac{\mu}{kT}} \sum_i e^{-\frac{\epsilon_i}{kT}} \right]^{N_\nu},$$

$$e^x = \sum_{N=0}^{\infty} \frac{1}{N!} x^N,$$

$$\boxed{Z_{MB} = \exp\left[\sum_i e^{\frac{\mu - \epsilon_i}{kT}} \right] = \prod_i \exp\left[e^{\frac{\mu - \epsilon_i}{kT}} \right].} \tag{15.19}$$

Dies ist kein Produkt von Teilchenzustandssummen wie in Gl. (12.11).

Die Zustandsgleichung ergibt sich allgemein aus

$$\Omega_{MB} = - kT \ln Z_{MB} = - kT \sum_i e^{\frac{\mu - \epsilon_i}{kT}} = - PV, \tag{15.20}$$

und die mittlere Teilchenzahl N aus

$$N = - \left(\frac{\partial \Omega}{\partial \mu} \right)_{T,V} = e^{\frac{\mu}{kT}} \sum_i e^{-\frac{\epsilon_i}{kT}}.$$

Setzt man $N = \sum_i N_i$ (die N_i bedeuten die *mittleren Besetzungszahlen* der Teilchenzustände i), so folgt

$$\sum_i e^{\frac{\mu - \epsilon_i}{kT}} = \sum_i N_i$$

mit

$$\boxed{N_{iMB} = e^{\frac{\mu - \epsilon_i}{kT}} = \frac{1}{e^{(\epsilon_i - \mu)/kT}}.} \tag{15.21}$$

Dies ist für entsprechend hohe Temperatur T gültig.

Man kann die N_i auch aus Z ableiten. Mit der Definition N_i als mittlerer Besetzungszahl

$$N_i := \overline{n_i^{(\nu)}} = \sum_\nu n_i^{(\nu)} w_\nu \tag{15.22}$$

gilt allgemein

$$Z = \sum_\nu e^{-\frac{U_\nu}{kT} + \frac{\mu N_\nu}{kT}} \rightarrow$$

$$\frac{\partial}{\partial \epsilon_i} \ln Z(T, \mu, \epsilon_1, \epsilon_2, \ldots, \epsilon_m) = \frac{1}{Z} \sum_\nu e^{-\frac{U_\nu}{kT} + \frac{\mu N_\nu}{kT}} \left(-\frac{1}{kT}\right) \frac{\partial U_\nu}{\partial \epsilon_i} =$$

$$= -\frac{1}{kT} \sum_\nu w_\nu n_i^{(\nu)} = -\frac{N_i}{kT},$$

da

$$w_\nu = \frac{1}{Z} e^{-\frac{U_\nu}{kT} + \frac{\mu N_\nu}{kT}}$$

und

$$U_\nu = \sum_i \epsilon_i n_i^{(\nu)} \rightarrow \frac{\partial U_\nu}{\partial \epsilon_i} = n_i^{(\nu)} \tag{15.23}$$

D. h.

$$\boxed{N_i = -kT \frac{\partial}{\partial \epsilon_i} \ln Z(T, \mu, \epsilon_1, \epsilon_2, \ldots, \epsilon_m) \qquad i = 1, 2, \ldots, m}, \tag{15.24}$$

wobei $\epsilon_i = \epsilon_i(V)$ ist.

Aus den Gln. (15.4) und (15.22) folgt außerdem für die Gesamtenergie

$$U = \sum_\nu U_\nu w_\nu = \sum_{\nu, i} \epsilon_i n_i^{(\nu)} w_\nu$$

$$\boxed{U = \sum_i \epsilon_i N_i\,.} \tag{15.25}$$

Man bezeichnet den Faktor $e^{\mu/kT}$ in Gl. (15.21) auch mit σ und nennt σ *Fugazität.* Für ein gegebenes System liegen die ϵ_i fest und damit ist auch

$$z = \sum_i e^{-\epsilon_i/kT}$$

berechenbar. Mit Gl. (15.21) erhält man daher für die mittlere Teilchenzahl in der Maxwell-Boltzmann-Statistik

$$N = \sum_i N_{i\,MB} = e^{\frac{\mu}{kT}} z = \sigma z$$

und für die Fugazität

$$\sigma = \frac{N}{z}.$$

Für das ideale Gas ist $z = \frac{V}{h^3}(2\pi mkT)^{3/2}$ und daher in der Maxwell-Boltzmann-Statistik

$$\sigma = e^{\frac{\mu}{kT}} = \frac{N}{V}\left(\frac{h^2}{2\pi mkT}\right)^{3/2}. \tag{15.26}$$

Daraus folgt für

$$\mu\left(T, \frac{N}{V}\right) = kT \ln\left[\frac{N}{V}\left(\frac{h^2}{2\pi mkT}\right)^{3/2}\right] \tag{15.27}$$

in Übereinstimmung mit Gl. (15.10). μ geht für $T \to \infty$ oder $\frac{V}{N} \to \infty$ gegen $-\infty$, aber gegen $+\infty$ für $N \to \infty$ bei konstantem T und V.

15.5. Exakte Statistik nichtunterscheidbarer Teilchen

15.5.1. Bose-Einstein-Statistik

Während die eben entwickelte korrgierte Maxwell-Boltzmann-Statistik für alle Teilchen bei höheren Temperaturen gilt, trifft die exakte Bose-Statistik nichtunterscheidbarer Teilchen bei jeder Temperatur für alle Bosonen zu. *Bosonen* sind Teilchen mit *ganzzahligem Spin* (z.B. He^4 aber nicht He^3). Auch Photonen sind Bosonen, da ihr Spin gleich eins ist. Bosonen sind im Gegensatz zu der anderen Art nichtunterscheicbarer Teilchen, den *Fermionen* (siehe Seite 255), nicht durch das *Pauli-Verbot* eingeschränkt.

Wir betrachten wieder wechselwirkungsfreie Teilchen *(ideales Bosegas)*. $n_i^{(\nu)}$ unterliegt bei der Bose-Statistik keiner Beschränkung (da $N_\nu = 0, 1, \ldots, \infty$). Das heißt, die $n_i^{(\nu)}$ können *alle Zahlenwerte* von Null bis unendlich annehmen. Für nichtunterscheidbare Teilchen wird jeder Mikrozustand ν bereits durch einen Zahlensatz $\{n_1^{(\nu)}, n_2^{(\nu)}, \ldots, n_m^{(\nu)}\}$ eindeutig bestimmt.

Zur Berechnung der Zustandssumme schreiben wir vorerst folgende Formeln auf:

$$N_\nu = \sum_i n_i^{(\nu)}, \qquad N_\nu = 0, 1, 2, \ldots \infty$$

$$n_i^{(\nu)} = 0, 1, 2, \ldots, \infty \quad \text{für alle } i = 1, \ldots, m; \tag{15.28}$$

(15.3):

$$Z = \sum_\nu e^{\sum_i n_i^{(\nu)} \frac{\mu - \epsilon_i}{kT}},$$

$$x_i := e^{\frac{\mu - \epsilon_i}{kT}}. \tag{15.29}$$

Da alle Werte für $n_i^{(\nu)}$ möglich sind, bedeutet die Summe über ν in Z die Summe über alle Werte von $n_i^{(\nu)}$ (hier kurz mit n_i bezeichnet)

$$Z = \sum_{n_1=0,}^{\infty} \sum_{n_2=0, \ldots}^{\infty} \ldots x_1^{n_1} x_2^{n_2} \ldots = \prod_i \left(\sum_{n=0}^{\infty} x_i^n \right). \tag{15.30}$$

Für endliche Z muß

$$x_i = e^{\frac{\mu - \epsilon_i}{kT}} < 1$$

sein.

$$\sum_{n=0}^{\infty} x_i^n$$

ist dann eine geometrische Reihe mit der Summe

$$\sum_{n=0}^{\infty} x_i^n = \frac{1}{1 - x_i}$$

und es ergibt sich (BE *Bose-Einstein-Statistik*)

$$\boxed{Z_{BE} = \prod_i \frac{1}{1 - e^{(\mu - \epsilon_i)/kT}} .} \tag{15.31}$$

Der Fall $\sigma = e^{\mu/kT} = 1$, die sogenannte *Einsteinkondensation*, wird auf Seite 269 behandelt.

Für das ideale Bosegas gilt also

$$\Omega_{BE} = -kT \ln Z_{BE} = kT \sum_i \ln \left(1 - e^{\frac{\mu - \epsilon_i}{kT}} \right) = -PV, \tag{15.32}$$

$$N = \sum_i N_i = -\left(\frac{\partial \Omega}{\partial \mu} \right)_{T,V} = \sum_i \frac{e^{\frac{\mu - \epsilon_i}{kT}}}{1 - e^{\frac{\mu - \epsilon_i}{kT}}}$$

$$\boxed{N = \sum_i \frac{1}{e^{\frac{\epsilon_i - \mu}{kT}} - 1},} \tag{15.33}$$

$$\boxed{N_{iBE} = \frac{1}{e^{\frac{\epsilon_i - \mu}{kT}} - 1}} \tag{15.34}$$

Gl. (15.34) folgt auch direkt aus den Gln. (15.24) und (15.31). $N_{i\,BE}$ kann nie negativ werden, es muß also $e^{\frac{\epsilon_i - \mu}{kT}} \geqslant 1$ sein. D.h. es muß $-\infty < \mu_{BE} \leqslant 0$ sein, wenn das kleinste ϵ_i Null ist. Hier ist $\mu\left(T, \frac{N}{V}\right)$ nicht mehr so einfach zu berechnen, wie bei der Maxwell-Boltzmann-Statistik.

15.5.2. Fermi-Dirac-Statistik

Teilchen mit *halbzahligem Spin* (z.B. Protonen, Elektronen, He^3) befolgen das *Pauliverbot*, d.h. sie können keinen Teilchenzustand i besetzen, der schon von einem anderen Teilchen besetzt ist. Das bedeutet mathematisch:

$$n_{i\,FD}^{(\nu)} = n_i = 0 \quad \text{oder} \quad 1. \tag{15.35}$$

Z_{FD} wird analog berechnet, nur daß man n in $\prod_i (\sum_n x_i^n)$ nur von 0 bis 1 gehen lassen darf, weil die Exponenten n ja Besetzungszahlen von Zuständen bedeuten und, wie gesagt, $n > 1$ verboten ist (FD *Fermi-Dirac-Statistik*):

$$Z_{FD} = \prod_i \left(\sum_{n=0}^{1} e^{\frac{\mu - \epsilon_i}{kT} n} \right),$$

$$\boxed{Z_{FD} = \prod_i \left(1 + e^{\frac{\mu - \epsilon_i}{kT}} \right),} \tag{15.36}$$

$$\Omega_{FD} = -kT \ln Z_{FD} = -kT \sum_i \ln \left(1 + e^{-\frac{\epsilon_i - \mu}{kT}} \right), \tag{15.37}$$

$$N = \sum_i N_i = -\left(\frac{\partial \Omega}{\partial \mu} \right)_{T,V} = \sum_i \frac{e^{-(\epsilon_i - \mu)/kT}}{1 + e^{-(\epsilon_i - \mu)/kT}}$$

$$\boxed{N = \sum_i \frac{1}{e^{\frac{\epsilon_i - \mu}{kT}} + 1},} \tag{15.38}$$

$$\boxed{N_{i\,FD} = \frac{1}{e^{\frac{\epsilon_i - \mu}{kT}} + 1}.} \tag{15.39}$$

Gl. (15.39) folgt auch unmittelbar aus den Gln. (15.24) und (15.36).

Da die Teilchenzustände der Fermionen nicht oder höchstens einfach besetzt sein können, dürfen die mittleren Besetzungszahlen $N_{i\,FD}$ nur Werte zwischen Null und eins annehmen, $0 \leqslant N_{i\,FD} \leqslant 1$. Berücksichtigen wir diese Einschränkungen auch für $N_{1\,FD}$, so folgt daraus, wenn für $\epsilon_1 = 0$ ist, für $\sigma = e^{\mu/kT}$ die Einschränkung auf das Intervall $0 \leqslant \sigma < \infty$ und für μ auf das Intervall $-\infty < \mu_{FD} < \infty$.

Die folgende Skizze zeigt die mittleren Besetzungszahlen N_i der drei angegebenen Statistiken:

$$\sigma = e^{\frac{\mu}{kT}}, \quad x := \frac{\epsilon - \mu}{kT},$$

$$N_{iBE} = \frac{1}{\sigma^{-1} e^{\epsilon_i/kT} - 1} \longrightarrow N_{BE}(x) = \frac{1}{e^x - 1} \tag{15.40}$$

$$N_{iMB} = \frac{1}{\sigma^{-1} e^{\epsilon_i/kT}} \longrightarrow N_{MB}(x) = \frac{1}{e^x} \tag{15.41}$$

$$N_{iFD} = \frac{1}{\sigma^{-1} e^{\epsilon_i/kT} + 1} \longrightarrow N_{FD}(x) = \frac{1}{e^x + 1} \tag{15.42}$$

Für großes x stimmen diese Funktionen N(x) überein (Bild 74). Wir werden später unter Berücksichtigung der Funktion $\mu = \mu\left(T, \frac{N}{V}\right)$ zeigen, daß für hohes T und niedriges $\frac{N}{V}$ beide Quantenstatistiken in die Maxwell-Boltzmann-Statistik übergehen.

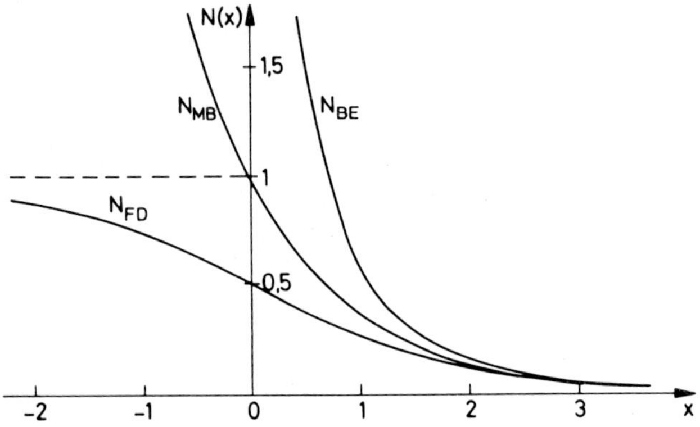

Bild 74

16. Die idealen einatomigen Bose- und Fermigase

Das ideale einatomige Gas ist dadurch gekennzeichnet, daß ϵ_i durch die kinetische Energie der Teilchen gegeben ist und keine Wechselwirkungsenergie zwischen den Teilchen auftritt. Vom letzten Abschnitt her kennen wir für Bose-, Fermi- und Maxwell-Boltzmann-Gas die Beziehungen

$$\frac{PV}{kT} = -\frac{\Omega}{kT} = \ln Z = \left\{ \begin{array}{ll} -\sum_i \ln\left(1 - \sigma e^{-\frac{\epsilon_i}{kT}}\right) & \ldots \text{BE} \\ \sum_i \ln\left(1 + \sigma e^{-\frac{\epsilon_i}{kT}}\right) & \ldots \text{FD} \\ \sum_i \sigma e^{-\frac{\epsilon_i}{kT}} & \ldots \text{MB} \end{array} \right\} \tag{16.1}$$

$$N = -\left(\frac{\partial \Omega}{\partial \mu}\right)_{T,V} = \begin{cases} \sum\limits_i \frac{1}{\sigma^{-1} e^{\epsilon_i/kT} - 1} & \ldots \text{BE} \\ \sum\limits_i \frac{1}{\sigma^{-1} e^{\epsilon_i/kT} + 1} & \ldots \text{FD} \\ \sum\limits_i \frac{1}{\sigma^{-1} e^{\epsilon_i/kT}} & \ldots \text{MB} \end{cases} \tag{16.2}$$

$$\sigma := e^{\frac{\mu}{kT}} \tag{16.3}$$

$$\epsilon_i = \frac{p_i^2}{2m}. \tag{16.4}$$

Für Teilchen mit dem Spin 1/2 (z. B. Elektronen) bestehen für jeden Impuls zwei Einstellmöglichkeiten der Spinrichtungen, die sich energetisch nicht unterscheiden. Allgemein haben Teilchen mit dem Spin s $(2s + 1)$ Einstellmöglichkeiten, jede für sich liefert einen neuen Zustand. Die Zustandssumme (16.1) über die Teilchenzustände i setzt sich daher aus der Summation der Spineinstellung (SE) und der Summe über die Impulsquantenzahlen zusammen. Für genügend großes V kann die Summe über die Impulsquantenzahlen des idealen Gases nach Gl. (11.47) durch ein Integral approximiert werden, und wir erhalten bei Berücksichtigung des Spins für das ideale Ferimi- bzw. Bosegas:

$$-\frac{PV}{kT} = \mp \sum_{SE} \frac{4\pi V}{h^3} \int_0^\infty dp\, p^2 \ln\left(1 \pm \sigma e^{-\frac{p^2}{2mkT}}\right) \begin{matrix} \text{FD} \\ \text{BE} \end{matrix}, \tag{16.5}$$

$$N = \sum_{SE} \frac{4\pi V}{h^3} \int_0^\infty dp\, p^2 \frac{1}{\sigma^{-1} e^{p^2/2mkT} \pm 1} \begin{matrix} \text{FD} \\ \text{BE} \end{matrix}. \tag{16.6}$$

Für alle drei Gase gilt die Beziehung

$$PV = \frac{2}{3} U. \tag{16.7}$$

Beweis:

$$A := \frac{4\pi V}{h^3}$$

(16.5):

$$\Omega = -PV = \mp \sum_{SE} \underbrace{kTA \int_0^\infty \ln\left(1 \pm \sigma e^{-\frac{p^2}{2mkT}}\right)}_{\alpha} \underbrace{p^2\, dp}_{d\beta} = \sum_{SE} \left[\underbrace{\alpha\beta \Big|_0^\infty}_{0} - \int_0^\infty \beta\, d\alpha\right] =$$

$$= -\sum_{SE} A \frac{2}{3} \int_0^\infty \frac{p^2}{2m} \frac{1}{\sigma^{-1} e^{\frac{p^2}{2mkT}} \pm 1} p^2\, dp,$$

$$\alpha = \mp kTA \ln\left(1 \pm \sigma e^{-\frac{p^2}{2mkT}}\right), \quad d\beta = p^2\, dp, \quad \beta = \frac{p^3}{3},$$

$$d\alpha = \mp \frac{kTA\left(\pm \sigma e^{-\frac{p^2}{2mkT}}\right)}{\left(1 \pm \sigma e^{-\frac{p^2}{2mkT}}\right)} \left(-\frac{p}{mkT}\right) dp =$$

$$= A \frac{1}{\left(\sigma^{-1} e^{\frac{p^2}{2mkT}} \pm 1\right)} \frac{p}{m}\, dp\,,$$

(15.25):

$$U = \sum_i \epsilon_i N_i = \sum_i \frac{\epsilon_i}{\sigma^{-1} e^{\epsilon_i/kT} \pm 1} \quad \begin{matrix} FD \\ BE \end{matrix} \rightarrow$$

(16.4):

$$U = \sum_{SE} A \int_0^\infty \frac{p^2}{2m} \frac{1}{\sigma^{-1} e^{p^2/2mkT} \pm 1} p^2\, dp = \frac{3}{2} PV \quad \begin{matrix} FD \\ BE \end{matrix}, \tag{16.8}$$

$$MB: \quad PV = NkT, \quad U = \frac{3}{2} NkT = \frac{3}{2} PV \qquad \text{w.z.b.w.}$$

Durch Gl. (16.2) bzw. (16.6) wird σ und somit μ als Funktion von T, V und N bestimmbar.

16.1. Das ideale Fermigas

Aus den Gln (16.5) und (16.6) wollen wir die Zustandsgleichung des idealen einatomigen Fermigases bei Teilchenspin 1/2 für genügend großes V berechnen. Wir benützen dabei die *thermische Wellenlänge*

$$\lambda(T) := \frac{h}{\sqrt{2\pi mkT}}. \tag{16.9}$$

Mit den Funktionen

$$f_{5/2}(\sigma) := \frac{4}{\sqrt{\pi}} \int_0^\infty dx x^2 \ln(1 + \sigma e^{-x^2}) = \sum_{\nu=1}^\infty \frac{(-1)^{\nu+1}\sigma^\nu}{\nu^{5/2}}, \tag{16.10}$$

$$f_{3/2}(\sigma) := \sigma \frac{d}{d\sigma} f_{5/2}(\sigma) = \frac{4}{\sqrt{\pi}} \int_0^\infty dx x^2 \frac{1}{\sigma^{-1} e^{x^2} + 1} = \sum_{\nu=1}^\infty \frac{(-1)^{\nu+1}\sigma^\nu}{\nu^{3/2}}, \tag{16.11}$$

wobei die Reihenentwicklung der Integrale nur für $\sigma \leqslant 1$ gelten (siehe Formelsammlung Seite 333), erhalten wir für die Gln. (16.5), (16.6) und (16.8) sowie die Entropie (Spin 1/2 hat zwei Einstellmöglichkeiten, daher der Faktor 2):

$$-\frac{\Omega}{kTV} = \frac{P}{kT} = \frac{2}{\lambda^3} f_{5/2}(\sigma), \tag{16.12}$$

$$\frac{N}{V} = \frac{2}{\lambda^3} f_{3/2}(\sigma), \tag{16.13}$$

$$U = \frac{3kTV}{\lambda^3} f_{5/2}(\sigma), \tag{16.14}$$

(11.34), (16.1):

$$S = \frac{1}{T}(PV + U - \mu N) = \frac{1}{T}\left(\frac{5}{3} U - \mu N\right) = \frac{kV}{\lambda^3}\left[5 f_{5/2}(\sigma) - 2 \frac{\mu}{kT} f_{3/2}(\sigma)\right]. \tag{16.15}$$

Um diese Größen als Funktionen von T, V und N auszudrücken, müssen wir σ eliminieren. Dies kann nicht exakt geschehen. Wir suchen daher Näherungen für drei Spezialfälle:

1. Ist σ klein, wir sprechen dann von *schwacher Entartung* ($\sigma < 1$, d. h. $\mu < 0$), folgt:

(16.11), (16.13):

$$\lambda^3 \frac{N}{V} = 2\left(\sigma - \frac{\sigma^2}{2^{3/2}} + \ldots\right)$$

und daraus für σ in nullter Näherung (keine Entartung)

$$\sigma^{(0)} = \frac{\lambda^3 N}{2V},$$

in erster Näherung

$$\sigma^{(1)} = \frac{\lambda^3 N}{2V} + \frac{1}{2^{3/2}}\left(\frac{\lambda^3 N}{2V}\right)^2$$

und allgemein

$$\sigma = \frac{\lambda^3 N}{2V} + \frac{1}{2^{3/2}} \left(\frac{\lambda^3 N}{2V}\right)^2 + \ldots \tag{16.16}$$

Ist $\lambda^3 \frac{N}{V} \ll 1$, sind also T und $\frac{V}{N}$ groß (hohe Temperatur und kleine Dichte bzw. großer Teilchenabstand), so können wir die Reihe (16.16) nach dem zweiten Glied abbrechen. Mit der Reihe (16.16) und den Gln. (16.12) und (16.14) erhalten wir schließlich

$$\begin{aligned} \frac{PV}{NkT} &= \frac{2V}{\lambda^3 N} \left(\sigma - \frac{\sigma^2}{2^{5/2}} + \ldots\right) = \\ &= \frac{2V}{\lambda^3 N} \left(\frac{\lambda^3 N}{2V} + \frac{1}{2^{3/2}} \left(\frac{\lambda^3 N}{2V}\right)^2 - \frac{1}{2^{5/2}} \left(\frac{\lambda^3 N}{2V}\right)^2 - \ldots\right) = 1 + \frac{1}{2^{5/2}} \frac{\lambda^3 N}{2V} + \ldots, \end{aligned} \tag{16.17}$$

$$U = 3kT \frac{V}{\lambda^3} \left(\sigma - \frac{\sigma^2}{2^{5/2}} + \ldots\right) = \frac{3}{2} NkT \left(1 + \frac{1}{2^{5/2}} \frac{\lambda^3 N}{2V} + \ldots\right),$$

$$C_V = \left(\frac{\partial U}{\partial T}\right)_V = \frac{3}{2} Nk \left[1 - \frac{1}{2^{9/2}} \frac{N}{V} \left(\frac{h^2}{2\pi mk}\right)^{3/2} \frac{1}{T^{3/2}} + \ldots\right],$$

$$\mu\left(T, \frac{N}{V}\right) = kT \ln\sigma = kT \ln\left[\frac{\lambda^3 N}{2V} + \frac{1}{2^{3/2}} \left(\frac{\lambda^3 N}{2V}\right)^2 + \ldots\right].$$

Gl. (16.17) hat die Form einer Virialentwicklung, d. h. einer Reihenentwicklung von $\frac{PV}{NkT}$ nach Potenzen von $\frac{N}{V}$. Die Korrekturen an der Zustandsgleichung des klassischen idealen Gases stammen nicht von der molekularen Wechselwirkung, sondern von quantenmechanischen Effekten (Pauli-Verbot und Nichtunterscheidbarkeit der Teilchen).

Mit wachsendem T und $\frac{V}{N}$ geht Gl. (16.17) in die Gleichung des klassischen idealen Gases $\frac{PV}{NkT} = 1$ über, ebenso

$$C_{V\,FD} \to C_{V\,MB} = \frac{3}{2} Nk$$

und

$$\mu_{FD} \to \mu_{MB} \text{ (mit 2 Spineinstellungen)} = -kT\ln\left(\frac{2V}{\lambda^3 N}\right) \to -\infty$$

2. Bei T = 0, wir sprechen dann von *maximaler Entartung*, da die Abweichung vom klassischen idealen Gas hier am größten ist, geht für ideale Fermionen

$$N_{i\,FD} = \frac{1}{e^{(\epsilon_i - \mu)/kT} + 1}$$

in

$$\left.\begin{aligned} N_i &= 1, \quad \text{wenn} \quad \epsilon_i < \mu\left(T = 0, \frac{N}{V}\right) \\ N_i &= 0, \quad \text{wenn} \quad \epsilon_i > \mu\left(T = 0, \frac{N}{V}\right) \end{aligned}\right\} \tag{16.18}$$

über. Das heißt, im Systemgrundzustand (Mikrozustand mit der niedrigsten Energie des Systems, T = 0) sind alle Teilchenzustände unterhalb einer Energie mit dem Wert $\mu\left(T=0,\frac{N}{V}\right)$ mit je einem Fermion besetzt und alle Teilchenzustände mit darüberliegender Energie unbesetzt. Die Besetzung mehrerer Energieniveaus der Fermionen und nicht nur des des tiefsten kommt daher, daß wegen des Pauliverbotes höchstens ein Fermion in jedem Teilchenzustand sein kann. Wir sehen also, daß ein Fermigas auch im absoluten Nullpunkt eine endliche innere Energie besitzt.

Um $\mu\left(T=0,\frac{N}{V}\right)$ zu berechnen, benützen wir die Beziehung $\sum_i N_i = N$, welche wir wieder auf die bereits bekannte Art durch ein Integral approximieren, wobei wir Gl. (16.18) berücksichtigen:

$$N = \frac{2V}{h^3} \int\limits_{\epsilon \leq \mu\left(T=0,\frac{N}{V}\right)} d^3p \rightarrow N = \frac{2V}{h^3}\,\frac{4\pi\, p_{max}^3}{3}\,. \tag{16.19}$$

Der maximal vorkommende Impuls der Fermionen bei T = 0

$$p_F := p_{max} = \left(\frac{3h^3 N}{8\pi V}\right)^{1/3} \tag{16.20}$$

bildet den Radius der sogenannten *Fermikugel.* Bei T = 0 sind alle Teilchenzustände innerhalb der Fermikugel von Fermionen besetzt und alle außerhalb unbesetzt. Die größte noch mit Fermionen besetzte Energie wird *Fermienergie* ϵ_F genannt, sie ist definiert durch

$$\epsilon_F := \epsilon_{max} = \frac{p_{max}^2}{2m} = \frac{h^2}{2m}\left(\frac{3N}{8\pi V}\right)^{2/3} = \mu\left(T=0,\frac{N}{V}\right), \tag{16.21}$$

wobei ϵ_{max} durch die obere Integrationsgrenze von (16.19) bestimmt ist. Die dazugehörige *Fermitemperatur* θ_F ist definiert durch

$$\theta_F := \frac{\mu\left(T=0,\frac{N}{V}\right)}{k} = \frac{h^2}{2mk}\left(\frac{3N}{8\pi V}\right)^{2/3}. \tag{16.22}$$

Mit Hilfe der in Gl. (16.18) angegebenen Verteilungsfunktion für den absoluten Nullpunkt können wir die Nullpunktsenergie U_0 berechnen:

$$U_0 := U(T=0) = \sum_i \epsilon_i N_i(T=0) \rightarrow U_0 = \frac{2}{h^3} \int\limits_{\text{(Fermikugel)}} \epsilon\, d^3q\, d^3p\,,$$

$$U_0 = \frac{8\pi V}{h^3}\int_0^{p_F} \frac{p^2}{2m}\, p^2\, dp$$

$$\boxed{U_0 = \frac{4\pi V}{5mh^3}\, p_F^5 = \frac{3}{5}\, N\epsilon_F} \tag{16.23}$$

oder

$$\epsilon = \frac{p^2}{2m}; \; p^2 = 2m\epsilon, \; pdp = md\epsilon; \; dp = \frac{m}{\sqrt{2m\epsilon}}\, d\epsilon,$$

$$U_0 = \frac{8\pi V}{h^3} \int_0^{\epsilon_F} \frac{(2m\epsilon)^2 m}{2m\sqrt{2m\epsilon}}\, d\epsilon = \frac{4\pi V}{h^3} (2m)^{3/2} \int_0^{\epsilon_F} \epsilon^{3/2} d\epsilon$$

$$\boxed{U_0 = \frac{4\pi V}{h^3} (2m)^{3/2} \frac{2}{5} \epsilon_F^{5/2}.} \tag{16.23}$$

Der *Nullpunktsdruck* P_0 ist dann wegen der Gln. (16.7) und (16.23) gegeben durch

$$P_0 = \frac{2U_0}{3V} = \frac{2N}{5V} \epsilon_F = \frac{h^2}{5m} \left(\frac{3}{8\pi}\right)^{2/3} \left(\frac{N}{V}\right)^{5/3}. \tag{16.24}$$

Er nimmt mit sinkender Fermionenmasse und wachsender Fermionendichte zu. Er ist entscheidend für das Gleichgewicht der weißen Zwerge. Diese stellbaren Objekte bestehen nämlich aus vollkommen ionisierten Heliumatomen und quasifreien Elektronen mit einer Elektronendichte von $\frac{N}{V} \approx 10^{30}$ cm^{-3}, was zu einer Fermionenenergie und Fermitemperatur von

$$\epsilon_F \approx 20 \text{ MeV} \quad \text{und} \quad \theta_F \approx 10^{11} \text{ K}$$

führt. Da die weißen Zwerge eine Temperatur von 10^7 K haben, ist das Elektronengas bereits weitgehend entartet. Man kann daher für den Elektronendruck, der in den weißen Zwergen das Gleichgewicht mit der Gravitation aufrechterhält, die Werte für T = 0 verwenden.

Zustandsdichte

Beim Übergang von der Summe zum Integral geht N_i über in

$$N(\epsilon) = \frac{1}{e^{(\epsilon - \mu)/kT} + 1},$$

wobei $N(\epsilon)$ die mittlere Besetzungszahl eines Teilchenzustandes mit der Energie ϵ ist. Beachten wir

$$\epsilon = \frac{p^2}{2m}, \; p^2 = 2m\epsilon, \; dp = \frac{m}{\sqrt{2m\epsilon}}\, d\epsilon,$$

so erhalten wir mit Gl. (16.6) für die mittlere Gesamtteilchenzahl

$$N = \int_0^\infty N(\epsilon)\, D(\epsilon)\, d\epsilon, \tag{16.25}$$

wobei wir die *Zustandsdichte*

$$D(\epsilon) := \frac{8\pi V}{h^3} p^2(\epsilon) \frac{dp}{d\epsilon} = \frac{4\pi V}{h^3} (2m)^{3/2} \epsilon^{1/2} \tag{16.26}$$

eingeführt haben. Sie ist unabhängig von der Temperatur. $D(\epsilon)\,d\epsilon$ gibt die Anzahl der Zustände im Energieintervall zwischen ϵ und $\epsilon + d\epsilon$ an. Die mittlere Zahl der Teilchen in diesem Energieintervall ist dann $N(\epsilon)\,D(\epsilon)\,d\epsilon$.

Für $U = \sum_i \epsilon_i N_i$ folgt analog

$$U = \int_0^\infty \epsilon\, N(\epsilon)\, D(\epsilon)\, d\epsilon. \tag{16.27}$$

Im Grenzfall $T \to 0$ treten wegen Gl. (16.18) die bereits bekannten Ergebnisse auf:

$$N(T = 0) = \int_0^{\epsilon_F} D(\epsilon)\, d\epsilon\,,$$

$$U(T = 0) = \int_0^{\epsilon_F} \epsilon\, D(\epsilon)\, d\epsilon$$

(siehe Bild 75).

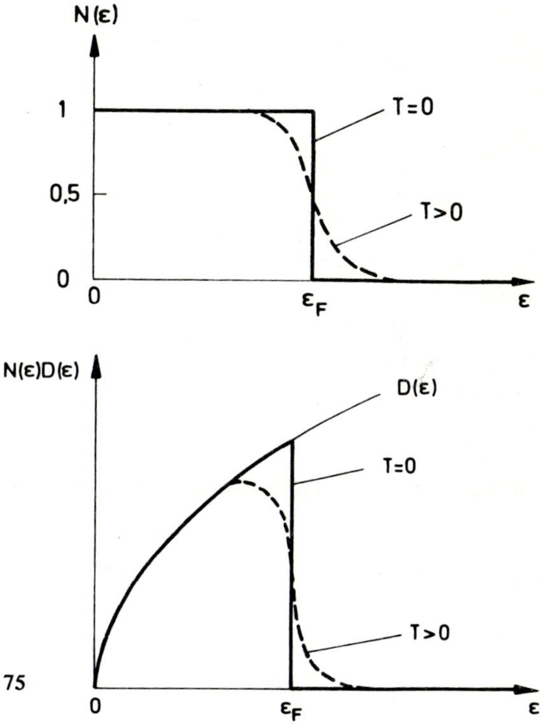

Bild 75

3. Wir sprechen von *starker Entartung*, wenn $\sigma \gg 1$ wird. Wir werden sehen, daß dann $\frac{N}{V}\lambda^3 \gg 1$ ist und somit $T \to 0$ bzw. $\frac{N}{V} \to \infty$ gehen muß. Für Gl. (16.10) und (16.11) benötigen wir nun andere Reihenentwicklungen (asymptotische Entwicklungen):

$$\sigma \gg 1 \to f_{5/2}(\sigma) = \frac{8}{15\sqrt{\pi}} (\ln \sigma)^{5/2} \left[1 + \frac{5\pi^2}{8(\ln \sigma)^2} + \dots\right], \tag{16.28}$$

$$f_{3/2}(\sigma) = \frac{4}{3\sqrt{\pi}} (\ln \sigma)^{3/2} \left[1 + \frac{\pi^2}{8(\ln \sigma)^2} + \dots\right]. \tag{16.29}$$

Dies ergibt für Gl. (16.13) die Beziehung

$$\frac{\lambda^3 N}{2V} = f_{3/2}(\sigma) = \frac{4}{3\sqrt{\pi}} (\ln \sigma)^{3/2} \left[1 + \frac{\pi^2}{8(\ln \sigma)^2} + \dots\right]$$

und nach einfacher Umformung

$$\ln\sigma = \left[\frac{3\sqrt{\pi}}{4}\frac{\lambda^3 N}{2V}\left(1+\frac{\pi^2}{8(\ln\sigma)^2}+\ldots\right)^{-1}\right]^{2/3}$$

$$= \frac{\epsilon_F}{kT}\left(1+\frac{\pi^2}{8(\ln\sigma)^2}+\ldots\right)^{-2/3}$$

$$= \frac{\epsilon_F}{kT}\left(1-\frac{2}{3}\cdot\frac{\pi^2}{8(\ln\sigma)^2}+\ldots\right)$$

$$= \frac{\epsilon_F}{kT}\left(1-\frac{\pi^2}{12(\ln\sigma)^2}+\ldots\right), \tag{16.30}$$

wenn wir

$$\left(\frac{\epsilon_F}{kT}\right)^{3/2} = \frac{3\sqrt{\pi}}{4}\frac{\lambda^3 N}{2V}$$

beachten.

Damit haben wir ein Iterationsverfahren zur Bestimmung von $\ln\sigma$. In nullter Näherung ergibt dies unter Berücksichtigung von Gl. (16.30)

$$\frac{\mu^{(0)}}{kT} = \ln\sigma^{(0)} = \frac{\epsilon_F}{kT} = \frac{\mu\left(T=0,\frac{N}{V}\right)}{kT}.$$

Wie wir bereits gesehen haben, gilt diese Gleichung für $T = 0$ exakt, da die Fermienergie durch $\epsilon_F = \mu\left(T=0,\frac{N}{V}\right)$ definiert ist.

Setzen wir die nullte Näherung in der rechten Seite von Gl. (16.30) ein, erhalten wir in erster Näherung

$$\frac{\mu^{(1)}}{kT} = \ln\sigma^{(1)} = \frac{\epsilon_F}{kT}\left[1-\frac{\pi^2}{12}\left(\frac{kT}{\epsilon_F}\right)^2\right]$$

und in beliebiger Näherung

$$\frac{\mu}{kT} = \ln\sigma = \frac{\epsilon_F}{kT}\left[1-\frac{\pi^2}{12}\left(\frac{kT}{\epsilon_F}\right)^2+\ldots\right]. \tag{16.31}$$

Damit läßt sich für kleines T eine Reihe für die Energie aufstellen (siehe Gl. (16.14)):

$$U = 3kT\frac{V}{\lambda^3}f_{5/2}(\sigma) = 3NkT\frac{8}{15\sqrt{\pi}}\frac{V}{\lambda^3 N}(\ln\sigma)^{5/2}\left[1+\frac{5\pi^2}{8(\ln\sigma)^2}+\ldots\right] =$$

$$= \frac{3}{5}NkT\left(\frac{kT}{\epsilon_F}\right)^{3/2}\left(\frac{\epsilon_F}{kT}\right)^{5/2}\left[1-\frac{\pi^2}{12}\left(\frac{kT}{\epsilon_F}\right)^2+\ldots\right]^{5/2}\left[1+\frac{5\pi^2}{8}\left(\frac{kT}{\epsilon_F}\right)^2+\ldots\right],$$

$$U = \frac{3}{5}N\epsilon_F\left[1+\frac{5\pi^2}{12}\left(\frac{kT}{\epsilon_F}\right)^2+\ldots\right]. \tag{16.32}$$

Die Zustandsgleichung und die spezifische Wärme des Fermigases lauten daher für kleines T (Bild 76):

$$P = \frac{2}{3}\frac{U}{V} = \frac{2}{5}\frac{N}{V}\epsilon_F\left[1 + \frac{5\pi^2}{12}\left(\frac{kT}{\epsilon_F}\right)^2 + \dots\right], \tag{16.33}$$

$$C_V = \left(\frac{\partial U}{\partial T}\right)_V \approx \frac{N\pi^2 k^2}{2\epsilon_F} T \to c_V \approx \frac{L\pi^2 k^2}{2\epsilon_F} T = \gamma T, \tag{16.34}$$

$$\gamma := \frac{L\,\pi^2 k^2}{2\,\epsilon_F}$$

heißt *Sommerfeldkonstante*,

$$\lim_{T\to 0} C_V = 0\,.$$

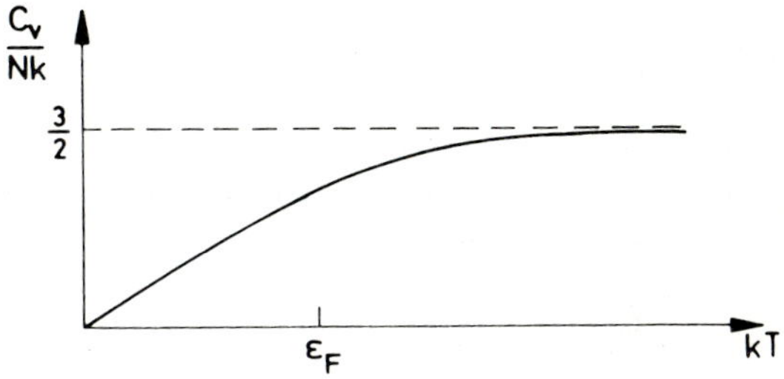

Bild 76

Für die Entropie des Fermigases erhalten wir unter Benutzung der Gln (16.15), (16.31) und (16.32) bei kleinem T

$$S = \frac{1}{T}\left(\frac{5}{3}U - \mu N\right) =$$
$$= \frac{1}{T}\left[N\epsilon_F\left(1 + \frac{5\pi^2}{12}\left(\frac{kT}{\epsilon_F}\right)^2 + \dots\right) - N\epsilon_F\left(1 - \frac{\pi^2}{12}\left(\frac{kT}{\epsilon_F}\right)^2 + \dots\right)\right] \approx$$
$$\approx \frac{Nk^2\pi^2}{2\epsilon_F} T = C_V\,. \tag{16.35}$$

Die Gln (16.34) und (16.35) zeigen, daß der 3. Hauptsatz vom idealen Fermigas erfüllt wird, also $S(T = 0) = 0$ wird (im Gegensatz zum klassischen idealen Gas). Dies bedeutet wegen

$$S = -k\sum_\nu w_\nu \ln w_\nu \quad (\nu \text{ hier Mikrozustand}),$$

daß bei $T = 0$ im Systemgrundzustand $w_\nu = 1$ und in allen anderen Mikrozuständen gleich Null ist. Dies ist eine Folge der Quantenmechanik, also der Nichtunterscheidbarkeit gleicher Teilchen, da das niedrigste Energieniveau nach der Vertauschung der Teilchen keinen neuen Mikrozustand liefert (Gegensatz zur klassischen Statistik Gl. (12.7)). Dadurch wird bei $T = 0$ für den Systemgrundzustand $w_\nu = 1$, also $S(T = 0) = 0$. $w_\nu = 1$ für den tiefsten Mikrozustand gilt aber nur so lange das tiefste Energieniveau des Systems ausschließlich nur einen Mikrozustand aufweist, d. h. nicht entartet ist. Gibt es jedoch mehrere Grundzustände zur tiefsten Energie des Systems und ist deren Anzahl g_0, so treten bei $T = 0$ diese Systemgrundzustände mit der Wahrscheinlichkeit $w_\nu = \frac{1}{g_0}$ auf, während die Wahrscheinlichkeiten für die anderen Mikrozustände Null sind. Z. B. ist bei einem Gesamtdrehimpuls des Systems mit der Quanzenzahl j, wobei j halbzahlig oder ganzzahlig ist, im Systemgrundzustand $g_0 = 2j + 1$. Das führt dann zur Nullpunktsentropie

$$S_0 = \left(-k\sum_{\nu} w_\nu \ln w_\nu\right) = -k \sum_{\nu=1}^{g_0} \frac{1}{g_0} \ln \frac{1}{g_0} = k \ln g_0, \tag{16.36}$$

die aber gegenüber kN der Größenordnung der Entropie für Normaltemperatur sehr klein ist und daher meist vernachlässigt wird.

Das Verhalten des idealen Fermigases weicht vor allem bei tiefen Temperaturen bzw. großer Teilchendichte von jenem des klassischen idealen Gases ab. Eine experimentelle Überprüfung dieser Gesetze ist jedoch an Gasen nicht möglich, da sie bei den erforderlichen Dichten bzw. tiefen Temperaturen ihre Wechselwirkungsfreiheit verlieren, also nicht mehr ideal sind. Doch die Leitungselektronen, welche sich fast frei durch das Kristallgitter des leitenden Körpers bewegen, können wir näherungsweise als ein ideales Fermigas auffassen. Wegen der hohen Massendichte der Metalle ist die Dichte dieses Elektronengases um mehrere Zehnerpotenzen höher als die Dichte eines Gases bei normalem Druck und normaler Temperatur (Molvolumen eines Gases ca. 22 l, Molvolumen der Leitungselektronen, wenn jedes Atom ein Elektron abgibt, ca. 7 cm^3). Wir können also hier schon unter normalen Umständen Abweichungen vom klassischen Gas erwarten.

Dies zeigt sich vor allem bei der spezifischen Wärme des Leiters. Wegen der geringen Wechselwirkung zwischen den Leitungselektronen und dem Gitter setzt sich die Gesamtentropie des Leiters additiv aus der Elektronen- und Gitterentropie zusammen und ebenso die spezifische Wärme:

$$C_V^L = C_V^G + C_V^E,$$

(E Elektron, G Gitter, L Leiter).

Würden sich die Leitungselektronen wie ein klassisches ideales Gas verhalten, müßte die spezifische Wärme des Leiters

$$C_V^L = 3Nk + \frac{3}{2} Nk$$

sein, im Widerspruch zum Experiment. Es zeigt sich nämlich, daß die Fermitemperatur

$$\theta_F := \frac{\mu\left(T = 0, \frac{N}{V}\right)}{k} = \frac{h^2}{2mk}\left(\frac{3N}{8\pi V}\right)^{2/3}$$

sehr hohe Werte annimmt, z. B. ist für Kupfer $\theta_F = 50000$ K. Bei Zimmertemperatur sind daher die Leitungselektronen bereits stark entartet und es ist mit Gl. (16.34)

$$C_V^E = \frac{N\pi^2 k^2}{2\epsilon_F} T \to c_V^E = \frac{L\pi^2 k^2}{2\epsilon_F} T =: \gamma T.$$

Für tiefe Temperaturen gilt außerdem mit Gl. (18.27) für das Gitter

$$c_V^G = \frac{12\pi^4 k^4 L}{5h^3 \nu_D^3} T^3 =: AT^3$$

und somit für den Leiter insgesamt

$$\frac{c_V^L}{T} = AT^2 + \gamma.$$

Trägt man die experimentellen Werte von $\frac{c_V^L}{T}$ über T^2 auf, erhält man eine Gerade, welche die Ordinate bei dem Wert γ schneidet. Damit ist eine experimentelle Bestimmung von γ möglich und somit der Einfluß der Elektronen überprüfbar. Als Beispiel geben wir die Kurve für Kalium an (Bild 77).

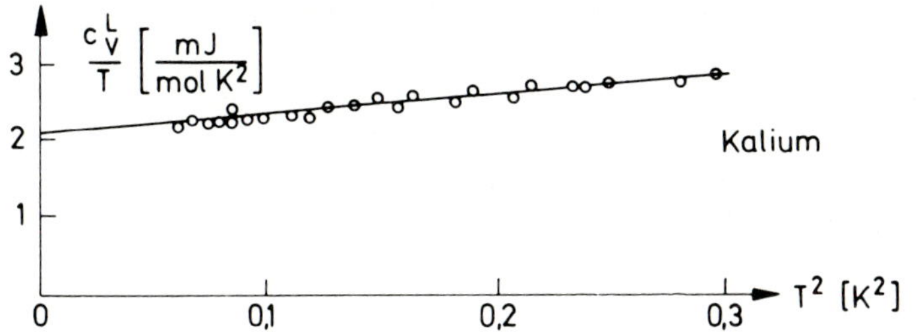

Bild 77

16.2. Das ideale Bosegas

Die Teilchen mit ganzzahligem Spin werden Bosonen genannt. Die Gleichungen des idealen Bosegases (keine Wechselwirkung zwischen den Teilchen) bei Teilchenspin 0 lauten für großes V und nicht zu niedriger Temperatur (siehe starke Entartung):

$$\frac{P}{kT} = -\frac{4\pi}{h^3} \int_0^\infty dpp^2 \ln\left(1 - \sigma e^{-\frac{p^2}{2mkT}}\right), \tag{16.37}$$

$$\frac{N}{V} = \frac{4\pi}{h^3} \int_0^\infty dpp^2 \frac{1}{\sigma^{-1} e^{p^2/2mkT} - 1}. \tag{16.38}$$

Wie bereits gezeigt wurde, gilt

$$-\infty < \mu \leqslant 0, \qquad 0 < \sigma \leqslant 1 \tag{16.39}$$

Mit den Funktionen (siehe Formelsammlung Seite 333)

$$g_{5/2}(\sigma) := -\frac{4}{\sqrt{\pi}} \int_0^\infty dxx^2 \ln(1 - \sigma e^{-x^2}) = \sum_{\nu=1}^\infty \frac{\sigma^\nu}{\nu^{5/2}} \tag{16.40}$$

$$g_{3/2}(\sigma) := \sigma \frac{d}{d\sigma} g_{5/2}(\sigma) = \frac{4}{\sqrt{\pi}} \int_0^\infty dxx^2 \frac{1}{\sigma^{-1} e^{x^2} - 1} = \sum_{\nu=1}^\infty \frac{\sigma^\nu}{\nu^{3/2}} \tag{16.41}$$

(die Reihenentwicklung gelten für $\sigma \leqslant 1$) folgt (vgl. Gln. (16.12) und (16.13)):

$$\frac{P}{kT} = \frac{1}{\lambda^3}\, g_{5/2}(\sigma), \tag{16.42}$$

$$\frac{N}{V} = \frac{1}{\lambda^3}\, g_{3/2}(\sigma). \tag{16.43}$$

Wir sprechen von *Entartung* des idealen Bosegases, wenn wir auf seine vom Verhalten des klassischen idealen Gases abweichenden Eigenschaften Bezug nehmen. Für $\frac{\lambda^3 N}{V} \ll 1$ haben wir *schwache Entartung* und können mit Gl. (16.43) die ersten Glieder der Zustandsgleichung, der inneren Energie und der spezifischen Wärme berechnen:

$$\lambda^3 \frac{N}{V} = \sigma + \frac{1}{2^{3/2}}\, \sigma^2 + \ldots,$$

nullte Näherung (keine Entartung):

$$\sigma^{(0)} = \lambda^3 \frac{N}{V},$$

erste Näherung:

$$\sigma^{(1)} = \lambda^3 \frac{N}{V} - \frac{1}{2^{3/2}}\, (\sigma^{(0)})^2 = \lambda^3 \frac{N}{V} - \frac{1}{2^{3/2}} \left(\lambda^3 \frac{N}{V}\right)^2,$$

allgemein:

$$\sigma = \lambda^3 \frac{N}{V} \left[1 - \frac{1}{2^{3/2}}\, \lambda^3 \frac{N}{V} + \ldots\right]; \tag{16.44}$$

(16.40), (16.42):

$$\frac{PV}{kT} = \frac{1}{\lambda^3}\, V \left(\sigma + \frac{1}{2^{5/2}}\, \sigma^2 + \ldots\right),$$

(16.44):

$$\frac{PV}{NkT} = \left(1 - \frac{1}{2^{5/2}}\, \lambda^3 \frac{N}{V} + \ldots\right) \quad \text{Zustandsgleichung (vgl. Gl. (16.17))} \tag{16.45}$$

(16.8):

$$U = \frac{3}{2}\, PV = \frac{3}{2}\, NkT \left(1 - \frac{1}{2^{5/2}}\, \lambda^3 \frac{N}{V} + \ldots\right) \tag{16.46}$$

$$c_v = \left(\frac{\partial u}{\partial T}\right)_v = \frac{3}{2}\, R \left(1 + \frac{1}{2^{7/2}}\, \lambda^3 \frac{L}{v} + \ldots\right). \tag{16.47}$$

Man sieht, daß die Zustandsgleichung und spezifische Wärme für höhere Temperaturen wieder in jene des klassischen idealen Gases übergehen.

Für mittlere Entartung sind andere Methoden (graphische oder numerische) zur Aufstellung der Zustandsgleichung erforderlich.

16.3. Einstein-Kondensation

Die starke Entartung mit $\sigma \to 1$ ist hingegen leicht berechenbar. Es ist allerdings zu beachten, daß beim Bosegas in den Gln. (16.1) und (16.2) für $\sigma = 1$ die Summanden für die Terme $\vec{p} = 0$ divergieren. Wir spalten daher den $\vec{p} = 0$ entsprechenden Term in der jeweiligen Summe ab und ersetzen in Gl. (16.2) nur den Rest der Summe durch ein Integral:

$$N = \sum_i N_i = \sum_p \frac{1}{\sigma^{-1} e^{\epsilon_p/kT} - 1} = \frac{\sigma}{1-\sigma} + \sum_{p \neq 0} \frac{1}{\sigma^{-1} e^{\epsilon_p/kT} - 1}, \tag{16.48}$$

$$N = \frac{\sigma}{1-\sigma} + \frac{4\pi V}{h^3} \int_0^\infty dp p^2 \frac{1}{\sigma^{-1} e^{p^2/2mkT} - 1} = \frac{\sigma}{1-\sigma} + \frac{V}{\lambda^3} g_{3/2}(\sigma), \tag{16.49}$$

$$N = N_0 + N_g \tag{16.50}$$

$$N_0 := \frac{\sigma}{1-\sigma} \quad \text{mittlere Teilchenzahl im Grundzustand } p = 0 \tag{16.51}$$

$$N_g := \frac{V}{\lambda^3} g_{3/2}(\sigma) \quad \text{mittlere Teilchenzahl der Gasphase} \tag{16.52}$$

$$\frac{PV}{kT} = -\ln(1-\sigma) - \sum_{p \neq 0} \ln\left(1 - \sigma e^{-\frac{\epsilon_p}{kT}}\right) =$$

$$= -\ln(1-\sigma) - \frac{4\pi V}{h^3} \int_0^\infty dp p^2 \ln\left(1 - \sigma e^{-\frac{p^2}{2mkT}}\right), \tag{16.53}$$

$$\frac{PV}{kT} = -\ln(1-\sigma) + \frac{V}{\lambda^3} g_{5/2}(\sigma). \tag{16.54}$$

Genaugenommen müßten die Integrale in den Gln. (16.49) und (16.53) eine untere Integrationsgrenze $p > 0$ besitzen. Die Integration über p von 0 bis ∞ bedeutet jedoch keinen Fehler, da bei $p = 0$ der Gewichtsfaktor p^2 selbst Null wird und somit der Grundzustand $p = 0$ im Integral keinen endlichen Betrag liefert.

Bevor wir Gl. (16.49) näher untersuchen halten wir fest, daß für $\sigma = 1$ (unter Berücksichtigung der Gln. (16.40) und (16.41))

$$g_{3/2}(1) = 2{,}612 \quad \text{und} \quad g_{5/2}(1) = 1{,}341 \tag{16.55}$$

werden und $g_{3/2}(\sigma)$ im Bereich $0 \leqslant \sigma \leqslant 1$ von Null (bei $\sigma = 0$) bis 2,612 monoton anwächst. Bei $\sigma = 1$ hat $g_{3/2}(\sigma)$ eine senkrechte Tangente (Bild 78).

Ist $\frac{V}{N}$ gegeben, so läßt sich eine kritische Temperatur

$$T_c\left(\frac{V}{N}\right) := \frac{h^2}{2\pi mk} \left[\frac{N}{V g_{3/2}(1)}\right]^{2/3} = T \left[\frac{N\lambda^3(T)}{V g_{3/2}(1)}\right]^{2/3} \tag{16.56}$$

definieren, die nur eine Funktion von $\frac{V}{N}$ ist. Damit erhalten wir für Gl. (16.49)

$$N = N_0 + N \left(\frac{T}{T_c}\right)^{3/2} \underbrace{\frac{g_{3/2}(\sigma)}{g_{3/2}(1)}}_{\leqslant 1} \tag{16.57}$$

und mit der Definition

$$a\left(T, \frac{V}{N}, \sigma\right) := \left[\frac{T}{T_c\left(\frac{V}{N}\right)}\right]^{3/2} \frac{g_{3/2}(\sigma)}{g_{3/2}(1)} \tag{16.58}$$

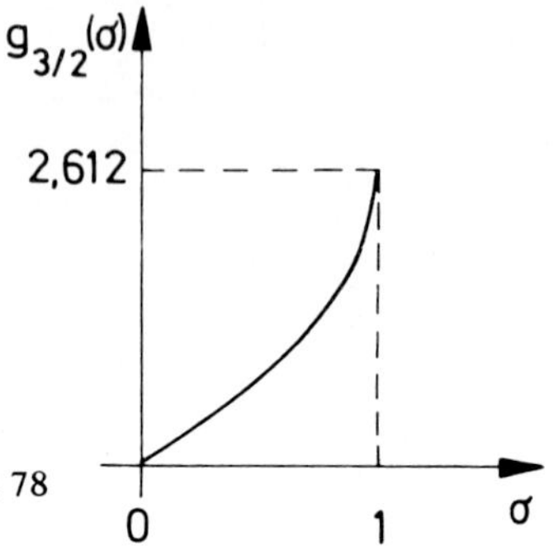

Bild 78

die Teilchenanzahl N_0 im Grundzustand bzw. N_g in den übrigen Energieniveaus

$$N_0 = N - N_g = N(1 - a), \tag{16.59}$$

$$N_g = Na. \tag{16.60}$$

Wie wir später sehen werden, trennt die Kurve $T_c\left(\frac{V}{N}\right)$ den Zustandsraum in zwei Bereiche. Für $T < T_c\left(\frac{V}{N}\right)$ befindet sich ein endlicher Anteil der Teilchen im Grundzustand, was für $T > T_c\left(\frac{V}{N}\right)$ nicht der Fall ist. Der Grundzustand bildet eine eigene Phase und der Übergang in den Grundzustand zeigt die Eigenschaften einer Kondensation. Dieser Phasenübergang wurde erstmals von Einstein berechnet und wird daher *Einstein-Kondensation* genannt. N_0 gibt also die Teilchenzahl des Kondensats, d. h. jene des Grundzustandes an, während N_g die Teilchenzahl der restlichen Energieniveaus, also der Gasphase, erfaßt.

Wir wollen nun die Zustandsgleichung und andere Eigenschaften in beiden Bereichen untersuchen und bestimmen zu diesem Zweck vorerst σ mit Hilfe der Gln. (16.51) und (16.59):

$$N_0 = \frac{\sigma}{1 - \sigma} = N(1 - a) \rightarrow$$

$$\sigma = \frac{N(1 - a)}{N(1 - a) + 1}. \tag{16.61}$$

Diese Gleichung ist noch keine Lösung für σ, da $a\left(T, \frac{V}{N}, \sigma\right)$ selbst eine Funktion von σ ist. Doch für $T < T_c\left(\frac{V}{N}\right)$ liegt a im Bereich $0 < a < 1$ und für $N \gg 1$ (so daß $N(1 - a) \gg 1$ ist) folgt daher aus Gl. (16.61) die Näherung

$$\sigma \approx 1 - \frac{1}{N(1 - a)} \approx 1 \tag{16.62}$$

und für N gegen unendlich $\left(\text{bei } \frac{V}{N} = \text{konst}\right)$ das exakte Resultat

$$\sigma = 1. \tag{16.63}$$

Für $T > T_c\left(\frac{V}{N}\right)$ ist dagegen $\frac{T}{T_c}$ in a größer als 1, so daß sich mit wachsender Temperatur a und N_0 sehr rasch den Werten

$$a \approx 1 \quad \text{und} \quad N_0 \approx 0 \tag{16.64}$$

nähern. a ist immer kleiner oder gleich eins, da wegen Gl. (16.59) N_0 sonst negativ würde. Geht N gegen unendlich $\left(\text{bei } \frac{V}{N} = \text{konst}\right)$ gelten die Resultate von Gl. (16.64) exat für $T > T_c$.

Mit Gl. (16.58) in der Form (siehe Gl. (16.56))

$$a = \frac{V}{N\lambda^3}\, g_{3/2}(\sigma) \tag{16.65}$$

erhalten wir daher mit den Gln. (16.64) und (16.63) folgende Resultate für ein unendlich großes System bei konstantem $\frac{V}{N}$:

$$\sigma = \begin{cases} \text{Lösung von } \dfrac{V}{N\lambda^3}\, g_{3/2}(\sigma) = 1, & T > T_c\left(\dfrac{V}{N}\right) \\ 1, & T \leqslant T_c\left(\dfrac{V}{N}\right) \end{cases} \tag{16.66}$$

$$a = \begin{cases} 1, & T > T_c\left(\dfrac{V}{N}\right) \\ \left(\dfrac{T}{T_c}\right)^{3/2}, & T \leqslant T_c\left(\dfrac{V}{N}\right). \end{cases} \tag{16.67}$$

Weiterhin folgt mit den Gln. (16.59), (16.60) und (16.54)

$$\left.\begin{aligned} N &= N_g = g_{3/2}(\sigma)\, V\left(\frac{2\pi mkT}{h^2}\right)^{3/2} \\ N_0 &= 0 \end{aligned}\right\} T > T_c\left(\frac{V}{N}\right) \tag{16.68}$$

$$\left.\begin{aligned} N_g &= \frac{V}{\lambda^3}\, g_{3/2}(1) = g_{3/2}(1)\, V\left(\frac{2\pi mkT}{h^2}\right)^{3/2} = N\left(\frac{T}{T_c}\right)^{3/2} \\ N_0 &= N - \frac{V}{\lambda^3}\, g_{3/2}(1) = N\left[1 - \left(\frac{T}{T_c}\right)^{3/2}\right] \end{aligned}\right\} T \leqslant T_c\left(\frac{V}{N}\right) \tag{16.69}$$

und

$$P = \begin{cases} \dfrac{kT}{\lambda^3}\, g_{5/2}(\sigma), & T > T_c\left(\dfrac{V}{N}\right) \quad (16.70) \\ \dfrac{kT}{\lambda^3}\, g_{5/2}(1) = \left(\dfrac{2\pi m}{h^2}\right)^{3/2} (kT)^{5/2}\, g_{5/2}(1), & T \leqslant T_c\left(\dfrac{V}{N}\right). \quad (16.71) \end{cases}$$

In den beiden letzten Gleichungen wurde der Term $-\frac{kT}{V}\ln(1-\sigma)$ vernachlässigt, da bei konstantem $\frac{V}{N}$ mit $N \to \infty$ auch $V \to \infty$ geht und daher der Term für $\sigma \neq 1$ wie $\frac{1}{V}$ verschwindet. Ist dagegen σ nahe 1, so geht der logarithmische Term wegen Gl. (16.62) wie $V^{-1}\ln N$ gegen Null.

Der Druck (Zustandsgleichung) ist im Fall $\sigma = 1$ nur mehr von der Temperatur (und nicht vom Volumen) abhängig. Die Verkleinerung von V bei konstantem T erhöht nicht P, sondern vermindert die Teilchenzahl N_g der Gasphase und erhöht die Teilchenzahl im Kondensat (Grundzustand $\epsilon_0 = 0$). Bei der Kondensation eines klassischen Gases ist dies in analoger Weise der Fall. Wir sprechen daher auch hier von Kondensation und zwar von der bereits erwähnten *Einstein-Kondensation* des Bosegases und nennen P in Gl. (16.71) Dampfdruck.

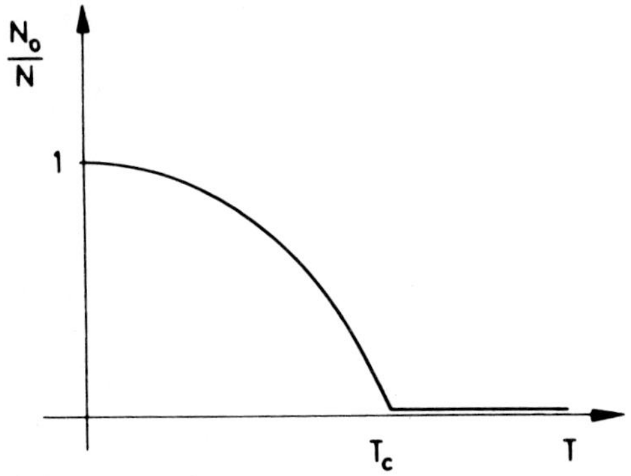

Bild 79

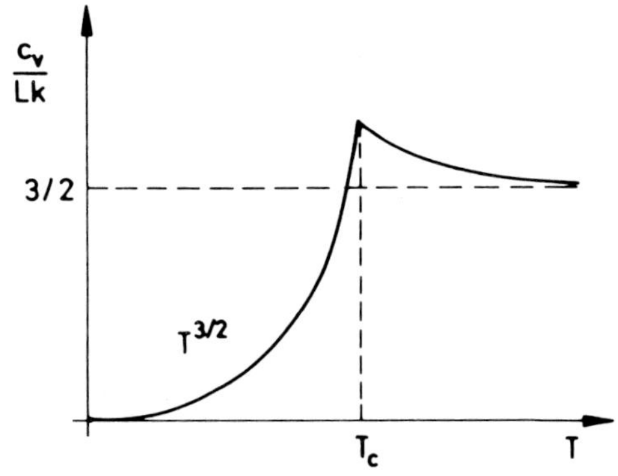

Bild 80

Für $T < T_c$ besetzt ein endlicher Anteil der Teilchen das Niveau $p = 0$ und bei $T = 0$ besetzen es alle Teilchen (Bild 79). Für $T > T_c$ haben wir kein Kondensat, d. h. $N_0 = 0$, $\sigma \neq 1$ und $N = N_g$. Bei endlicher Teilchendichte und $V \to \infty$ sind die Niveaus der Gasphase in beiden Temperaturbereichen fast nicht besetzt $\left(\frac{N_i}{N} \xrightarrow[V \to \infty]{} 0,\text{ für } i > 0\right)$. D. h. die Teilchen der Gasphase „verteilen sich dünn“ über alle Niveaus $p \neq 0$. Für $T > T_c$ ist also kein Niveau mit einem endlichen Anteil der Teilchen besetzt. Für $T < T_c$ ist dagegen der Grundzustand $\epsilon_0 = 0$ mit einem endlichen Anteil besetzt, d. h., N_0 divergiert. Die innere Energie und die spezifische Wärme des Bosegases (Bild 80) lauten (das Kondensat trägt nichts bei, da $\epsilon_0 = 0$ ist):

$$U = \frac{3}{2}PV = \begin{cases} \frac{3}{2}\frac{VkT}{\lambda^3}\, g_{5/2}(\sigma), & T > T_c\left(\frac{V}{N}\right) \qquad (16.72) \\ \frac{3}{2}\frac{VkT}{\lambda^3}\, g_{5/2}(1), & T \leqslant T_c\left(\frac{V}{N}\right) \qquad (16.73) \end{cases}$$

$$c_V = \frac{L}{N}\left(\frac{\partial U}{\partial T}\right)_{V,N} = \begin{cases} \frac{3}{2}\frac{vk}{\lambda^3} g_{5/2}(\sigma) + \frac{3}{2} vkT \left(\frac{\partial}{\partial T}\frac{g_{5/2}(\sigma)}{\lambda^3}\right)_{V,N}, & T > T_c\left(\frac{V}{N}\right) \quad (16.74) \\ \frac{15}{4}\frac{v(2\pi m)^{3/2} k^{5/2}}{h^3} g_{5/2}(1)\, T^{3/2} = & \\ = \frac{15}{4}\frac{vk}{\lambda^3} g_{5/2}(1), & T \leqslant T_c\left(\frac{V}{N}\right) \quad (16.75) \end{cases}$$

v Molvolumen.

Die Isothermen des Bosegases haben wegen der Gln. (16.70) und (16.71) die Gestalt von Bild 81.

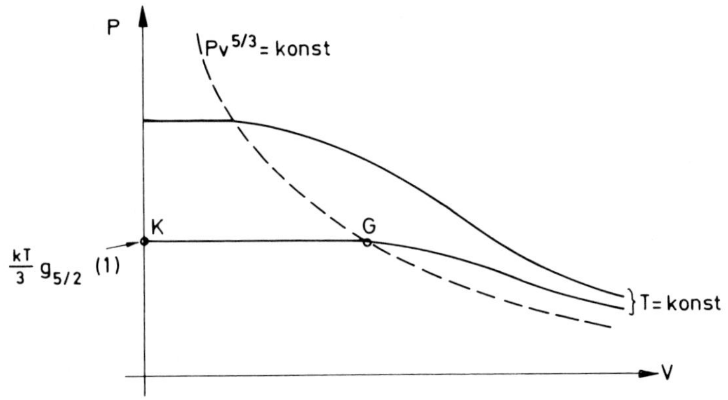

Bild 81

Wie bei der Kondensation des klassischen Gases liegt im Bereich der horizontalen Isothermen ein Zweiphasengebiet vor. Es ist ein Gemisch aus der Gasphase im Zustand G und dem Kondensat im Grundzustand K. Die Grenzkurve zwischen dem Ein- und Zweiphasengebiet ist als strichlierte Kurve im P, V-Diagramm eingezeichnet. Man erhält sie indem man im Dampfdruck Gl. (16.71) $T = T_c\left(\frac{V}{N}\right)$ setzt:

$$P = \frac{kT}{\lambda^3(T)} g_{5/2}(1) = \left(\frac{N}{V}\right)^{5/3} \frac{h^2}{2\pi m} \frac{g_{5/2}(1)}{[g_{3/2}(1)]^{5/3}} . \tag{16.76}$$

Wie man durch Stabilitätsbetrachtungen zeigen kann, handelt es sich bei diesem Phasenübergang um einen solchen 1. Ordnung. Es folgt daher durch Ableitung des Dampfdruckes Gl. (16.71) nach T die Clausius-Clapeyron-Gleichung

$$\frac{dP}{dT} = \frac{5}{2}\frac{k}{\lambda^3(T)} g_{5/2}(1) = \frac{N}{TV_c}\frac{5}{2} kT \frac{g_{5/2}(1)}{g_{3/2}(1)} , \tag{16.77}$$

wobei für den letzten Ausdruck mit Gl. (16.68) die Beziehung

$$V_c(T,N) := N \frac{\lambda^3(T)}{g_{3/2}(1)} \tag{16.78}$$

benützt wurde. Sie gibt an, wie groß bei einer gegebenen Temperatur T und Teilchenzahl N das Volumen sein muß damit die Kondensation gerade beginnt. Da nach
$\frac{V}{N} = \frac{1}{N}\left(\frac{\partial G}{\partial P}\right)_{T,N}$ und $\mu_0 = 0$ $(\sigma = 1 \rightarrow \mu_0 = \mu_g = 0)$

$$\frac{V_0}{N_0} = \frac{1}{N_0}\left(\frac{\partial \mu_0 N_0}{\partial P}\right)_{T,N} = 0 \qquad \text{für } T \leqslant T_c\left(\frac{V}{N}\right) \tag{16.79}$$

ist, verschwindet $\frac{V_0}{N_0}$ des Kondensats. Damit erhalten wir für die Volumendifferenz pro Teilchen zwischen der Gasphase und dem Kondensat den Ausdruck

$$\Delta\frac{V}{N} = \frac{V_c}{N} - 0 = \frac{V_c}{N}. \tag{16.80}$$

Durch Vergleich der Gl. (16.77) mit Gl. (6.5) läßt sich daraus die latente Wärme des Übergangs pro Teilchen (Übergangswärme)

$$l_{og} = \frac{g_{5/2}(1)}{g_{3/2}(1)}\frac{5}{2}kT \qquad (0 \rightarrow g) \tag{16.81}$$

ablesen. Mit $l_{og} \neq 0$ haben wir hier die Bestätigung für den Phasenübergang erster Ordnung. Das bedeutet, wegen

$$N l_{og} = \frac{S_g - S_0}{T}, \tag{16.82}$$

daß $S_g \neq S_0$ und $\left(\frac{\partial G_g}{\partial T}\right)_{P,N} \neq \left(\frac{\partial G_0}{\partial T}\right)_{P,N}$ sind.

Die Entropie des Bosegases lautet mit den Gln. (16.7), (16.70) und (16.71)

$$S = \frac{1}{T}(U + PV - \mu N) = \frac{1}{T}\left(\frac{5}{2}PV - \mu N\right) =$$

$$= \begin{cases} \frac{5}{2}\frac{Vk}{\lambda^3}\,g_{5/2}(\sigma) - Nk\ln\sigma, & T > T_c\left(\frac{V}{N}\right) \qquad (16.83) \\ \frac{5}{2}\frac{Vk}{\lambda^3}\,g_{5/2}(1) = \frac{2}{3}C_V \sim T^{3/2}, & T < T_c\left(\frac{V}{N}\right), \qquad (16.84) \end{cases}$$

$$S \xrightarrow[T \rightarrow 0]{} 0.$$

Wir sehen, daß auch das ideale Bosegas den 3. Hauptsatz erfüllt. Das Kondensat weist nur einen einzigen Mikrozustand auf und hat daher die Entropie $S_0 = 0$.

Das Bosegas zeigt erst bei tiefen Temperaturen und hohen Dichten eine Abweichung von der Maxwell-Boltzmann-Verteilung des klassischen Gases. Diese Abweichung, die als Gasentartung bezeichnet wird, ist die Ursache für die Suprafluidität des Heliums He^4 II bei tiefen Temperaturen. Sie tritt unterhalb T = 2,18 K, dem sogenannten λ-Übergang, auf. Berechnen wir für flüssiges Helium T_c, so sehen wir, daß T_c = 3,14 K ist, also fast mit dem Wert des λ-Überganges übereinstimmt. Es ist daher anzunehmen, daß der λ-Übergang – obwohl er kein Phasenübergang erster Ordnung ist und das He^4 auch schon vor dem λ-Übergang flüssig ist – eine Art Einstein-Kondensation darstellt und der Unterschied zum behandelten Fall durch die intermolekularen Kräfte verursacht wird.

17. Das Photonengas

Jeder Körper mit $T \neq 0$ emittiert und absorbiert elektromagnetische Strahlung. In einem evakuierten geschlossenen Hohlraum vorgegebener Wandtemperatur wird sich daher ein Gleichgewicht zwischen der Strahlung im Hohlraum *(Hohlraumstrahlung)* und den Wänden einstellen. Die Hamiltonfunktion des freien elektromagnetischen Feldes kann als Summe von Hamiltonfunktionen unabhängiger harmonischer Oszillatoren mit jeweils bestimmter Frequenz ν_i ($i = 1, 2, \ldots, \infty$) dargestellt werden. Die Quantenmechanik zeigt, daß für jeden harmonischen Oszillator der Frequenz ν_i nur diskrete Werte der Energie

$$h\nu_i\left(\frac{1}{2} + n_i\right), \qquad n_i = 0, 1, 2, \ldots, \infty \tag{17.1}$$

möglich sind, d. h., jedes freie elektromagnetische Feld einer gegebenen Frequenz kann nur ganz bestimmte diskrete Energiewerte annehmen. $\frac{h\nu_i}{2}$ ist die Nullpunktsenergie des harmonischen Oszillators. Für die hier anzustellenden Überlegungen kommt sie nicht in Betracht. Wir werden sie daher im weiteren nicht mehr berücksichtigen.

Jede elektromagnetische Welle einer bestimmten Frequenz ν_i kann durch die Anzahl n_i der Energiequanten $h\nu_i$ im i-ten Zustand beschrieben werden und gestattet damit die Einführung des Begriffs *Photon.* Die Zahl n_i gibt dann an, wie viele Photonen die Welle des Zustandes i aufweist, wobei ein Photon mit der Frequenz ν_i folgende Eigenschaften besitzt:

$$\text{Impuls} \quad p_i = \hbar k_i = \frac{h}{2\pi} k_i, \tag{17.2}$$

$$\text{Energie} \quad \epsilon_i = h\nu_i = \hbar\omega_i = \hbar c k_i = c p_i, \tag{17.3}$$

$$h = 2\pi\hbar; \quad \omega_i = 2\pi\nu_i, \quad |\vec{k}_i| = k_i = \frac{\omega_i}{c}, \tag{17.4}$$

c Lichtgeschwindigkeit.

Der Spin des Photons ist gleich eins, besitzt aber nur zwei Einstellmöglichkeiten (eine in positiver und eine in negativer Bewegungsrichtung), da sich das Photon mit Lichtgeschwindigkeit bewegt (relativistischer Effekt). Je nach Spineinstellung entspricht dem Photon eine ebene elektromagnetische Welle, die rechts- oder linkszirkular polarisiert ist. Durch geeignete Superposition derartiger Wellen erhalten wir linear polarisierte Wellen mit dem elektrischen Feldvektor

$$\vec{E}(\vec{r}, t) = \vec{a}\, e^{i(\vec{k}\cdot\vec{r} - \omega t)}.$$

Die Schwingungsrichtung des elektrischen Feldes ist durch den *Polarisationsvektor* $\vec{a}$ gegeben. Es gibt nur zwei linear unabhängige Polarisationsvektoren (analog zu den beiden möglichen Spinrichtungen), da wegen

$$\nabla \cdot \vec{E} = 0 \tag{17.5}$$

die Beziehung

$$\vec{a} \cdot \vec{k} = 0 \qquad \text{gilt.} \tag{17.6}$$

Betrachten wir einen würfelförmigen Hohlraum mit dem Volumen V. Es sollen periodische Randbedingungen herrschen: Die Welle weist in entsprechenden Wandpunkten die gleiche Phase auf. (Das Verfahren ist dem realen mit stehenden Wellen gleichwertig.) Das bedeutet, daß $\vec{E}$ nur mit diskreten Werten für $\vec{k}$ möglich ist:

$$k_\alpha = \frac{2\pi}{V^{1/3}} j_\alpha; \qquad j_\alpha = 0, \pm 1, \pm 2, \ldots; \qquad \alpha = 1, 2, 3. \tag{17.7}$$

Der Schwingungszustand (auch Schwingungsmode genannt) $i = (\sigma, \vec{k})$ einer Welle ist also durch den Index σ der Polarisationsrichtung oder Spinrichtung ($\sigma = 1, 2$ ist der Index der beiden senkrechten Polarisationsrichtungen zu $\vec{k}$ oder der Index der beiden Spineinstellungen) einerseits und dem Ausbreitungsvektor $\vec{k}$ andererseits bestimmt.

Für $V \to \infty$ wird $\vec{k}$ und somit auch ν kontinuierlich, und wir können jede Summe über i mit (siehe Gl. (17.7))

$$1 = \underbrace{\Delta j_1}_{1} \underbrace{\Delta j_2}_{1} \underbrace{\Delta j_3}_{1} = \frac{V}{(2\pi)^3} \Delta k_1 \Delta k_2 \Delta k_3 \tag{17.8}$$

und bei Benützung von Polarkoordinaten für $\vec{k}$ durch ein Integral ersetzen:

$$\sum_i 1 \ldots = \sum_{\sigma=1}^{2} \sum_{j_1 j_2 j_3} 1 \ldots = 2 \sum_{k_1 k_2 k_3} \frac{V}{(2\pi)^3} \Delta k_1 \Delta k_2 \Delta k_3 \ldots \approx \int \frac{2V}{(2\pi)^3} d^3k \ldots =$$

$$= \int_0^\infty \frac{8\pi V}{(2\pi)^3} k^2 dk \ldots = \int_0^\infty dk\, D(k) \ldots = \int_0^\infty \frac{8\pi V}{c^3} \nu^2 d\nu \ldots = \int_0^\infty d\nu\, D(\nu) \ldots =$$

$$= \int_0^\infty \frac{8\pi V}{h^3} p^2 dp \ldots = \int_0^\infty dp\, D(p) \ldots \tag{17.9}$$

Dabei ist die *Zustandsdichte* (Dichte der Schwingungszustände oder auch Modendichte genannt) bezüglich k, ν oder p gegeben durch

$$D(k) := \frac{8\pi V}{(2\pi)^3} k^2, \tag{17.10}$$

$$D(\nu) := \frac{8\pi V}{c^3} \nu^2, \tag{17.11}$$

$$D(p) := \frac{8\pi V}{h^3}\, p^2, \tag{17.12}$$

$$D(k)\,dk = D(\nu)\,d\nu = D(p)\,dp. \tag{17.13}$$

Die letzte Zeile gibt an, wie viele Schwingungszustände in den Intervallen $[k, k + dk]$, $[\nu, \nu + d\nu]$ bzw. $[p, p + dp]$ anzutreffen sind. Wie in Gl. (11.47) gilt auch hier wieder der allgemeine Übergang

$$\sum_i \ldots \to \sum_{\sigma=1}^{2} \frac{1}{h^3} \int d^3q\, d^3p \ldots \tag{17.14}$$

Die Superpositionsmöglichkeit der elektromagnetischen Wellen bewirkt, daß die Photonen untereinander nicht wechselwirken. Die Hohlraumstrahlung kann durch Angabe der Anzahl n_i der in jedem Schwingungszustand i vorhandenen Photonen eindeutig beschrieben werden. Man spricht daher von einem *Photonengas.* Die Photonen gehorchen der *Bose-Statistik,* da in jedem Schwingungszustand beliebig viele Photonen auftreten können und diese ununterscheidbar sind. Weil die Photonen nicht untereinander wechselwirken, bilden sie sogar ein ideales Bosegas. Es besteht jedoch zum Bose-Gas aus gewöhnlichen (atomaren) Teilchen ein wesentlicher Unterschied. Für gewöhnliche Teilchen ist die mittlere Teilchenzahl N unabhängig von T und V vorgebbar. Beim Photonengas (und wie wir später sehen werden auch beim *Phononengas*) gilt dies jedoch nicht mehr. Die Photonenzahl ist im Hohlraum nicht unabhängig von T und V frei wählbar, sondern stellt sich von selbst ein, da die Photonen im Hohlraum so lange entstehen (Emission) oder verschwinden (Absorption), bis thermodynamisches Gleichgewicht mit der Wand herrscht. Bei gegebenen T und V nimmt im Gleichgewicht die Anzahl N der Photonen jenen Wert an, bei dem die freie Energie F ein Minimum bezüglich N (Gleichgewichtsbedingung) wird:

$$\left(\frac{\partial F}{\partial N}\right)_{T,V} = \mu(T, V, N) = 0 \to \sigma = e^{\frac{\mu}{kT}} = 1\,. \tag{17.15}$$

Das Photonengas ist also ein Bose-Gas mit dem chemischen Potential $\mu = 0$, wobei die mittlere Photonenanzahl im Gleichgewicht bereits durch T und V bestimmt ist (siehe auch Gl. (17.19)):

$$\mu(T, V, N) = 0 \to N = N(T, V). \tag{17.16}$$

Man kann das Verschwinden von μ auch anders begründen. Die mittlere Anzahl der Photonen ist keine frei wählbare Variable, sondern nimmt im Gleichgewicht einen durch T und V vorgegebenen Wert an. Der Lagrange-Parameter μ, mit dem die betreffende Nebenbedingung für N zu multiplizieren wäre, ist daher für das Photonengas Null zu setzen.

17.1. Das Plancksche Strahlungsgesetz

Die mittlere Anzahl der Photonen im Schwingungszustand i mit der Frequenz ν_i ist wegen $\mu = 0$ gegeben durch (siehe Gl. (15.34))

$$N_i = \frac{1}{e^{\epsilon_i/kT} - 1}, \qquad \epsilon_i = h\nu_i. \tag{17.17}$$

Für $V \to \infty$, also kontinuierliche Werte von ν, erhalten wir für die Anzahl N der Photonen im gesamten Frequenzbereich mit

$$N_i \to N(\nu) := \frac{1}{e^{h\nu/kT} - 1} \quad \text{Anzahl der Photonen pro Zustand der Frequenz } \nu \tag{17.18}$$

und mit Gl. (17.9) das Resultat

$$N = \sum_i N_i = \sum_i \frac{1}{e^{\epsilon_i/kT} - 1} \to$$

$$N = \int_0^\infty N(\nu)\, D(\nu)\, d\nu = \frac{8\pi V}{c^3} \int_0^\infty \frac{\nu^2\, d\nu}{e^{h\nu/kT} - 1}. \tag{17.19}$$

Die Anzahl der Photonen im Frequenzintervall $[\nu, \nu + d\nu]$ lautet also

$$\begin{aligned} &\begin{pmatrix}\text{Anzahl der Photo-}\\ \text{nen pro Zustand}\end{pmatrix} \cdot \begin{pmatrix}\text{Anzahl der Zu-}\\ \text{stände in } [\nu, \nu + d\nu\end{pmatrix} = N(\nu) \cdot D(\nu)\, d\nu = \\ &= \frac{8\pi V}{c^3} \frac{\nu^2}{e^{h\nu/kT} - 1}\, d\nu. \end{aligned} \tag{17.20}$$

Für die Energie des Photonengases (der Hohlraumstrahlung) ergibt sich (ohne Nullpunktsenergie)

$$U = \left(\sum_i \epsilon_i N_i\right) = \int_0^\infty h\nu\, N(\nu)\, D(\nu)\, d\nu =$$

$$= \frac{8\pi V}{c^3} \int_0^\infty \frac{h\nu}{e^{h\nu/kT} - 1}\, \nu^2\, d\nu = V \int_0^\infty u(\nu, T)\, d\nu, \tag{17.21}$$

wobei $u(\nu, T)$ die Energiedichte der Strahlung pro Frequenzeinheit ist:

$$u(\nu, T) := h\nu \cdot N(\nu) \cdot D(\nu) =$$

$$= \begin{pmatrix}\text{Energie}\\ \text{pro Photon}\end{pmatrix} \cdot \underbrace{\begin{pmatrix}\text{Photonenzahl}\\ \text{pro Zustand}\end{pmatrix} \cdot \begin{pmatrix}\text{Anzahl der Zustände}\\ \text{pro Frequenzeinheit}\end{pmatrix}}_{\text{Anzahl der Photonen pro Frequenzeinheit,}}$$

$$\boxed{u(\nu, T) = \frac{8\pi h}{c^3} \frac{\nu^3}{e^{h\nu/kT} - 1}\, .} \tag{17.22}$$

Dies ist das *Plancksche Strahlungsgesetz.*

Integrieren wir Gl. (17.22) über ν, so erhalten wir die Energiedichte $u(T)$

$$u(T) = \int_0^\infty u(\nu, T)\,d\nu = \frac{8\pi h}{c^3}\int_0^\infty \frac{\nu^3}{e^{h\nu/kT} - 1}\,d\nu,$$

$$x := \frac{h\nu}{kT},$$

$$u(T) = \frac{8\pi k^4}{c^3 h^3}\,T^4 \int_0^\infty \frac{x^3\,dx}{e^x - 1} = \frac{8\pi^5 k^4}{15 c^3 h^3}\,T^4\,, \qquad (17.23)$$

$$\text{da} \int_0^\infty \frac{x^3\,dx}{e^x - 1} = \frac{\pi^4}{15}, \qquad (17.24)$$

$$\boxed{u(T) = aT^4\,,} \quad \boxed{a := \frac{8\pi^5 k^4}{15 c^3 h^3}}. \qquad (17.25)$$

$u(T)$ ist hier die *Energiedichte* und nicht wie früher die Energie pro Mol.

$u(\nu, T)$ und $u(T)$ sind nicht direkt meßbar. Gl. (17.22) oder Gl. (17.25) können aber doch experimentell bestätigt werden, indem man die durch eine kleine Öffnung aus dem Hohlraum im Frequenzintervall $[\nu, \nu + d\nu]$ oder im gesamten Frequenzbereich ausgestrahlte Energie mißt. Für die Gesamtintensität I der pro Sekunde und Flächeneinheit in den Halbraum ausgestrahlten Energie gilt wegen der Isotropie der Strahlung (Bild 82)

$$I(T) = \int_{\text{(Halbraum)}} u(T)\,c\cos\vartheta\,\frac{d^2\Omega}{4\pi} = \frac{u(T)\,c}{4\pi}\,2\pi\,\underbrace{\left(-\frac{\cos^2\vartheta}{2}\right)\Bigg|_0^{\frac{\pi}{2}}}_{\frac{1}{2}} = \frac{u(T)\,c}{4} = \frac{2\pi^5 k^4}{15 c^2 h^3}\,T^4, \quad (17.26)$$

$$\boxed{I(T) = \sigma T^4 \quad \text{mit} \quad \sigma := \frac{2\pi^5 k^4}{15 c^2 h^3}.} \qquad (17.27)$$

Dies ist das *Stefan-Boltzmannsche Strahlungsgesetz* und σ die *Stefan-Boltzmann-Konstante.*

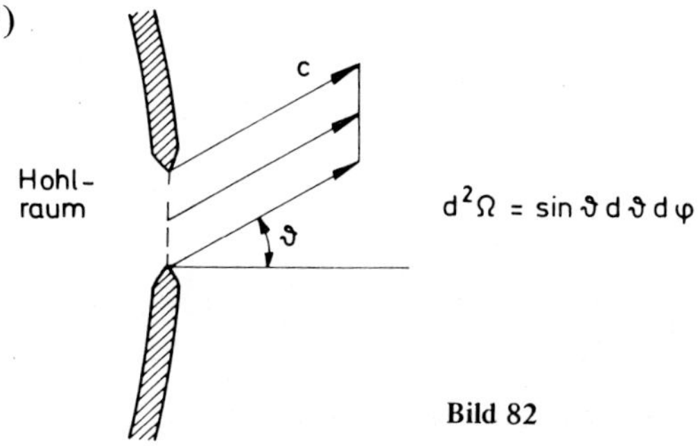

Bild 82

Filtert man die Frequenz ν heraus, so kann man auch die bei dieser Frequenz ausgestrahlte Energie pro Sekunde, Flächeneinheit und Frequenzeinheit messen:

$$I(\nu, T) = \frac{cu(\nu, T)}{4}. \tag{17.28}$$

17.2. Das Wiensche Verschiebungsgesetz

Wir fragen, bei welcher Frequenz $u(\nu, T)$ sein Maximum hat, wenn T gegeben ist.

$$\left(\frac{\partial u(\nu, T)}{\partial \nu}\right)_T = \frac{8\pi h}{c^3}\left[\frac{3\nu^2}{e^{h\nu/kT}-1} - \frac{\nu^3 e^{h\nu/kT}\left(\frac{h}{kT}\right)}{(e^{h\nu/kT}-1)^2}\right] = 0 \to$$

$$x := \frac{h\nu}{kT}, \quad 3 = \frac{xe^x}{e^x - 1} \to \tag{17.29}$$

$x = A = 2{,}821$ (A Lösung der Gl. (17.29))

$\nu_m := A\frac{kT}{h}$ ist die Frequenz bei der $u(\nu, T)$ ein Maximum hat. (17.30)

Mit Gl. (17.30) eliminieren wir T in Gl. (17.22) und erhalten die Kurve der Maxima (Bild 83):

$$u(\nu_m) := u(\nu_m, T_m) = \frac{8\pi h}{c^3}\frac{\nu_m^3}{(e^A - 1)} = \text{konst}\cdot\nu_m^3, \tag{17.31}$$

$$T_m := \frac{h\nu_m}{kA}$$

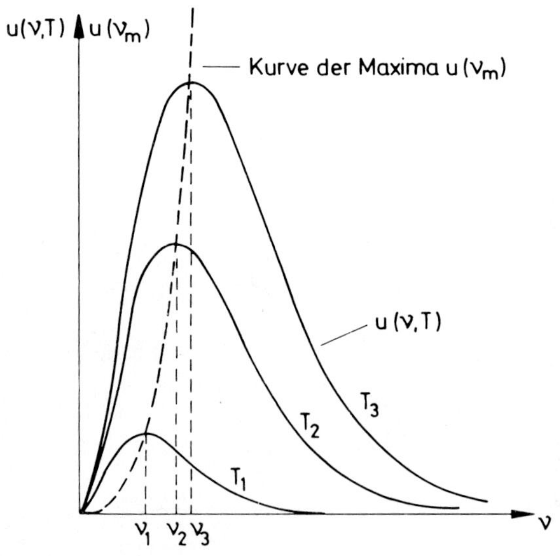

Bild 83

Analog können wir verfahren, wenn wir statt der Spektralverteilung $u(\nu, T)$ die Energiedichte auf die Wellenlänge λ beziehen. Wir können dann nach der Wellenlänge fragen, bei der $u(\lambda, T)$ ein Maximum wird:

$$\nu = \frac{c}{\lambda}, \quad d\nu = -\frac{c}{\lambda^2}\, d\lambda, \qquad u(\lambda, T)\, d\lambda := -u(\nu, T)\, d\nu, \tag{17.32}$$

$$u(T) = \int_0^\infty u(\nu, T)\, d\nu = \int_0^\infty u(\lambda, T)\, d\lambda$$

(das Minuszeichen verschwindet, da im 2. Integral die Integrationsgrenzen vertauscht sind),

$$u(T) = \frac{8\pi h}{c^3} \int_0^\infty \frac{\nu^3\, d\nu}{e^{h\nu/kT} - 1} = 8\pi hc \int_0^\infty \frac{1}{\lambda^5} \frac{d\lambda}{e^{hc/\lambda kT} - 1}, \tag{17.33}$$

$$\boxed{u(\lambda, T) = \frac{8\pi hc}{\lambda^5 (e^{hc/\lambda kT} - 1)},} \tag{17.34}$$

$$\left(\frac{\partial u(\lambda, T)}{\partial \lambda}\right)_T = 8\pi hc \left[-\frac{5}{\lambda^6 (e^{hc/\lambda kT} - 1)} + \frac{e^{hc/\lambda kT}\left(\frac{hc}{\lambda^2 kT}\right)}{\lambda^5 (e^{hc/\lambda kT} - 1)^2} \right] = 0 \rightarrow$$

$$x := \frac{hc}{\lambda kT}, \quad 5 = \frac{x e^x}{e^x - 1} \rightarrow x = 4{,}965, \tag{17.35}$$

$$\lambda_{max} = \frac{hc}{4{,}965\, k} \frac{1}{T}, \tag{17.36}$$

$$\boxed{\lambda_{max} T = \frac{hc}{4{,}965\, k} = 0{,}289 \text{ cm K}.} \tag{17.37}$$

Dies ist das *Wiensche Verschiebungsgesetz,* welches besagt, daß sich das Maximum von $u(\lambda, T)$ mit steigender Temperatur zu kleinen Wellenlängen, d. h. zu höheren Frequenzen verschiebt.

17.3. Historisches

a) Schon vor *Planck* hat *Rayleigh* aus der Annahme von klassischen Oszillatoren mit $2 \cdot \frac{kT}{2}$ mittlerer Energie ($f = 2$, siehe Gleichverteilungssatz) und einer Frequenzabzählung mit stehenden Wellen das Gesetz

$$u(\nu, T)\, d\nu = \frac{D(\nu)\, d\nu}{V} kT = \frac{8\pi\nu^2\, d\nu}{c^3} kT \tag{17.38}$$

gefunden, welches wegen der Verwendung des Gleichverteilungssatzes natürlich nur für große Temperaturen, d. h. für $h\nu \ll kT$ stimmt.

b) *W. Wien* fand andererseits experimentell für Frequenzen $h\nu \gg kT$

$$u(\nu, T)\, d\nu = \frac{8\pi\nu^2\, d\nu}{c^3}\, h\nu e^{-\frac{h\nu}{kT}}, \tag{17.39}$$

ohne das Plancksche Wirkungsquantum h als solches erkannt zu haben. Auch fand er für die Wellenlänge λ_{max} des Maximums der Strahlungsdichte die nach ihm benannte Regel

$$\lambda_{max} T = \text{konst.} \tag{17.40}$$

Alle diese Regeln und auch das Stefan-Boltzmann-Gesetz folgen aber automatisch aus dem Planckschen Strahlungsgesetz. Für $T \gg \frac{h\nu}{k}$ geht es wegen

$$e^{\frac{h\nu}{kT}} - 1 \approx \frac{h\nu}{kT}$$

in das Rayleighsche Strahlungsgesetz, für $T \ll \frac{h\nu}{k}$ wegen

$$e^{\frac{h\nu}{kT}} - 1 \approx e^{\frac{h\nu}{kT}}$$

in das Wiensche über.

Eine Gegenüberstellung der drei Strahlungsgesetze zeigt Bild 84.

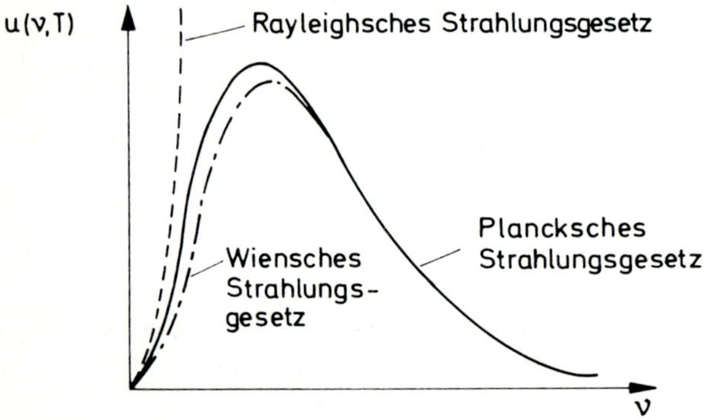

Bild 84

17.4. Zustandsgleichung des Photonengases

Die Zustandsgleichung folgt aus (Gl. (16.1)):

$$\Omega = kT \sum_i \ln(1 - e^{-\epsilon_i/kT}) \rightarrow$$

$$\Omega = kT \int_0^\infty D(\nu) \ln(1 - e^{-h\nu/kT})\, d\nu = \frac{8\pi VkT}{c^3} \int_0^\infty \nu^2 \ln(1 - e^{-h\nu/kT})\, d\nu, \tag{17.41}$$

$$\alpha := \ln(1 - e^{-h\nu/kT}), \qquad d\beta := \nu^2 d\nu, \qquad x := \frac{h\nu}{kT}, \tag{17.42}$$

(17.24):

$$\int \alpha \, d\beta = \underbrace{\alpha\beta \Big|_0^\infty}_{0} - \int_0^\infty \frac{\nu^3}{3} \cdot \frac{e^{-h\nu/kT}}{1 - e^{-h\nu/kT}} \cdot \frac{h}{kT} \, d\nu = -\frac{1}{3}\left(\frac{kT}{h}\right)^3 \int_0^\infty \frac{x^3 dx}{e^x - 1} = -\frac{1}{3}\left(\frac{kT}{h}\right)^3 \frac{\pi^4}{15},$$

$$\Omega = -PV = -\frac{1}{3}\frac{8\pi^5 k^4}{15c^3h^3} T^4 V = -\frac{1}{3} aT^4 V = -\frac{u(T)}{3} V. \tag{17.43}$$

Für die Zustandsgleichung erhalten wir daher

$$P(T) = -\left(\frac{\partial\Omega}{\partial V}\right)_{T,\mu} = \frac{u(T)}{3}. \tag{17.44}$$

Der Druck ist ebenso wie die Energiedichte nur von T abhängig. Für die Energie folgt mit Gl. (17.44)

$$U(T, V) = u(T) V = 3PV. \tag{17.45}$$

Diese Gleichung steht in Widerspruch zu Gl. (16.7). Der Unterschied kommt daher, daß die Teilchenenergie ϵ in beiden Fällen verschieden ist:

Molekül (klassische Mechanik) $\qquad \epsilon = \dfrac{mv^2}{2} = \dfrac{pv}{2}$ (17.46)

Photon (relativistische Mechanik) $\qquad \epsilon = h\nu = pc.$ (17.47)

Berechnen wir den Druck für beide Fälle mit Hilfe der Kinetik, so sehen wir die Ursache des Unterschiedes am einfachsten. Aus (8.54) folgt allgemein für den Druck

$P = \dfrac{n}{3}\overline{pv}$, n Teilchendichte (17.48)
v Teilchengeschwindigkeit

und speziell für Moleküle

$$P = \frac{n}{3}\overline{pv} = \frac{n}{3}\overline{mv^2} = \frac{n}{3} 2\overline{\epsilon} = \frac{2}{3} u(T), \tag{17.49}$$

$n\overline{\epsilon} = u(T)$ Energiedichte
ϵ Energie/Teilchen
$\overline{\epsilon}$ Mittelwert der Teilchenenergie,

sowie für Photonen

$$P = \frac{n}{3}\overline{pc} = \frac{n}{3}\overline{\epsilon} = \frac{1}{3} u(T). \tag{17.50}$$

17.5. Klassische Berechnung des Strahlungsgesetzes

Das Strahlungsgesetz (17.25) ist auch auf thermodynamischem Wege zu erhalten, wenn man den Strahlungsdruck als bekannt voraussetzt. Wir benützen dazu die für alle Systeme gültige Beziehung des 2. Hauptsatzes

$$\left(\frac{\partial U}{\partial V}\right)_T = T\left(\frac{\partial P}{\partial T}\right)_V - P \tag{17.51}$$

und die Gl. (17.50) der Kinetik. Aus der Tatsache, daß P und u(T) nur von T allein abhängen, folgt mit den Gln (17.50) und (17.51) sofort:

$$U = Vu = 3VP\,, \quad \left(\frac{\partial U}{\partial V}\right)_T = u(T), \quad P = \frac{1}{3}\,u(T)$$

$$u = \frac{T}{3}\frac{du}{dT} - \frac{1}{3}\,u,$$

$$\frac{du}{u} = 4\,\frac{dT}{T}, \qquad \ln u = 4\ln T + \ln a,$$

$$\boxed{u(T) = aT^4\,.}$$

Die Integrationskonstante a bleibt aber bei der klassischen Berechnung unbestimmt, kann also hier nur experimentell bestimmt werden.

18. Das Debye-Modell

Im Abschnitt 14 hatten wir ein Modell für den Festkörper kennengelernt. Es war dies das *Einsteinmodell. Debye* verbesserte das Modell, indem er den Kristall als ein System gekoppelter Oszillatoren behandelte. Der für die spezifische Wärme maßgebende Anteil der Hamiltonfunktion des Kristalls lautet dann

$$H = \frac{1}{2m}\sum_{j=1}^{3N} p_j^2 + \frac{1}{2}\sum_{i,j=1}^{3N} A_{ij}q_iq_j\,, \tag{18.1}$$

wobei die q_i die Auslenkungen der Gitterionen aus ihren Ruhelagen sind. Diese Hamiltonfunktion kann durch eine geeignete Koordinantentransformation in eine Summe separierter Terme, welche jeweils nur von einem Koordinatenpaar (Q_i, P_i) (Normalkoordinaten) abhängen, umgewandelt werden:

$$H = \sum_{i=1}^{3N}\left(\frac{1}{2}\,P_i^2 + \frac{\omega_i^2}{2}\,Q_i^2\right), \tag{18.2}$$

$$\dot{Q}_i = \frac{\partial H}{\partial P_i}\,, \quad \dot{P}_i = -\,\frac{\partial H}{\partial Q_i} \rightarrow \tag{18.3}$$

$$P_i = \dot{Q}_i\,, \rightarrow \ddot{Q}_i + \omega_i^2\,Q_i = 0. \tag{18.4}$$

Die kanonisch konjugierten Variablen (Q_i, P_i) sind keine physikalischen Koordinaten bzw. Impulse im herkömmlichen Sinn (sondern Linearkombinationen davon, siehe auch Beispiel S18), gehorchen aber den Gln. (18.2) und (18.4) eines linearen harmonischen Oszillators der Eigenfrequenz $\nu_i = \frac{\omega_i}{2\pi}$ mit den quantenmechanischen Energieniveaus

$$\epsilon_i = \hbar\omega_i\left(\frac{1}{2} + n_i\right) = h\nu_i\left(\frac{1}{2} + n_i\right), \qquad \begin{array}{l} n_i = 0, 1, 2, \dots \\ i\ = 1, 2, \dots, 3N \end{array} \tag{18.5}$$

$$\hbar := \frac{h}{2\pi}, \qquad \omega_i = 2\pi\nu_i.$$

Die Energiequanten $h\nu_i$, welche den Schallschwingungen des Kristalls entsprechen, nennt man *Phononen* (in Analogie zu den Photonen). Es gibt im Kristall, der aus N Atomen besteht, den Freiheitsgraden der Bewegung entsprechend, 3N verschiedene Typen von Phononen (Hauptschwingungen oder auch Moden genannt) mit den charakteristischen Frequenzen $\nu_1, \nu_2, \dots, \nu_i, \dots, \nu_{3N}$.

Der Mikrozustand des Systems ist durch den Satz der n_i $(i = 1, \dots, 3N)$ gegeben, der angibt wie viele Phononen in jeder Hauptschwingung i vorkommen. Damit können wir die Energie des Kristalls berechnen:

$$U_{n_1 \dots n_{3N}} = \sum_{i=1}^{3N} h\nu_i\left(\frac{1}{2} + n_i\right), \tag{18.6}$$

$$Z = \sum_{\substack{\text{alle Sätze}\\ \text{der } n_i}} e^{-\frac{U_{n_1 \dots n_{3N}}}{kT}} = \sum_{\substack{\text{alle Sätze}\\ \text{der } n_i}} \exp\left[-\sum_{i=1}^{3N} \frac{h\nu_i}{kT}\left(\frac{1}{2} + n_i\right)\right] = e^{-\sum_{i=1}^{3N}(h\nu_i/2kT)}\, z_1 z_2 \dots z_{3N}, \tag{18.7}$$

$$z_i = \sum_{n_i=0}^{\infty} e^{-\frac{h\nu_i}{kT} n_i} = \frac{1}{1 - e^{-\frac{h\nu_i}{kT}}}, \tag{18.8}$$

$$F = -kT \ln Z = \sum_{i=1}^{3N} \frac{h\nu_i}{2} + kT \sum_{i=1}^{3N} \ln\left[1 - e^{-\frac{h\nu_i}{kT}}\right], \tag{18.9}$$

$$U = F + TS = F - T\left(\frac{\partial F}{\partial T}\right)_{V,N} = U_0 + \sum_{i=1}^{3N} \frac{h\nu_i}{e^{h\nu_i/kT} - 1}, \tag{18.10}$$

$$U_0 = \sum_{i=1}^{3N} \frac{h\nu_i}{2}. \tag{18.11}$$

Im Grenzfall $V \to \infty$ werden die diskreten Werte ν_i kontinuierlich, sie reichen dann von Null bis zu einer oberen Grenze. Diese obere Grenze ν_D ist durch die Anzahl der Freiheitsgrade 3N des N-atomigen Kristalls bestimmt. Die Summation über alle Schwingungen ergibt daher

$$3N = \sum_{i=1}^{3N} 1. \tag{18.12}$$

Diese Gleichung führt im kontinuierlichen Fall zu der oberen Grenze ν_D. Wir müssen beachten, daß für Kristalle, deren Elementartzellen nur aus einem Atom bestehen, der Index $i = (\sigma, \vec{k})$ durch die Schwingungsrichtung σ der Welle (zwei transversale und eine longitudinale Schwingungsrichtung, wobei σ gleich 1, 2 bzw. 3 ist) einerseits und dem Ausbreitungsvektor $\vec{k}$ andererseits bestimmt wird. Nehmen wir einfachheitshalber an, daß die Wellengeschwindigkeit der Phononen, d. h. also die Schallgeschwindigkeit c von der Schwingungsrichtung unabhängig ist, so besteht für den Absolutbetrag des Ausbreitungsvektors $\vec{k}$ die Beziehung

$$|\vec{k}| = k = \frac{\omega}{c} = \frac{2\pi\nu}{c}, \tag{18.13}$$

wobei die σ-te Komponente der Schallwelle $\vec{a}e^{i(\vec{k}\cdot\vec{r} - \omega t)}$ aus Phononen im Zustand $i = (\sigma, \vec{k})$ besteht (a_σ ist die Schwingungsamplitude in σ-Richtung).

Der Ausbreitungsvektor $\vec{k}$ ist infolge der periodischen Randbedingungen des Kristalls durch

$$k_\alpha = \frac{2\pi}{V^{1/3}} j_\alpha, \quad j_\alpha = 0, \pm 1, \pm 2, \ldots; \quad \alpha = 1, 2, 3 \tag{18.14}$$

gegeben. Für $V \to \infty$ wird k und somit auch ν kontinuierlich und Gl. (18.12) geht mit Gl. (18.14) und

$$1 = \underbrace{\Delta j_1}_{1} \underbrace{\Delta j_2}_{1} \underbrace{\Delta j_3}_{1} = \frac{V}{(2\pi)^3} \Delta k_1 \Delta k_2 \Delta k_3 \tag{18.15}$$

bei Benützung von Polarkoordinaten für $\vec{k}$ über in

$$3N = \sum_{i=1}^{3N} 1 = \sum_{\sigma=1}^{3} \sum_{j_1, j_2, j_3} 1 = 3 \sum_{k_1, k_2, k_3} \frac{V}{(2\pi)^3} \Delta k_1 \Delta k_2 \Delta k_3 \approx$$

$$\approx 3 \int_{k \leqslant k_D} \frac{V}{(2\pi)^3} d^3k = \frac{3V}{(2\pi)^3} \int_0^{k_D} 4\pi k^2 dk = \frac{12\pi V}{c^3} \int_0^{\nu_D} \nu^2 d\nu = \int_0^{\nu_D} D(\nu) d\nu,$$

$$\boxed{3N = \frac{4\pi V}{c^3} \nu_D^3,} \tag{18.16}$$

$$D(\nu)\,d\nu := \frac{12\pi V}{c^3}\nu^2\,d\nu \quad \text{ist die Anzahl der Hauptschwingungen im Intervall } [\nu, \nu + d\nu], \tag{18.17}$$

$$k_D := \frac{2\pi}{c}\nu_D\,.$$

Mit Gl. (18.16) ist die obere Grenze ν_D der Frequenzen bestimmt durch

$$\nu_D = \left(\frac{3N}{4\pi V}\right)^{1/3} c\,. \tag{18.18}$$

Bei der Ableitung von ν_D wurden zwei Näherungen durchgeführt. Erstens wurde angenommen, daß die Schallgeschwindigkeit c von ν unabhängig ist. Zweitens wurde vorausgesetzt, daß die transversalen und die longitudinalen Wellen die gleiche Geschwindigkeit c und die gleiche obere Frequenzgrenze ν_D besitzen.

Im kontinuierlichen Fall können wir daher jede Summe über i durch das entsprechende Integral über ν ersetzen

$$\sum_{i=1}^{3N} \ldots \to \int_0^{\nu_D} d\nu D(\nu) \ldots = \frac{12\pi V}{c^3}\int_0^{\nu_D} d\nu\,\nu^2 \ldots \tag{18.19}$$

und erhalten für Gl. (18.10) unter Berücksichtigung von Gl. (18.16)

$$U = U_0 + \frac{12\pi V}{c^3}\int_0^{\nu_D}\frac{h\nu^3}{e^{h\nu/kT}-1}\,d\nu = U_0 + 3N\frac{3}{\nu_D^3}\int_0^{\nu_D}\frac{h\nu^3}{e^{h\nu/kT}-1}\,d\nu. \tag{18.20}$$

Mit

$$x := \frac{h\nu}{kT}, \qquad x_D := \frac{h\nu_D}{kT} = \frac{\theta_D}{T}, \tag{18.21}$$

der *Debye-Temperatur*

$$\theta_D := \frac{h\nu_D}{k}, \tag{18.22}$$

und der *Debye-Funktion*

$$D(x_D) := \frac{3}{x_D^3}\int_0^{x_D}\frac{x^3}{e^x - 1}\,dx \tag{18.23}$$

ergibt sich für die innere Energie des Kristalls

$$U = U_0 + 3NkT\,D\left(\frac{\theta_D}{T}\right). \tag{18.24}$$

Für $T \ll \theta_D$ bzw. $T \gg \theta_D$ erhalten wir für die Debye-Funktion näherungsweise

$$D(x_D) \approx \begin{cases} \dfrac{3}{x_D^3} \displaystyle\int_0^\infty \dfrac{x^3}{e^x - 1}\, dx = \dfrac{3}{x_D^3} \dfrac{\pi^4}{15} = \dfrac{\pi^4}{5x_D^3}; & x_D \gg 1 \\ \dfrac{3}{x_D^3} \displaystyle\int_0^{x_D} \dfrac{x^3}{x}\, dx = 1 & x_D \ll 1, \end{cases} \tag{18.25}$$

für die innere Energie

$$U \approx \begin{cases} \dfrac{3\pi^4}{5} Nk \dfrac{T^4}{\theta_D^3} + U_0 & T \ll \theta_D \\ 3NkT + U_0 & T \gg \theta_D \end{cases} \tag{18.26}$$

und für die spezifische Wärme

$$c_v \approx \begin{cases} \dfrac{12\pi^4}{5} R \left(\dfrac{T}{\theta_D}\right)^3 & T \ll \theta_D \\ 3R & T \gg \theta_D. \end{cases} \tag{18.27}$$

Die spezifische Wärme weist bei Temperaturen, die wesentlich kleiner als die Debye-Temperatur θ_D sind, ein T^3-Verhalten auf, das mit der experimentellen Erfahrung gut übereinstimmt (siehe Bild 73). Der 3. Hauptsatz wird ebenfalls erfüllt. Für viele höhere Temperaturen als die Debye-Temperatur, gilt wieder das Dulong-Petit-Gesetz.

Gl. (18.20) zeigt, daß wir die Phononen als ideales Bosegas mit $\mu = 0$ auffassen können. Dies wird sofort klar, wenn wir beachten:

1. Die harmonischen Oszillatoren können jede beliebige Zahl von Quanten (Phononen) enthalten (→ Bose-Statistik)
2. Das chemische Potential μ ist wie beim Photonengas Null, da hier ebenfalls die Anzahl der Phononen nicht beliebig vorgegeben werden kann. Sie stellt sich vielmehr bei gegebener Temperatur im Gleichgewicht von selbst ein.

μ ist hier das chemische Potential bezüglich der Phononenzahl im Gegensatz zur atomaren Teilchenzahl N des Festkörpers. Das chemische Potential bezüglich der atomaren Teilchenzahl N ist hingegen nicht Null, da die Zahl der Atome sich nicht von selbst einstellt, sondern unabhängig von allen anderen Größen beliebig groß vorgegeben werden kann, denn die Menge der Atome im Kristall ist nicht von der Temperatur abhängig.

19. Beispiele zur statistischen Mechanik

Beispiel S1

N Moleküle (ideales Gas) befinden sich in einem Volumen V. Sie besitzen die mittlere Geschwindigkeit $\vec{v}_0$ und die mittlere Gesamtenergie E. Wie viele Teilchen N_i haben unter diesen Bedingungen im Mittel die Geschwindigkeit $\vec{v}_i$, wenn sonst keine Informationen gegeben sind, d. h. die Unbestimmtheit ein Maximum ist? Zur Berechnung der Lagrangeschen Multiplikatoren sind die Summen durch Integrale zu ersetzen $\left(\sum_i \ldots \to \frac{1}{\omega}\int d^3r\, d^3p \ldots\right)$.

Lösung:

$$w_i = \frac{N_i}{N}.$$

Die wahrscheinlichste Verteilung erhält man, wenn

$$S' = -k\sum_i w_i \ln w_i \tag{1}$$

bei gleichzeitiger Erhaltung der Nebenbedingungen

$$\sum_i N_i = N \quad \longrightarrow \sum_i w_i = 1 \quad \Big| \cdot(-k\alpha) \tag{2}$$

$$\sum_i N_i \frac{p_i^2}{2m} = E \quad \longrightarrow \sum_i w_i \frac{p_i^2}{2m} = \frac{E}{N} \tag{3}$$

$$\sum_i N_i \frac{\vec{p}_i}{m} = N\vec{v}_0 \quad \longrightarrow \sum_i w_i \frac{\vec{p}_i}{m} = \vec{v}_0 \tag{4}$$

ein Maximum wird.

$$(2)\,(4){:}\ \sum_i w_i\left(\frac{\vec{p}_i}{m} - \vec{v}_0\right) = \underline{\sum_i w_i \frac{1}{m}(\vec{p}_i - \vec{p}_0)} = \sum_i w_i \frac{1}{m}\vec{\kappa}_i = 0 \tag{5}$$

$$\vec{p}_0 := m\vec{v}_0; \qquad \vec{\kappa}_i := \vec{p}_i - \vec{p}_0.$$

Daher wird zur Vereinfachung der Nebenbedingungen die Impulstransformation $\vec{p}_i = \vec{\kappa}_i + \vec{p}_0$ eingeführt:

$$(3){:}\ \frac{1}{2m}\sum_i w_i(\vec{\kappa}_i + \vec{p}_0)^2 = \frac{1}{2m}\Big(\sum_i w_i\kappa_i^2 + 2\vec{p}_0\cdot\underbrace{\sum_i w_i\vec{\kappa}_i}_{(5):\ 0} + p_0^2\underbrace{\sum_i w_i}_{(2):\ 1}\Big) = \frac{E}{N};$$

$$\underline{\sum_i w_i \frac{\kappa_i^2}{2m} = \frac{E}{N} - \frac{p_0^2}{2m} =: \frac{E_0}{m}} \quad \Big| \cdot(-k\beta). \tag{6}$$

Bei der Variation werden nun nur die neuen Nebenbedingungen (2) und (6) berücksichtigt, weil dann Gl. (5) bereits automatisch erfüllt wird, wie sich zeigen wird:

$$\delta S' - \sum_i \delta w_i \left(k\alpha + k\beta \frac{\kappa_i^2}{2m}\right) = 0,$$

$$k \sum_i \delta w_i \left(-\ln w_i - 1 - \alpha - \beta \frac{\kappa_i^2}{2m}\right) = 0,$$

δw_i ist beliebig, daher $\left(-\ln w_i - 1 - \alpha - \beta \frac{\kappa_i^2}{2m}\right) = 0$

$$w_i = e^{-1-\alpha-\beta \frac{\kappa_i^2}{2m}}, \quad \frac{1}{Z} := e^{-1-\alpha},$$

$$(2){:}\ 1 = \sum_i w_i = \frac{1}{Z} \sum_i e^{-\beta \frac{\kappa_i^2}{2m}} \rightarrow Z = \sum_i e^{-\beta \frac{\kappa_i^2}{2m}},$$

$$\underline{w_i = \frac{1}{Z} e^{-\beta \frac{\kappa_i^2}{2m}}},$$

$$(6){:}\ \frac{E_0}{N} = \frac{1}{Z} \sum_i \frac{\kappa_i^2}{2m} e^{-\beta \frac{\kappa_i^2}{2m}},$$

$$\sum_i \ldots \rightarrow \frac{1}{\omega} \int d^3r\, d^3p \ldots = \frac{1}{\omega} \int d^3r\, d^3\kappa \ldots, \quad \omega = h^3$$

$$Z = \frac{1}{\omega} \int e^{-\beta \frac{\kappa^2}{2m}} d^3r\, d^3\kappa = \frac{4\pi V}{\omega} \int_0^\infty e^{-\frac{\beta}{2m}\kappa^2} \kappa^2 d\kappa = \frac{4\pi V}{\omega} J_2$$

$$E_0 = \frac{N}{\omega Z} \int e^{-\beta \frac{\kappa^2}{2m}} \frac{\kappa^2}{2m} d^3r\, d^3\kappa = N \frac{4\pi V}{\omega Z 2m} \int_0^\infty e^{-\frac{\beta}{2m}\kappa^2} \kappa^4 d\kappa = N \frac{2\pi V}{\omega Z m} J_4$$

$$a = \frac{\beta}{2m}$$

$$J_2 = \frac{1}{4}\sqrt{\frac{\pi}{a^3}} = \frac{\sqrt{\pi}}{4}\left(\frac{2m}{\beta}\right)^{3/2}$$

$$J_4 = \frac{3}{8}\sqrt{\frac{\pi}{a^5}} = \frac{3\sqrt{\pi}}{8}\left(\frac{2m}{\beta}\right)^{5/2}$$

$$Z = V \frac{\pi\sqrt{\pi}}{\omega}\left(\frac{2m}{\beta}\right)^{3/2},$$

$$E_0 = NV \frac{2\pi}{\omega m} \frac{\omega}{V\pi\sqrt{\pi}} \frac{3\sqrt{\pi}}{8} \left(\frac{2m}{\beta}\right)^{5/2 - 3/2} = N \frac{3}{4m} \left(\frac{2m}{\beta}\right) = \frac{3N}{2} \frac{1}{\beta},$$

$$\underline{\beta = \frac{3N}{2E_0}}, \qquad \underline{Z = \frac{V}{\omega} \left(\frac{4\pi m E_0}{3N}\right)^{3/2}}$$

$$\underline{N_i = \frac{N\omega}{V} \left(\frac{3N}{4\pi m E_0}\right)^{3/2} e^{-\frac{3N}{4mE_0}(\vec{p}_i - m\vec{v}_0)^2}.}$$

Dies stimmt mit Gl. (8.61) überein, wie man mit Hilfe der Gln. (8.70), (11.60) und $\beta = \frac{1}{kT}$ sieht.

Es ist noch zu zeigen, daß die Nebenbedingung (5) erfüllt ist:

$$\sum_i \vec{\kappa}_i N_i \to \frac{VN}{Z\omega} \int \vec{\kappa}\, e^{-\beta \frac{\kappa^2}{2m}} d^3\kappa = 0, \qquad \text{da z. B. für die x-Komponente von } \vec{\kappa} \text{ gilt:}$$

$$\frac{VN}{Z\omega} \underbrace{\int_{-\infty}^{\infty} \kappa_x e^{-\beta \frac{\kappa_x^2}{2m}} d\kappa_x}_{0} \underbrace{\int_{-\infty}^{\infty} e^{-\beta \frac{\kappa_y^2}{2m}} d\kappa_y}_{\sqrt{\frac{\pi 2m}{\beta}}} \underbrace{\int_{-\infty}^{\infty} e^{-\beta \frac{\kappa_z^2}{2m}} d\kappa_z}_{\sqrt{\frac{\pi 2m}{\beta}}} = 0,$$

da

$$J = \underbrace{\int_{-\infty}^{0} x e^{-\frac{\beta}{2m} x^2} dx}_{} + \int_{0}^{\infty} x e^{-\frac{\beta}{2m} x^2} dx = 0 \qquad \text{w.z.b.w.}$$

$$x \to -x: \; -\int_{0}^{\infty} x e^{-\frac{\beta}{2m} x^2} dx$$

Beispiel S2

Ein einfaches Kernmodell ist jenes eines Fermi-Gases, welches durch ein harmonisches Oszillatorpotential zusammengehalten wird. Die erlaubten Energien für jedes Nukleon sind ϵ_i ($i = 0, 1, 2, \ldots$). Das i-te Energie-Niveau hat g_i verschiedene Zustände. (i kennzeichnet das Energie-Niveau und nicht den Zustand!) Als Ausgangspunkt der folgenden Aufgaben benütze man das große Potential (grand potential)

$$\Omega = -kT \sum_i g_i \ln \left[1 + \exp \frac{\mu - \epsilon_i}{kT} \right].$$

a) Man berechne den Ausdruck für die mittlere Nukleonen-(Teilchen-)Zahl N.

b) Man bilde den Ausdruck für die mittlere Besetzungszahl N_i

c) Man zeige, daß der Ausdruck für N eine Summe der Terme N_i ist. (N_i = mittlere Zahl der Nukleonen im Energieniveau ϵ_i).

d) Man berechne die Entropie als Funktion von N_i und g_i.

Lösung:

a) $$N = -\left(\frac{\partial \Omega}{\partial \mu}\right)_{T,V} = \sum_i g_i \frac{e^{(\mu - \epsilon_i)/kT}}{1 + e^{(\mu - \epsilon_i)/KT}}, \qquad (1)$$

b) $$\Omega = -kT \ln Z \rightarrow$$

$$\ln Z = \sum_i g_i \ln\left[1 + e^{(\mu - \epsilon_i)/kT}\right]$$

$$N_i = -kT\left(\frac{\partial \ln Z}{\partial \epsilon_i}\right)_{T,\mu} = \left(\frac{\partial \Omega}{\partial \epsilon_i}\right)_{T,\mu} \rightarrow$$

$$N_i = g_i \frac{e^{(\mu - \epsilon_i)/kT}}{1 + e^{(\mu - \epsilon_i)/kT}}, \qquad (2)$$

c) $$(1), (2): \; N = \sum_i N_i,$$

d) $$S = -\left(\frac{\partial \Omega}{\partial T}\right)_{\mu,V}$$

$$S = k \sum_i g_i \left[\ln(1 + e^{(\mu - \epsilon_i)/kT}) - \frac{\mu - \epsilon_i}{kT} \frac{e^{(\mu - \epsilon_i)/kT}}{1 + e^{(\mu - \epsilon_i)/kT}}\right]$$

$$(2): \; N_i(1 + e^{(\mu - \epsilon_i)/kT}) = g_i e^{(\mu - \epsilon_i)/kT} \rightarrow$$

$$\left.\begin{aligned} & e^{(\mu - \epsilon_i)/kT} = \frac{N_i}{g_i - N_i}, \qquad \frac{\mu - \epsilon_i}{kT} = \ln\left(\frac{N_i}{g_i - N_i}\right) \\ & 1 + e^{(\mu - \epsilon_i)/kT} = \frac{g_i}{g_i - N_i} \end{aligned}\right\} \qquad (3)$$

$$S = k \sum_i g_i \left[\ln \frac{g_i}{g_i - N_i} - \frac{N_i}{g_i} \ln \frac{N_i}{g_i - N_i}\right]$$

$$S = k \sum_i \left[g_i \ln g_i - N_i \ln N_i - (g_i - N_i) \ln(g_i - N_i)\right].$$

Für Fermionen ist g_i immer größer oder höchstens gleich N_i, da sonst S nicht definiert (komplex) bzw. mindestens ein Zustand mehrfach besetzt wäre.

Beispiel S3

a) Man leite für Einstein-Bose-Teilchen (Bosonen) den Ausdruck für die Entropie ab und zwar als Funktion der mittleren Besetzungszahl N_i. Man gehe von der großkanonischen Zustandssumme

$$Z = \prod_i \left[1 - \exp\frac{\mu - \epsilon_i}{kT}\right]^{-1} \qquad \text{aus.}$$

b) Man bestimme $N(T, V, \mu)$ mit Hilfe von Z als Funktion der ϵ_i.

c) Man bestimme $U(T, V, \mu)$ mit Hilfe von Z als Funktion der ϵ_i.

Lösung:

a) $$\Omega = -kT \ln Z = +kT \sum_i \ln(1 - e^{(\mu - \epsilon_i)/kT}) \tag{1}$$

$$S = -\left(\frac{\partial \Omega}{\partial T}\right)_{\mu, V}$$

$$S = k \sum_i \left[-\ln(1 - e^{(\mu - \epsilon_i)/kT}) - \frac{\mu - \epsilon_i}{kT} \frac{e^{(\mu - \epsilon_i)/kT}}{1 - e^{(\mu - \epsilon_i)/kT}}\right], \tag{2}$$

$$N_i = -kT\left(\frac{\partial \ln Z}{\partial \epsilon_i}\right)_{T,\mu} = \left(\frac{\partial \Omega}{\partial \epsilon_i}\right)_{T,\mu} = \frac{e^{(\mu - \epsilon_i)/kT}}{1 - e^{(\mu - \epsilon_i)/kT}},$$

$$e^{(\mu - \epsilon_i)/kT} = \frac{N_i}{1 + N_i}, \qquad \frac{\mu - \epsilon_i}{kT} = \ln\frac{N_i}{1 + N_i}$$

$$1 - e^{(\mu + \epsilon_i)/kT} = \frac{1}{1 + N_i} \rightarrow$$

$$S = k \sum_i \left[+\ln(1 + N_i) - N_i \ln\left(\frac{N_i}{1 + N_i}\right)\right]$$

$$S = k \sum_i [(1 + N_i)\ln(1 + N_i) - N_i \ln N_i],$$

b) $$N = -\left(\frac{\partial \Omega}{\partial \mu}\right)_{T,V} = \sum_i \frac{e^{(\mu - \epsilon_i)/kT}}{1 - e^{(\mu - \epsilon_i)/kT}}, \tag{3}$$

c) $\quad -PV = \Omega$

$U = ST - PV + \mu N$

(1) (2) (3):

$$U = \sum_i \left[-kT\ln(1 - e^{\%}) - (\mu - \epsilon_i) \frac{e^{\%}}{1 - e^{\%}} + kT\ln(1 - e^{\%}) + \mu \frac{e^{\%}}{1 - e^{\%}} \right]$$

$$U = \sum_i \epsilon_i \frac{e^{(\mu - \epsilon_i)/kT}}{1 - e^{(\mu - \epsilon_i)/kT}} .$$

Beispiel S4

a) Man leite für die Fermi-Dirac-Teilchen (Fermionen) den Ausdruck für die Entropie ab, und zwar als Funktion der mittleren Besetzungszahl N_i. Man gehe von der großkanonischen Zustandssumme

$$Z = \prod_i [1 + \exp((\mu - \epsilon_i)/kT)] \qquad \text{aus.}$$

b) Man bestimme $N(T, V, \mu)$ mit Hilfe von Z als Funktion der ϵ_i.

c) Man bestimme $I(T, V, \mu)$ mit Hilfe von Z als Funktion der ϵ_i.

Lösung:

a) $\quad \Omega = -kT\ln Z = -kT \sum_i \ln(1 + e^{(\mu - \epsilon_i)/kT})$

$$S = -\left(\frac{\partial\Omega}{\partial T}\right)_{\mu, V} \rightarrow$$

$$S = k \sum_i \left[\ln(1 + e^{(\mu - \epsilon_i)/kT}) - \frac{\mu - \epsilon_i}{kT} \frac{e^{(\mu - \epsilon_i)/kT}}{1 + e^{(\mu - \epsilon_i)/kT}} \right] \tag{1}$$

$$N_i = -kT \left(\frac{\partial \ln Z}{\partial \epsilon_i}\right)_{T,\mu} = \left(\frac{\partial\Omega}{\partial \epsilon_i}\right)_{T,\mu} = \frac{e^{(\mu - \epsilon_i)/kT}}{1 + e^{(\mu - \epsilon_i)/kT}} \rightarrow$$

$$e^{(\mu - \epsilon_i)/kT} = \frac{N_i}{1 - N_i}, \quad \frac{\mu - \epsilon_i}{kT} = \ln \frac{N_i}{1 - N_i} \rightarrow$$

$$S = k \sum_i \left[\ln \frac{1}{1 - N_i} - N_i \ln \frac{N_i}{1 - N_i} \right]$$

$$S = -k \sum_i [(1 - N_i)\ln(1 - N_i) + N_i \ln N_i].$$

Man sieht, N_i kann nur zwischen 0 und 1 liegen, da sonst S komplex würde.

b) $$\underline{N} = -\left(\frac{\partial \Omega}{\partial \mu}\right)_{T,V} = \underline{\sum_i \frac{e^{(\mu - \epsilon_i)/kT}}{1 + e^{(\mu - \epsilon_i)/kT}}} \qquad (2)$$

c) $$I = U + PV = ST + \mu N$$

$$(1)\,(2)\text{:}\; I = \sum_i \left[kT\ln(1 + e^{\%}) - (\mu - \epsilon_i)\frac{e^{\%}}{1 + e^{\%}} + \mu\frac{e^{\%}}{1 + e^{\%}}\right],$$

$$\underline{I = \sum_i \left[kT\ln(1 + e^{(\mu - \epsilon_i)/kT}) + \epsilon_i \frac{e^{(\mu - \epsilon_i)/kT}}{1 + e^{(\mu - \epsilon_i)/kT}}\right].}$$

Beispiel S5

Ein System besteht aus drei Teilchen. Jedes von ihnen hat drei mögliche Quantenzustände mit den Energien 0, E und 4E. Man gebe zum Vergleich die *kanonische Zustandssumme* Z dieses Systems an:

a) wenn die Teilchen unterscheidbar sind;

b) wenn sie ununterscheidbar sind und trotz der kleinen Teilchenzahl der korrigierten Maxwell-Boltzmann-Statistik gehorchen würden,

c) der Bose-Einstein-Statistik und

d) der Fermi-Dirac-Statistik gehorchen.

Man berechne auch die Entropie für alle vier Flälle.

Lösung:

$$Z = \sum_\nu g_\nu e^{-\frac{1}{kT} U_\nu}$$

$$U_\nu = \sum_{i=1}^{3} \epsilon_i n_i^{(\nu)}$$

$$N = \sum_{i=1}^{3} n_i^{(\nu)}$$

$$F = -kT\ln Z, \qquad S = -\left(\frac{\partial F}{\partial T}\right)_{V,N}$$

$$S = k\ln Z + kT\frac{1}{Z}\left(\frac{\partial Z}{\partial T}\right)_{V,N}$$

ν kennzeichnet hier die verschiedenen Zahlensätze $\{n_i^{(\nu)}\}$ in die N zerlegt werden kann. Es gilt dann für g_ν:

a) $g_\nu = \dfrac{N!}{n_1^{(\nu)}!\, n_2^{(\nu)}!\, n_3^{(\nu)}!}$ für unterscheidbare Teilchen

b, c) $g_\nu = 1$ für nicht unterscheidbare Teilchen:
c) B.E.-Statistik und b) korr. M.B.-Statistik

d) $g_\nu = 0, 1$ für nicht unterscheidbare Teilchen:
der F.D.-Statistik.

$g_\nu = 0$, wenn Zustände mehrfach besetzt sind!

ν (beliebige Numerierung)	g_ν für a)	g_ν für d)	$\epsilon_1 = 0$, $n_1^{(\nu)}$	$\epsilon_2 = E$, $n_2^{(\nu)}$	$\epsilon_3 = 4E$, $n_3^{(\nu)}$	$U_\nu = \sum_i \epsilon_i n_i^{(\nu)}$
1	1	0	3	0	0	0
2	1	0	0	3	0	3E
3	1	0	0	0	3	12E
4	3	0	2	1	0	1E
5	3	0	2	0	1	4E
6	3	0	1	2	0	2E
7	3	0	0	2	1	6E
8	3	0	1	0	2	8E
9	3	0	0	1	2	9E
10	6	1	1	1	1	5E

a) $$\underline{Z_u} = \sum_\nu g_\nu e^{-\frac{1}{kT}\sum_i \epsilon_i n_i^{(\nu)}} = z^N = \underline{(1 + x + x^4)^3},$$

$$x := e^{-\frac{E}{kT}}, \qquad z = \sum_{i=1}^{3} x_i = 1 + x + x^4, \qquad x_i := e^{-\frac{\epsilon_i}{kT}}$$

$$\underline{\left(\frac{\partial x^b}{\partial T}\right)_V} = \left(\frac{\partial e^{-\frac{Eb}{kT}}}{\partial T}\right)_V = \frac{Eb}{kT^2}\, e^{-\frac{Eb}{kT}} = \underline{\frac{E}{kT^2}\, b x^b},$$

$$S_u = 3k \ln(1+x+x^4) + \frac{E}{T}\,\frac{3(1+x+x^4)^2}{(1+x+x^4)^3}\cdot(x+4x^4),$$

$$\underline{S_u = 3k \ln(1+x+x^4) + \frac{E}{T}\,\frac{3(x+4x^4)}{(1+x+x^4)}}$$

b) $\underline{Z_{MB}} \approx \frac{1}{N!} z^N = \underline{\frac{1}{6}(1 + x + x^4)^3}$

$$\underline{S_{MB} = k \ln\left(\frac{z^3}{6}\right) + \frac{E}{T}\frac{3(x + 4x^4)}{(1 + x + x^4)} = S_u - k \ln 6}$$

c) $\underline{Z_{BE} = 1 + x + x^2 + x^3 + x^4 + x^5 + x^6 + x^8 + x^9 + x^{12},}$

$$\underline{S_{BE} = k \ln[1 + x + x^2 + x^3 + x^4 + x^5 + x^6 + x^8 + x^9 + x^{12}] +}$$

$$\underline{+ \frac{E}{T}\cdot\frac{(x + 2x^2 + 3x^3 + 4x^4 + 5x^5 + 6x^6 + 8x^8 + 9x^9 + 12x^{12})}{(1 + x + x^2 + x^3 + x^4 + x^5 + x^6 + x^8 + x^9 + x^{12})}}$$

d) $\underline{Z_{FD}} = x^5$ (nur ein Mikrozustand möglich: $n_1 = 1, n_2 = 1, n_3 = 1$)

$$\underline{S} = k \ln x^5 + \frac{E}{T}\frac{5x^5}{x^5} = -k\frac{5E}{kT} + \frac{5E}{T} = \underline{0}, \quad \text{da } x = e^{-\frac{E}{kT}}.$$

Die Entropie ist hier Null, da keine Unbestimmtheit vorliegt, denn der Mikrozustand $n_1 = 1, n_2 = 1, n_3 = 1$ ist der einzig mögliche und daher sicher besetzt: $w_{\nu=10} = 1; w_\nu = 0$ für $\nu = 1, 2, \ldots, 9$.

Beispiel S6

a) Für eine „großkanonische" Gesamtheit mit den Nebenbedingungen

$$U = \sum_\nu{}' w_\nu U_\nu, \quad V = \sum_\nu{}' w_\nu V_\nu, \quad 1 = \sum_\nu{}' w_\nu \tag{1}$$

ist durch Variation des Grades der Unbestimmtheit S' die Wahrscheinlichkeit w_ν zu berechnen.

b) Zeigen Sie, daß hier eine Zustandssumme $\bar{Z} = \sum_\nu \exp(-\beta U_\nu - \gamma V_\nu)$ definiert werden kann.

c) Man gebe die Entropie S als Funktion von $\bar{Z}$ an.

d) Man bestimme $\bar{Z}$ als Funktion von T, P, N durch Benützung der Definitionsgleichungen

$$\frac{1}{T} := \left(\frac{\partial S}{\partial U}\right)_{V,N}, \quad \frac{P}{T} := \left(\frac{\partial S}{\partial V}\right)_{U,N}$$

für die Temperatur T und den Druck P. Dazu ist $\beta = \beta(T, P)$ und $\gamma = \gamma(T, P)$ abzuleiten.

e) Man gebe $G = U - TS + PV$ als Funktion von $\bar{Z}(T, P, N)$ an.

Lösung:

a) $$S' = -k \sum_\nu w_\nu \ln w_\nu \tag{2}$$

$$\delta S' = -k \sum_\nu \delta w_\nu (\ln w_\nu + 1)$$

$$(1):\ \delta S' - \sum_\nu \delta w_\nu (k\alpha + k\beta U_\nu + k\gamma V_\nu) = 0 \tag{3}$$

$$k \sum_\nu \delta w_\nu (-\ln w_\nu - 1 - \alpha - \beta U_\nu - \gamma V_\nu) = 0$$

δw_ν ist beliebig, daher $(-\ln w_\nu - 1 - \alpha\beta U_\nu - \gamma V_\nu) = 0$

$$\underline{w_\nu = e^{-1-\alpha-\beta U_\nu - \gamma V_\nu}},$$

b) Definition $$\frac{1}{\bar{Z}} := e^{-1-\alpha} \to \underline{w_\nu = \frac{1}{\bar{Z}} e^{-\beta U_\nu - \gamma V_\nu}} \tag{4}$$

$$(1):\ 1 = \sum_\nu w_\nu = \frac{1}{\bar{Z}} \sum_\nu e^{-\beta U_\nu - \gamma V_\nu} \to$$

$$\underline{\bar{Z}(\beta, \gamma, N) = \sum_\nu e^{-\beta U_\nu - \gamma V_\nu} = e^{1+\alpha}} \tag{5}$$

c) $$(2):\ S = -k \sum_\nu w_\nu \ln w_\nu = \max S'$$

$$(4):\ S = -k \sum_\nu \frac{1}{\bar{Z}} e^{-\beta U_\nu - \gamma V_\nu} (-\ln \bar{Z} - \beta U_\nu - \gamma V_\nu)$$

$$(1), (4):\ U(\beta, \gamma, N) = \sum_\nu U_\nu \frac{1}{\bar{Z}} e^{-\beta U_\nu - \gamma V_\nu} = -\left(\frac{\partial \ln \bar{Z}}{\partial \beta}\right)_{\gamma, N} \tag{6}$$

$$V(\beta, \gamma, N) = \sum_\nu V_\nu \frac{1}{\bar{Z}} e^{-\beta U_\nu - \gamma V_\nu} = -\left(\frac{\partial \ln \bar{Z}}{\partial \gamma}\right)_{\beta, N} \tag{7}$$

$$(5), (6), (7):\ \underline{S(\beta, \gamma, N) = k \ln \bar{Z} + k\beta U + k\gamma V}, \tag{8}$$

$$\underline{S(\beta, \gamma, N) = k \ln \bar{Z} - k\beta \left(\frac{\partial \ln \bar{Z}}{\partial \beta}\right)_{\gamma, N} - k\gamma \left(\frac{\partial \ln \bar{Z}}{\partial \gamma}\right)_{\beta, N}},$$

d) (8): $\frac{dS}{k} = \left(\frac{\partial \ln \bar{Z}}{\partial \beta}\right)_{\gamma, N} d\beta + \left(\frac{\partial \ln \bar{Z}}{\partial \gamma}\right)_{\beta, N} d\gamma + \left(\frac{\partial \ln \bar{Z}}{\partial N}\right)_{\beta, \gamma} dN +$

$+ U\, d\beta + \beta\, dU + V\, d\gamma + \gamma\, dV,$

(6), (7): $dS = k\beta\, dU + k\gamma\, dV + k \left(\frac{\partial \ln \bar{Z}}{\partial N}\right)_{\beta, \gamma} dN \rightarrow$

$S = S(U, V, N)$

$\frac{1}{T} = \left(\frac{\partial S}{\partial U}\right)_{V, N} = k\beta, \quad \frac{P}{T} = \left(\frac{\partial S}{\partial V}\right)_{U, N} = k\gamma$

$\underline{\beta = \frac{1}{kT}}, \quad \underline{\gamma = \frac{P}{kT}}, \quad \underline{\bar{Z}(T, P, N) = \sum_{\nu} e^{-(U_\nu + PV_\nu)/kT}},$

e) (8): $S = k \ln \bar{Z} + \frac{1}{T} U + \frac{P}{T} V \rightarrow$

$\underline{G(T, P, N)} := U - TS + PV = \underline{- kT \ln \bar{Z}(T, P, N)}.$

Beispiel S7

Gegeben: $\bar{Z} = \bar{Z}(\beta, \gamma, N)$, $G(T, P, N) = - kT \ln \bar{Z}$, (siehe Beispiel S6) $\beta = \frac{1}{kT}$, $\gamma = \frac{P}{kT}$,

$$\left(\frac{\partial \ln \bar{Z}}{\partial \beta}\right)_{\gamma, N} = - U; \quad \left(\frac{\partial \ln \bar{Z}}{\partial \gamma}\right)_{\beta, N} = - V, \tag{1}$$

$$S = k \ln \bar{Z} + \frac{U}{T} + \frac{PV}{T}, \tag{2}$$

$$\left(\frac{\partial S}{\partial N}\right)_{U, V} =: - \frac{\mu}{T}.$$

Aus den Angaben ist abzuleiten:

a) $\left(\frac{\partial G}{\partial T}\right)_{P, N} = - S$, b) $\left(\frac{\partial G}{\partial P}\right)_{T, N} = V$, c) $\left(\frac{\partial G}{\partial N}\right)_{T, P} = \mu$.

Lösung:

a) $G(T, P, N) = - kT \ln \bar{Z}(\beta, \gamma, N)$

$$\left(\frac{\partial G}{\partial T}\right)_{P, N} = - k \ln \bar{Z} - kT \left(\frac{\partial \ln \bar{Z}}{\partial T}\right)_{P, N} \tag{3}$$

$$\left(\frac{\partial \ln \bar{Z}}{\partial T}\right)_{P,N} = \underbrace{\left(\frac{\partial \ln \bar{Z}}{\partial \beta}\right)_{\gamma,N}}_{-U} \underbrace{\left(\frac{\partial \beta}{\partial T}\right)_{P,N}}_{-\frac{1}{kT^2}} + \underbrace{\left(\frac{\partial \ln \bar{Z}}{\partial \gamma}\right)_{\beta,N}}_{-V} \underbrace{\left(\frac{\partial \gamma}{\partial T}\right)_{P,N}}_{-\frac{P}{kT^2}}$$

(1):

(2): $k \ln \bar{Z} = S - \frac{U}{T} - \frac{PV}{T}$

(3): $\underline{\left(\frac{\partial G}{\partial T}\right)_{P,N}} = -S + \frac{U}{T} + \frac{PV}{T} - \frac{U}{T} - \frac{PV}{T} \underline{= -S},$

b) $$\left(\frac{\partial G}{\partial P}\right)_{T,N} = -kT \left(\frac{\partial \ln \bar{Z}}{\partial P}\right)_{T,N} = -kT \left[\underbrace{\left(\frac{\partial \ln \bar{Z}}{\partial \beta}\right)_{\gamma,N} \left(\frac{\partial \beta}{\partial P}\right)_{T,N}}_{0} + \underbrace{\left(\frac{\partial \ln \bar{Z}}{\partial \gamma}\right)_{\beta,N}}_{-V} \underbrace{\left(\frac{\partial \gamma}{\partial P}\right)_{T,N}}_{\frac{1}{kT}} \right]$$

$$\underline{\left(\frac{\partial G}{\partial P}\right)_{T,N} = V},$$

c) $$\left(\frac{\partial G}{\partial N}\right)_{T,P} = -kT \left(\frac{\partial \ln \bar{Z}}{\partial N}\right)_{T,P}$$

$$= -kT \left[\left(\frac{\partial \ln \bar{Z}}{\partial N}\right)_{\beta,\gamma} 1 + \left(\frac{\partial \ln \bar{Z}}{\partial \beta}\right)_{\gamma,N} \underbrace{\left(\frac{\partial \beta}{\partial N}\right)_{T,P}}_{0} + \left(\frac{\partial \ln \bar{Z}}{\partial \gamma}\right)_{\beta,N} \underbrace{\left(\frac{\partial \gamma}{\partial N}\right)_{T,P}}_{0} \right]$$

$$\underline{\left(\frac{\partial G}{\partial N}\right)_{T,P} = -kT \left(\frac{\partial \ln \bar{Z}}{\partial N}\right)_{\beta,\gamma}}$$

(2): $$-\frac{\mu}{T} = \left(\frac{\partial S}{\partial N}\right)_{U,V} = k \left(\frac{\partial \ln \bar{Z}}{\partial N}\right)_{U,V} + kU \left(\frac{\partial \beta}{\partial N}\right)_{U,V} + kV \left(\frac{\partial \gamma}{\partial N}\right)_{U,V},$$

$$\left(\frac{\partial \ln \bar{Z}}{\partial N}\right)_{U,V} = \left(\frac{\partial \ln \bar{Z}}{\partial N}\right)_{\beta,\gamma} 1 + \underbrace{\left(\frac{\partial \ln \bar{Z}}{\partial \beta}\right)_{\gamma,N}}_{-U} \left(\frac{\partial \beta}{\partial N}\right)_{U,V} + \underbrace{\left(\frac{\partial \ln \bar{Z}}{\partial \gamma}\right)_{\beta,N}}_{-V} \left(\frac{\partial \gamma}{\partial N}\right)_{U,V}$$

$$\rightarrow -\frac{\mu}{T} = k \left(\frac{\partial \ln \bar{Z}}{\partial N}\right)_{\beta,\gamma} \rightarrow$$

$$\underline{\left(\frac{\partial G}{\partial N}\right)_{T,P}} = -T\left(-\frac{\mu}{T}\right) \underline{= \mu}.$$

Beispiel S8

Gegeben: $G = -kT\ln\overline{Z}$; $\beta = \frac{1}{kT}$; $\gamma = \frac{P}{kT}$;

$$\overline{Z} = \int_0^\infty \exp(-\gamma V)\, Z(\beta, V, N)\, dV;$$

$$Z(\beta, V, N) = \frac{1}{N!\, h^{3N}} \int \exp(-\beta U)\, d\tau,$$

$$d\tau = \prod_{i=1}^{3N} dq_i dp_i;$$

die Integration erfolgt im Impulsraum für jede Dimension von $-\infty$ bis $+\infty$ und im Ortsraum von 0 bis V;

$$U = \sum_{i=1}^{3N} p_i^2/(2m).$$

Man benütze bei der Rechnung die Näherung: $\gamma^{-(N+1)} \approx \gamma^{-N}$.

Gesucht

a) G(T, P, N)
b) Zustandsgleichung
c) S(T, P, N)
d) Entropiekonstante pro Teilchen s_0
e) U(T, P, N)

Lösung:

$$U = \sum_{i=1}^{3N} \frac{p_i^2}{2m}$$

a) $$\overline{Z} = \int_0^\infty e^{-\gamma V} Z(\beta, V, N)\, dV; \quad d\tau = \prod_{i=1}^{3N} dp_i dq_i$$

$$Z(\beta, V, N) = \frac{1}{N!\, h^{3N}} \int e^{-\beta U}\, d\tau,$$

$$\int_{-\infty}^{\infty} e^{-\frac{\beta p_x^2}{2m}}\, dp_x = \sqrt{\frac{2m}{\beta}} \underbrace{\int_{-\infty}^{\infty} e^{-x^2}\, dx}_{\sqrt{\pi}} = \sqrt{\frac{2\pi m}{\beta}},$$

$$\sqrt{\frac{\beta}{2m}}\, p_x = x,$$

$$\int_0^V dq_1 dq_2 dq_3 = V,$$

$$Z = \frac{1}{N!\,h^{3N}} V^N \left(\frac{2\pi m}{\beta}\right)^{\frac{3N}{2}} = \frac{1}{N!} z^N, \quad z = \frac{1}{h^3} V \left(\frac{2\pi m}{\beta}\right)^{3/2}$$

$$\bar{Z} = \frac{1}{N!} \left(\frac{2\pi mkT}{h^2}\right)^{3N/2} \underbrace{\int_0^\infty e^{-\gamma V} V^N dV}_{J}$$

$$J = \int_0^\infty e^{-\gamma V} V^N dV = \left(-\frac{\partial}{\partial\gamma}\right)^N \int_0^\infty e^{-\gamma V} dV = \left(-\frac{\partial}{\partial\gamma}\right)^N \left(-\frac{1}{\gamma} e^{-\gamma V}\right)_0^\infty$$

$$\underline{J} = \left(-\frac{\partial}{\partial\gamma}\right)^N (+\gamma^{-1}) = \underline{N!\,\gamma^{-(N+1)} \approx N!\,\gamma^{-N}}$$

$$\underline{\bar{Z}} = \left(\frac{2\pi mkT}{h^2}\right)^{3N/2} \left(\frac{kT}{P}\right)^N = \underline{\left[\left(\frac{2\pi m}{h^2}\right)^{3/2} \frac{(kT)^{5/2}}{P}\right]^N}$$

$$\underline{G} = -kT \ln \bar{Z} = \underline{-NkT \left[\frac{5}{2} \ln T - \ln P + \ln\left(\frac{(2\pi m)^{3/2} k^{5/2}}{h^3}\right)\right]},$$

b) $$V = \left(\frac{\partial G}{\partial P}\right)_{T,N} = +\frac{NkT}{P} \rightarrow \underline{PV = NkT} \rightarrow \text{ideales Gas},$$

c) $$S = -\left(\frac{\partial G}{\partial T}\right)_{P,N} = Nk \left[\frac{5}{2} \ln T - \ln P + \ln\left(\frac{(2\pi m)^{3/2} k^{5/2}}{h^3}\right) + \frac{5}{2}\right] \tag{1}$$

$$\frac{5}{2} = \ln e^{5/2},$$

$$\underline{S(T, P, N) = Nk \left[\frac{5}{2} \ln T - \ln P + \ln\left(\frac{(2\pi m)^{3/2} (ek)^{5/2}}{h^3}\right)\right]},$$

d) $$\underline{s_0 = k \ln\left(\frac{(2\pi m)^{3/2} (ek)^{5/2}}{h^3}\right)},$$

e) $$U(T, P, N) = G - PV + ST = -NkT[\%] - NkT + \underbrace{NkT[\%] + \frac{5}{2}NkT}_{(1):\quad ST},$$

$$\underline{U = \frac{3}{2}NkT.}$$

Beispiel S9

Mit Hilfe der kanonischen Zustandssumme

$$Z(V, T, N) = \frac{1}{N!}\left(\frac{V}{h^3}\int \exp\left(-\frac{\epsilon}{kT}\right) d^3p\right)^N$$

und dem Energie-Impulszusammenhang $\epsilon = pc$ (c konst. Geschwindigkeit) ist zu berechnen:

a) $F(T, V, N)$
b) Zustandsgleichung
c) $S(T, P, N)$
d) Entropiekonstante pro Teilchen s_0
e) $U(T, V, N)$, $I(T, P, N)$ und die Wärmekapazitäten $C_{V,N}$ und $C_{P,N}$.

Lösung:

$$\epsilon = pc$$

a) $$\int e^{-\epsilon/kT} d^3p = 4\pi \underbrace{\int_0^\infty e^{-pc/kT} p^2 dp}_{J} = 8\pi\left(\frac{kT}{c}\right)^3$$

$$\alpha = \frac{c}{kT} > 0, \quad J = \int_0^\infty e^{-\alpha p} p^2 dp = \left(-\frac{\partial}{\partial\alpha}\right)^2 \int_0^\infty e^{-\alpha p} dp =$$

$$= \left(-\frac{\partial}{\partial\alpha}\right)^2 \left(-\frac{e^{-\alpha p}}{\alpha}\right)_0^\infty = \left(-\frac{\partial}{\partial\alpha}\right)^2 \alpha^{-1} = 2!\,\alpha^{-3} = 2\left(\frac{kT}{c}\right)^3$$

$$Z = \frac{1}{N!}\left\{V 8\pi\left(\frac{kT}{hc}\right)^3\right\}^N;$$

$$\ln N! \approx N(\ln N - 1) = N \ln\frac{N}{e} \quad \text{für } N \gg 1$$

$$\underline{F(T, V, N)} = -kT\ln Z = -kTN\ln\left\{V 8\pi\left(\frac{kT}{hc}\right)^3\right\} + kTN\ln\frac{N}{e} =$$

$$\underline{= -kTN\ln\left[\frac{V}{N}\, 8\pi\, e\left(\frac{kT}{hc}\right)^3\right],} \qquad (1)$$

b) $P = -\left(\frac{\partial F}{\partial V}\right)_{T,N} = \frac{kTN}{V} \rightarrow \underline{PV = NkT}$ ideales Gas

c) $S = -\left(\frac{\partial F}{\partial T}\right)_{V,N} = kN\ln[\%] + \underbrace{kTN\frac{3}{T}}_{kN\ln e^3}$

$$S = kN\ln\left\{\frac{V}{N}\,8\pi e^4\left(\frac{kT}{hc}\right)^3\right\}, \tag{2}$$

$$\frac{V}{N} = \frac{kT}{P},$$

$$\underline{S(T,P,N) = kN\left\{4\ln T - \ln P + \ln\left[8\pi(ke)^4\left(\frac{1}{hc}\right)^3\right]\right\},}$$

d) $s_0 = k\ln\left[8\pi(ek)^4\left(\frac{1}{hc}\right)^3\right],$

e) (2): $\underline{U(T,V,N)} = F + TS = kTN\ln e^3 \underline{= 3NkT,}$

$$\underline{I(T,P,N)} = U + PV \underline{= 4NkT,}$$

$$\underline{C_{V,N}} = \left(\frac{\partial U}{\partial T}\right)_{V,N} \underline{= 3Nk,}$$

$$\underline{C_{P,N}} = \left(\frac{\partial I}{\partial T}\right)_{P,N} \underline{= 4Nk.}$$

Beispiel S10

Gegeben: $G = -kT\ln\mathcal{Z};\ \mathcal{Z} = \int_0^\infty \exp(-\gamma V)\,Z\,dV;\ \beta = \frac{1}{kT};$

$$Z(\beta, V, N) = \frac{1}{N!}\left[\frac{V}{h^3}\int \exp(-\epsilon\beta)\,d^3p\right]^N; \qquad \gamma = \frac{P}{kT}$$

(p Impuls, P Druck; man benütze die Näherung $\gamma^{-(N+1)} \approx \gamma^{-N}$). Berechnen Sie für den Fall $\epsilon = pc$ (c konst. Geschwindigkeit):

a) $G(T, P, N)$
b) Zustandsgleichung
c) $S(T, P, N)$ und die Entropiekonstante pro Teilchen s_0
d) $\mu(T, P)$
e) $\kappa_{S,N} = -\frac{1}{V}\left(\frac{\partial V}{\partial P}\right)_{S,N}$

Lösung:

a) $\overline{Z} = \int_0^\infty e^{-\gamma V} Z(V)\, dV; \quad G(T, P, N) = -kT \ln \overline{Z}, \quad \beta = \frac{1}{kT}, \quad \gamma = \frac{P}{kT}$

$$Z(\beta, V, N) = \frac{1}{N!}\left\{\frac{V}{h^3}\int e^{-\epsilon/kT} d^3 p\right\}^N; \quad \alpha = c\beta > 0$$

$\epsilon = pc$

$$(S9): \; Z = \frac{1}{N!}\left[V\, 8\pi \left(\frac{1}{c\beta h}\right)^3\right]^N$$

$$\overline{Z} = \frac{1}{N!}\left[8\pi\left(\frac{1}{c\beta h}\right)^3\right]^N \underbrace{\int_0^\infty e^{-\gamma V} V^N dV}_{(S8):\; N!\,\gamma^{-N}} = \left[8\pi\left(\frac{kT}{ch}\right)^3 \frac{kT}{P}\right]^N$$

$$\overline{Z} = \left[\frac{8\pi (kT)^4}{(ch)^3 P}\right]^N$$

$$G = -kTN \ln\left[\frac{8\pi (kT)^4}{P (ch)^3}\right]$$

$$\underline{G(T, P, N) = -kTN\left\{4 \ln T - \ln P + \ln\left[\frac{8\pi k^4}{(ch)^3}\right]\right\},}$$

b) $V = \left(\frac{\partial G}{\partial P}\right)_{T,N} = -kTN\left(-\frac{1}{P}\right); \quad \underline{PV = NkT} \quad$ ideales Gas,

c) $\underline{S(T, P, N)} = -\left(\frac{\partial G}{\partial T}\right)_{P,N} = \underline{kN\left\{4 \ln T - \ln P + \ln\left[\frac{8\pi (ek)^4}{(ch)^3}\right]\right\}},$

$$\underline{s_0 = k \ln\left[\frac{8\pi (ek)^4}{(ch)^3}\right]},$$

d) $\underline{\mu(T, P)} = \left(\frac{\partial G}{\partial N}\right)_{T,P} = \underline{-kT \ln\left[\frac{8\pi (kT)^4}{P (ch)^3}\right]},$

e) $\kappa_{S,N} = -\frac{1}{V}\left(\frac{\partial V}{\partial P}\right)_{S,N}$

$$S(V, P, N) = kN \left\{ 4 \ln \frac{PV}{Nk} - \ln P + \frac{s_0}{k} \right\}$$

$$S = kN \left\{ 4 \ln V + 3 \ln P - 4 \ln Nk + \frac{s_0}{k} \right\} \quad \Big| \cdot \left(\frac{\partial}{\partial P} \right)_{S,N}$$

$$0 = kN \left\{ \frac{4}{V} \left(\frac{\partial V}{\partial P} \right)_{S,N} + \frac{3}{P} \right\};$$

$$\frac{1}{V} \left(\frac{\partial V}{\partial P} \right)_{S,N} = -\frac{3}{4P}$$

$$\underline{\kappa_{S,N} = \frac{3}{4P}}.$$

Beispiel S11

Wenn sich ortsfeste Teilchen mit dem Spin $\frac{1}{2}$ in einem homogenen Magnetfeld H befinden, sind ihre Energieniveaus $-mH$ bzw. mH und ihre magnetischen Momente in Feldrichtung m bzw. $-m$. Für ein System von N derartigen Teilchen in einem Magnetfeld H und der Temperatur T ist mit Hilfe der kanonischen Gesamtheit zu berechnen:

a) die Zustandssumme,
b) die Entropie,
c) das totale magnetische Moment $M = N\overline{m}$,
d) die innere Energie als Funktion von T und H bzw. von H und M sowie
e) die Wärmekapazität bei konstantem H: $C_{H,N}$.
f) Man bestimme bei konstantem H die Größen S und T als Funktion von U und gebe T für die Energien $\pm$ NmH, $\pm \frac{NmH}{2}$ und 0 an.

Lösung:

a) $Z = \sum_\nu e^{-\beta U_\nu}$ (ohne Faktor $\frac{1}{N!}$, da die Teilchen ortsfest und daher unterscheidbar sind) $\beta = 1/kT$

Feld H ↑	Spineinstellung ⇑	⇓	
Energieniveau:	$\epsilon_1 = -mH$,	$\epsilon_2 = mH$	→ Energieniveau eines Teilchens
magnetisches Moment:	m,	$-m$	
Teilchenzustände:	i = 1,	2	→ Zustände eines Teilchens.

Für alle Teilchen gilt: $\epsilon_{i_1} = \epsilon_{i_2} = \ldots = \epsilon_{i_N} = \epsilon_i$, wenn $i_1 = i_2 = \ldots = i_N = i$ mit $i = 1$ oder 2.

$$Z = \sum_{i_1=1}^{2} \ldots \sum_{i_N=1}^{2} e^{-\beta(\epsilon_{i_1} + \epsilon_{i_2} + \ldots + \epsilon_{i_N})} =$$

$$= \sum_{i_1=1}^{2} e^{-\beta\epsilon_{i_1}} \ldots \sum_{i_N=1}^{2} e^{-\beta\epsilon_{i_N}} = z^N$$

$$\underline{z} = \sum_{i=1}^{2} e^{-\beta\epsilon_i} = e^{+\beta mH} + e^{-\beta mH} = \underline{2\cosh\left(\frac{mH}{kT}\right)},$$

$$\underline{Z(T, H, N) = z^N = \left[2\cosh\left(\frac{mH}{kT}\right)\right]^N},$$

b) $$\underline{F(T, H, N)} = -kT\ln Z = \underline{-NkT\ln\left[2\cosh\left(\frac{mH}{kT}\right)\right]} = -NkT\ln z,$$

$$\underline{S(T, H, N)} = -\left(\frac{\partial F}{\partial T}\right)_{H,N} = \underline{Nk\left\{\ln\left[2\cosh\left(\frac{mH}{kT}\right)\right] - \frac{mH}{kT}\tanh\left(\frac{mH}{kT}\right)\right\}}, \qquad (1)$$

c) $$\overline{m} = \sum_{i=1}^{2} m_i w_i; \qquad m_1 = m, \quad w_1 = \frac{e^{\beta mH}}{z};$$

$$m_2 = -m, \quad w_2 = \frac{e^{-\beta mH}}{z};$$

$$\underline{M} = N\overline{m} = N\,\underline{\frac{me^{+\beta mH} - me^{-\beta mH}}{z}} = N\frac{1}{z}\frac{1}{\beta}\left(\frac{\partial z}{\partial H}\right)_{T,N} =$$

$$= \frac{N}{\beta}\left(\frac{\partial \ln z}{\partial H}\right)_{T,N} = kT\left(\frac{\partial \ln Z}{\partial H}\right)_{T,N} = -\left(\frac{\partial F}{\partial H}\right)_{T,N}$$

$$\underline{M = -\left(\frac{\partial F}{\partial H}\right)_{T,N} = N\,m\tanh\left(\frac{mH}{kT}\right)}, \qquad (2)$$

d) $$\underline{U(T, H)} = F + TS = \underline{-NmH\tanh\left(\frac{mH}{kT}\right)}, \qquad (3)$$

(1): $\underline{U(H, M) = -MH}$,

e) $$C_{H,N} = T\left(\frac{\partial S}{\partial T}\right)_{H,N} = \left(\frac{\partial U}{\partial T}\right)_{H,N} \rightarrow$$

$$\underline{C_{H,N} = Nk\,\frac{(mH/kT)^2}{\cosh^2\left(\frac{mH}{kT}\right)}}\,.$$

f) Abkürzungen:

$$\epsilon := mH, \quad x := \frac{\epsilon}{kT}, \quad y := \frac{U}{N\epsilon}. \tag{4}$$

$$(3):\ \underline{-y} = -\frac{U}{N\epsilon} = \tanh\left(\frac{\epsilon}{kT}\right) = \underline{\tanh x}, \tag{5}$$

$$\eta := -y,$$

$$\underline{x} = \operatorname{ar\,tanh}\eta = \frac{1}{2}\ln\left(\frac{1+\eta}{1-\eta}\right) = \underline{\frac{1}{2}\ln\left(\frac{1-y}{1+y}\right)}, \tag{6}$$

$$(1),(4):\ S = Nk[\ln(2\cosh x) - x\underbrace{\tanh x}_{(5):\ -y}],$$

$$(6):\ 2\cosh x = e^x + e^{-x} = \exp\left[\frac{1}{2}\ln\left(\frac{1-y}{1+y}\right)\right] + \exp\left[-\frac{1}{2}\ln\left(\frac{1-y}{1+y}\right)\right] =$$

$$= \sqrt{\frac{1-y}{1+y}} + \sqrt{\frac{1+y}{1-y}} = \sqrt{\frac{1-y}{1+y}}\underbrace{\left(1 + \frac{1+y}{1-y}\right)}_{\frac{2}{1-y}} = \frac{2}{\sqrt{1-y^2}},$$

$$\ln(2\cosh x) = \ln 2 - \frac{1}{2}\ln(1-y^2) \tag{7}$$

$$(6),(7):\ S = Nk\left[\ln 2 - \frac{1}{2}\ln(1-y^2) + \frac{1}{2}y\ln\left(\frac{1-y}{1+y}\right)\right],$$

$$\underline{S = Nk\left[\ln 2 - \frac{1}{2}(1-y)\ln(1-y) - \frac{1}{2}(1+y)\ln(1+y)\right]},$$

$$y = \frac{U}{N\epsilon}, \quad \underline{S(y) = S(-y)} \tag{8}$$

$$\frac{1}{T} = \left(\frac{\partial S}{\partial U}\right)_{N,H} = \left(\frac{\partial S}{\partial y}\right)_N \cdot \underbrace{\left(\frac{\partial y}{\partial U}\right)_{N,H}}_{\frac{1}{N\epsilon}},$$

$$\frac{1}{T} = \frac{k}{2\epsilon} \ln\left(\frac{1-y}{1+y}\right) = \frac{k}{2mH} \ln\left(\frac{NmH - U}{NmH + U}\right).$$

y	U	x	T	$-\frac{1}{T}$	S
-1	$-NmH$	$+\infty$	$+0$	$-\infty$	0
$-\frac{1}{2}$	$-\frac{NmH}{2}$	$\frac{1}{2}\ln 3$	$+\frac{2mH}{k\ln 3}$	$-\frac{k\ln 3}{2mH}$	$\frac{Nk}{4}(8\ln 2 - 3\ln 3)$
0	0	± 0	$\pm\infty$	∓ 0	$Nk\ln 2$
$\frac{1}{2}$	$\frac{NmH}{2}$	$-\frac{1}{2}\ln 3$	$-\frac{2mH}{k\ln 3}$	$+\frac{k\ln 3}{2mH}$	$\frac{Nk}{4}(8\ln 2 - 3\ln 3)$
1	NmH	$-\infty$	-0	$+\infty$	0

Bemerkung: Dieses System hat die besondere Eigenschaft, daß die Zustände mit $U > 0$ eine *negative absolute Temperatur* aufweisen. Dies ist eine Folge des Entropieverlaufs (Bild 85). Von $U = -NmH$ bis $U = 0$ nimmt die Entropie zu, um von $U = 0$ bis $U = NmH$ wieder abzunehmen. Bei $U = \pm NmH$ liegen reine Mikrozustände vor, so daß in beiden Fällen der Grad der Unbestimmtheit und somit auch die Entropie Null sind. $S(U, N)$ ist auch hier ein thermodynamisches Potential, doch gilt dies nicht mehr für $U(S, N)$, da bei gegebenem S der Wert von U nicht mehr eindeutig ist.

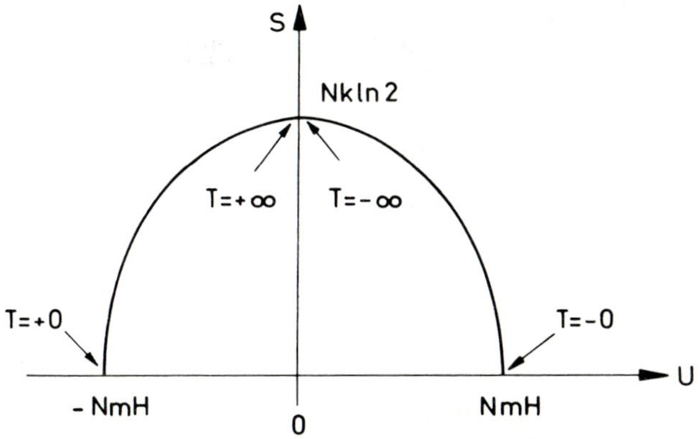

Bild 85

Negative absolute Temperaturen kommen nur bei Systemen mit einer oberen Schranke für die Energie und einer endlichen, diskreten Anzahl der Energieniveaus vor. Die Temperatur solcher Systeme durchläuft dabei von der niedrigsten bis zur höchsten Systemenergie der Reihe nach die Werte $+0, +T, +\infty = -\infty, -T, -0$. Bezeichnet man die Zustände mit höherer Energie als heißer, dann sind die negativen Temperaturen heißer als die positiven und auch -10 K sind heißer als -100 K.

Die Kerne der Lithium-Ionen eines LiF-Kristalls bilden ein Spin-Untersystem, das auf negative Temperaturen gebracht werden kann. Dieser Zustand wird jedoch durch die

Spin-Gitterwechselwirkung nach einigen Minuten zerstört, da das Gesamtsystem des LiF-Kristalls die notwendigen Bedingungen für die Existenz von negativen Temperaturen nicht erfüllt.

Beispiel S12

a) Berechnen Sie mit Hilfe der großkanonischen Gesamtheit $P(T,\mu)$ für ein ideales Fermi- bzw. Bosegas (ohne Berücksichtigung des Spins), dessen Teilchen die Energie-Impuls-Beziehung $\epsilon = pc$ aufweisen (c konstante Geschwindigkeit, der Impuls p sei kontinuierlich, extrem relativistisches ideales Gas). Man gebe $P(T, \mu)$ als Funktion von $f_n(\alpha)$ bzw. $g_n(\alpha)$ an, wenn

$$\alpha = \frac{\mu}{kT}, \qquad f_n(\alpha) := \frac{1}{(n-1)!} \int\limits_0^\infty \frac{x^{n-1}dx}{e^{x-\alpha}+1}, \qquad -\infty < \alpha < \infty, \quad n > 0,$$

$$g_n(\alpha) := \frac{1}{(n-1)!} \int\limits_0^\infty \frac{x^{n-1}dx}{e^{x-\alpha}-1}, \qquad -\infty < \alpha \leqslant 0, \quad n > 0.$$

b) Zeige die Gültigkeit von $\frac{dg_n}{d\alpha} = g_{n-1}$ für $n > 1$ und

$$g_{3/2}(\alpha) = \frac{4}{\sqrt{\pi}} \int\limits_0^\infty \frac{y^2 dy}{e^{y^2-\alpha}-1} \qquad \left(\frac{1}{2}\right)! = \frac{\sqrt{\pi}}{2}$$

(siehe Gl. (16.41)).

Lösung:

a) $$(16.5): \; -\frac{PV}{kT} = \mp \frac{4\pi V}{h^3} \int\limits_0^\infty dp\, p^2 \ln\left(1 \pm e^{\frac{\mu-\epsilon}{kT}}\right) \quad \begin{matrix}\text{FD}\\ \text{BE}\end{matrix}$$

$$\epsilon = pc, \quad \alpha = \frac{\mu}{kT}, \quad x := \frac{pc}{kT}, \quad p = \frac{kT}{c}x, \quad dp = \frac{kT}{c}dx$$

$$P(T,\mu) = \pm \frac{4\pi(kT)^4}{h^3c^3} \int\limits_0^\infty dx\, x^2 \ln(1 \pm e^{\alpha-x}) \quad \begin{matrix}\text{FD}\\ \text{BE}\end{matrix},$$

partielle Integration:

$$P(T,\mu) = \pm a \Bigg[\underbrace{\frac{x^3}{3} \ln(1 \pm e^{\alpha-x}) \Bigg|_0^\infty}_{\text{I}} \pm \frac{1}{3} \int\limits_0^\infty \frac{x^3 dx}{e^{x-\alpha} \pm 1}\Bigg] \quad \begin{matrix}\text{FD}\\ \text{BE}\end{matrix},$$

$$a := \frac{4\pi(kT)^4}{h^3c^3},$$

$$P(T,\mu) = \frac{a}{3}\int_0^\infty \frac{x^3\,dx}{e^{x-\alpha}\pm 1} = 2a\begin{cases} f_4(\alpha) & \text{FD} \\ g_4(\alpha) & \text{BE}\end{cases}$$

$$\underline{P(T,\mu) = a_1 T^4 \begin{cases} f_4(\alpha) & \text{FD} \\ g_4(\alpha) & \text{BE}\end{cases}} \quad \text{mit } \underline{a_1 := \frac{8\pi k^4}{h^3c^3}}.$$

$$I = \underbrace{-\frac{x^3}{3}\ln(1\pm e^{\alpha-x})\Big|_0}_{0} + \frac{x^3}{3}\ln(1\pm e^{\alpha-x})\Big|_\infty = \lim_{x\to\infty}\frac{\ln(1\pm e^{\alpha-x})}{3\frac{1}{x^3}} =$$

$$= \left(\frac{0}{\frac{1}{\infty}}\right) = \frac{\frac{\mp e^{\alpha-x}}{1\pm e^{\alpha-x}}}{-\frac{9}{x^4}}\Bigg|_\infty = \frac{\pm x^4}{9(e^{x-\alpha}\pm 1)}\Bigg|_\infty = 0, \quad \text{wenn } \alpha \neq \infty.$$

b) $$\frac{dg_n}{d\alpha} = \frac{1}{(n-1)!}\int_0^\infty \frac{x^{n-1}e^{x-\alpha}dx}{(e^{x-\alpha}-1)^2},$$

partielle Integration: $u = x^{n-1}$, $dv = \dfrac{e^{x-\alpha}dx}{(e^{x-\alpha}-1)^2}$,

$v = -\dfrac{1}{(e^{x-\alpha}-1)}$,

$$\underline{\frac{dg_n}{d\alpha}} = \frac{1}{(n-1)!}\left[\underbrace{-\frac{x^{n-1}}{e^{x-\alpha}-1}\Big|_0^\infty}_{0} + (n-1)\int_0^\infty \frac{x^{n-2}dx}{e^{x-\alpha}-1}\right] = \underline{g_{n-1}(\alpha)};$$

$$g_{3/2}(\alpha) = \frac{1}{(1/2)!}\int_0^\infty \frac{x^{1/2}dx}{e^{x-\alpha}-1} = \frac{4}{\sqrt{\pi}}\int_0^\infty \frac{y^2\,dy}{e^{y^2-\alpha}-1}, \qquad x = y^2, \quad dx = 2y\,dy.$$

Beispiel S13

Gegeben ist der Druck $P(T,\mu)$ eines idealen Bosegases mit linearer Energie-Impuls-Beziehung:

$$P(T,\mu) = a_1 T^4 g_4(\alpha), \quad \alpha = \frac{\mu}{kT} \leqslant 0, \quad a_1 = \frac{8\pi k^4}{h^3c^3} \tag{1}$$

$$g_n(\alpha) := \frac{1}{(n-1)!}\int_0^\infty \frac{x^{n-1}dx}{e^{x-\alpha}-1}, \quad \frac{dg_{n+1}(\alpha)}{d\alpha} = g_n(\alpha), \quad n > 0$$

Gesucht:

a) $S(T, \mu, V)$
b) $N(T, \mu, V)$
c) $U(T, \mu, V)$; man zeige außerdem, daß $U = 3PV$
d) Wärmekapazität bei konstantem V und μ: $C_{V,\mu}(T, \mu, V)$
e) $P(T, V, N)$ für den Grenzfall $\alpha \to -\infty$ (für $\alpha \to -\infty$ folgt $g_n(\alpha) \approx e^{\alpha}$).

Lösung:

a) Gibbs-Duhem-Beziehung:

$$SdT - VdP + Nd\mu = 0$$

$$dP = \frac{S}{V}\,dT + \frac{N}{V}\,d\mu$$

$$\frac{S}{V} = \left(\frac{\partial P}{\partial T}\right)_{\mu}, \quad \frac{N}{V} = \left(\frac{\partial P}{\partial \mu}\right)_{T}$$

$$\frac{S}{V} = \left(\frac{\partial P}{\partial T}\right)_{\mu} = a_1\left[4T^3 g_4 + T^4 g_3\left(-\frac{\mu}{kT^2}\right)\right]$$

$$\underline{S(T, \mu, V) = a_1 T^3 V\left[4g_4 - \left(\frac{\mu}{kT}\right) g_3\right]},$$

b) $$\frac{N}{V} = \left(\frac{\partial P}{\partial \mu}\right)_{T} = a_1 T^4 g_3 \frac{1}{kT}$$

$$\underline{N = \frac{a_1}{k} T^3 V g_3}, \tag{2}$$

c) $$U = TS - PV + \mu N = a_1 T^4 V\left[4g_4 - \frac{\mu}{kT} g_3 - g_4 + \frac{\mu}{kT} g_3\right]$$

(1): $\underline{U(T, \mu, N) = 3a_1 T^4 V g_4 = 3PV}$,

d) $$C_{V,\mu} = T\left(\frac{\partial S}{\partial T}\right)_{\mu, V} =$$

$$= a_1 TV\left[12T^2 g_4 + 4T^3 g_3\left(-\frac{\mu}{kT^2}\right) - 2T\frac{\mu}{k} g_3 - T^2\frac{\mu}{k} g_2\left(-\frac{\mu}{kT^2}\right)\right]$$

$$\underline{C_{V,\mu} = a_1 T^3 V\left[12g_4 - 6\left(\frac{\mu}{kT}\right) g_3 + \left(\frac{\mu}{kT}\right)^2 g_2\right]},$$

e) $\alpha \to -\infty, \quad P \approx a_1 T^4 e^{\alpha}$

$$(2):\ a_1 T^4 e^{\alpha} \approx \frac{N}{V} kT$$

$$P \approx \frac{N}{V} kT.$$

Beispiel S14

Für ein ideales Bosegas mit linearer Energie-Impuls-Beziehung gilt

$$N = \frac{a_1}{k} T^3 V g_3(\alpha), \quad S = a_1 V \left[4T^3 g_4(\alpha) - \frac{\mu}{k} T^2 g_3(\alpha)\right]$$

$$\alpha = \frac{\mu}{kT} \leqslant 0, \qquad a_1 = \frac{8\pi k^4}{h^3 c^3},$$

$$g_n(\alpha) := \frac{1}{(n-1)!} \int_0^{\infty} \frac{x^{n-1} dx}{e^{x-\alpha} - 1}, \quad \frac{dg_{n+1}(\alpha)}{d\alpha} = g_n(\alpha), \quad n > 0.$$

a) Zeige, daß die Wärmekapazität

$$C_{V,N}(T, V, \mu) = 3Nk \left[4 \frac{g_4}{g_3} - 3 \frac{g_3}{g_2}\right] \text{ ist.}$$

b) Berechne $C_{V,N}$ für $\alpha \to -\infty$ (für $\alpha \to -\infty$ folgt $g_n(\alpha) \approx e^{\alpha}$).

Lösung:

a) $$N(T, \mu, V) = \frac{a_1}{k} T^3 V g_3 \tag{1}$$

$$C_{V,N} = T \left(\frac{\partial S}{\partial T}\right)_{V,N} = T \left[\left(\frac{\partial S}{\partial T}\right)_{V,\mu} + \left(\frac{\partial S}{\partial \mu}\right)_{T,V} \left(\frac{\partial \mu}{\partial T}\right)_{V,N}\right]$$

$$\left(\frac{\partial S}{\partial T}\right)_{V,\mu} = a_1 V T^2 \left[12 g_4 - 6 \frac{\mu}{kT} g_3 + \left(\frac{\mu}{kT}\right)^2 g_2\right], \tag{2}$$

$$\left(\frac{\partial S}{\partial \mu}\right)_{T,V} = a_1 V \left[4T^3 g_3 \frac{1}{kT} - \frac{1}{k} T^2 g_3 - \frac{\mu}{k} T^2 g_2 \frac{1}{kT}\right] =$$

$$= \frac{a_1 V T^2}{k} \left[3 g_3 - \frac{\mu}{kT} g_2\right], \tag{3}$$

$$N(T, V, \mu) = \frac{a_1}{k} T^3 V g_3 \quad \Big| \cdot \left(\frac{\partial}{\partial T}\right)_{V,N}$$

$$0 = \frac{a_1 V}{k} \left[3T^2 g_3 - T^3 g_2 \frac{\mu}{kT^2} + T^2 g_2 \frac{1}{k}\left(\frac{\partial \mu}{\partial T}\right)_{V,N}\right]$$

$$\underline{\left(\frac{\partial \mu}{\partial T}\right)_{V,N} = -k\left(3\frac{g_3}{g_2} - \frac{\mu}{kT}\right)}, \tag{4}$$

$$(2)(3)(4):\ C_{V,N} = a_1 V T^3 \left[12 g_4 - 6\frac{\mu}{kT} g_3 + \left(\frac{\mu}{kT}\right)^2 g_2 \right.$$

$$\left. \underbrace{-\frac{k}{k}\left(3g_3 - \frac{\mu}{kT} g_2\right)\left(3\frac{g_3}{g_2} - \frac{\mu}{kT}\right)}_{-9\frac{g_3^2}{g_2} + 3\frac{\mu}{kT} g_3 + 3\frac{\mu}{kT} g_3 - \left(\frac{\mu}{kT}\right)^2 g_2}\right],$$

$$C_{V,N} = \underbrace{a_1 V T^3}_{(1):\ \frac{kN}{g_3}} \left[12 g_4 - 9\frac{g_3^2}{g_2}\right]$$

$$\underline{C_{V,N} = 3kN\left[4\frac{g_4}{g_3} - 3\frac{g_3}{g_2}\right]},$$

b) $\alpha \to -\infty \qquad g_n(\alpha) \approx e^{\alpha}$

$C_{V,N} \approx 3kN\,[4-3] = 3kN \quad \to$ siehe Beispiel S9.

Beispiel S15

Gegeben: Ideales zweiatomiges Gas (I Massenträgheitsmoment des Moleküls, ν Eigenfrequenz des Oszillators). Gesucht: Man berechne für hohe Temperaturen mit Hilfe der kanonischen Gesamtheit (korr. MB) den Translations-, Rotations-, Vibrations-Anteil, sowie den Gesamtbetrag der Entropiekonstante pro Mol s_0 und der chem. Konstante j.

Lösung:

$$Z = Z_{tr} Z_{rot} Z_{vib}$$

$$\underline{Z_{tr}} = \frac{1}{N!} z_{tr}^N \approx \left(\frac{e z_{tr}}{N}\right)^N = \underline{\left[\frac{eV}{N}\left(\frac{2\pi m k T}{h^2}\right)^{3/2}\right]^N} \qquad \text{(siehe Gl. (12.32))}$$

$$z_{tr} = V\left(\frac{2\pi mkT}{h^2}\right)^{3/2}, \qquad N! \approx \left(\frac{N}{e}\right)^N;$$

$$Z_{rot} = z_{rot}^N = \left(\frac{T}{\theta_{rot}}\right)^N \qquad \text{für } T \gg \theta_{rot}$$

$$\theta_{rot} = \frac{h^2}{8\pi^2 kI}, \qquad \text{(siehe Gl. (14.38))},$$

$$Z_{vib} = z_{vib}^N, \qquad z_{vib} = \frac{e^{-\frac{h\nu}{2kT}}}{1 - e^{-\frac{h\nu}{kT}}} \qquad \text{(siehe Gl. (14.47))};$$

$$F = -kT\ln Z = -kT(\ln Z_{tr} + \ln Z_{rot} + \ln Z_{vib})$$

$$F_{tr} := -kT\ln Z_{tr}, \qquad F_{rot} := -kT\ln Z_{rot}, \qquad F_{vib} := -kT\ln Z_{vib}$$

$$F = F_{tr} + F_{rot} + F_{vib}, \quad S = -\left(\frac{\partial F}{\partial T}\right)_{V,N} = S_{tr} + S_{rot} + S_{vib}$$

$$S_{tr} := -\left(\frac{\partial F_{tr}}{\partial T}\right)_{V,N}, \qquad S_{rot} := -\left(\frac{\partial F_{rot}}{\partial T}\right)_{V,N}, \qquad S_{vib} := -\left(\frac{\partial F_{vib}}{\partial T}\right)_{V,N}$$

$$F_{tr} = -NkT\ln\left[\frac{V}{N}\left(\frac{2\pi mkT}{h^2}\right)^{3/2} e\right]$$

$$S_{tr} = Nk\ln\left[\frac{V}{N}\left(\frac{2\pi mkT}{h^2}\right)^{3/2} e\right] + \underbrace{\frac{3}{2}Nk}_{Nk\ln e^{3/2}}$$

$$P = -\left(\frac{\partial F}{\partial V}\right)_{T,N} = \frac{NkT}{V} \qquad \text{ideales Gas}, \qquad \frac{V}{N} = \frac{kT}{P},$$

$$S_{tr} = Nk\left\{\frac{5}{2}\ln T - \ln P + \underbrace{\frac{3}{2} + \ln e}_{\frac{5}{2}} + \ln\left[\left(\frac{2\pi m}{h^2}\right)^{3/2} k^{5/2}\right]\right\}$$

$$s_{tr} = \underbrace{\frac{5}{2}}\, R\ln T - R\ln P + \frac{5}{2}R + R\ln\left[\left(\frac{2\pi m}{h^2}\right)^{3/2} k^{5/2}\right]$$

$$c_{P\,tr} = T\left(\frac{\partial s_{tr}}{\partial T}\right)_P = \frac{5}{2}R$$

$$j_{tr} = \frac{s_{o\,tr} - c_{P\,tr}}{R} \qquad \text{(siehe Gl. (6.39)), ebenso für Rotation und Vibration.}$$

Translationsanteil: $\underline{c_{P\,tr} = \frac{5}{2} R}$, $\underline{j_{tr} = \ln \left[\left(\frac{2\pi m}{h^2} \right)^{3/2} k^{5/2} \right]}$

$$\underline{s_{0\,tr} = R \ln \left[\left(\frac{2\pi m}{h^2} \right)^{3/2} (ke)^{5/2} \right]}$$

$$F_{rot} = -NkT \ln \frac{T}{\theta_{rot}}, \quad S_{rot} = Nk \ln \frac{T}{\theta_{rot}} + Nk = Nk(\ln T - \ln \theta_{rot} + 1)$$

$$s_{rot} = R \ln T + R + R \ln \left(\frac{8\pi^2 kI}{h^2} \right)$$

Rotationsanteil: $\underline{c_{P\,rot} = R}$, $\underline{j_{rot} = \ln \left(\frac{8\pi^2 kI}{h^2} \right)}$

$$\underline{s_{0\,rot} = R \ln \left(\frac{8\pi^2 kIe}{h^2} \right)}$$

$$F_{vib} = -NkT \left[\ln \left(e^{-\frac{h\nu}{2kT}} \right) - \ln \left(1 - e^{-\frac{h\nu}{kT}} \right) \right] = N \frac{h\nu}{2} + NkT \ln \left(1 - e^{-\frac{h\nu}{kT}} \right)$$

$$S_{vib} = Nk \left\{ -\ln \left(1 - e^{-\frac{h\nu}{kT}} \right) + \frac{e^{-\frac{h\nu}{kT}}}{1 - e^{-\frac{h\nu}{kT}}} \frac{h\nu}{kT} \right\}$$

$$\frac{h\nu}{kT} = x, \quad T \gg \frac{h\nu}{k} \rightarrow x \ll 1 \rightarrow e^{-x} \approx 1 - x \approx 1; \qquad 1 - e^{-x} \approx x$$

$$S_{vib} \approx Nk \left\{ -\ln x + \frac{1}{x} x \right\}$$

$$s_{vib} = R \ln T + R + R \ln \left(\frac{k}{h\nu} \right).$$

Vibrationsanteil: $\underline{c_{P\,vib} = R}$, $\underline{j_{vib} = \ln \left(\frac{k}{h\nu} \right)}$

$$\underline{s_{0\,vib} = R \ln \left(\frac{ke}{h\nu} \right)}$$

Gesamtbetrag: $\underline{c_P = \frac{9}{2} R}$, $\underline{j = \ln \left[\left(\frac{2\pi m}{h^4} \right)^{3/2} k^{9/2} \frac{8\pi^2 I}{\nu} \right]}$

$$\underline{s_0 = R \ln \left[\left(\frac{2\pi m}{h^4} \right)^{3/2} (ke)^{9/2} \frac{8\pi^2 I}{\nu} \right]}.$$

Beispiel S16

a) Man berechne für ein Gemisch einatomiger Gase die kanonische Zustandssumme (korrigierte Maxwell-Boltzmann-Statistik). Man leite daraus

b) das Daltonsche Gesetz,

c) die Entropie und Mischentropie sowie

d) $G(T, P, N_1, N_2, \ldots)$ und das chemische Potential der i-ten Teilchenart im Gemisch $\mu_i(T, P, x_1, x_2, \ldots) := \left(\frac{\partial G}{\partial N_i}\right)_{T,P,N_l \neq i}$ $\left(x_i := \frac{N_i}{N}\right)$ ab.

Lösung:

a) $Z = \sum_\nu e^{-\frac{U_\nu}{kT}}$

$$\left.\begin{array}{ll} N_1 = \sum_i \overset{(1)\nu}{n_i} & \text{Teilchenzahl der 1. Teilchenart} \\ N_2 = \sum_j \overset{(2)\nu}{n_j} & \text{Teilchenzahl der 2. Teilchenart} \\ \vdots \quad \vdots & \text{usw.} \\ \multicolumn{2}{l}{i, j, \ldots \text{ Teilchenzustände der 1., 2., usw. Teilchenart}} \end{array}\right\} \qquad (1)$$

$$U_\nu = \sum_i \overset{(1)\nu}{n_i} \epsilon_i^{(1)} + \sum_j \overset{(2)\nu}{n_i} \epsilon_j^{(2)} + \ldots$$

$$N = \sum_i \overset{(1)\nu}{n_i} + \sum_j \overset{(2)\nu}{n_j} + \ldots = N_1 + N_2 + \ldots \quad \text{Gesamtteilchenzahl.}$$

Der Index ν unterscheidet hier die verschiedenen Zahlensätze, die alle (1) erfüllen. Die Teilchen der gleichen Teilchenart sind nicht unterscheidbar:

$$Z_{nu} = \sum_\nu e^{-\frac{U_\nu}{kT}} \approx \frac{1}{N_1!N_2!\ldots} \sum_\nu g_\nu e^{-\frac{U_\nu}{kT}},$$

$$g_\nu = \frac{N_1!}{\overset{(1)\nu}{n_1}!\overset{(2)\nu}{n_2}!\ldots} \; \frac{N_2!}{\overset{(2)\nu}{n_1}!\overset{(2)\nu}{n_2}!\overset{(2)\nu}{n_3}!\ldots} \cdot\ldots\ldots$$

$$Z_{nu} = Z = \frac{1}{N_1!N_2!\ldots} z_1^{N_1} z_2^{N_2} \ldots$$

$$(12.14){:}\ \underline{z_1} := \sum_i e^{-\frac{\overset{(1)}{\epsilon_i}}{kT}} = \frac{1}{h^3} \int e^{-\frac{p_1^2}{2m_1 kT}} d^3q\, d^3p_1 = \underline{V\left(\frac{2\pi m_1 kT}{h^2}\right)^{3/2}} \qquad (2)$$

$$z_2 := V\left(\frac{2\pi m_2 kT}{h^2}\right)^{3/2}, \quad \text{usw.} \quad N! \approx \left(\frac{N}{e}\right)^N$$

$$Z = \left(\frac{ez_1}{N_1}\right)^{N_1} \left(\frac{ez_2}{N_2}\right)^{N_2} \ldots = \prod_i \left(\frac{ez_i}{N_i}\right)^{N_i}, \qquad i \ldots \text{Teilchenart},$$

b) $$F = -kT \ln Z = -kT \sum_i N_i \ln\left(\frac{ez_i}{N_i}\right) = F(T, V, N_1, N_2, \ldots) \tag{3}$$

$$P = -\left(\frac{\partial F}{\partial V}\right)_{T,N_i} = kT \sum_i N_i \underbrace{\left(\frac{\partial \ln z_i}{\partial V}\right)_{T,N_i}} = \frac{kT}{V} \sum_i N_i = \frac{kT}{V} N \tag{4}$$

$N = \sum_i N_i$, $\qquad$ (2): $\frac{1}{V}$

Partialdruck: $P_i := \frac{N_i}{V} kT \rightarrow P = \sum_i P_i$ Daltonsches Gesetz.

c) $$S = -\left(\frac{\partial F}{\partial T}\right)_{V,N_i} = k \sum_i N_i \ln\left(\frac{ez_i}{N_i}\right) + \underbrace{kT \sum_i N_i \left(\frac{\partial \ln z_i}{\partial T}\right)_{V,N_i}},$$

(2): $\left(\frac{\partial \ln z_i}{\partial T}\right)_{V,N_i} = \frac{3}{2}\frac{1}{T} \rightarrow \qquad k \sum_i N_i \ln e^{3/2}$

$$S(T, V, N_1, N_2, \ldots) = k \sum_i N_i \ln\left[\frac{V}{N_i}\left(\frac{2\pi m_i kT}{h^2}\right)^{3/2} e^{5/2}\right]$$

$N_i = P_i \frac{V}{kT}$, $\qquad P_i = P \frac{N_i}{N} \rightarrow$

$$S(T, P, N_1, N_2, \ldots) = \sum_i \underbrace{N_i k \ln\left[\frac{1}{P_i}\left(\frac{2\pi m_i}{h^2}\right)^{3/2} (ekT)^{5/2}\right]}_{=:\, S_i(T, P_i, N_i)} =$$

$$= \underbrace{\sum_i N_i k \ln\left[\frac{1}{P}\left(\frac{2\pi m_i}{h^2}\right)^{3/2} (ekT)^{5/2}\right]}_{= S_i(T,P,N_i)} + \underbrace{\sum_i N_i k \ln \frac{N}{N_i}}_{\text{Mischentropie} > 0, \text{ da } \frac{N}{N_1} > 1.},$$

$$S(T, P, N_1, N_2, \ldots) = \sum_i S_i(T, P_i, N_i) = \sum_i S_i(T, P, N_i) + \sum_i N_i k \ln \frac{N}{N_i}.$$

d) $\underline{G(T, P, N_1, N_2, \ldots)} = F(T, V, N_1, N_2, \ldots) + PV =$

$$(3), (4): = -kT\sum_i N_i \ln\left(\frac{ez_i}{N_i}\right) + \underbrace{kT\sum_i N_i}_{-kT\sum_i N_i \ln \frac{1}{e}} =$$

$$(2): \quad = -kT\sum_i N_i \ln\left(\frac{z_i}{N_i}\right) = kT\sum_i N_i \ln\left[\frac{N_i}{V}\left(\frac{h^2}{2\pi m_i kT}\right)^{3/2}\right] =$$

$$(4): \quad = \underline{kT\sum_i N_i \ln\left[\frac{N_i}{N}\frac{P}{(kT)^{5/2}}\left(\frac{h^2}{2\pi m_i}\right)^{3/2}\right]},$$

$$\mu_i = \left(\frac{\partial G}{\partial N_i}\right)_{T,P,N_{l \neq i}} = kT\ln\left[\frac{N_i}{N}\frac{P}{(kT)^{5/2}}\left(\frac{h^2}{2\pi m_i}\right)^{3/2}\right] +$$

$$+ \underbrace{kT\sum_l N_l\left\{\frac{[\%]}{[\%]}\frac{1}{N_i}\delta_{il} + \frac{N}{N_l}\left(-\frac{N_l}{N^2}\right)\right\}}_{0}$$

$$\underline{\mu_i(T, P, x_1, x_2, \ldots) = kT\ln\left[x_i\frac{P}{(kT)^{5/2}}\left(\frac{h^2}{2\pi m_i}\right)^{3/2}\right] = \mu_i(T, P, x_i)}$$

Beispiel S17

a) Man zeige, daß die Energiefluktuation (mittlere quadratische Schwankung von U) in einer kanonischen Gesamtheit durch

$$(\Delta' U)^2 := \overline{(U_\nu - U)^2} = kT^2 C_v$$

gegeben ist. $U = \overline{U_\nu}$, $C_v = \left(\frac{\partial U}{\partial T}\right)_{V,N}$

b) Man gebe die relative Schwankung von U für ein Mol ideales Gas mit 3 Freiheitsgraden an.

Lösung:

a) $$Z(T, V, N) = \sum_\nu e^{-\frac{U_\nu}{kT}}, \quad w_\nu = \frac{1}{Z} e^{-\frac{U_\nu}{kT}}, \qquad (1)$$

$$U = \overline{U_\nu} = \sum_\nu U_\nu w_\nu = \frac{1}{Z}\sum_\nu U_\nu\, e^{-\frac{U_\nu}{kT}}, \qquad (2)$$

$$\to \sum_\nu U_\nu e^{-\frac{U_\nu}{kT}} = ZU, \tag{3}$$

$$(1),(3)\colon \left(\frac{\partial Z}{\partial T}\right)_{V,N} = \frac{1}{kT^2}\sum_\nu U_\nu e^{-\frac{U_\nu}{kT}} = \frac{1}{kT^2}\, ZU$$

$$C_V = \left(\frac{\partial U}{\partial T}\right)_{V.N} = \frac{1}{kT^2}\left[\frac{1}{Z}\sum_\nu U_\nu^2\, e^{-\frac{U_\nu}{kT}} - \underbrace{\frac{1}{Z^2}\, ZU \sum_\nu U_\nu\, e^{-\frac{U_\nu}{kT}}}_{(3):\quad U^2}\right]$$

$$\underline{kT^2 C_V} = \overline{U_\nu^2} - U^2 = \underline{\overline{(U_\nu - U)^2} = (\Delta' U)^2} \quad \text{w.z.b.w.} \tag{4}$$

b) Ideales Gas:

$$U = C_V T, \quad C_V = \frac{f}{2}\,\nu L k \tag{5}$$

ν Molzahl
f Anzahl der Freiheitsgrade

$$(4),(5)\colon \underline{\frac{\Delta' U}{U}} = \sqrt{\frac{kT^2 C_V}{(C_V T)^2}} = \sqrt{\frac{k}{C_V}} = \underline{\frac{1}{\sqrt{\frac{f}{2}\,\nu L}}}, \tag{6}$$

für 1 Mol ($\nu = 1$) und f = 3:

$$\underline{\frac{\Delta' U}{U}} = \frac{1}{\sqrt{\frac{3}{2}L}} = \underline{1{,}05 \cdot 10^{-12}}.$$

Beispiel S18

Zwei gleiche Fadenpendel (Bild 86) mit den Massen m besitzen im ungekoppelten Zustand die Eigenfrequenzen ω_0. Wie lauten die Normalkoordianten und die Hauptschwingungen, wenn die beiden Pendel über eine Feder miteinander verbunden sind.

K Federkonstante,
q_1, q_2 Auslenkung der Massen von ihren Ruhelagen.

Lösung:

Bewegungsgleichungen der gekoppelten Pendel

$$\frac{d^2 q_1}{dt^2} + \omega_0^2 q_1 + \frac{K}{m}(q_1 - q_2) = 0, \tag{1}$$

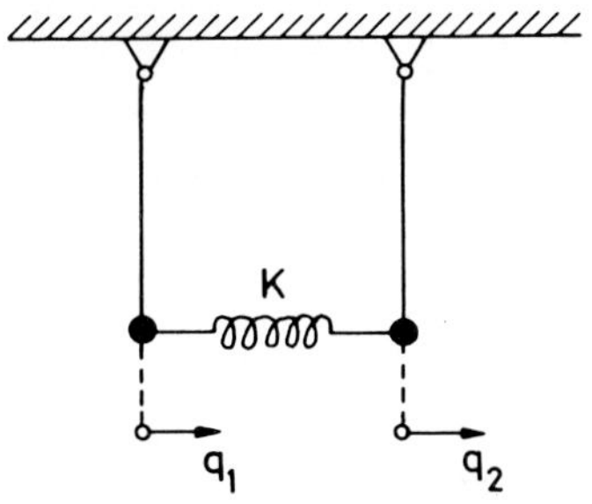

Bild 86

$$\frac{d^2 q_2}{dt^2} + \omega_0^2 q_2 + \frac{K}{m}(q_2 - q_1) = 0, \tag{2}$$

$$(1) + (2): \quad \frac{d^2(q_1 + q_2)}{dt^2} + \omega_0^2(q_1 + q_2) = 0, \tag{3}$$

$$(1) - (2): \quad \frac{d^2(q_1 - q_2)}{dt^2} + \left(\omega_0^2 + 2\frac{K}{m}\right)(q_1 - q_2) = 0. \tag{4}$$

Transformation auf Normalkoordinaten:

$$Q_1 := q_1 + q_2, \tag{5}$$

$$Q_2 := q_1 - q_2,$$

(3): $\ddot{Q}_1 + \omega_1^2 Q_1 = 0$ 1. Hauptschwingung, (6)

(4): $\ddot{Q}_2 + \omega_2^2 Q_2 = 0$ 2. Hauptschwingung, (7)

Eigenfrequenz der 1. Hauptschwingung $\omega_1 = \omega_0$,

Eigenfrequenz der 2. Hauptschwingung $\omega_2 = \sqrt{\omega_0^2 + 2\frac{K}{m}}$.

Die beiden Hauptschwingungen überlagern sich im allgemeinen. Wie dies geschieht, hängt von der Anfangsbedingung ab. Dabei besteht auch die Möglichkeit, daß nur die 1. oder 2. Hauptschwingung allein angeregt ist. Es schwingen dann die beiden Pendel mit gleicher oder entgegengesetzter Phase:

1. $Q_2 = 0 \rightarrow q_1 = q_2$ gleichphasig,
2. $Q_1 = 0 \rightarrow q_1 = -q_2$ gegenphasig.

IV. Anhang

1. Formelsammlung

1.1. Regeln für partielle Ableitungen

Funktionaldeterminante: $$\frac{\partial(u, v, \ldots, w)}{\partial(x, y, \ldots, z)} = \begin{vmatrix} \frac{\partial u}{\partial x} & \frac{\partial u}{\partial y} & \cdots & \frac{\partial u}{\partial z} \\ \frac{\partial v}{\partial x} & \frac{\partial v}{\partial y} & \cdots & \\ \vdots & & & \\ \frac{\partial w}{\partial x} & \cdots & \cdots & \frac{\partial w}{\partial z} \end{vmatrix}$$

$$\left(\frac{\partial u}{\partial x}\right)_{y \ldots z} = \frac{\partial(u, y, \ldots, z)}{\partial(x, y, \ldots, z)}$$

$$\frac{\partial(u, v \ldots w)}{\partial(x, y \ldots z)} = -\frac{\partial(v, u, \ldots w)}{\partial(x, y, \ldots z)} = -\begin{vmatrix} \frac{\partial v}{\partial x} & \frac{\partial v}{\partial y} & \cdots & \frac{\partial v}{\partial z} \\ \frac{\partial u}{\partial x} & \frac{\partial u}{\partial y} & \cdots & \frac{\partial u}{\partial z} \\ \vdots & & & \\ \frac{\partial w}{\partial x} & \frac{\partial w}{\partial y} & \cdots & \frac{\partial w}{\partial z} \end{vmatrix}$$

$$\frac{\partial(u, v \ldots w)}{\partial(x, y \ldots z)} = \frac{\partial(u, v \ldots w)}{\partial(r, s \ldots t)} \frac{\partial(r, s \ldots t)}{\partial(x, y \ldots z)}$$

$$\frac{\partial(u, v \ldots w)}{\partial(x, y \ldots z)} = 1 \Big/ \frac{\partial(x, y \ldots z)}{\partial(u, v \ldots w)}$$

Z. B.:

$$\underline{\left(\frac{\partial z}{\partial u}\right)_x} = \frac{\partial(zx)}{\partial(ux)} \frac{\partial(yx)}{\partial(yx)} = \frac{\partial(zx)}{\partial(yx)} \frac{\partial(yx)}{\partial(ux)} = \underline{\left(\frac{\partial z}{\partial y}\right)_x \left(\frac{\partial y}{\partial u}\right)_x}$$

$$\underline{\left(\frac{\partial y}{\partial x}\right)_z} = \frac{\partial(yz)}{\partial(xz)} \frac{\partial(yx)}{\partial(yx)} = -\frac{\partial(yz)}{\partial(yx)} \frac{\partial(yx)}{\partial(zx)} = \underline{-\left(\frac{\partial z}{\partial x}\right)_y \left(\frac{\partial y}{\partial z}\right)_x}$$

1.2. Thermodynamik

1. und 2. Hauptsatz

Reversible Prozesse

1. H. S. $dU = d'Q_{rev} + d'A$

2. H. S. $dS = \frac{1}{T} d'Q_{rev}$

$d'A = -PdV + \mu dN + \ldots = \Sigma$ aller reversibel zugeführten Arbeiten

$d'Q_{rev} = TdS$

Irreversible Prozesse

1. H. S. $dU = d'Q_{irr} + d'A$

2. H. S. $d'Q_{irr} < TdS$

$d'A$ ist für irreversible Prozesse im allgemeinen nicht durch denselben Ausdruck wie bei reversibel geführter Arbeit angebbar. dS wird durch einen reversiblen Ersatzprozeß berechnet, der die gleichen Anfangs- und Endgleichgewichtszustände besitzt wie der irreversible Prozeß.

Thermodynamische Potentiale

Extensive Variablen:		Intensive Variablen:	
S	Entropie	T	Temperatur
V	Volumen	P	Druck
N	Teilchenzahl	μ	chemisches Potential/Teilchen
X_i	extensive Größe (verallgemeinerter Weg)	ξ_i	intensive Größe (verallgemeinerte Kraft)
n	Molzahl		

$$dU = \underbrace{TdS}_{d'Q_{rev}} \underbrace{- PdV + \mu dN + \sum_i \xi_i \, dX_i}_{d'A}$$

innere Energie $U(S, V, N, (X_i)) = TS - PV + \mu N + \sum_i \xi_i N_i$

Legendre-Transformierte der inneren Energie für $X_i = 0$:

$$U^{[S]} := F(T, V, N) := U - TS$$

$$dF = -SdT - PdV + \mu dN$$

$$U^{[V]} := I(S, P, N) := U + PV$$

$$dI = TdS + VdP + \mu dN$$

$$U^{[S,V]} := G(T, P, N) := U - ST + PV$$

$$dG = -SdT + VdP + \mu dN$$

$$U^{[S,N]} := \Omega(T, V, \mu) := U - TS - \mu N = -PV$$

$$d\Omega = -SdT - PdV - Nd\mu \qquad \text{usw.}$$

Gibbs-Duhem-Beziehung: $SdT - VdP + Nd\mu = 0$

$$\left(\frac{\partial U}{\partial S}\right)_{V,N} = T, \quad \left(\frac{\partial U}{\partial V}\right)_{S,N} = -P, \quad \left(\frac{\partial U}{\partial N}\right)_{S,V} = \mu$$

$$\left(\frac{\partial F}{\partial T}\right)_{V,N} = -S, \quad \left(\frac{\partial F}{\partial V}\right)_{T,N} = -P, \quad \left(\frac{\partial F}{\partial N}\right)_{T,V} = \mu$$

$$\left(\frac{\partial I}{\partial S}\right)_{P,N} = T, \quad \left(\frac{\partial I}{\partial P}\right)_{S,N} = V, \quad \left(\frac{\partial I}{\partial N}\right)_{S,P} = \mu$$

$$\left(\frac{\partial G}{\partial T}\right)_{P,N} = -S, \quad \left(\frac{\partial G}{\partial P}\right)_{T,N} = V, \quad \left(\frac{\partial G}{\partial N}\right)_{T,P} = \mu$$

$$\left(\frac{\partial \Omega}{\partial T}\right)_{V,\mu} = -S, \quad \left(\frac{\partial \Omega}{\partial V}\right)_{T,\mu} = -P, \quad \left(\frac{\partial \Omega}{\partial \mu}\right)_{T,V} = -N$$

Maxwell-Relationen:

$$\left(\frac{\partial T}{\partial V}\right)_{S,N} = -\left(\frac{\partial P}{\partial S}\right)_{V,N}, \quad \left(\frac{\partial T}{\partial N}\right)_{S,V} = \left(\frac{\partial \mu}{\partial S}\right)_{V,N}, \quad -\left(\frac{\partial P}{\partial N}\right)_{S,V} = \left(\frac{\partial \mu}{\partial V}\right)_{S,N}$$

$$\left(\frac{\partial S}{\partial V}\right)_{T,N} = \left(\frac{\partial P}{\partial T}\right)_{V,N}, \quad -\left(\frac{\partial S}{\partial N}\right)_{T,V} = \left(\frac{\partial \mu}{\partial T}\right)_{V,N}, \quad -\left(\frac{\partial P}{\partial N}\right)_{T,V} = \left(\frac{\partial \mu}{\partial V}\right)_{T,N}$$

$$\left(\frac{\partial T}{\partial P}\right)_{S,N} = \left(\frac{\partial V}{\partial S}\right)_{P,N}, \quad \left(\frac{\partial T}{\partial N}\right)_{S,P} = \left(\frac{\partial \mu}{\partial S}\right)_{P,N}, \quad \left(\frac{\partial V}{\partial N}\right)_{S,P} = \left(\frac{\partial \mu}{\partial P}\right)_{S,N}$$

$$-\left(\frac{\partial S}{\partial P}\right)_{T,N} = \left(\frac{\partial V}{\partial T}\right)_{P,N}, \quad -\left(\frac{\partial S}{\partial N}\right)_{T,P} = \left(\frac{\partial \mu}{\partial T}\right)_{P,N}, \quad \left(\frac{\partial V}{\partial N}\right)_{T,P} = \left(\frac{\partial \mu}{\partial P}\right)_{T,N}$$

$$\left(\frac{\partial S}{\partial V}\right)_{T,\mu} = \left(\frac{\partial P}{\partial T}\right)_{V,\mu}, \quad \left(\frac{\partial S}{\partial \mu}\right)_{T,V} = \left(\frac{\partial N}{\partial T}\right)_{V,\mu}, \quad \left(\frac{\partial P}{\partial \mu}\right)_{T,V} = \left(\frac{\partial N}{\partial V}\right)_{T,\mu}$$

Definitionen

Wärmekapazität bei konstantem X: $C_X := \left(\frac{\partial' Q}{\partial T}\right)_X = T\left(\frac{\partial S}{\partial T}\right)_X$

bei konstantem V: $C_V := T\left(\frac{\partial S}{\partial T}\right)_V = \left(\frac{\partial U}{\partial T}\right)_V$

bei konstantem P: $C_P := T\left(\frac{\partial S}{\partial T}\right)_P = \left(\frac{\partial I}{\partial T}\right)_P$

spezifische Wärme (Molwärme) $c_v := \frac{C_V}{n} = \left(\frac{\partial u}{\partial T}\right)_v, \quad c_P := \frac{C_P}{n} = \left(\frac{\partial i}{\partial T}\right)_P$

$u := \frac{U}{n}, \qquad i := \frac{I}{n}$

thermischer Expansionskoeffizient $\alpha := \frac{1}{V}\left(\frac{\partial V}{\partial T}\right)_P$

isotherme Kompressibilität $\kappa_T := -\frac{1}{V}\left(\frac{\partial V}{\partial P}\right)_T$

adiabatische Kompressibilität $\kappa_S := -\frac{1}{V}\left(\frac{\partial V}{\partial P}\right)_S$

isochorer Spannungskoeffizient $\beta := \frac{1}{P}\left(\frac{\partial P}{\partial T}\right)_V$

Innere Energie, Enthalpie und Entropie

u(T, v): $\left(\frac{\partial u}{\partial v}\right)_T = T\left(\frac{\partial P}{\partial T}\right)_v - P = T^2\left[\frac{\partial}{\partial T}\left(\frac{P}{T}\right)\right]_v, \quad \left(\frac{\partial c_v}{\partial v}\right)_T = T\left(\frac{\partial^2 P}{\partial T^2}\right)_v$

$$du = c_v dT + \left[T\left(\frac{\partial P}{\partial T}\right)_v - P\right] dv$$

$$ds(T, v) = \frac{c_v}{T}\, dT + \left(\frac{\partial P}{\partial T}\right)_v dv$$

i(T, P): $\left(\frac{\partial i}{\partial P}\right)_T = v - T\left(\frac{\partial v}{\partial T}\right)_P = -T^2\left[\frac{\partial}{\partial T}\left(\frac{v}{T}\right)\right]_P, \quad \left(\frac{\partial c_P}{\partial P}\right)_T = -T\left(\frac{\partial^2 v}{\partial T^2}\right)_P$

$$di = c_P dT + \left[v - T\left(\frac{\partial v}{\partial T}\right)_P\right] dP$$

$$ds(T, P) = \frac{c_P}{T}\, dT - \left(\frac{\partial v}{\partial T}\right)_P dP$$

$$c_P - c_v = -T\left(\frac{\partial P}{\partial T}\right)_v^2 \left(\frac{\partial v}{\partial P}\right)_T = T\left(\frac{\partial P}{\partial T}\right)_v \left(\frac{\partial v}{\partial T}\right)_P =$$

$$= -T\left(\frac{\partial P}{\partial v}\right)_T \left(\frac{\partial v}{\partial T}\right)_P^2 = \frac{Tv\alpha^2}{\kappa_T} > 0$$

Differentialgleichung der Isentrope (reversiblen Adiabate)

$$\kappa := \frac{c_P}{c_v} = \left(\frac{\partial v}{\partial P}\right)_T \left(\frac{\partial P}{\partial v}\right)_s = \frac{\kappa_T}{\kappa_s}$$

3. Hauptsatz

$$\underline{\lim_{T \to 0} S(T, V) = 0,} \qquad \underline{\lim_{T \to 0} S(T, P) = 0}$$

$$\lim_{T \to 0} \left(\frac{\partial S}{\partial V}\right)_T = 0, \qquad \lim_{T \to 0} \left(\frac{\partial S}{\partial P}\right)_T = 0$$

$$\lim_{T \to 0} c_v = 0, \qquad \lim_{T \to 0} c_P = 0, \qquad \lim_{T \to 0} \frac{c_P - c_v}{T} = 0,$$

$$\lim_{T \to 0} \alpha = 0, \qquad \lim_{T \to 0} \beta = 0,$$

$$\lim_{T \to 0} u = \lim_{T \to 0} f, \qquad \left(\frac{\partial u}{\partial T}\right)_{T=0} = \left(\frac{\partial f}{\partial T}\right)_{T=0}.$$

Ideales Gas

Zustandsgleichung $PV = nRT$, R Gaskonstante

$Pv^{\kappa} = \text{konst}$

Adiabatengleichungen $Tv^{\kappa-1} = \text{konst}'$

$P^{1-\kappa}T^{\kappa} = \text{konst}''$

bei $c_v = \text{const.}$: $u(T) = c_v T + u_0$

$s(T, P) = c_P \ln T - R \ln P + s_0$

s_0 Entropiekonstante

$$j = \frac{s_0 - c_P}{R}$$ chemische Konstante

Einatomiges ideales Gas; Formel von Sackur-Tetrode

$$s(T, P) = \frac{5}{2} R \ln T - R \ln P + \underbrace{R \ln \left[\left(\frac{2\pi m}{h^2}\right)^{3/2} (ke)^{5/2}\right]}_{s_0}$$

$k = \frac{R}{L}$ ... Boltzmann-Konstante,

Gemisch idealer Gase

$$PV = RT\sum_i n_i, \quad n = \sum_i n_i$$

n_i Molzahl der i-ten Komponente

Mischentropie

$$\Delta S = S_{\text{gemischt}} - S_{\text{ungemischt}} =$$

$$= R\sum_i n_i \ln \frac{n}{n_i} > 0$$

Gibbsche Phasenregel

$f = \kappa + 2 - \varphi$

f Anzahl der Freiheitsgrade
κ Anzahl der Stoffe
φ Anzahl der Phasen

Massenwirkungsgesetz:

T = konst., P = konst.

ν_i stöchiometrische Koeffizienten der chemischen Reaktion

$\bar{\nu}_1 A_1 + \ldots \bar{\nu}_m A_m \rightleftarrows \bar{\nu}_{m+1} A_{m+1} + \ldots + \bar{Q}_P$ ... Rekationsgleichung

$\nu_i = \bar{\nu}_i$ für $i \leqslant m$, $\nu_i = -\bar{\nu}_i$ für $i > m$

$$\sum_i \nu_i \ln P_i = -\frac{1}{RT}\sum_i \nu_i g_i(T, P) + \sum_i \nu_i \ln P =: \ln K_P(T, P)$$

$$K_P(T, P) = \prod_i P_i^{\nu_i} = \frac{P_1^{\bar{\nu}_1} \ldots P_m^{\bar{\nu}_m}}{P_{m+1}^{\bar{\nu}_{m+1}} \ldots}$$

$$K_c = K_P P^{-\Sigma \nu_i} = K_P P^{-\nu}; \quad \nu := \sum_i \nu_i, \quad c_i := \frac{n_i}{n}$$

$$\sum_i \nu_i \ln c_i = -\frac{1}{RT}\sum_i \nu_i g_i(T, P) = \ln K_c(T, P)$$

$$K_c(T, P) = \prod_i c_i^{\nu_i}$$

$$\left(\frac{\partial \ln K_c}{\partial T}\right)_P = \frac{\sum_i \nu_i i_i}{RT^2} = \frac{\bar{Q}_P}{RT^2}; \quad \bar{Q}_P = \sum \nu_i i_i \text{ ... Rekationswärme bei konstantem Druck}$$

$$\left(\frac{\partial \ln K_c}{\partial P}\right)_T = -\frac{\sum_i \nu_i v}{RT} = -\frac{\nu}{P}, \quad v_i = v \quad \forall i$$

1.3. Transporttheorie

Boltzmann-Gleichung

$$\left(\frac{\partial}{\partial t} + \vec{v} \cdot \nabla_r + \frac{1}{m} \vec{F} \cdot \nabla_v\right) f(\vec{r}, \vec{v}, t) = \left(\frac{\partial f}{\partial t}\right)_{coll}$$

Stoßterm: $\left(\frac{\partial f}{\partial t}\right)_{coll} = \frac{1}{t_c} (f_0 - f)$, t_c Relaxationszeit
f_0 Gleichgewichtsverteilung

Ideales Gas (einatomig)

Geschwindigkeitsverteilung: $f_0(v) = n \left(\frac{m}{2\pi kT}\right)^{3/2} e^{-\frac{mv^2}{2kT}}$

$n = \int f_0 d^3 v$, $n = \frac{N}{V}$ Teilchendichte

m Masse/Teilchen

$P = \frac{2}{3} n\bar{\epsilon}$, $\bar{\epsilon} = \frac{m\overline{v^2}}{2} = \frac{3}{2} kT$ mittlere Energie/Teilchen

$\bar{v} = \sqrt{\frac{8kT}{\pi m}}$ mittlere Teilchengeschwindigkeit

$v_w = \sqrt{\frac{2kT}{m}}$ wahrscheinlichste Teilchengeschwindigkeit

$\sqrt{\overline{v^2}} = \sqrt{\frac{3kT}{m}}$ Wurzel aus dem mittleren Geschwindigkeitsquadrat

$c_{Schall} = \sqrt{\kappa \frac{kT}{m}}$ Schallgeschwindigkeit

$$v_w : \bar{v} : \sqrt{\overline{v^2}} = 1 : \sqrt{\frac{4}{\pi}} : \sqrt{\frac{3}{2}} = 1 : 1{,}128 : 1{,}225$$

Gamma-Funktion

$$x! = \Gamma(x+1) = \int_0^\infty e^{-t} t^x dt \qquad \mathrm{Re}\, x > -1,$$

$$x! = x(x-1)! = \Gamma(x+1) = x\Gamma(x),$$

$$0! = \Gamma(1) = 1, \left(\frac{1}{2}\right)! = \Gamma\left(\frac{3}{2}\right) = \frac{1}{2}\sqrt{\pi}, \left(-\frac{1}{2}\right)! = \Gamma\left(\frac{1}{2}\right) = \sqrt{\pi},$$

Stirlingsche Formel: $N! \approx \left(\frac{N}{e}\right)^N \sqrt{2\pi N} \approx \left(\frac{N}{e}\right)^N$ für großes N

n-*te Momente der Funktion* e^{-av^2}

$$J_n(a) := \int_0^\infty v^n e^{-av^2} dv = \frac{1}{2}\,\Gamma\left(\frac{n+1}{2}\right) a^{-\frac{n+1}{2}}, \qquad n = 0, 1, 2, \ldots$$

Rekursionsformel: $\frac{dJ_n}{da} = -J_{n+2}$

gerade Momente: $J_{2k}(a) = \int_0^\infty v^{2k} e^{-av^2} dv = \frac{1.3.5\ldots(2k-1)\sqrt{\pi}}{2^{k+1} a^{k+1/2}}, \quad k = 0, 1, 2, \ldots$

ungerade Momente: $J_{2k+1}(a) = \int_0^\infty v^{2k+1} e^{-av^2} dv = \frac{k!}{2\,a^{k+1}}, \quad k = 0, 1, 2, \ldots$

speziell:

$$J_0 = \frac{1}{2}\sqrt{\frac{\pi}{a}}, \qquad J_2 = \frac{\sqrt{\pi}}{4a^{3/2}},$$

$$J_4 = \frac{3\sqrt{\pi}}{8a^{5/2}}, \qquad J_6 = \frac{15\sqrt{\pi}}{16a^{7/2}},$$

$$J_1 = \frac{1}{2a}, \quad J_3 = \frac{1}{2a^2}, \quad J_5 = \frac{1}{a^3}, \quad J_7 = \frac{3}{a^4}.$$

Freie Weglänge

$$l = \frac{1}{\Sigma} = \frac{1}{\sigma_t n}$$

Σ makroskopischer Wirkungsquerschnitt

σ_t totaler mikroskopischer Wirkungsquerschnitt

Stoßzeit

$$\tau = \frac{l}{\bar{v}} = \frac{1}{n\sigma_t}\sqrt{\frac{\pi m}{8kT}} \approx t_c,$$

t_c Relaxationszeit

Diffusiongleichung:

$$D\Delta n = \frac{\partial n}{\partial t}$$

$D = \frac{\pi}{8}\, l\bar{v}$ Diffusionskonstante

Innere Reibung (Viskosität):

$$\tau_{yx} = -\eta \frac{\partial c_x}{\partial y}$$

$\vec{c}$ mittlere Geschwindigkeit (Strömungsgeschwindigkeit)

$\tau_{yx} = \frac{dF_x}{df_y}$ Schubspannung

$\eta = \frac{\pi}{8} m l \bar{v} n$ Reibungskoeffizient

Wärmeleitungsgleichung

$$\Delta T - \frac{1}{a}\frac{\partial T}{\partial t} = -\frac{1}{\lambda}\eta(\vec{r}, t)$$

$a := \frac{\lambda}{\rho c_{P_g}}$ Temperaturleitfähigkeit

$\eta(\vec{r}, t)$ erzeugte Wärme/cm^3 s

$\rho = nm$ Massendichte

c_{P_g} spezifische Wärme [erg/g K]

$\lambda = \frac{5\pi}{16} k l \bar{v} n$ Wärmeleitfähigkeit

$\vec{g}$ Wärmestromdichte [erg/cm^2 s]

Fouriersches Gesetz:

$$\vec{g}(\vec{r}) = -\lambda \Delta T(\vec{r}).$$

Elektrizitätsleitung

$\vec{g} = \sigma \vec{E}$ Ohmsches Gesetz

$\vec{g}$ elektrische Stromdichte

$\vec{E}$ elektrisches Feld

$\sigma = \frac{ne^2 t_c}{m}$ elektrische Leitfähigkeit

Beziehungen der Transportkoeffizienten

$$\frac{\lambda}{\eta} = \frac{5}{2}\frac{k}{m} = \frac{5}{3} c_{vg}$$

$\frac{\lambda}{\sigma} = \frac{5}{2}\frac{k^2}{e^2} T = LT$ Wiedemann-Franzsches Gesetz

$L = \frac{5}{2}\frac{k^2}{e^2} = 1{,}85 \cdot 10^{-8}\ V^2 K^{-2}$ Lorentzzahl

1.4. Statistische Mechanik

ν kennzeichnet hier den Mikrozustand des Systems,

w_ν Wahrscheinlichkeit das System im Mikrozustand ν anzutreffen;

Grad der Unbestimmtheit: $S' = -k\sum_\nu w_\nu \ln w_\nu$

Entropie des Systems: $S = \max S' = \max\left(-k\sum_\nu w_\nu \ln w_\nu\right)$ bei gegebenen Nebenbedingungen.

Kanonische Gesamtheit

Nebenbedingungen: $\sum_\nu w_\nu = 1, \quad \sum_\nu w_\nu U_\nu = U$

$$w_\nu = \frac{1}{Z}\, e^{-\frac{U_\nu}{kT}},$$

$$Z(T, V, N) = \sum_\nu e^{-\frac{U_\nu}{kT}} \quad \text{kanonische Zustandssumme}$$

$$F(T, V, N) = -kT \ln Z(T, V, N),$$

$$P = -\left(\frac{\partial F}{\partial V}\right)_{T,N}, \quad S = -\left(\frac{\partial F}{\partial T}\right)_{V,N}, \quad \mu = \left(\frac{\partial F}{\partial N}\right)_{T,V}$$

Subsysteme

$$N = \sum_i n_i^{(\nu)}, \qquad U_\nu = \sum_i n_i^{(\nu)} \epsilon_i$$

$n_i^{(\nu)}$ Anzahl der Subsysteme mit dem Teilchenzustand i bei der Zerlegung ν.

ϵ_i Teilchenenergie im Teilchenzustand i

ν kennzeichnet hier (im Gegensatz zu oben) die verschiedenen Zerlegungen von N

i Zustände des Subsystems (Teilchenzustand)

$$Z = \sum_\nu g_\nu\, e^{-\frac{1}{kT}\sum_i n_i^{(\nu)}\epsilon_i}, \quad z = \sum_i e^{-\frac{\epsilon_i}{kT}} \quad \text{Zustandssumme des Subsystems}$$

$g_\nu = \dfrac{N!}{n_1^{(\nu)}!\, n_2^{(\nu)}! \ldots}$ Maxwell-Boltzmann-Statistik $\to Z_u = z^N$ (unterscheidbare Teilchen)

$g_\nu \approx \dfrac{1}{n_1^{(\nu)}!\, n_2^{(\nu)}! \ldots}$ korrigierte Maxwell-Boltzmann-Statistik $\to Z_{nu} = \dfrac{z^N}{N!} \approx \left(\dfrac{ez}{N}\right)^N$ (N nicht unterscheidbare Teilchen)

$g_\nu = 1$ Bose-Einstein-Statistik

$$g_\nu = \begin{cases} 1 \text{ wenn } n_i^{(\nu)} = 0 \text{ oder } 1 \\ 0 \text{ wenn } n_i^{(\nu)} > 1 \end{cases} \quad \text{Fermi-Dirac-Statistik}$$

ideales Gas

$$z = V\left(\frac{2\pi mkT}{h^2}\right)^{3/2} = \frac{V}{\lambda^3},$$

$$Z = \left(\frac{eV}{N}\right)^N \left[\left(\frac{2\pi mkT}{h^2}\right)^{3/2}\right]^N$$ korrigierte Maxwell-Boltzmann-Statistik

$$\lambda(T) = \frac{h}{\sqrt{2\pi mkT}}$$ thermische Wellenlänge

Großkanonische Gesamtheit:

Nebenbedingungen:

$$\sum_\nu w_\nu = 1, \quad \sum_\nu w_\nu U_\nu = U, \quad \sum_\nu w_\nu N_\nu = N$$

ν kennzeichnet den Mikrozustand des Systems

$$w_\nu = \frac{1}{\mathcal{Z}} e^{\frac{-U_\nu + \mu N_\nu}{kT}},$$

$$\mathcal{Z}(T, V, \mu) = \sum_\nu e^{\frac{-U_\nu + \mu N_\nu}{kT}}$$ großkanonische Zustandssumme

$$\Omega(T, V, \mu) = -kT\ln\mathcal{Z}, \qquad P = -\left(\frac{\partial\Omega}{\partial V}\right)_{T,\mu}, \quad S = -\left(\frac{\partial\Omega}{\partial T}\right)_{V,\mu}, \quad N = -\left(\frac{\partial\Omega}{\partial\mu}\right)_{T,V}$$

Subsysteme

$$U_\nu = \sum_i n_i^{(\nu)}\epsilon_i, \qquad \mathcal{Z} = \sum_\nu e^{\sum_i n_i^{(\nu)}\frac{\mu-\epsilon_i}{kT}} = \sum_{n_1=0,\,n_2=0,\ldots}^{\infty\quad\infty} x_1^{n_1} x_2^{n_2}\ldots$$

$$N_\nu = \sum_i n_i^{(\nu)}, \quad x_i := e^{\frac{\mu-\epsilon_i}{kT}}$$

$$N = \sum_\nu w_\nu N_\nu = \sum_i N_i,$$

$$N_i = \sum_\nu n_i^{(\nu)} w_\nu = -\frac{\partial}{\partial\epsilon_i}\ln\mathcal{Z}(T, \mu, \epsilon_i) = \left(\frac{\partial\Omega}{\partial\epsilon_i}\right)_{T,\mu}$$

korrigierte Maxwell-Boltzmann-Statistik: $\mathcal{Z}_{MB} = \prod_i \exp\left(e^{\frac{\mu-\epsilon_i}{kT}}\right), \; N_{i\,MB} = e^{-\frac{\epsilon_i-\mu}{kT}}$

Bose-Einstein-Statistik:
$$Z_{BE} = \prod_i \frac{1}{1 - e^{(\mu - \epsilon_i)/kT}}, \quad N_{i\,BE} = \frac{1}{e^{\frac{\epsilon_i - \mu}{kT}} - 1}$$

Fermi-Dirac-Statistik:
$$Z_{FD} = \prod_i (1 + e^{(\mu - \epsilon_i)/kT}), \quad N_{i\,FD} = \frac{1}{e^{\frac{\epsilon_i - \mu}{kT}} + 1}$$

$\sigma = e^{\frac{\mu}{kT}}$ Fugazität

Reihenentwicklungen

$$\ln(1 + a) = -\sum_{\nu=1}^{\infty} (-1)^\nu \frac{a^\nu}{\nu}, \qquad a^2 < 1 \text{ und } a = 1 \qquad \text{(I)}$$

$$\ln(1 - a) = -\sum_{\nu=1}^{\infty} \frac{a^\nu}{\nu}, \qquad a^2 < 1 \text{ und } a = -1 \qquad \text{(II)}$$

$$\int_0^\infty dx\, x^2 e^{-\nu x^2} = \frac{\sqrt{\pi}}{4\nu^{3/2}},$$

$$f_{5/2}(\sigma) := \frac{4}{\sqrt{\pi}} \int_0^\infty dx\, x^2 \ln(1 + \sigma e^{-x^2})$$

$|\sigma| \leqslant 1$:

(I): $$f_{5/2}(\sigma) = -\sum_{\nu=1}^{\infty} (-1)^\nu \frac{\sigma^\nu}{\nu} \frac{4}{\sqrt{\pi}} \int_0^\infty dx\, x^2 e^{-\nu x^2},$$

$$f_{5/2}(\sigma) = \sum_{\nu=1}^{\infty} \frac{(-1)^{\nu+1} \sigma^\nu}{\nu^{5/2}}, \qquad |\sigma| \leqslant 1$$

$$f_{3/2}(\sigma) = \sigma \frac{d f_{5/2}(\sigma)}{d\sigma} = \sum_{\nu=1}^{\infty} \frac{(-1)^{\nu+1} \sigma^\nu}{\nu^{3/2}}, \qquad |\sigma| \leqslant 1$$

$$g_{5/2}(\sigma) := -\frac{4}{\sqrt{\pi}} \int_0^\infty dx\, x^2 \ln(1 - \sigma e^{-x^2})$$

$|\sigma| \leqslant 1$:

$$\text{(II)}: \quad g_{5/2}(\sigma) = \sum_{\nu=1}^{\infty} \frac{\sigma^\nu}{\nu} \frac{4}{\sqrt{\pi}} \int_0^\infty dx\, x^2 e^{-\nu x^2},$$

$$g_{5/2}(\sigma) = \sum_{\nu=1}^{\infty} \frac{\sigma^\nu}{\nu^{5/2}}, \quad |\sigma| \leqslant 1$$

$$g_{3/2}(\sigma) = \sigma \frac{d g_{5/2}(\sigma)}{d\sigma} = \sum_{\nu=1}^{\infty} \frac{\sigma^\nu}{\nu^{3/2}}, \qquad |\sigma| \leqslant 1$$

Strahlungsgesetze

$N(\nu) = \dfrac{1}{e^{h\nu/kT} - 1}$ Anzahl der Photonen pro Zustand

$D(\nu) = \dfrac{8\pi V}{c^3} \nu^2$ Zustandsdichte (Anzahl der Zustände pro Frequenzeinheit)

$N(\nu) D(\nu) d\nu = \dfrac{8\pi V}{c^3} \dfrac{\nu^2}{e^{h\nu/kT} - 1} d\nu$ Photonenzahl im Frequenzintervall $[\nu, \nu + d\nu]$

$$U = \int_0^\infty h\nu\, N(\nu) D(\nu)\, d\nu = V \int_0^\infty u(\nu, T)\, d\nu; \qquad \epsilon(\nu) = h\nu$$

$u(\nu, T) = \dfrac{8\pi h}{c^3} \dfrac{\nu^3}{e^{h\nu/kT} - 1}$ Plancksches Strahlungsgesetz

$$\frac{U}{V} = u(T) = \int_0^\infty u(\nu, T)\, d\nu = aT^4, \qquad a = \frac{8\pi^5 k^4}{15 c^3 h^3}$$

$\nu = \dfrac{\lambda}{c}, \quad \lambda_{max} T = \dfrac{hc}{4{,}965\, k} = 0{,}2898\ \text{cmK}$ Wiensches Verschiebungsgesetz

$P = \dfrac{u(T)}{3}$ Strahlungsdruck.

2. Physikalische Konstanten[1])

Größe	Symbol Wert	Einheiten cgs	MKSA (SI)
Lichtgeschwindigkeit im Vakuum	c = 2,997925	10^{10} cm s^{-1}	10^{8} m s^{-1}
Plancksche Konstante	h = 6,6262	10^{-27}erg s	10^{-34} J s
$\hbar = h/2\pi$	$\hbar$ = 1,05459	10^{-27}erg s	10^{-34} J s
Loschmidt-Zahl bzw. Avogadro-Zahl	L = 6,0220	10^{23} mol^{-1}	10^{26} $kmol^{-1}$
Boltzmann-Konstante	k = 1,3807	10^{-16}erg K^{-1}	10^{-23}J K^{-1}
Gaskonstante	R = 8,314	10^{7}erg $K^{-1}mol^{-1}$	10^{3} J $kmol^{-1}K^{-1}$
Stefan-Boltzmann-Konstante	σ = 5,670	10^{-5} erg $cm^{-2}s^{-1}K^{-4}$	10^{-8}W $m^{-2}K^{-4}$
elektrische Elementarladung	e_0 = 1,60219		10^{-19}C
	e_0 = 4,8033	10^{-10}esu	
1 atomare Masseneinheit = 1u = 10^{-3}kg $mol^{-1}L^{-1}$	1u = 1,66057	10^{-24}g	10^{-27}kg
Protonenmasse	m_p = 1,67265 = 1,0072765 u	10^{-24}g	10^{-27}kg

3. Umrechnungsfaktoren

Tripelpunkt des Wassers	$T_t \equiv 273{,}16$ K	(Definition)
Celsiustemperatur	X °C $\equiv$ (273,15 + X) K	(Definition)
1 atm	$\equiv 1{,}013250 \cdot 10^6$ dyn cm^{-2}	(Definition)
1 N	$\equiv 10^5$ dyn	(Definition)
1 J	$\equiv 10^7$ erg	(Definition)
1 cal (int. steam table)	$\equiv$ 4,1868 J	(Definition)
1 kp	$\equiv$ 9,80665 N	(Definition)
1 eV	$= 1{,}60219 \cdot 10^{-19}$ J = 11 605 K	(aus E = kT)

Literaturverzeichnis

Becker, R.: Theorie der Wärme, Springer (1966)

Brenig, W.: Statistische Theorie der Wärme, Springer (1975)

Callen, H. B.: Thermodynamics, J. Wiley & Sons, New York (1960)

Dirschmid, H. J.; Kummer, W.; Schweda, M.: Einführung in die mathematischen Methoden der Theoretischen Physik, Vieweg (1976)

Falk, G.: Theoretische Physik II, IIa, Springer (1968)

Ferziger, J. H.; Kaper, H. G., Mathematical theory of transport processes in gases, North-Holland Publishing Company (1972)

[1]) Handbook of Chemistry and Physics, 57th Edition, 1976–1977, p.F-242

Hill, T. L.: Introduction to Statistical Thermodynamics, Addision-Wesley Publishing Comp. (1960)

Hirschfelder, J. O.; Curtiss, Ch. F.; Bird, R. B.: Molecular Theory of Gases and Liquids, J. Wiley & Sons, New York (1954)

Hobson, A.: Concepts in Statistical Mechanics, Gordon and Breach (1971)

Huang, K.: Statistische Mechanik I–III, B.I. Hochschultaschenbücher Bd. 68–70. Mannheim (1964/65)

Isihara, A.: Statistical Physics, Academic Press (1971)

Katz, A.: Principles of Statistical Mechanics, Freeman and Company (1967)

Kestin, J.; Dorfman, J. R.: A Course in Statistical Thermodynamics, Academic Press (1971)

Kittel, Ch.: Thermal Physics, John Wiley & Sons, Inc. (1969)

Kubo, R.: Statistical Mechanics, North-Holland Publishing Company (1965)

Kubo, R.: Thermodynamics, North-Holland Publishing Company (1968)

Landau, L. D.; Lifschitz, E. M.: Lehrbuch der Theoretischen Physik, Band V, Statistische Physik, Akademie-Verlag (1966)

Landsberg, P. T.: Thermodynamics, Interscience Publishers (1961)

Landsberg, P. T.: Problems in Thermodynamics and Statistical Physics, Pion Limited (1971)

Macke, W.: Thermodynamik und Statistik, Akademische Verlagsgesellschaft, Leipzig (1962)

Morse, Ph. M.: Thermal Physics, W. A. Benjamin, Inc. (1964)

Münster, A.. Statistische Thermodynamik, Springer (1956)

Planck, M.: Thermodynamik, Walter de Gruyter & Co. (1964)

Reif, F.: Fundamentals of statistical and thermal physics, McGraw-Hill Book Company (1965)

Rieckers, A., Stumpf, H.: Thermodynamik, Bd. 2, Vieweg (1977)

Sommerfeld, A.: Thermodynamik und Statistik, Akademische Verlagsgesellschaft Leipzig (1962)

Stumpf, H., Rieckers, A.: Thermodynamik, Bd. 1, Vieweg (1976)

Subarew, D. N.: Statistische Thermodynamik des Nichtgleichgewichts, Akademie-Verlag (1976)

Weidlich, W.: Thermodynamik und statistische Mechanik, Akademische Verlagsgesellschaft, Wiesbaden (1976)

Sachwortverzeichnis